Number Theory

Step by Step

정수론 첫걸음

지은이 **Kuldeep Singh**

현재 영국 하트퍼드셔대학교 수학과 부교수로 25년 넘게 재직 중이며, 저학년 학부생을 대상으로 정수론과 선형대수학을 강의하고 있다. 주요 저서로는 『Engineering Mathematics Through Applications(2nd edition)』 (Palgrave Macmillan, 2011), 『Linear Algebra : Step by Step』 (Oxford University Press, 2014)이 있다.

옮긴이 **한빛수학교재연구소**

한빛수학교재연구소에서는 이공계열 공통 수학 및 수학 관련 학과 전공 교재에 적합한 번역서와 집필서를 기획하여 출간하고 있다.

감수 **김도형**

포항공과대학교 수학과를 졸업한 뒤 동대학원에서 수학과 박사학위를 받았다. 현재는 서울대학교 수리과학부 조교수로 재직 중이다. 주요 연구 분야는 정수론이다.

정수론 첫걸음

초판발행 2022년 10월 17일
3쇄발행 2025년 8월 28일

지은이 Kuldeep Singh / **옮긴이** 한빛수학교재연구소 / **감수** 김도형 / **펴낸이** 전태호
펴낸곳 한빛아카데미(주) / **주소** 서울시 서대문구 연희로2길 62 한빛아카데미(주) 2층
전화 02-336-7112 / **팩스** 02-336-7199
등록 2013년 1월 14일 제2017-000063호 / **ISBN** 979-11-5664-628-0 93410

총괄 · 책임편집 김은정 / **기획** 윤세은 / **편집** 조우리 / **교정** 박정수 / **진행** 조우리
디자인 이아란 / **전산편집** 백지선 / **제작** 박성우, 김정우
영업 김호철, 김태진, 김성삼, 이정훈, 임현기, 이성훈, 김주성, 심지연

이 책에 대한 의견이나 오탈자 및 잘못된 내용은 출판사 홈페이지나 아래 이메일로 알려주십시오.
파본은 구매처에서 교환하실 수 있습니다. 책값은 뒤표지에 표시되어 있습니다.

홈페이지 www.hanbit.co.kr / 이메일 question@hanbit.co.kr

Number Theory

Step by Step

정수론 첫걸음

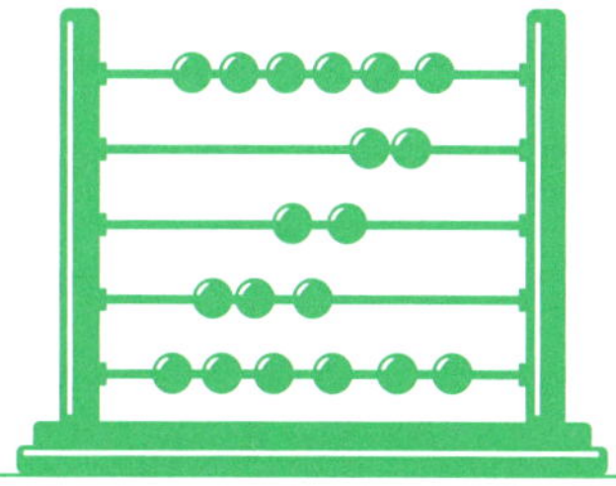

Kuldeep Singh 지음

한빛수학교재연구소 옮김 **김도형** 감수

한빛아카데미
Hanbit Academy, Inc.

지은이 머리말

정수론은 수학에서 아주 오래된 분야입니다. 오늘날 인터넷 보안 시장이 급성장하면서 인터넷 보안 분야에서 정수론이 널리 사용되고 있습니다.

필자는 학생들에게 추천할 만큼 엄밀하면서도 접근하기 쉬운 교재를 찾는 일에 지속적으로 관심을 가져왔습니다. 앞서 출간한 『응용을 통한 공학수학(Engineering Mathematics Through Applications)』과 『한 걸음씩 알아가는 선형대수학(Linear Algebra : Step by Step)』이 인기가 있었기 때문에, 고등학교 수학과 대학교 학부 수학 간의 큰 격차를 메울 수 있는 정수론 교재를 만들어야 한다는 강한 사명감을 느꼈습니다.

운이 좋게도 매우 많은 학생들이 각 장을 검토하며 도움을 주었습니다. 학생들의 의견을 반영하여, 수준 높은 학생부터 수학 사전지식이 부족한 학생까지 다양한 수학 능력을 완전히 아우를 수 있도록 각 장의 내용을 확장하고 보완하였습니다. 이러한 과정을 거쳤기 때문에 이 교재는 아주 어려운 주제를 다룰 때에도 매우 간결하면서 이해하기 쉽게 설명합니다.

이 책의 수준

이 책은 대학교 1, 2학년 학생을 대상으로 합니다. 많은 학생이 중·고등학교 수학에서 대학교 수학으로 전환하는 데 어려움을 느낍니다. 이 책은 특히 그 간극에 유의해 각 개념이 원활하게 연계되도록 구성하였습니다.

수학 사전지식이 부족한 상태에서 이 책을 학습한다고 전제하지만, 어려운 문제도 다루며 명확한 설명과 풍부한 그림을 사용해 어려운 질문에 대한 해답을 제시합니다. 이 책은 패턴, 그래프, 관련 질문들을 통해 점진적으로 명확하게 제시하는 내용을 학생들이 스스로 이해하며 학습할 수 있도록 하는 데 초점을 맞추었습니다.

교육적 이슈

이 책의 강점은 각 주제에 대한 풍부한 예제와 단계별 설명입니다. 웹사이트(http://www.oup.co.uk/companion/NumberTheory)에서 모든 문제에 대한 명확한 풀이 방법을 자유롭게 확인할 수 있으므로 학생 스스로 학습 가능합니다. 또한 여러분의 흥미를 끌기 위해 정수론 분야의 주요 학자에 대한 짧은 전기도 실었습니다.

하트퍼드셔대학교(University of Hertfordshire) 수학과에는 학부생이 70~80명 정도 있습니다. 과거에는 기존의 다양한 정수론 교재로 정수론을 가르쳤는데, 학생들이 소화하지 못하는 경우가 많고 책에 엄밀한 설명이 부족하다는 것도 깨달았습니다. 이 책은 교수자의 지속적인 설명 없이도 학생이 스스로 정수론에 대한 이해를 점진적으로 발전시킬 수 있도록 구성하였습니다.

이 책의 특징

시중에 정수론 관련 교재가 많이 있지만, 대부분 이해하기 어렵고 매우 형식적입니다. 어떤 책은 응용 부분에 지나치게 편중되어 있어 공학자가 보기에는 좋지만 수학자나 물리학자에겐 적합하지 않기도 합니다. 또한 기존 정수론 교재의 설명 방식은 다소 정적인 경향이 있습니다.

이와 대조적으로, 『정수론 첫걸음』은 자주 질문하고 답하는 과정을 통해 여러분의 참여를 장려하는 방식으로 훨씬 생동감 있게 진행됩니다. 본문 전반에 걸쳐 질문하고 답하기 때문에 암기하여 기억하는 게 아니라 소개한 방법을 이해했는지 지속적으로 확인해 나갑니다.

독자 여러분의 큰 관심을 기대합니다. 특히 수학에 약한 학생을 고려하여 간결한 설명 방식을 취했지만, 체계적이면서도 포괄적인 접근법에 따라 구성하였으므로 어떤 수준이든 충분히 참고 도서로서 유용하게 활용할 수 있습니다.

배경

필자는 학교를 다닐 때 수학에 관심이 많았습니다. 본래 시크(Sikh)교 혈통이라 어렸을 때는 영어를 이해하는 데 어려움이 많았지만, 수학은 또래들과 같은 출발점에서 배울 수 있는 보편적인 언어라 쉽게 친해졌습니다.

가르치는 일에는 항상 열정을 기울였습니다. 하트퍼드셔대학교에서는 25년 넘게 수학과 부교수로 재직 중이며, 2008년부터는 2학년 학부생에게 정수론을 가르치고 있습니다. 필자의 저서인 『응용을 통한 공학수학』이 많은 나라에서 학부 과정의 기초 교재로 사용되고 있으며, 이어서 출간한 『한 걸음씩 알아가는 선형대수학』 역시 널리 사용되고 있어 큰 자부심을 갖고 있습니다. 필자가 직접 관리하는 수학 관련 웹사이트에서는 자료를 정기적으로 업데이트하고 있으니 교재와 함께 살펴보면 많은 도움이 될 것입니다.

감사의 말

이 책의 본문을 개선하는 데 큰 도움을 준 수학 교사 델라 에이버리(Della Avery), 박사 과정 학생 아그네스 보니바트(Ágnes Bonivárt), 데이터 분석 및 시각화 전문가 로렌스 테일러(Laurence Taylor)에게 감사를 전하고 싶습니다. 또한 이 책을 멋지게 조판해주신 바라트 크리시나무어티(Bharath Krishnamoorthy)에게도 감사드립니다.

헌정

샤히드 비비 파람지트 카우어(Shaheed Bibi Paramjit Kaur)에게 이 책을 헌정합니다.

Kuldeep Singh

감수자 머리말

저자가 서문에서 밝힌 것처럼, 초등 정수론은 수학의 유서 깊은 갈래인 동시에 보안 분야에서 활발하게 응용되고 있는 학문입니다. 이 책은 초등 정수론 입문서로서, 대학교 1, 2학년 학생이 강의 교재로 보기에 적합합니다. 시중에 이미 비슷한 성격의 정수론 교재가 많이 있으나, 이 책이 가진 세 가지 특장점은 기존 교재와는 확실한 차별점을 만들어줍니다.

첫째, 풍부한 예제와 상세한 해설입니다. 저자는 다양한 예제와 그림을 제시하여 개념 이해를 돕고, 예제 풀이에 필요한 계산 과정을 낱낱이 기술하였습니다. 뿐만 아니라 수식의 전개 과정 옆에 자세한 해설을 덧붙여 독자가 스스로 차근차근 학습할 수 있게 구성하였습니다.

둘째, 느긋한 증명 전개입니다. 저자는 증명을 소개할 때 엄밀함을 추구하는 동시에, 예시를 통해 논리 전개를 부연하여 증명을 쉽게 이해할 수 있게 돕습니다. 또한 귀납법, 귀류법, 자연수의 정렬성, 조건 사이의 관계 등 증명의 기술적 측면에 대해서도 충분히 설명하고 있어 증명 단계를 쉽게 이해할 수 있도록 하였습니다.

셋째, 생동감 있는 구성 방식입니다. 초등 정수론의 전통적인 틀 속에서 주제를 선택하였으나, 질문–답 형식을 이용하여 역동적으로 전개합니다. 여기에 덧붙여 정수론의 발전에 기여한 다양한 수학자를 중간중간 소개하여 정수론 분야에 대한 입체적 조망을 돕습니다.

다른 수학 교재와 마찬가지로 이 책에서도 연습문제의 역할이 막중합니다. 연습문제는 개념의 이해 여부를 점검할 수 있는 계산 문제를 비롯하여 논리적 추론이 필요한 다양한 문제가 균형 있게 제시되어 있습니다.

수학이나 수학교육을 전공하는 대학생과 초등 정수론에 관심 있는 청소년에게 이 책을 추천합니다.

김도형

미리보기

학습목표

해당 장에서 배울 내용을 간략히 소개합니다.

?

개념을 단계별로 이해할 수 있도록
관련 질문과 답을 명확하게 제시합니다.

1.1 최대공약수

학습목표
- 몇 가지 나눗셈의 성질을 증명할 수 있습니다.
- 두 정수의 최대공약수를 찾을 수 있습니다.

? 5291과 3108의 최대공약수를 어떻게 구할 수 있을까요?

? 정수 x, y, c에 대해서 방정식 $5291x + 3108y = c$를 어떻게 풀 수 있을까요?

이 장의 목적은 이러한 두 가지 유형의 질문에 답하는 것입니다. 질문에 답하기 위해 1.2절과 1.3절에서 각각 나눗셈 알고리즘과 유클리드 알고리즘을 살펴보겠습니다.

이 절에서는 먼저 정수의 약수에 대해 살펴봄으로써 정수론의 기본 구성 요소 중 하나인 최대공약수의 의미를 정의하려고 합니다. 최대공약수는 수를 인수분해하는 데 중요한 역할을 하는데, 이에 대해서는 이 책의 뒷부분에서 따로 설명합니다.

1.1.1 나눗셈 소개

나눗셈은 수학을 처음 학습할 때 배우기 때문에 우리에게 상당히 친숙한 개념입니다. 나눗셈의 형식적인 정의는 다음과 같습니다. 이 책에서 이탤릭 소문자는 정수를 나타냅니다.

정의 1-1 **나눗셈**
정수 $a \neq 0$이 정수 b를 **나눈다**(divide)는 것은 $a \times m = b$를 만족하는 정수 m이 존재한다는 것과 같습니다. b가 a로 나누어지면 $a \mid b$로 나타냅니다.

정리

본문에서 중요한 명제를 뽑아 정리로 소개합니다.

정리 1-2 **약수의 성질**
정수 a, b, c, d에 대하여 다음이 성립합니다.
(a) $a \mid 1 \Leftrightarrow a = \pm 1$ ([예제 1-1]의 (b) 참고)
(b) $a \mid b$, $b \mid c$이면, $a \mid c$입니다. ([예제 1-1]의 (d) 참고)
(c) $a \mid b$, $c \mid d$이면, $(a \times c) \mid (b \times d)$입니다.
(d) $a \mid b$, $b \mid a \Leftrightarrow a = \pm b$
(e) $a \mid b$이고 $b \neq 0$이면, $|a| \leq |b|$입니다.

[정리 1-2]의 결과들을 증명할 때 [정의 1-1]을 사용합니다. '⇒'는 '함의한다'는 의미임을 기억합시다. 이 책 전반에 걸쳐 ⇒와 ⇐를 사용할 겁니다.

증명

(a) 명제 안에 ⇔[2]가 있으므로 양방향, 즉 ⇒와 ⇐를 모두 증명해야 합니다. ⇒를 보이기 위해 $a \mid 1$이라 가정하고 $a = \pm 1$임을 추론합시다. 또한 ⇐를 보이기 위해 $a = \pm 1$이라 가정하고 $a \mid 1$임을 추론합시다.

(⇐) 만약 $a = \pm 1(a = 1$ 또는 $a = -1)$이라면 $1 \mid 1$, $-1 \mid 1$이므로 $a \mid 1$입니다.
(⇒) 만약 $a \mid 1$이라면 정수 m이 존재하여 $am = 1$입니다. 이는 $a = \frac{1}{m}$을 의미합니다. a가 정수이므로 $m = \pm 1$입니다. 즉, $a = \pm 1$입니다.

(b) $a \mid b$, $b \mid c$이므로 정수 x, y가 존재하여 다음을 만족합니다.

$$ax = b, \ by = c$$

첫 번째 방정식 $b = ax$를 $by = c$에 대입하면 $(ax)y = c$이고, 곱셈의 결합법칙에 의해 $a \times (xy) = c$로 나타낼 수 있습니다. 그러므로 두 정수의 곱 xy는 정수입니다. 따라서 $a \times$(정수)$= c$이므로 $a \mid c$입니다.

(c) $a \mid b$, $c \mid d$이므로 정수 m, n이 존재하여 다음을 만족합니다.

$$am = b, \ cn = d$$

정의

본문에서 기억해야 할 주요 개념을 보여줍니다.

증명

본문에 소개한 명제, 정리, 보조정리, 따름정리가 성립하는 이유를 제시합니다.

예제

본문에서 다룬 개념들을 적용한 문제와
상세한 풀이를 담았습니다.

예제 5-5 $\phi(111)$을 계산해보세요.

풀이

111을 소인수분해하면, $111 = 3 \times 37$입니다. $\gcd(3, 37) = 1$이므로 $\phi(n)$의 승법적 성질을 사용할 수 있습니다.

$$\begin{aligned}\phi(111) &= \phi(3 \times 37) \\ &= \phi(3) \times \phi(37) && (\phi(m \times n) = \phi(m) \times \phi(n)\text{이므로}) \\ &= (3-1)(37-1) = 72 && (\text{[명제 5-2] } \phi(p) = p - 1\text{에 의해})\end{aligned}$$

72는 무엇을 의미할까요? 1과 111 사이에 있는 72개의 수가 3 또는 37의 배수가 아니라는 의미입니다. 따라서 72개의 합동이 아닌 잉여가 법 111에 대하여 역원을 가집니다. 그중 일부는 다음과 같습니다.

$$\phi(111) = \text{card}\underbrace{\{1, 2, 4, 5, 7, \cdots, 35, 38, 40, \cdots, 73, 76, 77, 79, 80, \cdots, 110\}}_{\text{3의 배수와 37의 배수를 제거}} = 72$$

따름정리 5-6
정수 m_j들이 쌍마다 서로소이면, 다음과 같습니다.

$$\phi(m_1 \times m_2 \times \cdots \times m_k) = \phi(m_1) \times \phi(m_2) \times \cdots \times \phi(m_k)$$

3.4절에서 쌍마다 서로소인 수를 다음과 같이 정의한 바 있습니다.

$$i \neq j, \ 1 \leq i, j \leq k\text{에 대하여}, \ \gcd(m_i, m_j) = 1$$

증명

5.1절 [연습문제 21]에서 증명합니다. ■

또한 다음 결과를 얻을 수 있습니다.

보조정리 5-7
$p_1, p_2, \cdots, p_r$이 서로 다른 소수이고, $k_1, k_2, \cdots, k_r$이 자연수라 하면 다음과 같습니다.

$$\phi(p_1^{k_1} \times p_2^{k_2} \times \cdots \times p_r^{k_r}) = \phi(p_1^{k_1}) \times \phi(p_2^{k_2}) \times \cdots \times \phi(p_r^{k_r})$$

따름정리

앞서 소개한 내용으로부터
바로 유도되는 명제를 소개합니다.

보조정리

본문의 주요 내용이나 정리를 뒷받침하는
명제를 소개합니다.

[그림 4-5] 조지 볼트만(1957–현재)

조지 볼트만(George Woltman)은 아주 어렸을 때부터 정수론에 관심이 있었습니다. 그는 MIT에서 컴퓨터 과학을 전공하고 1978년에 졸업했습니다. 그 후 컴퓨터 소프트웨어 업계에서 줄곧 일해왔습니다.

'GIMPS'를 인터넷에 검색하면 GIMPS 프로젝트를 찾을 수 있습니다. 해당 소프트웨어를 개인 컴퓨터에 다운로드하면 가장 큰 소수를 찾는 이 프로젝트에 참여할 수도 있습니다.

4.4.2 합성수인 메르센 수의 인수분해

메르센 수 M_n의 제곱근까지 이르는 모든 소수를 확인하는 무차별적인 대입 방법을 사용하지 않고, 주어진 합성수인 메르센 수 M_n의 소인수를 찾고자 합니다. 다음 명제는 그러한 확인 방법 중 하나입니다.

명제 4-17

n을 자연수라 하고 $p=2n+1$을 홀수인 소수라고 합시다. 그러면 $p \mid (2^n-1)$ 또는 $p \mid (2^n+1)$이 성립합니다. 이때 둘 다 성립할 수는 없습니다.

인물 전기

정수론 분야를 이끈 인물의 전기를 간략하게 소개합니다.

명제

각 장의 내용을 전개하는 데 바탕이 되는 명제를 소개합니다.

핵심요약

해당 절이 끝날 때마다 본문에서 다룬 주요 내용을 다시 한 번 요약하여 보여줍니다.

핵심요약

- 정수를 인수분해하기 위해 두 제곱수의 차 $a^2-b^2=(a-b)(a+b)$를 사용할 수 있습니다.
- $a^2 \equiv b^2 \pmod{n}$이고 $a \not\equiv \pm b \pmod{n}$이라면, $\gcd(a-b,\ n)$은 n의 자명하지 않은 인수입니다.

연습문제

해당 절이 끝날 때마다 본문에서 익힌 내용을 연습문제를 통해 정리합니다. 난도가 높은 문제는 번호 앞에 *(별표)로 표기하였습니다. *의 개수가 많을수록 더 어려운 문제입니다.

3.5 연습문제

01. 다음 정수를 소인수분해해보세요.
(a) 299 (b) 851
(c) 10403 (d) 2479

02. 다음 정수를 소인수분해해보세요.
(a) 9271
(b) 2146
*(c) 2974791

03. n이 홀수일 때, 다음을 증명해보세요.

$$\left(\frac{n+1}{2}\right)^2-\left(\frac{n-1}{2}\right)^2=n$$

04. 1236519를 인수분해해보세요.

05. 다음 물음에 답해보세요.
(i) 다음 정수를 각각 인수분해해보세요.
(a) 713
(b) 1271
(iii) 다음 분수를 기약분수로 나타내보세요.

$$\frac{713}{1271},\ \frac{403}{1271},\ \frac{403}{713}$$

06. 18861649를 인수분해하고, 다음 이차방정식을 풀어보세요.

$$x^2-18861649=0$$

07. 다음 물음에 답해보세요.
(i) 3397301을 인수분해해보세요(이 수를 소수로 인수분해할 필요는 없습니다).
(ii) 근의 공식을 사용하지 않고 $x^2+164x-3397301=0$의 해를 구해보세요.

*08. 두 제곱수의 차를 이용하여 53을 인수분해해보세요.

? 53을 인수분해하는 이 접근 방식과 관련하여 무엇을 알 수 있나요?

4장 종합문제

4.1 다음 합동 산술에 대하여 곱셈에 대한 역원을 음이 아닌 최소 잉여로 구해보세요.
(a) $10 \pmod{101}$
(b) $125 \pmod{127}$
(c) $540! \pmod{541}$

4.2 다음 물음에 답해보세요.
(i) 다음을 만족하는 음이 아닌 최소의 잉여 $x \pmod{29}$를 구해보세요.

$$x \equiv 10^{27} \pmod{29}$$

(ii) 다음 선형합동식의 해를 구해보세요.

$$10x \equiv 9 \pmod{29}$$

4.3 다음을 만족하는 음이 아닌 최소의 잉여 $x \pmod{11}$을 구해보세요.

$$7^{1000003} \equiv x \pmod{11}$$

(a) $2^{14}-1$
(b) $2^{15}-1$
(c) $2^{16}-1$

4.8 다음 물음에 답해보세요.
(a) 31이 $2^{5m}-1$의 인수임을 보이세요.
(b) 2047이 $2^{1100001111}-1$의 인수임을 보이세요. 그리고 이 수의 또 다른 인수를 구해보세요.

4.9 m, n, a를 1보다 큰 양의 정수라고 합시다. $m \mid n$이면, 다음이 성립함을 증명해보세요.

$$(a^m-1) \mid (a^n-1)$$

힌트 $a^{rs}-1=(a^r-1)(a^{r(s-1)}+a^{r(s-2)}+a^{r(s-3)}+\cdots+a^r+1)$

종합문제

해당 장이 끝날 때마다 각 장에서 익힌 내용을 종합문제를 통해 정리하여 마무리합니다.

힌트

문제 풀이에 도움이 되는 아이디어를 제공합니다.

- **강의자용 : 강의보조자료 다운로드**
  한빛출판네트워크 접속(http://www.hanbit.co.kr) → [교수전용] 클릭 → [강의자료] 클릭
- **학습자용 : 연습문제, 종합문제 해답 다운로드**
  한빛출판네트워크 접속(http://www.hanbit.co.kr) → [SUPPORT] 클릭 → [자료실] 클릭

이 책에 대한 안내

정수론은 수학에서 아주 오래된 분야입니다. 4,000년 전에 바빌로니아인들은 다음과 같은 피타고라스 세 쌍을 사용했습니다.

$$56^2 + 90^2 = 106^2, \quad 119^2 + 120^2 = 169^2, \quad 12709^2 + 13500^2 = 18541^2$$

오늘날 컴퓨터가 개발·보급됨에 따라 정수론은 컴퓨터 과학 및 암호학 분야에서 응용 학문으로 다시 주목받고 있습니다. 그전까지 정수론은 거의 4,000년 동안 이렇다 할 관심을 받지 못했으며 건설, 항공우주, 제조, 금융, 경제 등의 분야에서 사용되지 않았습니다.

정수론은 부의 분배에서 어떠한 불일치도 강조하지 않고 인류의 파괴를 조장하지도 않습니다. 그저 생년월일 입력하기, 친구에게 전화 걸기, 현금 인출기에 핀 번호 입력하기 등 일상생활에서 수를 사용할 뿐입니다. 중국에서는 핀 번호에 8964, 4689, 040689 혹은 이 수들이 들어간 어떠한 번호도 사용할 수 없다는 사실을 알고 있나요? 1989년 6월 4일에 천안문 사태가 발생했기 때문입니다.

흔히 수는 어렵고 지루하다고 생각할 수 있지만, 이 책을 통해 수의 매력적인 성질을 알고 그 매력에 빠져들게 될 것입니다. 이 책에서 여러분은 수, 특히 양의 정수에 대한 흥미롭고 놀라운 결과를 볼 것입니다.

? 이 책에서는 무엇을 배울까요?

지적 엄밀성, 문제 해결 방법, 추론을 배우고, 추상적 개념을 다루는 능력과 주어진 문제의 풀이 해석 능력을 기를 수 있습니다. 또한 결과를 증명할 때 논리적 추론 기술과 창의성을 개발할 수 있습니다. 이 책은 문제를 해결할 때 사용하는 분절된 기술이나 알고리즘을 모아둔 것이 아닙니다.

정수론은 매우 오랜 역사를 가지고 있으며 이 역사가 책 전반에 펼쳐져 있습니다. 가우스(Gauss), 페르마(Ferma), 오일러(Euler)가 특정 문제를 어떻게 해결했는지 알고 싶지 않나요?

? 기초 정수론이란 무엇일까요?

정수론은 본질적으로 양의 정수에 대한 연구입니다. 이 책에서는 양의 정수를 살펴보기 위해 기본 방법만 사용하려 합니다. 논의할 주제를 다루는 데 해석학이나 고급 대수를 적용하지 않습니다. 기초 정수론의 '기초'는 내용이 쉽고 기초적이라는 의미가 아니라, 단순히 기초적인 방법만 사용한다는 뜻입니다. 기초 정수론을 풀 때는 해석적 방법이나 고급 대수적 방법을 사용할 수 없으므로, 마치 핸드드릴 없이 젓가락으로 벽에 구멍을 뚫는 것과 같습니다. 이런 맥락에서 볼 때, 실제로는 도전적인 내용일 수 있으므로

'기초'라는 용어는 오해의 소지가 있기는 합니다.

정수론은 여타 학문과는 달리 많은 사람이 이해할 수는 있지만, 아직 명확한 답이 없는 질문을 쉽게 공식화하여 나타낼 수 있다는 특징이 있습니다. 예를 들어 n^2+1과 같은 형태의 소수가 무한히 많을 것으로 예측합니다(이러한 형태의 소수를 나열할 수 있습니다. $n=1, 2, 4, 6, 10, 14, 16, 20, 24, 26, 36, 40, 54, \cdots$에 대해 n^2+1은 소수입니다). 하지만 n^2+1 형태의 소수가 무한히 많은가는 아직 해결되지 않은 문제로 남아 있습니다.

또 다른 예로는 쉽게 이해할 수 있는 명제인 르장드르의 추측(Legendre's conjecture)이 있습니다.

"n^2과 $(n+1)^2$ 사이에는 항상 소수가 존재합니다."

이 명제 또한 아직 증명하지 못했습니다. 르장드르의 추측은 단순해 보여 귀납법으로 증명할 수 있을 것 같지만 지난 200년 동안 아무도 증명하지 못했습니다.

? 이 책은 어떤 주제를 다룰까요?

1장에서는 양의 정수의 나눗셈을 살펴보고 최대공약수에 집중합니다. 2장에서는 1보다 큰 모든 양의 정수가 특정한 방식을 통해 소수의 곱으로 인수분해될 수 있다는 산술의 기본정리를 증명합니다. 산술의 기본정리는 주어진 정수를 인수분해하는 방법을 알려주는 게 아니라 인수분해가 존재하는지 여부를 알려줍니다. 암호화와 같은 정수론의 현대 응용 분야에서는 다음과 같은 질문을 다룹니다.

- 주어진 양의 정수를 어떻게 인수분해할까요?
- 주어진 양의 정수가 소수인지 아닌지 어떻게 판단할 수 있을까요?

? 이 질문들이 왜 중요할까요?

큰 소수 두 개를 곱하기는 쉽지만 곱한 수를 다시 인수분해하기는 어렵기 때문에, 보안 분야에서는 공개키 암호화에 인수분해를 사용합니다. 예를 들어 다음의 두 소수를 곱한다고 합시다.

$$23456761, 9876543139$$

$23456761 \times 9876543139 = 231671711917712779$입니다. 우변의 231671711917712779를 인수분해하는 일은 위에 제시된 소수들이 답이란 것을 알고 있지 않는 한 어렵습니다. 즉, 일반적으로 매우 어려운 문제입니다. 왜냐하면 아직까지 효과적으로 소인수분해하는 방법이 존재하지 않기 때문입니다.

십진법으로 3618502788666131106986593281521497120414687020801267626233049500247285301247인 $2^{251}-1$의 소인수를 어떻게 찾을 수 있을까요?

4장에서 이 질문에 답합니다. 3장에서 이 인수분해를 다루지 않는 이유는 무엇일까요? 3장에서는 합동 산술 또는 시계 연산이라고 하는 새로운 종류의 연산을 통해 인수분해를 해봅니다. 이 시계 연산은 루프에서 수행되는 것으로 두 정수로 나눗셈을 한 후의 나머지에 초점을 맞춥니다. 4~8장은 이 합동 산술을 기반으로 진행합니다.

또한 3장에서는 새로운 연산을 사용하여 직접 계산하지 않고도 해를 구할 수 있는 중국인의 나머지 정리를 활용합니다. 합동 산술을 통해 "11^{205}의 마지막 두 자릿수는 무엇입니까?"와 같은 질문에 답할 수 있습니다. 이러한 유형의 질문은 5장에서 살펴봅니다. 다음과 같은 비선형 디오판토스 방정식을 푸는 데도 합동 산술을 사용합니다.

$$x^2-127y=2 \text{ 또는 } 7x^6-13y=6$$

디오판토스 방정식은 x와 y가 정수로 제한된 상태에서 해를 구하는 것입니다. 일반적으로 디오판토스 방정식은 해석적으로 풀기 어렵습니다. 하지만 6장과 7장에서 이러한 방정식과, 유사한 성질의 다른 방정식을 풉니다.

7장에서는 다음과 같은 비선형 디오판토스 방정식이 정수해를 가지는지에 대해 묻습니다.

$$x^2-4183y=713$$

이 문제를 다루는 일은 쉽지 않습니다. 8장에서는 수학의 위대한 결과 중 하나를 증명합니다. $4k+1$ 형태의 소수는 두 제곱수의 합(a^2+b^2)으로 쓸 수 있습니다. 하지만 $4k+3$ 형태의 소수는 두 수의 제곱수의 합으로 쓸 수 없습니다.

그다음 단계에서는 자연스럽게 다음과 같은 피타고라스 세 쌍에 대해 살펴봅니다.

$$\text{정수 } a,\ b,\ c\text{에 대하여, } a^2+b^2=c^2$$

마지막으로 모든 양의 정수 n을 다음과 같이 네 제곱수의 합으로 쓸 수 있음을 증명합니다.

$$n=a^2+b^2+c^2+d^2$$

이 책에서 이러한 주제들을 선택한 이유는 무엇인가요?

우선 이 주제들은 대다수 국가의 기초 정수론에서 다루는 내용입니다. 정수론 과정에 대해 다양하게 조사하여 이 책에서 다루는 주제를 대체로 포함하고 있음을 확인하였습니다.

양의 정수는 일상생활에서 기본적으로 쓰이는 수이고, 1보다 큰 모든 양의 정수는 소수로 인수분해될 수 있으므로 소수와 나눗셈은 더 일반적이고 강력한 결과를 가져옵니다. 예를 들어 a^n과 같은 간단한 표현에서 큰 수의 마지막 몇 자릿수에 관심이 있을 수 있습니다. 다시 말하지만, 이런 질문에 답하려면 합동 산술을 사용해야 하며 이 연산에 대한 이론은 소수를 기반으로 합니다.

디오판토스 방정식 같은 일부 내용은 갑자기 주제를 우회하는 것처럼 보일 수 있지만, 모두 합동 산술에 대한 방정식을 푸는 데 도움이 됩니다.

다시 말하지만 이 책에서 다루는 모든 주제를 학습하는 데 해석학이나 고급 대수는 필요하지 않습니다. 유일한 전제조건은 입문 장에서 설명하는 증명의 구성 방법을 아는 것입니다. 이렇게 살펴본 주제들을 해석적 또는 대수적 정수론을 학습하기 위한 기초로 사용할 수 있습니다.

입문 장의 내용은 어디에서 확인할 수 있나요?

입문 장은 한빛출판네트워크 홈페이지(http://www.hanbit.co.kr) → [SUPPORT] → [자료실]에서 확인할 수 있습니다.

목차

* 각 절의 마지막에 연습문제를 제공합니다.

Chapter 1 나눗셈 탐구

Chapter 2 소수와 인수분해

Chapter 3 합동 산술 이론

Chapter 4 법 소수로 합동 산술 탐구하기

Chapter 5 페르마 정리를 일반화한 오일러 정리

Chapter 6 원시근과 지표

Chapter 7 이차 잉여

Chapter 8 비선형 디오판토스 방정식

1

나눗셈 탐구
A Survey of Divisibility

1.1 최대공약수

학습목표

- 몇 가지 나눗셈의 성질을 증명할 수 있습니다.
- 두 정수의 최대공약수를 찾을 수 있습니다.

5291과 3108의 최대공약수를 어떻게 구할 수 있을까요?

정수 x, y, c에 대해서 방정식 $5291x+3108y=c$를 어떻게 풀 수 있을까요?

이 장의 목적은 이러한 두 가지 유형의 질문에 답하는 것입니다. 질문에 답하기 위해 1.2절과 1.3절에서 각각 나눗셈 알고리즘과 유클리드 알고리즘을 살펴보겠습니다.

이 절에서는 먼저 정수의 약수에 대해 살펴봄으로써 정수론의 기본 구성 요소 중 하나인 최대공약수의 의미를 정의하려고 합니다. 최대공약수는 수를 인수분해하는 데 중요한 역할을 하는데, 이에 대해서는 이 책의 뒷부분에서 따로 설명합니다.

1.1.1 나눗셈 소개

나눗셈은 수학을 처음 학습할 때 배우기 때문에 우리에게 상당히 친숙한 개념입니다. 나눗셈의 형식적인 정의는 다음과 같습니다. 이 책에서 이탤릭 소문자는 정수를 나타냅니다.

정의 1-1 나눗셈

정수 $a \neq 0$이 정수 b를 **나눈다**(divide)는 것은 $a \times m = b$를 만족하는 정수 m이 존재한다는 것과 같습니다. b가 a로 나누어지면 $a \mid b$로 나타냅니다.

예를 들어 $5 \mid 100$으로 나타내는데, 이는 정수 $m=20$이 존재해서 $5 \times 20 = 100$이 성립하기 때문입니다. b가 a로 나누어지지 않는다면, $a \nmid b$로 나타냅니다. 예를 들면 $5 \nmid 101$입니다. $5 \times m = 101$을 만족하는 정수 m이 존재하지 않기 때문입니다.

a는 b의 **약수**(divisor) 또는 **인수**(factor)라고 합니다. 그리고 b는 a의 **배수**(multiple)라고 합니다.

앞에서 예로 든 $5 \mid 100$에서 $5 \times 20 = 100$이므로, 5는 100의 약수(또는 인수)이고 100은 5의 배수입니다. 약수와 인수는 동의어입니다. 정수의 나눗셈을 설명할 때 두 용어를 혼용할 수 있습니다.

? 21의 약수는 무엇일까요?

1, 3, 7, 21은 명백하게 21의 약수입니다. 하지만 $-1, -3, -7, -21$도 21의 약수입니다. 즉, $1, -1, 3, -3, 7, -7, 21, -21$이 21의 약수입니다.

? −21의 약수는 무엇일까요?

$3 \times (-7) = -21$이므로 $3 \mid -21$입니다. 따라서 3은 -21의 약수입니다. -21의 약수와 21의 약수는 같습니다.

약수(인수)는 양의 정수와 음의 정수 모두를 고려하는 개념임에 유의합시다.

예제 1-1 다음 정수의 약수를 구해보세요.

(a) 100　　(b) 1　　(c) 15　　(d) 30

풀이

(a) 100의 약수는 $\pm 1, \pm 2, \pm 4, \pm 5, \pm 10, \pm 20, \pm 25, \pm 50, \pm 100$입니다.
($\pm a$는 $+a$ 또는 $-a$를 의미합니다.)

(b) 1의 약수는 ± 1입니다.

(c) 15의 약수는 $\pm 1, \pm 3, \pm 5, \pm 15$입니다.

(d) 15는 30의 약수이므로, 15의 약수는 모두 30의 약수입니다. 따라서 (c)의 결과를 사용하고, 여기에 $\pm 2, \pm 6, \pm 10, \pm 30$을 추가합니다. 즉, $\pm 1, \pm 2, \pm 3, \pm 5, \pm 6, \pm 10, \pm 15, \pm 30$이 30의 약수입니다.

지금까지 살펴본 약수의 의미를 통해, 약수의 성질을 일부 정리할 수 있습니다. 특히 [예제 1-1]의 (b)와 (d)의 결과를 일반화하여 나타낼 수 있습니다.

[정리 1-2]에 약수와 관련한 일반화된 결과가 제시되어 있습니다. 정리(theorem) 또는 명제(proposition)는 수학적 추론을 사용하여 증명한 수학적 진술입니다. 이에 대해서는 입문 장(Introductory Chapter)[1]을 참고하세요.

1 입문 장(Introductory Chapter)은 한빛출판네트워크 홈페이지(http://www.hanbit.co.kr) → [SUPPORT] → [자료실]에서 확인할 수 있습니다.

정리 1-2 약수의 성질

정수 a, b, c, d에 대하여 다음이 성립합니다.

(a) $a \mid 1 \Leftrightarrow a = \pm 1$ ([예제 1-1]의 (b) 참고)

(b) $a \mid b$, $b \mid c$이면, $a \mid c$입니다. ([예제 1-1]의 (d) 참고)

(c) $a \mid b$, $c \mid d$이면, $(a \times c) \mid (b \times d)$입니다.

(d) $a \mid b$, $b \mid a \Leftrightarrow a = \pm b$

(e) $a \mid b$이고 $b \neq 0$이면, $|a| \leq |b|$입니다.

[정리 1-2]의 결과들을 증명할 때 [정의 1-1]을 사용합니다. '⇒'는 '함의한다'는 의미임을 기억합시다. 이 책 전반에 걸쳐 ⇒와 ⇐를 사용할 겁니다.

증명

(a) 명제 안에 ⇔[2]가 있으므로 양방향, 즉 ⇒와 ⇐를 모두 증명해야 합니다. ⇒를 보이기 위해 $a \mid 1$이라 가정하고 $a = \pm 1$임을 추론합시다. 또한 ⇐를 보이기 위해 $a = \pm 1$이라 가정하고 $a \mid 1$임을 추론합시다.

(⇐) 만약 $a = \pm 1$($a = 1$ 또는 $a = -1$)이라면 $1 \mid 1$, $-1 \mid 1$이므로 $a \mid 1$입니다.

(⇒) 만약 $a \mid 1$이라면 정수 m이 존재하여 $am = 1$입니다. 이는 $a = \frac{1}{m}$을 의미합니다. a가 정수이므로 $m = \pm 1$입니다. 즉, $a = \pm 1$입니다.

(b) $a \mid b$, $b \mid c$이므로 정수 x, y가 존재하여 다음을 만족합니다.

$$ax = b, \ by = c$$

첫 번째 방정식 $b = ax$를 $by = c$에 대입하면 $(ax)y = c$이고, 곱셈의 결합법칙에 의해 $a \times (xy) = c$로 나타낼 수 있습니다. 그러므로 두 정수의 곱 xy는 정수입니다. 따라서 $a \times$(정수)$= c$이므로 $a \mid c$입니다.

(c) $a \mid b$, $c \mid d$이므로 정수 m, n이 존재하여 다음을 만족합니다.

$$am = b, \ cn = d$$

위 두 식을 곱하면 $am \times cn = b \times d$입니다. 이 식을 재배열하면 $ac \times (mn) = b \times d$로, $ac \times$(정수)$= b \times d$ 형태입니다. 즉, $(a \times c) \mid (b \times d)$입니다.

(d) $a \mid b$, $b \mid a \Leftrightarrow a = \pm b$를 증명해야 합니다.

2 양방향 기호(two-way implication symbol) ⇔의 의미를 제대로 알고 싶다면 입문 장을 참고하세요.

($\Leftarrow$) $a = \pm b(a = b$ 또는 $a = -b)$이면, $a \mid b$이고 $b \mid a$입니다(임의의 정수는 자신 혹은 자기 자신에 음수를 붙인 수를 나눕니다).

($\Rightarrow$) $a \mid b$이고 $b \mid a$이면, 정수 x, y가 존재하여 다음을 만족합니다.

$$ax = b,\ by = a$$

$b = ax$를 $by = a$에 대입하면, $a(xy) = a$이므로 $xy = 1$입니다. 이 방정식의 해는 다음과 같습니다.

$$x = 1,\ y = 1 \text{ 또는 } x = -1,\ y = -1$$

$y = 1$ 또는 $y = -1$을 $a = by$에 대입하면 $a = b$ 또는 $a = -b$입니다. 즉, $a = \pm b$입니다.

(e) $a \mid b$이고 $b \neq 0$이면 정수 m이 존재하여 다음을 만족합니다.

$$a \times m = b$$

양변에 절댓값을 취하면 다음과 같습니다(절댓값 함수 $|\ |$의 의미를 입문 장에서 확인해보세요).

$$|b| = |a \times m| = |a| \times |m| \quad (|x \times y| = |x| \times |y| \text{이므로})$$

b가 0이 아니므로, m도 0이 될 수 없습니다. 따라서 $|m| \geq 1$입니다. $|b| = |a| \times |m|$에서 $|m| \geq 1$을 적용하면, 다음과 같습니다.

$$|b| = |a| \times |m| \geq |a| \times 1 = |a|$$

따라서 $|b| \geq |a|$이고, 이를 반대로 하여 $|a| \leq |b|$라고 쓸 수 있습니다. ■

지금까지 제시된 결과를 사용하는 수치 예제 몇 가지를 살펴보겠습니다.

예제 1-2 **42의 양의 약수를 구해보세요.**

풀이

42의 양의 약수를 나열하기는 쉽겠지만, 여기서는 [정리 1-2]의 (b)를 사용해봅시다. 6이 42의 약수임을 알고 있으므로 다음과 같은 [정리 1-2]의 (b)를 사용할 수 있습니다.

$$a \mid b,\ b \mid c \Rightarrow a \mid c$$

따라서 6의 임의의 약수는 42의 약수이기도 합니다. 6의 양의 약수는 1, 2, 3, 6입니다.

$42 = 6 \times 7$이므로, [정리 1-2]의 (b)를 다시 사용하면 7의 임의의 약수 또한 42의 약수가 됩니다. 7의 양의 약수는 1, 7입니다.

지금까지 42의 양의 약수로 1, 2, 3, 6, 7을 찾았습니다. 또 다른 약수가 있을까요? 그렇죠. 14, 21 그리고 42 자기 자신이 있습니다. 이를 한데 모으면, 42의 양의 약수는 다음과 같습니다.

$$1, 2, 3, 6, 7, 14, 21, 42$$

$\tau(n)$으로 표시되는 양의 정수 n의 타우 함수(tau function)는 n의 양의 약수의 개수를 나타냅니다. [예제 1-2]에서 $\tau(42) = 8$입니다. $\tau(n)$은 정수론에서 중요한 함수입니다.

이제부터는 양의 약수에 집중하려고 합니다. 왜냐하면 양의 약수 앞에 음의 부호를 붙이면 음의 약수를 찾을 수 있기 때문입니다.

예제 1-3 **$99 \mid 5544$, $168 \mid 1176$임을 이용하여 계산기를 사용하지 않고 다음이 성립함을 보이세요.**

$$72 \mid (5544 \times 1176)$$

풀이

$72 = 9 \times 8$이므로 다음이 성립함을 보여야 합니다.

$$(9 \times 8) \mid (5544 \times 1176)$$

$9 \mid 99$임이 확실하고 $99 \mid 5544$가 주어져 있으므로 $9 \mid 5544$입니다. 마찬가지로 $8 \mid 168$이고 $168 \mid 1176$이 주어져 있으므로 $8 \mid 1176$입니다. 다음의 [정리 1-2]의 (c)를 적용해봅시다.

$$a \mid b,\ c \mid d \text{이면, } (a \times c) \mid (b \times d) \text{입니다.}$$

$9 \mid 5544$, $8 \mid 1176$이 주어져 있으므로 다음과 같이 쓸 수 있습니다.

$$(9 \times 8) \mid (5544 \times 1176) \Rightarrow 72 \mid (5544 \times 1176)$$

1.1.2 일차결합

정수 b, c의 **일차결합**(linear combination)은 $bx + cy$ 형태의 정수를 의미합니다.

일차결합은 이 책 전반에 걸쳐 사용되는 중요한 개념입니다.

이제 '$a \mid b$, $a \mid c$이면, $a \mid (bx+cy)$'임을 증명해보려고 합니다. 그 전에 다음의 수치 예제를 먼저 살펴봅시다.

예제 1-4 **$99 \mid 5544$와 $99 \mid 594$가 주어질 때, 임의의 정수 x, y에 대하여 $99 \mid (5544x+594y)$가 성립함을 보이세요.**

풀이

$99 \mid 5544$가 주어져 있으므로, 정수 m이 존재하여 $99m = 5544$를 만족합니다. 마찬가지로 $99 \mid 594$이므로 정수 n이 존재하여 $99n = 594$를 만족합니다. 일차결합 $5544x+594y$에 $99m = 5544$와 $99n = 594$를 대입해봅시다.

$$\begin{aligned} 5544x+594y &= \underbrace{99m}_{=5544}x + \underbrace{99n}_{=594}y \\ &\underbrace{=}_{\text{인수분해}} 99(mx+ny) = 99\times(\text{정수}) \quad \text{(두 정수의 합도 정수)} \end{aligned}$$

따라서 99는 $5544x+594y$의 약수입니다. 즉, $99 \mid (5544x+594y)$입니다.

이제 임의의 정수에 대하여 이 결과를 증명해봅시다.

> **정리 1-3 일차결합 정리(linear combination theorem)**
> $a \mid b$, $a \mid c$이면, 임의의 정수 x, y에 대하여 $a \mid (bx+cy)$입니다.

? 이 정리는 무엇을 의미할까요?

a가 b와 c를 나눈다면, a는 b와 c의 임의의 일차결합$(bx+cy)$을 나눈다는 것을 의미합니다.

증명

$a \mid b$, $a \mid c$라고 가정하면, [정의 1-1]에 의해 정수 m과 n이 존재해서 $am = b$, $an = c$가 성립합니다. 이제 $a \mid (bx+cy)$가 성립함을 증명해야 합니다. $b = am$과 $c = an$을 일차결합 $bx+cy$에 대입해봅시다.

$$bx+cy = (am)x+(an)y = a(mx+ny) \quad \text{(인수분해)}$$

$a\times(\text{정수}) = bx+cy$ 형태이므로 $a \mid (bx+cy)$입니다. ■

예제 1-5 $a \mid b$, $a \mid c$일 때, (i) $a \mid (b+c)$ (ii) $a \mid (b-c)$가 성립함을 보이세요. 이 결과를 어떻게 증명해야 할까요? 다음의 [정리 1-3]을 적용해봅시다.

$$a \mid b,\ a \mid c\text{이면, } a \mid (bx+cy)$$

풀이

(i) [정리 1-3]에 $x=y=1$을 대입하면 $a \mid (b+c)$입니다.

(ii) [정리 1-3]에 $x=1$과 $y=-1$을 대입하면 $a \mid (b-c)$입니다.

[정리 1-3]은 a가 두 정수를 나눌 때, 즉 $a \mid b$, $a \mid c$일 때만 유효합니다. 또한 [정리 1-3]을 다음과 같이 임의의 정수 n개로 확장하여 적용할 수 있습니다.

> $a \mid b_1$, $a \mid b_2$, $a \mid b_3$, $\cdots$, $a \mid b_n$이면 a는 이들의 일차결합을 나눕니다.
>
> $$a \mid (b_1x_1 + b_2x_2 + b_3x_3 + \cdots + b_nx_n)$$

이 결과는 수학적 귀납법을 적용하면 증명됩니다(1.1절 [연습문제 23]을 확인하세요).

1.1.3 최대공약수

? 최대공약수는 무엇을 의미할까요?

두 정수 15와 35를 생각해봅시다. 각각의 약수는 다음과 같습니다.

1, 3, 5, 15는 15의 양의 약수
1, 5, 7, 35는 35의 양의 약수

? 두 정수 15와 35의 약수들 중 공통된 수는 무엇인가요?

1, 5입니다.

공통된 수 중에서 5가 가장 큽니다. 그래서 5가 15와 35의 최대공약수(또는 gcd)가 됩니다.

정수 a와 b의 최대공약수는 기호로 $\gcd(a, b)$로 나타냅니다. 따라서 앞의 예를 적용하면 $\gcd(15, 35)=5$라고 쓸 수 있습니다. 최대공약수는 영어로 gcd ; greatest common divisor이지만 hcf ; highest common factor로 쓰기도 합니다. 이 책에서는 gcd라고 쓰겠습니다.

예제 1-6 가로 72인치, 세로 90인치인 바닥에 타일을 깐다고 가정해봅시다. 남는 부분 없이 동일한 형태로 최대한 큰 정사각형 타일을 바닥에 깐다고 할 때, 정사각형 타일의 한 변의 길이를 구해보세요.

풀이

어떻게 이 문제를 최대공약수와 연결 지을 수 있을까요? 정사각형 타일을 사용하기 때문에 72와 90의 공약수를 찾아야 합니다. 또한 가장 큰 타일이어야 하므로 최대공약수를 찾아야 합니다. 72와 90의 최대공약수를 기호로 나타내면 $\gcd(72, 90)$입니다.

72의 양의 약수는 $\{1, 2, 3, 4, 6, 8, 9, 12, 18, 24, 36, 72\}$입니다. 입문 장에서 집합(set) 기호로 중괄호 { }를 썼고, 그룹화를 설명할 때도 중괄호가 사용된다는 것을 기억해보세요. 이 중에서 90의 양의 약수이기도 한 수를 찾아보세요.

$$\{1, 2, 3, 6, 9, 18\}$$

이 $\{1, 2, 3, 6, 9, 18\}$은 72와 90의 공약수들의 집합입니다. 따라서 다음과 같습니다.

$$\gcd(72, 90) = 18$$

그러므로 남는 부분 없이 가장 큰 정사각형 타일로 바닥 전체를 덮기 위해서는 한 변의 길이가 18인치인 타일을 구입해야 합니다.

최대공약수의 형식적 정의는 다음과 같습니다.

정의 1-4 최대공약수

양의 정수 g가 0이 아닌 두 정수 a와 b의 **최대공약수**(greatest common divisor)입니다.

$\Leftrightarrow$ (i) $g \mid a$, $g \mid b$ (g는 공약수)

(ii) 임의의 c에 대해 $c \mid a$, $c \mid b$이면, $c \le g$입니다. (g가 공약수 중 가장 큼)

0이 아닌 두 정수 a와 b에 대해서 $\gcd(a, b) = g$이면, $g \ge 1$입니다. g가 최대공약수이려면 조건 (i), (ii) 모두를 만족해야 합니다.

gcd가 양의 정수이므로 gcd를 찾을 때는 양의 약수에 대해서만 생각해야 합니다. 다음 예제는 gcd를 찾는 몇 가지 경우를 보여줍니다.

예제 1-7 다음 수의 gcd를 구해보세요.

(a) $-12, 30$　　(b) $30, 100$　　(c) $10, 21$

풀이

(a) gcd는 양수이므로 각 수의 양의 약수만 찾으면 됩니다. -12의 양의 약수는 $\{1, 2, 3, 4, 6, 12\}$이고, 30의 양의 약수는 $\{1, 2, 3, 5, 6, 10, 15, 30\}$입니다. -12와 30의 공약수는 1, 2, 3, 6입니다. 따라서 $\gcd(-12, 30)=6$입니다.

(b) 마찬가지로 30의 양의 약수를 적어봅시다.

$$\{1, 2, 3, 5, 6, 10, 15, 30\}$$

이 중에서 100의 약수는 무엇인가요? $\{1, 2, 5, 10\}$입니다. 따라서 $\gcd(30, 100)=10$입니다.

(c) 10과 21은 1을 제외하고는 공약수가 존재하지 않습니다. 그래서 $\gcd(10, 21)=1$입니다. 이때 10과 21을 **서로소**(relatively prime)라고 합니다.

두 정수의 공약수가 1뿐이라면, 이 둘은 서로소입니다. 이 내용은 1.3.2절에서 다룹니다. 또한 같은 절에서 gcd를 계산하는 좀 더 효과적인 방법인 유클리드 알고리즘을 소개합니다.

예제 1-8 다음 물음에 답해보세요.

(i) $g=\gcd(36, 60)$일 때 g를 구해보세요.

(ii) $\gcd\left(\frac{36}{g}, \frac{60}{g}\right)$을 구하고, 이 답에 대해 설명해보세요.

풀이

(i) 36의 양의 약수는 $\{1, 2, 3, 4, 6, 9, 12, 18, 36\}$입니다. 이 중에서 60의 양의 약수는 무엇인가요? $\{1, 2, 3, 4, 6, 12\}$입니다. 그러므로 $g=\gcd(36, 60)=12$입니다.

(ii) $\frac{36}{12}, \frac{60}{12}$의 최대공약수는 $\gcd\left(\frac{36}{12}, \frac{60}{12}\right)=\gcd(3, 5)=1$입니다. 정수 36과 60을 두 수의 최대공약수로 나누었기 때문에 답은 1일 수밖에 없습니다. 만약 3과 5에 1보다 큰 공약수 f가 있다면 36과 60의 최대공약수는 (i)에서 계산한 것처럼 12가 아니라 $12\times f$일 것입니다.

이 결과를 사용하여 분수를 약분할 수 있습니다. 예를 들어 $\frac{36}{60}$에서 분자와 분모를 $g=\gcd(36, 60)=12$로 나누어 약분할 수 있습니다. $\frac{36}{60}=\frac{3}{5}$입니다.

또한 비율을 간단하게 만들기 위해 최대공약수로 이와 같은 나눗셈을 사용할 수 있습니다. 관련 내용은 1.1절 [연습문제 03]에서 확인하세요.

명제 1-5

$\gcd(a, b) = g$이면, $\gcd\left(\frac{a}{g}, \frac{b}{g}\right) = 1$입니다.

? 이 결과를 어떻게 증명할까요?

귀류법으로 증명합니다.

증명

$\gcd\left(\frac{a}{g}, \frac{b}{g}\right) = d$이고, $d > 1$이라 합시다. 최대공약수에 대한 [정의 1-4]에 의해 다음을 알 수 있습니다.

$$d \mid \frac{a}{g} \Rightarrow dm = \frac{a}{g} \Rightarrow (dg)m = a \Rightarrow dg \mid a$$

마찬가지로 다음이 성립합니다.

$$d \mid \frac{b}{g} \Rightarrow dm = \frac{b}{g} \Rightarrow (dg)m = b \Rightarrow dg \mid b$$

그러므로 dg 또한 a와 b의 공약수입니다. $\gcd(a, b) = g$이므로 [정의 1-4]의 (ii)에 의해 다음이 성립합니다.

$$c \mid a\text{이고 } c \mid b\text{이면, } c \le g \quad (g\text{는 최대공약수})$$

따라서 $dg \le g$여야 합니다. 여기서 양변을 g로 나누면 $d \le 1$입니다. 그런데 $d > 1$로 가정했으므로 모순이 발생합니다. $d > 1$이라는 가정이 틀린 게 분명합니다. 따라서 $d = 1$입니다. 이는 $\gcd\left(\frac{a}{g}, \frac{b}{g}\right) = 1$임을 의미합니다(정수 $\frac{a}{g}$, $\frac{b}{g}$는 서로소입니다). ■

최대공약수의 정의를 2개 이상의 정수로 확장할 수 있습니다.

정의 1-6 2개 이상의 정수에 대한 최대공약수

양의 정수 g가 모든 원소가 0이 아닌 정수 집합 $S = \{a_1, a_2, a_3, \cdots, a_n\}$의 최대공약수입니다.

⇔ g는 집합 S의 모든 정수를 나누는 가장 큰 정수입니다.

일반적으로 $g = \gcd(a_1, a_2, a_3, \cdots, a_n)$과 같이 나타냅니다.

세 정수의 최대공약수는 다음과 같이 계산할 수 있습니다.

0이 아닌 정수 a, b, c에 대하여, $\gcd(a, b, c) = \gcd(a, \gcd(b, c))$입니다.

이에 대해서는 1.3절 [연습문제 19]에서 증명합니다.

핵심요약

- 정수 a가 b의 약수라는 말은 $a \times m = b$를 만족하는 정수 m이 존재한다는 것과 동치입니다.
- $a \mid b$, $a \mid c$이면 a는 b와 c의 임의의 일차결합을 나눕니다.
- a와 b의 최대공약수는 a와 b 모두를 나누는 가장 큰 정수입니다.

1.1 연습문제

01. 세로 60인치, 가로 84인치인 직사각형 모양의 금속 시트가 있습니다. 이 금속 시트를 가능한 한 큰 정사각형 모양으로 일정하게 자르려고 합니다. 이때 정사각형 한 변의 길이를 구해보세요.

02. $\gcd(57, 209)$를 구해보세요. 이 결과를 바탕으로 혹은 다른 방법으로 분수 $\frac{57}{209}$을 약분해 보세요.

03. $\gcd(65, 1001)$을 구해보세요. 이를 바탕으로 비 $65 : 1001$을 가장 간단한 형태로 나타내보세요.

04. 음악에서 기본 주파수 f_0는 고조파 주파수 f_n들의 최대공약수입니다. 다음 고조파 주파수들의 기본 주파수 f_0를 찾아보세요.

$$f_1 = 200\text{Hz},\ f_2 = 300\text{Hz},$$
$$f_3 = 400\text{Hz},\ f_4 = 500\text{Hz}$$

05. n이 다음과 같을 때, 타우 함수 $\tau(n)$을 구해보세요.

(a) 10 (b) 100

(c) 120 (d) 101

06. 다음 정수들의 최대공약수를 계산해보세요.

(a) -12, 34 (b) -36, -60

(c) 60, -72 (d) 1001, 182

07. 다음 방정식의 그래프를 그려보세요.

$$24x + 120y = \gcd(24, 120)$$

그래프나 다른 방법을 사용하여 위 방정식의 두 정수해를 구해보세요.

08. $56x+60y=\gcd(56, 60)$의 정수해를 하나 구해보세요.

*09. $\gcd(66, 165, 253)$을 구해보세요.

10. 0이 아닌 정수 a에 대하여 $\gcd(a, a^2)$을 구해보세요.

11. $a+b$와 a^2-b^2이 모두 0이 아닐 때, $\gcd(a+b, a^2-b^2)$을 구해보세요.

12. 다음 명제가 참이면 증명하고, 거짓이면 반례를 들어보세요.

$a \mid b$, $c \mid d$이면, $(a+c) \mid (b+d)$입니다.

13. 다음 물음에 답해보세요.

(a) $a \mid 0$을 만족하는 정수 a로 가능한 값들을 구해보세요.

(b) $a \mid 2$를 만족하는 정수 a로 가능한 값들을 구해보세요.

14. $c \neq 0$일 때, '$a \mid b \Leftrightarrow ac \mid bc$'임을 증명해보세요.

15. $a \mid (b+c)$이고 $a \mid b$일 때, $a \mid c$임을 증명해보세요.

16. $a \mid b$이고 $a \mid c$일 때, $a \mid (b^2-c^2)$임을 증명해보세요.

17. '$a \mid (b \times c) \not\Rightarrow a \mid b$ 또는 $a \mid c$'임을 증명해보세요.

? 어떤 상황에서 '$a \mid (b \times c) \Rightarrow a \mid b$ 또는 $a \mid c$'가 참일 것이라고 생각하나요?

18. 다음을 증명해보세요.

(a) 연속인 두 정수는 서로소입니다.

(b) 연속인 두 홀수는 서로소입니다.

힌트 서로소는 최대공약수가 1임을 의미합니다.

19. m과 n을 양의 정수라 할 때, 다음을 증명해보세요.

$m < n$일 때 $m \mid n$이면, $m \leq \frac{n}{2}$입니다. 이 결과를 만족하는 m을 **진약수**(proper divisor)라고 합니다.

*20. n이 홀수인 정수라면, $\gcd(n+1, n^2+1) = 2$임을 보이세요.

*21. '$d > 1$이고 $\gcd(n_1, n_2) = 1$일 때, $d \mid (n_1 \times n_2)$이면 $d \mid n_1$ 또는 $d \mid n_2$이다.'가 성립하지 않음을 반례를 들어 증명해보세요.

22. 0이 아닌 a, b에 대하여 $\gcd(-a, -b) = \gcd(a, b)$가 성립함을 증명해보세요.

23. $a \mid b_1$, $a \mid b_2$, $\cdots$, $a \mid b_n$이면, 임의의 정수 $x_1, x_2, \cdots, x_n$에 대하여 $a \mid (b_1x_1+b_2x_2+\cdots+b_nx_n)$이 성립함을 증명해보세요.

1.2 나눗셈 알고리즘

학습목표

- 나눗셈 알고리즘의 증명을 이해하고 적용할 수 있습니다.

앞 절에서 두 정수의 약수를 나열한 다음 가장 큰 공약수를 선택하여 두 정수의 최대공약수를 찾았습니다. 큰 정수의 약수를 나열하려면 시간이 오래 걸리기 때문에 이 방법은 최대공약수를 계산할 때 너무 비효율적입니다. 따라서 훨씬 더 효율적인 최대공약수 계산 방법이 필요한데, 이것이 다음 절에서 배우게 될 유클리드 알고리즘입니다. 유클리드 알고리즘은 이 절에서 다루는 나눗셈 알고리즘을 기반으로 합니다. 이 절의 목표는 주어진 정수를 몫과 나머지로 표현하는 유일한 방법이 있음을 보여주는 것입니다.

1.2.1 나눗셈 알고리즘 절차 소개

몫과 나머지의 개념을 이해하기 위해, 장제법(긴 나눗셈)으로 돌아가봅시다. 25를 4로 나눈 간단한 경우를 살펴보죠.

$$\begin{array}{r|l} & \;\;\;\;6 \;\cdots\; 1 \\ \hline 4) & 2\;5 \\ & -2\;4 \\ \hline & \;\;\;\;1 \end{array}$$

이를 다음과 같이 나타낼 수 있습니다.

$$25 = 6 \times 4 + 1$$

여기에서 숫자 6을 **몫**(quotient)이라 하고, 1을 **나머지**(remainder)라고 합니다. 물론 25를 다음과 같이 나타낼 수도 있습니다.

$$\begin{aligned} 25 &= 7 \times 4 - 3 \\ 25 &= -5 \times 4 + 45 \\ 25 &= 1 \times 4 + 21 \\ &\vdots \end{aligned}$$

즉, 25를 4의 배수에 나머지를 더한 것으로 나타낼 수 있는 방법은 무수히 많습니다. 우리가 해결하고자 하는 질문은 다음과 같습니다.

정수를 두 정수의 곱과 나머지로 나타내는 유일한 방법이 있을까요?

있습니다. 나머지에 제한을 두면 됩니다. 즉, 나머지가 0보다 크거나 같아야 하고 나누려는 수보다는 작아야 합니다. 앞의 예에서 나누려는 수가 4입니다. 이와 같이 제한하면 25를 4로 나누는 방법은 유일하고, 이는 $25 = 6 \times 4 + 1$입니다.

일반화된 결과를 증명하기 전에, 몇 가지 다른 수치 예제를 살펴보겠습니다.

예제 1-9 **다음을 몫과 나머지로 나타내세요. 이때 나머지는 음이 아닌 가장 작은 양의 정수 또는 0입니다.**

(a) 27 나누기 5 **(b) 365 나누기 7** **(c) −159 나누기 3**

풀이

(a) $27 = 5 \times 5 + 2$

(b) $365 = 52 \times 7 + 1$

(c) $-159 = -53 \times 3 + 0$

각 결과에서 곱셈 기호(×) 앞의 수가 몫입니다.

이제 이 결과를 일반화해봅시다. a와 $b(\geq 1)$를 임의의 정수라고 합시다. 그러면 몫 q와 나머지 r이 존재하여 다음을 만족합니다.

$$a = bq + r$$

[예제 1-9]에서 몫 q와 나머지 r은 다음과 같습니다.

(a) $q = 5,\ r = 2$ (b) $q = 52,\ r = 1$ (c) $q = -53,\ r = 0$

나머지 r을 $0 \leq r < b$로 제한한다면, $a = bq + r$에서 q와 r은 유일합니다. 이 명제는 1.2.2절에서 증명하겠습니다. 이 명제는 다음 [그림 1-1]과 같이 기하학적으로 표현할 수 있습니다.

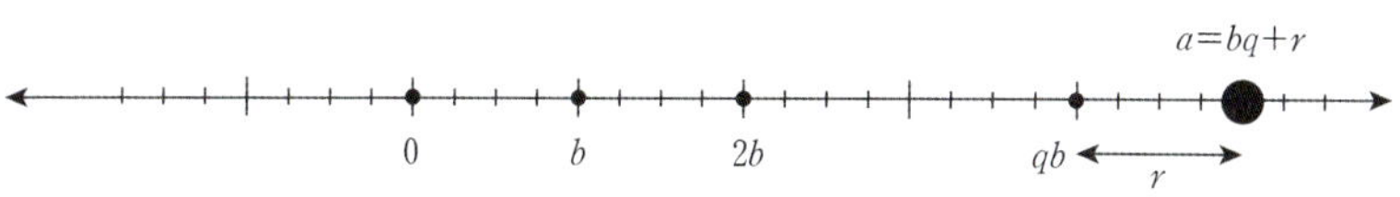

[그림 1-1] 정수 a를 b로 나눌 때 몫과 나머지의 기하학적 표현

나머지 r을 음이 아닌 가장 작은 정수로 선택합니다. [예제 1-10]은 음이 아닌 가장 작은 나머지에 관심을 두어야 하는 이유를 보여줍니다.

예제 1-10 **파티에 제공된 음료의 양은 51리터이고, 리터당 4인분을 얻을 수 있습니다. 이 파티에 참석한 37명 모두에게 음료를 공정하게 분배하려고 합니다. 각자에게 몇 인분씩 제공해야 할까요?**

풀이

음료는 $4 \times 51 = 204$인분입니다. $a = 204$, $b = 37$이라고 하면 다음과 같이 $0 \leq r < b$인 $a = bq + r$의 형태로 나타낼 수 있습니다.

$$204 = 5 \times 37 + 19$$

따라서 음료를 공정하게 분배하기 위해서는 1인당 5인분을 제공해야 합니다.

1.2.2 나눗셈 알고리즘의 증명

이제 나눗셈 알고리즘의 일반적인 형태를 표현하고 증명할 수 있습니다. 나눗셈 알고리즘의 증명은 부등식, WOP(Well-Ordering Principle), WLOG(Without Loss of Generality)를 사용하기 때문에 까다롭습니다. WOP 및 WLOG는 입문 장에서 설명했지만 간단히 다시 설명하면 다음과 같습니다.

> **자연수의 정렬성**(WOP ; Well-Ordering Principle)은 공집합이 아닌 양의 정수의 부분집합(subset)에는 가장 작은 원소가 있다는 의미입니다. **일반성을 잃지 않는다**(WLOG ; Without Loss of Generality)는 모든 사례를 고려하는 대신에, 특정 사례를 고려하고 나머지 사례에도 유사하게 적용한다는 의미입니다.

증명에서는 집합론의 표기법을 사용합니다(입문 장 참고). 한 가지 규칙을 사용하여 집합을 정의할 수 있습니다. 예를 들면 다음과 같습니다.

$$\{x : x\text{가 짝수}\}$$

여기서 콜론(:)은 ': 뒤의 내용을 만족하는'을 의미하므로, 이는 'x가 짝수가 되도록 하는 x'라고 읽습니다. 이 집합은 $\{2, 4, 6, 8, \cdots\}$과 같은 집합입니다. 이때 말줄임표(…)는 패턴이 계속된다는 의미입니다.

> **정리 1-7 나눗셈 알고리즘(division algorithm)**
>
> 임의의 정수 a, b $(b \geq 1)$에 대하여, 다음을 만족하는 유일한 정수 q와 r이 존재합니다. 이때 q는 몫, r은 나머지입니다.
>
> $$a = bq + r \quad (0 \leq r < b)$$

[정리 1-7]을 증명해봅시다.

? 어떻게 증명하면 될까요?

실마리는 명제 안에 있습니다. 다음 두 가지를 증명해야 합니다.

(1) 정수 q, r의 존재성

(2) 정수 q, r의 유일성

증명

(1) 존재성

집합 T를 $T = \{a, a-b, a-2b, a-3b, \cdots\}$라 합시다. b가 a의 약수이므로 a에서 b의 배수를 뺄 수 있습니다. 집합 S를 집합 T에서 음이 아닌 정수들을 모은 집합이라 합시다. 집합 S를 간략하게 다음과 같이 표현할 수 있습니다.

$$S = \{a - mb : m\text{은 정수이고 } a - mb \geq 0\}$$

집합 S는 음이 아닌 정수로만 구성되어 있음을 기억합시다. q, r이 존재함을 증명하려면 집합 S가 공집합이 아님을 보여야 합니다. 다시 말해서, 집합 S에 원소가 존재함을 증명해야 합니다.

? 어떻게 집합 S가 공집합이 아님을 보일 수 있을까요?

$a - mb \geq 0$을 만족하는 정수 m을 선택합니다. $m = -|a|$라 합시다.

? 왜 그래야 할까요?

$m = -|a|$를 $a - mb$에 대입하면 다음과 같기 때문입니다.

$$a - mb = a + |a|b \geq 0 \quad (b \geq 1\text{이므로})$$

이는 집합 S가 공집합이 아님을 보인 것입니다. 이제 S가 가장 작은 원소를 가진다는 것을 보이기 위해 WOP를 사용할 수 있습니다.

공집합이 아닌 모든 양의 정수들의 모든 부분집합은 최소 원소를 가집니다. WOP는 집합 S에 가장 작은 원소 r이 존재함을 의미합니다. r은 물론 정수입니다. r은 집합 S의 원소이고 더 나아가 집합 S에서 가장 작은 수입니다. 이는 정수 $m = q$가 존재하여 다음을 만족함을 의미합니다.

$$r = a - mb = a - qb \geq 0$$

r이 집합의 원소임을 보였지만 아직 끝난 게 아닙니다. $r < b$가 성립함도 보여야 합니다.

? 어떻게 해야 할까요?

귀류법을 사용합니다. $r \geq b$라 합시다.

이때 $r-b \geq 0$입니다. 이는 $r-b$가 집합 S의 원소임을 의미합니다. 그리고 $b \geq 1$이 주어져 있으므로 다음과 같이 나타낼 수 있습니다.

$$r-b < r$$

r이 집합 S에서 가장 작은 원소라고 했는데, 집합 S에 더 작은 원소 $r-b$가 있으므로 모순이 발생합니다. 결국 가정 $r-b \geq 0$은 틀렸으므로 $r < b$입니다. 따라서 $0 \leq r < b$입니다.

(2) 유일성

? 어떻게 정수 q, r의 유일성을 증명할 수 있을까요?

다음을 만족하는 정수 q', r'도 존재한다고 합시다.

$$a = bq' + r' \quad (0 \leq r' < b) \tag{*}$$

우리는 이미 다음을 알고 있습니다.

$$a = bq + r \quad (0 \leq r < b) \tag{**}$$

? 무엇을 보여야 할까요?

$q = q'$, $r = r'$임을 보여야 합니다.

(**)에서 (*)를 빼봅시다.

$$\begin{aligned} 0 &= b(q-q') + (r-r') \\ r'-r &= b(q-q') \\ \frac{r'-r}{b} &= q-q' \end{aligned} \tag{1}$$

일반성을 잃지 않고(WLOG), $r' \geq r$이라고 가정해봅시다. (*)와 (**)의 부등식에 의해 $0 \leq r'-r < b$임을 알고, $b \geq 1$이 주어져 있습니다. 그러므로 등식 (1)에 $0 \leq r'-r < b$를 대입하여 다음을 알 수 있습니다.

$$0 \leq \frac{r'-r}{b} < \frac{b}{b} = 1$$

$0 \leq q-q' < 1$을 만족하는 유일한 정수는 0입니다. 따라서 다음이 성립합니다.

$$q-q' = 0 \Rightarrow q = q'$$

$q - q' = 0$을 식 (1)에 대입하면 $r = r'$입니다. 따라서 q, r 모두 유일함을 알 수 있습니다. q와 r이 모두 존재하는데다 유일함도 증명했습니다. 나눗셈 알고리즘의 증명을 완료했습니다. ■

1.2.3 나눗셈 알고리즘의 적용

나눗셈 알고리즘은 다음 예제와 같이 정수에 대한 특정한 명제를 증명하기 위해 대수식에도 적용할 수 있습니다.

예제 1-11 임의의 정수의 제곱이 $3m$ 또는 $3m+1$의 형태임을 보이세요. 여기서 m은 정수입니다.

풀이

n을 임의의 정수라 합시다. 이제 어떻게 증명할 수 있을까요? 다음과 같은 [정리 1-7]의 나눗셈 알고리즘을 적용해봅시다.

> a, b에 대하여 $a = bq + r\,(0 \le r < b)$을 만족하는 정수 q와 r이 존재합니다.

$b = 3$, $a = n$이라 하면 다음과 같이 표현할 수 있습니다.

$$n = 3q + r \quad (0 \le r < 3)$$

양변을 제곱해봅시다.

$$\begin{aligned} n^2 = (3q+r)^2 &= 9q^2 + 6qr + r^2 \\ &\underbrace{=}_{\text{인수분해}} 3(3q^2 + 2qr) + r^2 = 3k + r^2 \quad (k = 3q^2 + 2qr) \end{aligned}$$

이때 가능한 r 값은 무엇일까요? $0 \le r < 3$이므로 $r = 0, 1, 2$입니다. 이제 r을 제곱하면 $r^2 = 0^2, 1^2, 2^2$이므로 각각 0, 1, 4입니다. 위의 $n^2 = 3k + r^2$에 $r^2 = 0, 1, 4$를 대입해봅시다.

$$\begin{aligned} n^2 &= 3k,\ 3k+1,\ 3k+4 \\ &= 3k,\ 3k+1,\ 3(k+1)+1 \end{aligned}$$

위 식을 정리하면 $n^2 = 3 \times (\text{정수}),\ 3 \times (\text{정수}) + 1$인 형태입니다. 따라서 임의의 정수의 제곱이 정수 m에 대해서 $3m$ 또는 $3m+1$ 형태입니다.

예제 1-12 **임의의 정수의 세제곱이 다음 형태 중 하나임을 보이세요.**

$$9k,\ 9k+1,\ 9k+8 \ (k\text{는 정수})$$

풀이

이 결과를 어떻게 증명할까요? [예제 1-11]과 동일한 방법으로 다음과 같은 [정리 1-7]의 나눗셈 알고리즘을 사용해봅시다.

> a, b에 대하여 $a = bq + r(0 \le r < b)$을 만족하는 정수 q와 r이 존재합니다.

임의의 정수 n에 대하여 $b=9$, $a=n$을 대입하여 나눗셈 알고리즘을 다음과 같이 표현할 수 있습니다.

$$0 \le r < 9\text{에 대하여, } n = 9q + r$$

이항정리(입문 장 참고)를 사용하여 세제곱을 전개해봅시다.

$$n^3 = (9q+r)^3 = \underbrace{(9q)^3}_{\text{이항정리}} + \underbrace{3(9q)^2r + 3(9q)r^2}_{=9k\ (k\text{는 정수})} + r^3$$

$0 \le r < 9$이고 r이 정수이므로, r은 다음과 같은 값만을 취할 수 있습니다.

$$r = 0,\ 1,\ 2,\ 3,\ \cdots,\ 7,\ 8$$

r^3 값에 대한 나머지 r'을 찾아봅시다.

$0^3 = 0 = 0 \times 9 + 0$이므로 $r' = 0$입니다.
$1^3 = 1 = 0 \times 9 + 1$이므로 $r' = 1$입니다.
$2^3 = 8 = 0 \times 9 + 8$이므로 $r' = 8$입니다.
$3^3 = 27 = 3 \times 9 + 0$이므로 $r' = 0$입니다.
$4^3 = 64 = 7 \times 9 + 1$이므로 $r' = 1$입니다.
$5^3 = 125 = 13 \times 9 + 8$이므로 $r' = 8$입니다.
$6^3 = 216 = 24 \times 9 + 0$이므로 $r' = 0$입니다.
$7^3 = 343 = 38 \times 9 + 1$이므로 $r' = 1$입니다.
$8^3 = 512 = 56 \times 9 + 8$이므로 $r' = 8$입니다.

r^3을 9로 나눈 나머지는 0, 1, 8임을 알 수 있습니다. 따라서 임의의 정수의 세제곱은 다음의 형태만 존재합니다.

$$n^3 = 9k + r^3 = 9k,\ 9k+1,\ 9k+8$$

예제 1-13 $3a^2-1$은 완전제곱수가 될 수 없음을 보이세요(a는 정수).

힌트 [예제 1-11]에 따르면, 임의의 정수의 제곱은 $3k$ 또는 $3k+1$의 형태입니다(단, k는 정수).

풀이

힌트에 의해 모든 수의 제곱은 $3k$ 또는 $3k+1$의 형태입니다(단, k는 정수). 먼저 제곱수가 $3k$ 형태인 경우를 생각해봅시다. $3a^2-1$이 완전제곱수라고 가정해보죠.

$$3a^2-1=3k$$
$$3(a^2-k)=1$$

$3\times(\text{정수})\neq 1$이므로 위 가정은 불가능합니다.

다음으로, 제곱수가 $3k+1$ 형태인 경우를 생각해봅시다.

$$3a^2-1=3k+1 \Rightarrow 3(a^2-k)=2 \quad \text{(재배열)}$$

$3\times(\text{정수})=2$가 될 수 없습니다. 따라서 $3a^2-1$은 완전제곱수가 될 수 없습니다.

이 명제를 마무리하기 위해, 더 이상 $b\geq 1$이 아니라 $b\neq 0$인 경우로 [정리 1-7]의 나눗셈 알고리즘을 확장하겠습니다. 이는 아래의 [따름정리 1-8]에 제시하였습니다. 따름정리는 주요 정리 또는 명제에서 파생된 결과입니다. 일반적으로 주요한 결과의 특수한 경우에 해당합니다(입문 장 참고).

따름정리 1-8 나눗셈 알고리즘에 대한 따름정리

임의의 정수 a, $b\,(b\neq 0)$에 대하여, 다음을 만족하는 유일한 정수 q와 r이 존재합니다.

$$a=bq+r \quad (0\leq r<|b|)$$

증명

1.2절 [연습문제 07]에서 증명합니다. ■

핵심요약

- 임의의 정수 a와 $b(\geq 1)$에 대하여, 다음을 만족하는 유일한 정수 q와 r이 존재합니다.

$$a=bq+r \quad (0\leq r<|b|)$$

1.2 연습문제

01. 나눗셈 알고리즘을 이용하여 다음의 몫과 나머지를 구해보세요.
   (a) 31 나누기 4
   (b) -1001 나누기 12
   (c) -10001 나누기 137

02. 임의의 정수의 제곱이 $4m$ 또는 $4m+1$의 형태임을 보이세요.

03. 나눗셈 알고리즘을 사용하여 임의의 정수의 네제곱이 $8k$ 또는 $8k+1$의 형태임을 증명해보세요.

04. 임의의 정수 a에 대하여 $6 \mid (a^3+5a)$가 성립함을 증명해보세요.

05. 다음을 증명해보세요.
   (a) $\gcd(a, 7)=1$을 만족하는 임의의 정수 a에 대하여 $7 \mid (a^6-1)$이 성립함을 증명해보세요.
   (b) 임의의 정수 a에 대하여 $7 \mid (a^7-a)$가 성립함을 증명해보세요.

06. 임의의 정수 a에 대하여 $11 \mid (a^{11}-a)$가 성립함을 증명해보세요.

07. [따름정리 1-8]을 증명해보세요.

1.3 유클리드 알고리즘

학습목표

- 일차방정식을 풀 수 있습니다.
- 유클리드 알고리즘을 사용하여 최대공약수를 구할 수 있습니다.

1.3.1 최대공약수(gcd)의 성질

5291과 3108의 최대공약수를 계산한다고 합시다. 이때 두 수의 공약수를 찾는 것은 번거로운 일입니다. 최대공약수를 구하는 효율적인 방법을 찾아야 합니다([예제 1-17] 참고).

두 정수의 최대공약수를 찾는 효율적인 방법인 유클리드 알고리즘을 소개합니다. 컴퓨터는 두 정수의 최대공약수를 계산하기 위해 유클리드 알고리즘 또는 **스테인의 알고리즘**(Stein's algorithm)[3]을 사용합니다.

먼저 다음과 같은 형태의 등식을 살펴보겠습니다.

$$ax + by = \gcd(a, b) \quad (a \neq 0 \text{ 또는 } b \neq 0)$$

여기서 a, b, x, y는 정수입니다.

예제 1-14 [예제 1-8]에서 $\gcd(36, 60) = 12$임을 알아냈습니다. 정수 x, y에 대하여 다음 식의 해를 구해보세요.

$$36x + 60y = 12$$

풀이

이 일차방정식은 미지수가 2개입니다. 이 방정식을 어떻게 풀어야 할까요? 먼저 공통 약수인 12로 양변을 나눕니다. 그러면 다음과 같이 간단하게 만들 수 있습니다.

$$3x + 5y = 1$$

다음으로, 이 식을 y에 대해 정리해봅시다.

$$y = \frac{1 - 3x}{5}$$

x, y가 정수임을 기억하세요. y가 정수가 되도록 정수 x를 선택할 수 있습니다. 예를 들어 $x = 2$라 합시다.

$$y = \frac{1 - 3 \times 2}{5} = -1$$

x, y에 대한 많은 쌍의 해가 존재합니다.

$36x + 60y = 12$는 $y = \frac{1 - 3x}{5}$로 나타낼 수 있으므로([예제 1-14] 참고), 그래프를 사용하여 방정식의 해를 구할 수도 있습니다. [그림 1-2]에 표시된 직선이 이 방정식의 해입니다. 그래프에서 볼 수 있듯이 직선 $36x + 60y = 12$에 2개의 정수 점(쌍)이 있습니다. [예제 1-14]에서 점 $(2, -1)$을 찾았지만, 점 $(-3, 2)$인 해 $x = -3$, $y = 2$를 찾을 수도 있습니다.

3 https://en.wikipedia.org/wiki/Binary_GCD_algorithm

(2) 최대공약수

다음으로 d가 a, b의 최대공약수임을 보여야 합니다. c를 a, b의 또 다른 공약수라 합시다.

$$c \mid (ax+by) \underbrace{\Rightarrow}_{(*)\text{에 의해}} c \mid d$$

[정리 1-2]의 (e)는 다음과 같습니다.

$a \mid b$이고 $b \neq 0$이면, $|a| \leq |b|$입니다.

c와 d가 모두 양수이고 $c \leq d$라는 것은 d가 정수 a와 b의 최대공약수여야 함을 의미합니다. 따라서 $d = \gcd(a, b)$입니다.

그러므로 (*)에 의해 $ax+by = \gcd(a, b)$입니다. ■

위 증명에 의해 다음 두 가지 명제를 얻을 수 있습니다.

명제 1-10

$\gcd(a, b) = g$라 하면, 다음이 성립합니다.

(i) $d \mid a$, $d \mid b$이면, $d \mid g$입니다.

(ii) $\gcd(a, b) = g$는 임의의 두 정수 m과 n에 대하여 $ma+nb$의 가장 작은 양의 정수입니다(이는 [정리 1-9]의 베주 항등식의 증명에 주어진 집합 S의 가장 작은 원소입니다).

증명

[정리 1-9]의 베주 항등식의 증명을 참고하세요. ■

명제 1-11

$\gcd(a, b) = g$라 할 때, 임의의 양의 정수 m에 대하여 다음이 성립합니다.

$$\gcd(ma, mb) = mg$$

증명

1.3절 [연습문제 17]에서 증명합니다. ■

1.3.2 서로소

1.1절에서 두 수가 서로소인 경우를 소개했습니다. 두 정수 10과 21은 1 이외에 공약수가 없기 때문에 서로소입니다. 서로소의 형식적인 정의는 다음과 같습니다.

정의 1-12 서로소

둘 중 하나는 0이 아닌 정수 a, b가 $\gcd(a, b)=1$을 만족하면, **서로소**(relatively prime, coprime)라고 합니다.

다른 예를 들어볼까요? 5와 13도 서로소입니다. $\gcd(5, 13)=1$이기 때문이죠. 서로소에 관한 중요한 결과는 유클리드의 보조정리에 있습니다. 이 결과는 정수론 전반에 걸쳐 사용되므로 학습할 가치가 있습니다. 일반적으로 보조정리는 중간 결과 또는 중요한 정리나 명제를 추론하는 데 사용되는 결과를 의미하지만, 서로소의 경우 유클리드의 보조정리는 그 자체로 중요한 결과에 해당합니다. 보조정리에 대한 설명은 입문 장을 참고하세요.

보조정리 1-13 유클리드의 보조정리(Euclid's Lemma)

$\gcd(a, b)=1$일 때, $a \mid (bc)$이면 $a \mid c$입니다.

이 보조정리를 증명하기 전에 다음 예제를 먼저 살펴봅시다.

예제 1-15 $13 \mid (5\times1604938257)$이 주어질 때, $13 \mid 1604938257$임을 보이세요.

풀이

$\gcd(13, 5)=1$이므로, [보조정리 1-13]에 의해 $13 \mid 1604938257$입니다.

유클리드의 보조정리를 증명해봅시다.

증명

다음과 같이 [정리 1-9]의 베주 항등식이 주어져 있습니다.

$\gcd(a, b)=g$라면 $ma+nb=g$를 만족하는 정수 m, n이 존재합니다.

따라서 정수 m, n이 존재하여 다음을 만족합니다.

$$ma+nb=1 \quad (\gcd(a, b)=g=1\text{이므로})$$

정수 c를 양변에 곱해봅시다.

$$cma + cnb = m(ac) + n(bc) = c \qquad (*)$$

$a \mid (bc)$이므로 정수 k가 존재하여 다음을 만족합니다.

$$ak = bc$$

이를 $(*)$에 대입하면 다음과 같습니다.

$$m(ac) + n(bc) = m(ac) + n(ak) \underbrace{=}_{\text{인수분해}} a(mc + nk) \underbrace{=}_{(*)\text{에 의해}} c$$

$a(mc+nk) = c$에 의해 $a \times (\text{정수}) = c$이므로 $a \mid c$라 할 수 있습니다. ■

1.3.3 유클리드 알고리즘의 적용

[그림 1-3] 유클리드(B.C. 300년경)

유클리드(Euclid)는 그의 저서 『원론(The Elements)』으로 유명한 수학자입니다. 『유클리드 원론』이라고도 불리는 이 저작은 2,000년 이상 수학 교육에 사용되었으며, 1482년에 책으로 처음 출판되었습니다. 『유클리드 원론』은 역사상 가장 인기 있는 수학 교과서였습니다.

영국 학교에서 1970년대까지 『유클리드 원론』이 수학 교과의 많은 부분을 차지했습니다. 수학적 증명과 논리적 추론 개념이 이 책의 긴 생명력을 유지한 원동력입니다.

? 어떻게 5291과 3108의 최대공약수를 찾을 수 있을까요?

각각의 약수를 나열하여 두 수의 공약수를 찾으려면 상당한 시간이 걸립니다. 그래서 더 간단한 접근 방식인 유클리드 알고리즘을 적용해야 합니다. 유클리드 알고리즘은 나눗셈과 뺄셈을 반복적으로 사용하고 주어진 두 정수의 모든 약수를 찾을 필요가 없기 때문에, 일반적으로 두 정수의 최대공약수를 찾을 때 매우 빠르고 효율적입니다. 특히 큰 정수의 최대공약수를 찾는다면 약수를 일일이 다 찾는 것보다 유클리드 알고리즘을 사용하는 것이 빠르고 덜 지루합니다.

이제 다음과 같은 [정리 1-7]의 나눗셈 알고리즘을 반복적으로 적용한 **유클리드 알고리즘**(Euclidean algorithm)에 대해 설명하겠습니다.

정수 a, b에 대하여 $a=bq+r,\ 0 \le r < b$를 만족하는 정수 q, r이 존재합니다.

주어진 두 정수 a와 b에 나눗셈 알고리즘을 반복적으로 적용합니다. 다음 예제에서 볼 수 있듯이 주어진 정수 a와 b의 최대공약수는 0이 아닌 마지막 나머지로 구합니다.

예제 1-16 gcd(666, 31)을 구해보세요.

풀이

각 단계에서 나머지에 밑줄을 그어봅시다. 666과 31에 나눗셈 알고리즘을 적용하면 다음과 같습니다.

$$666 = 21 \times 31 + \underline{15}$$

나머지는 15로 0이 아닙니다. 따라서 31과 15에 나눗셈 알고리즘을 적용합니다.

$$31 = 2 \times 15 + \underline{1}$$

이번에도 나머지는 1로 0이 아닙니다. 따라서 15와 1에 나눗셈 알고리즘을 적용합니다.

$$15 = 15 \times 1 + \underline{0}$$

이제 나머지가 0이므로, 나눗셈 알고리즘 적용 과정을 멈춥니다.

그렇다면 gcd(666, 31)은 무엇인가요? 0이 아닌 마지막 나머지는 1이므로, $\gcd(666, 31)=1$입니다. 따라서 두 정수는 서로소입니다.

$a \ge b \ge 1$에 대하여, 일반적인 유클리드 알고리즘의 단계는 다음과 같습니다.

[1단계] a를 b로 나누는 나눗셈 알고리즘을 적용하면 다음과 같습니다.

$$a = bq_1 + r_1 \ \ (0 \le r_1 < b)$$

[2단계] 만약 나머지가 $r_1 = 0$이라면, $a = bq_1$, $\gcd(a, b) = \gcd(bq_1, b) = b$입니다. $\gcd(a, b) = b$이므로 여기서 끝냅니다.

[3단계] 만약 $r_1 \ne 0$이라면, $a = bq_1 + r_1$이고 b를 r_1으로 나눕니다. 몫을 q_2, 나머지를 r_2라 하면 다음과 같습니다.

$$b = r_1 q_2 + r_2 \ \ (0 \le r_2 < r_1)$$

[4단계] 만약 나머지가 $r_2 = 0$이라면, 여기서 끝냅니다. 그렇지 않으면, r_1과 r_2에 나눗셈 알고리즘을 다시 적용합니다. 나머지가 0이 될 때까지 이 과정을 반복합니다.

[5단계] 0이 아닌 마지막 나머지는 주어진 정수 a와 b의 최대공약수입니다.

이제 위 다섯 단계 중 [2단계]를 증명해보겠습니다. 그 전에 [예제 1-17]을 통해 유클리드 알고리즘을 살펴봅시다.

예제 1-17 **유클리드 알고리즘을 사용하여 $\gcd(5291, 3108)$을 구하고, $\frac{5291}{3108}$을 약분해보세요.**

풀이

5291을 3108로 나누면 $5291 = 1 \times 3108 + 2183$입니다. 나머지가 0이 아니므로 나머지가 0이 될 때까지 나눗셈 알고리즘을 계속 적용합니다.

$$\begin{aligned}
5291 &= 1 \times 3108 + 2183 \\
3108 &= 1 \times 2183 + 925 \\
2183 &= 2 \times 925 + 333 \\
925 &= 2 \times 333 + 259 \\
333 &= 1 \times 259 + 74 \\
259 &= 3 \times 74 + \boxed{37} \\
74 &= 2 \times 37 + 0
\end{aligned}$$

(37: 0이 아닌 마지막 나머지)

0이 아닌 마지막 나머지는 37입니다.

$$\gcd(5291, 3108) = 37$$

그렇다면 주어진 분수 $\frac{5291}{3108}$을 어떻게 약분할 수 있을까요? 다음과 같은 [명제 1-5]를 적용해봅시다.

$$\gcd(a, b) = g\text{이면, } \gcd\left(\frac{a}{g}, \frac{b}{g}\right) = 1\text{입니다.}$$

따라서 분자 5291과 분모 3108을 최대공약수인 37로 나누면, 나눈 후에는 공약수(1 제외)가 없습니다.

$$\frac{5291}{3108} = \frac{143 \times 37}{84 \times 37} = \frac{143}{84} \quad \text{(37로 약분하기)}$$

$\frac{143}{84}$은 $\frac{5291}{3108}$을 가장 단순한 형태로 바꾼 분수입니다. 왜냐하면 [명제 1-5]에 의해 $\gcd(143, 84) = 1$이기 때문이죠. 즉, 143과 84는 서로소입니다.

이제 주어진 정수 a와 b의 최대공약수가 b와 r의 최대공약수와 같음을 증명해야 합니다. 여기서 r은 b로 나눌 때의 나머지입니다(이는 유클리드 알고리즘의 [2단계]에 해당합니다).

명제 1-14

$a = bq + r\ (0 \le r < b)$이면, $g = \gcd(a, b) = \gcd(b, r)$입니다.

증명

$g_1 = \gcd(a, b)$, $g_2 = \gcd(b, r)$이라 합시다. $g_1 = g_2$임을 증명해야 합니다. $g_1 = \gcd(a, b)$로부터 $g_1 \mid a$, $g_1 \mid b$임을 알 수 있습니다. $a = bq + r$이 주어져 있으므로 $g_1 \mid r$입니다. $g_1 \mid b$, $g_1 \mid r$이므로 g_1이 b와 r의 공약수입니다. 이제 다음의 [정의 1-4]를 적용해봅시다.

(ii) 임의의 c에 대해 $c \mid x$, $c \mid y$이면, $g = \gcd(x, y)$에 대해 $c \le g$입니다.

따라서 $g_2 = \gcd(b, r)$이므로 $g_1 \le g_2$입니다. 마찬가지로 $g_2 = \gcd(b, r)$에 대해 앞의 과정을 반복하면서 $g_2 \le g_1$임을 추론할 수 있습니다. 따라서 $g_1 = g_2$입니다. ■

1.3.4 일차방정식의 풀이

다음과 같은 일차방정식을 풀기 위해 유클리드 알고리즘을 역으로 사용할 수 있습니다.

$$666x + 31y = \gcd(666, 31)$$

이 식은 디오판토스 방정식(Diophantine equation)의 예로, 다음 절에서 다루겠습니다.

[예제 1-16]에서는 $\gcd(666, 31) = 1$임을 알았습니다. 따라서 이 일차방정식은 다음과 같습니다.

$$666x + 31y = 1$$

이 일차방정식의 해는 무수히 많습니다.

? 왜 그럴까요?

[그림 1-4]는 직선 $666x + 31y = 1$의 그래프입니다. 직선 위에 있는 임의의 점은 $666x + 31y = 1$의 해입니다. 수많은 해가 있지만 우리의 관심사는 정수해(integer solution)입니다.

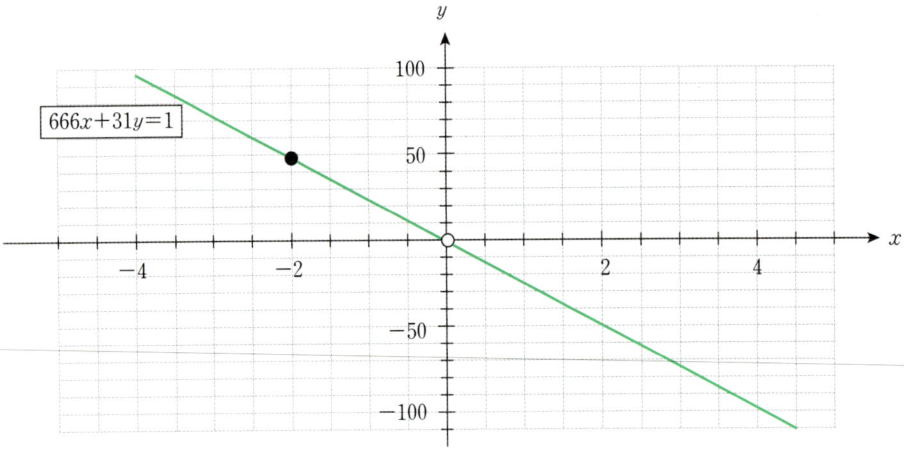

[그림 1-4] 직선 $666x+31y=1$의 정수해를 보여주는 그래프

어떻게 정수해를 찾을 수 있을까요?

[예제 1-16]을 사용해봅시다.

$$666 = 21 \times 31 + 15 \qquad (*)$$
$$31 = 2 \times 15 + 1 \qquad (**)$$

(**)로부터 다음을 알 수 있습니다.

$$\begin{aligned} 1 &= 31 - 2 \times 15 \\ &= 31 - 2(666 - 21 \times 31) && \text{((*)에 의해)} \\ &= 31 - 2 \times 666 + 42 \times 31 && \text{(괄호 전개)} \\ &= 43 \times 31 - 2 \times 666 && \text{(동류항처럼 정리)} \end{aligned}$$

$31 \times 43 + 666 \times (-2) = 1$임을 알 수 있습니다. $666x + 31y = 1$의 해를 찾았습니다.

x, y 값은 무엇인가요?

명백하게 $x = -2$, $y = 43$입니다. 이는 [그림 1-4]의 그래프에서 점으로 표시한 부분으로, 무수히 많은 정수해 중 하나일 뿐입니다.

예제 1-18 **$5291x + 3108y = \gcd(5291, 3108)$의 정수해를 하나 구해보세요.**

풀이

무엇을 찾아야 할까요? 주어진 방정식을 만족하는 정수 x, y를 찾아야 합니다. [예제 1-17]에서 이미 5291과 3108의 최대공약수를 찾았습니다. 우리는 다음 과정을 알고 있습니다(식마다 번호를 붙였습니다).

$$5291 = 1 \times 3108 + 2183 \quad (1)$$

$$3108 = 1 \times 2183 + 925 \quad (2)$$

$$2183 = 2 \times 925 + 333 \quad (3)$$

$$925 = 2 \times 333 + 259 \quad (4)$$

$$333 = 1 \times 259 + 74 \quad (5)$$

$$259 = 3 \times 74 + 37 \quad (6)$$

37이 0이 아닌 마지막 나머지이므로, $\gcd(5291, 3108) = 37$입니다. 다음 방정식을 만족하는 x, y 값을 얻기 위해 식 (1)~(6)을 거꾸로 사용합니다.

$$5291x + 3108y = 37$$

(6)으로부터 37을 다음과 같이 쓸 수 있습니다.

$$\begin{aligned}
37 &= 259 - 3 \times 74 \\
&= 259 - 3 \times (333 - 259) && \text{((5) 사용)} \\
&= 4 \times 259 - 3 \times 333 && \text{(동류항처럼 정리)} \\
&= 4(925 - 2 \times 333) - 3 \times 333 && \text{((4) 사용)} \\
&= 4 \times 925 - 11 \times 333 && \text{(동류항처럼 정리)} \\
&= 4 \times 925 - 11 \times (2183 - 2 \times 925) && \text{((3) 사용)} \\
&= 26 \times 925 - 11 \times 2183 && \text{(동류항처럼 정리)} \\
&= 26 \times (3108 - 2183) - 11 \times 2183 && \text{((2) 사용)} \\
&= 26 \times 3108 - 37 \times 2183 && \text{(동류항처럼 정리)} \\
&= 26 \times 3108 - 37 \times (5291 - 3108) && \text{((1) 사용)} \\
&= 63 \times 3108 - 37 \times 5291 && \text{(동류항처럼 정리)}
\end{aligned}$$

마지막 식에서 $63 \times 3108 - 37 \times 5291 = 37$임을 알 수 있습니다. 그렇다면 $5291x + 3108y = 37$에서 정수해 x, y는 무엇일까요? $63 \times 3108 - 37 \times 5291 = 37$을 다음과 같이 다시 쓸 수 있습니다.

$$3108 \times 63 + 5291 \times (-37) = 37 \quad \Rightarrow \quad x = -37,\ y = 63$$

37은 $5291x + 3108y$가 될 수 있는 양의 정수 중에서 가장 작은 값입니다.

? 이 결과를 어떻게 알 수 있을까요?

[명제 1-10]의 (ⅱ)에 의해, $\gcd(a, b) = g$는 $ma + nb$의 양의 정수 값 중 가장 작은 값입니다.

일차방정식 $5291x+3108y=36$에 대해서 무엇을 말할 수 있을까요?

$5291x+3108y$의 양의 최솟값이 37이므로 이 방정식의 정수해는 없습니다.

유클리드 알고리즘을 적용하여 두 양의 정수 a와 b의 최대공약수를 찾고, 추가로 다음 일차방정식의 정수해를 구할 수 있습니다.

$$ax+by=\gcd(a,\ b)$$

핵심요약

- 유클리드 알고리즘을 사용하여 두 수 a, b의 최대공약수를 찾습니다.
- 유클리드 알고리즘 단계를 역으로 이용하면 일차방정식 $ax+by=\gcd(a,\ b)$를 구할 수 있습니다.

1.3 연습문제

01. 유클리드 알고리즘을 사용하여 다음을 구해보세요.

(a) $\gcd(156, 18)$

(b) $\gcd(129, 1011)$

(c) $\gcd(703, 111)$

(d) $\gcd(181, 232)$

02. 다음 일차방정식의 정수해를 하나 구해보세요.

(a) $156x+18y=\gcd(156, 18)$

(b) $129x+1011y=\gcd(129, 1011)$

(c) $703x+111y=\gcd(703, 111)$

(d) $181x+232y=\gcd(181, 232)$

03. 다음 일차결합의 가장 작은 양의 정수 값을 구해보세요(단, x, y는 정수).

(a) $132x+174y$

(b) $102x+207y$

(c) $99x+1008y$

(d) $666x+3020y$

04. 다음 일차방정식을 만족하는 정수 x, y를 구해보세요.

(i) $314x+785y=157$

(ii) $314x+785y=314$

(iii) $314x+785y=-1570$

05. $\gcd(a, b)=1$이고 정수 x_0, y_0가 $ax+by=1$의 해입니다. c가 정수일 때, $ax+by=c$의 해를 구해보세요.

06. 다음 일차방정식의 정수해가 없음을 보이세요.

$$20x+28y=2$$

07. 다음 일차방정식의 양의 정수해가 없는 이유를 설명해보세요.

$$5x+6y=1$$

힌트 그래프를 그려보세요.

08. $198 \mid 5x$라고 할 때, $198 \mid x$임을 보이세요.

09. 다음을 만족하는 서로 다른 음의 정수 a, b를 구해보세요.

(a) $\gcd(a, b)=5$

(b) $\gcd(a, b)=100$

(c) $\gcd(a, b)=169$

10. 정수 x, y가 존재하여 $ax+by=n$이라면, $g=\gcd(a, b)$에 대해 $g \mid n$임을 증명해보세요.

11. 정수 $a(\neq 0)$, b에 대해서 $a \mid b$라면, $\gcd(a, b)=|a|$임을 증명해보세요.

12. 다음을 증명해보세요.

(i) $a \mid c$, $b \mid c$, $\gcd(a, b)=1$이면, $(a\times b) \mid c$입니다.

(ii) $a_1 \mid c$, $a_2 \mid c$, $\cdots$, $a_n \mid c$이고 $i\neq j$에 대하여 $\gcd(a_i, a_j)=1$이면, $(a_1\times a_2\times \cdots \times a_n) \mid c$입니다.

13. $\gcd(a, b)=1$이고, 어떤 d가 존재하여 $d \mid a$를 만족한다면, $\gcd(d, b)=1$임을 증명해보세요.

14. 다음이 성립하지 않음을 증명해보세요.

$$a \mid b^2 \quad \Rightarrow \quad a \mid b$$

15. 다음을 증명해보세요.

*(i) $\gcd(a, b)=\gcd(a, c)=1$
$\Leftrightarrow$ $\gcd(a, bc)=1$

(ii) $\gcd(a, n_1)=\gcd(a, n_2)= \cdots = \gcd(a, n_k)=1$이면, $\gcd(a, n_1\times n_2\times \cdots \times n_k)=1$입니다.

(iii) $\gcd(a, b)=1$이면, 자연수 n에 대하여 $\gcd(a^n, b^n)=1$입니다.

16. $\gcd(a, b)=1$이면 $\gcd(a+b, ab)=1$임을 증명해보세요.

*17. [명제 1-11]을 증명해보세요.

18. $g=\gcd(a, b)$이고 $d \mid a$, $d \mid b$이면, $d \mid g$임을 증명해보세요.

19. 0이 아닌 정수 a, b, c에 대하여, $\gcd(a, b, c)=\gcd(a, \gcd(b, c))$임을 증명해보세요.

1.4 선형 디오판토스 방정식

학습목표

- 디오판토스 방정식의 해를 구할 수 있습니다.
- 디오판토스 방정식의 일반해를 구할 수 있습니다.

1.4.1 소개

영화 〈다이하드 3〉에는 다음과 같은 장면이 있습니다.[4] 물이 무한하게 솟아나는 분수의 가장자리에 3갤런들이 빈 용기와 5갤런들이 빈 용기가 있습니다. 브루스 윌리스가 받은 전화 메시지에 따르면, 압력 감지 패드에 정확히 4갤런의 물을 올려놓아야만 폭탄을 제거할 수 있습니다.

? 어떻게 3갤런, 5갤런들이 용기를 가지고 정확하게 4갤런의 물을 얻을 수 있을까요?

이 문제는 다음과 같은 식으로 나타낼 수 있습니다.

x, y를 각각 5갤런들이 용기와 3갤런들이 용기를 채우는(또는 비우는) 횟수라고 합시다.

$$5x + 3y = 4 \quad \Rightarrow \quad y = \frac{4-5x}{3} \qquad (y\text{에 대하여 정리})$$

이 방정식의 정수해를 구해야 합니다. 대략 추측하여 $x = 2$를 넣어봅시다.

$$y = \frac{4-5x}{3} = \frac{4-5\times 2}{3} = -2$$

$x = 2$와 $y = -2$는 5갤런들이 용기는 두 번 채우고($x = 2$), 3갤런들이 용기는 두 번 비우는 것($y = -2$)을 의미합니다. [그림 1-5]로 살펴봅시다.

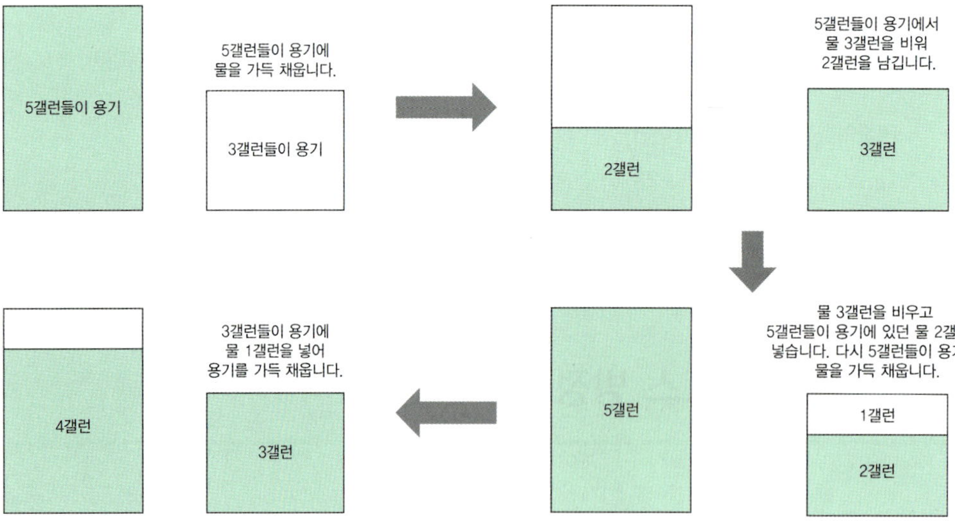

[그림 1-5] 3갤런들이 용기와 5갤런들이 용기에 물 4갤런을 채우는 과정

4 https://www.youtube.com/watch?v=BVtQNK_ZUJg

x와 y가 정수이면 이 방정식 $5x+3y=4$는 디오판토스 방정식의 예가 됩니다. 디오판토스 방정식에서 우리는 정수해에만 관심이 있습니다.

디오판토스 방정식은 그리스 수학자 디오판토스(Diophantus)의 이름을 따서 명명되었습니다.

[그림 1-6] 디오판토스 (A.D. 200-84)

디오판토스는 방정식과 정수론을 연구한 수학자입니다. 그는 방정식을 풀 때, 음수와 무리수의 해는 제외했습니다.

디오판토스는 이집트의 알렉산드리아에 살았다고 하며, 그 밖에 그의 생애에 대해서는 알려진 것이 거의 없습니다.

정의 1-15 일차 디오판토스 방정식

변수가 2개인 일반적인 **일차 디오판토스 방정식**(linear Diophantine equation)은 $ax+by=c$의 형태로, 변수 x, y는 정수이고, a, b는 0이 아닙니다.

일차 디오판토스 방정식 $ax+by=c$는 해가 없거나 해가 무수히 많습니다. 이러한 일차 디오판토스 방정식은 매우 중요한데 이 책의 뒷부분, 특히 3장에서 방정식을 풀 때 다룹니다. 마지막 3개 장에서는 훨씬 풀기 어려운 비선형 디오판토스 방정식에 대해 논의합니다.

예제 1-19 앞에서 제시한 디오판토스 방정식 $5x+3y=4$의 또 다른 정수해를 구해보세요.

풀이

앞에서 $y=\dfrac{4-5x}{3}$임을 알았습니다. 시험 삼아 $x=5$라고 해봅시다.

$$y=\frac{4-5x}{3}=\frac{4-5\times5}{3}=-7$$

따라서 $x=5$, $y=-7$이 $5x+3y=4$의 또 다른 해가 됩니다. 직접 확인해봅시다.

1.4.2 일반적인 디오판토스 방정식

명제 1-16

x_0와 y_0가 다음 디오판토스 방정식의 해라고 합시다.

$$ax + by = c$$

임의의 정수 t에 대하여 $x = x_0 + bt$, $y = y_0 - at$도 이 방정식의 해입니다(〈다이하드 3〉 문제에서 해는 $x = 2 + 3m$, $y = -2 - 5m$이었습니다).

증명

주어진 x_0, y_0가 $ax + by = c$의 해라면, 다음이 성립합니다.

$$ax_0 + by_0 = c \qquad (*)$$

$x = x_0 + bt$, $y = y_0 - at$를 $ax + by$에 대입해봅시다.

$$\begin{aligned} ax + by &= a(x_0 + bt) + b(y_0 - at) \\ &= ax_0 + abt + by_0 - abt && \text{(전개)} \\ &= ax_0 + by_0 = c && \text{((*)에 의해)} \end{aligned}$$

따라서 임의의 정수 t에 대하여 $x = x_0 + bt$, $y = y_0 - at$도 이 방정식의 해입니다. ■

$x = x_0 + bt$, $y = y_0 - at$에서 t는 임의의 정수이고, x_0, y_0는 $ax + by = c$의 초기해이므로, $ax + by = c$는 무수히 많은 해를 가집니다.

예제 1-21 방정식 $30x + 29y = 1$의 정수해를 구해보세요.

풀이

$\gcd(30, 29) = 1$임에 틀림없습니다. 몇 차례 수를 대입해보면 해가 다음과 같음을 알 수 있습니다.

$$x_0 = 1, \ y_0 = -1$$

왜냐하면 $30 \times 1 + 29 \times (-1) = 1$이기 때문이죠. 또 다른 해가 있을까요? 있습니다. [명제 1-16]에 의해 $a = 30$, $b = 29$라 하면 다음과 같습니다.

$$x = x_0 + bt = 1 + 29t, \ y = y_0 - at = -1 - 30t$$

이 또한 주어진 방정식의 해입니다.

$$x = 1 + 29t, \quad y = -1 - 30t$$

임의의 정수 t에 대하여, 이는 $30x + 29y = 1$의 일반해입니다. 따라서 t에 임의의 정수를 대입하여 특정 정수해를 얻을 수 있습니다.

t	$x = 1+29t$	$y = -1-30t$
1	$x = 1+29 = 30$	$y = -1-30 = -31$
2	$x = 1+29\times2 = 59$	$y = -1-30\times2 = -61$
3	$x = 1+29\times3 = 88$	$y = -1-30\times3 = -91$
−1	$x = 1+29\times(-1) = -28$	$y = -1-30\times(-1) = 29$
−2	$x = 1+29\times(-2) = -57$	$y = -1-30\times(-2) = 59$

이 x, y 값들이 주어진 방정식을 만족하는지 확인할 수 있습니다.

$$30x + 29y = 1$$

t는 임의의 정수이므로, 주어진 방정식은 무수히 많은 해를 가집니다.

$$30x + 29y = 1$$

다음에 나오는 [그림 1-8]은 앞의 표에서 얻은 x, y 값을 그래프에 나타낸 것입니다. 이 값이 모두 직선 $30x + 29y = 1$ 위의 점으로 나타나므로 모두 방정식의 해임을 알 수 있습니다.

명제 1-17

$\gcd(a, b) = g$라 하면 다음이 성립합니다.

디오판토스 방정식 $ax + by = c$는 정수해를 가집니다. $\Leftrightarrow \quad g \mid c$

? 이 명제는 무엇을 의미할까요?

정수 $ax + by$는 $\gcd(a, b) = g$의 배수임을 의미합니다.

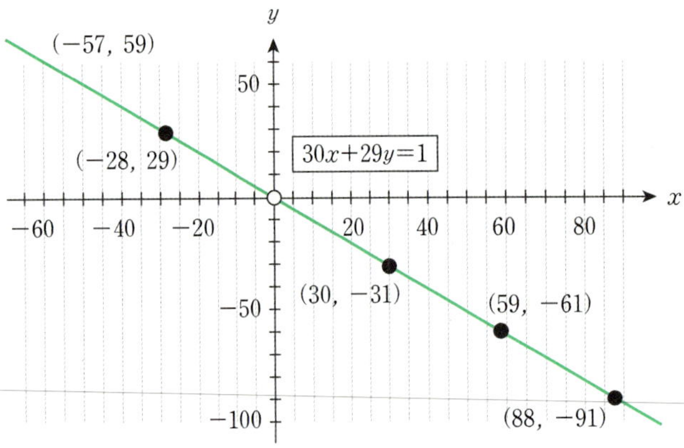

[그림 1-8] $30x+29y=1$의 정수해

? 이 명제를 어떻게 증명할까요?

명제 안에 ⇔가 있기 때문에 양방향을 모두 증명해야 합니다.

증명

(⇒) $ax+by=c$가 정수해를 가진다고 할 때 $g \mid c$임을 증명합니다. 정수 x, y가 존재하여 $ax+by=c$를 만족한다고 합시다. $\gcd(a, b)=g$이므로, $g \mid a$이고 $g \mid b$입니다. 그러면 다음과 같은 [정리 1-3]을 적용할 수 있습니다.

> $c \mid a$, $c \mid b$이면, 임의의 정수 x, y에 대하여 $c \mid (ax+by)$입니다.

즉, $g \mid a$이고 $g \mid b$이므로 $g \mid (ax+by)$가 성립합니다. 따라서 $ax+by=c$이므로, $g \mid c$입니다(또는 c는 $\gcd(a, b)=g$의 배수입니다).

(⇐) $g \mid c$일 때 $ax+by=c$가 정수해를 가진다는 것을 증명합니다. 다음과 같은 일차방정식을 생각해봅시다.

$$ax+by=g$$

앞 절에서 배운 [정리 1-9]의 베주 항등식은 다음과 같습니다.

> $\gcd(a, b)=g$이면, $ax+by=g$를 만족하는 정수 x, y가 존재합니다.

이 정수들을 x_0, y_0라 하면 다음이 성립합니다.

$$ax_0+by_0=g \qquad (\dagger)$$

이제 주어진 방정식 $ax+by=c$를 생각해봅시다(우변은 g 대신 c입니다). $g \mid c$가 성립하므로 $gm=c$를 만족하는 정수 m이 존재합니다. x_0, y_0에 m을 곱하면 각각 x_0m,

$y_0 m$입니다. $x = x_0 m$, $y = y_0 m$을 $ax + by$에 대입해봅시다.

$$ax_0 m + by_0 m = \underbrace{(ax_0 + by_0)}_{= g \text{ ((†)에 의해)}} m = gm = c$$

따라서 $x = x_0 m$, $y = y_0 m$은 $ax + by = c$의 정수해입니다. ■

이 명제는 g가 c를 나누지 않으면(기호로 $g \nmid c$이면), $ax + by = c$에 정수해가 없음을 의미합니다. 다음은 [예제 1-20]에서 제시한 디오판토스 방정식입니다.

$$3x + 6y = 5$$

$\gcd(3, 6) = 3$이고 3은 5를 나누지 못하므로 해가 존재하지 않습니다.

예제 1-22 다음 디오판토스 방정식 중에서 어떤 방정식이 정수해를 가지는지 판단해보세요.

(a) $5x + 10y = 3$
(b) $4x + 12y = 14$
(c) $21x - 35y = -7$
(d) $108x + 99y = 45$

풀이

[명제 1-17]을 적용합니다. $\gcd(a, b)$가 c를 나누는지 확인합니다.

(a) $\gcd(5, 10) = 5$이고 $5 \nmid 3$이므로 [명제 1-17]에 의해, $5x + 10y = 3$은 정수해를 갖지 않습니다.

(b) $\gcd(4, 12) = 4$이고 $4 \nmid 14$이므로 $4x + 12y = 14$는 정수해를 갖지 않습니다.

(c) $\gcd(21, -35) = 7$이고 $7 \mid (-7)$이므로 $21x - 35y = -7$은 해를 가집니다.

(d) $\gcd(108, 99) = 9$이고 $9 \mid 45$이므로 $108x + 99y = 45$는 해를 가집니다.

[명제 1-17]은 해가 존재하는지 여부만 알려줄 뿐 해가 무엇인지 알려주지는 않습니다. 다음 명제는 초기 해에서 일차 디오판토스 방정식에 대한 정수해를 찾는 방법을 규정합니다.

명제 1-18

$\gcd(a, b) = g$일 때 $g \mid c$이고 x_0, y_0가 방정식 $ax + by = c$의 특수해이면, 이 방정식의 모든 다른 해는 다음과 같습니다.

$$\text{정수 } t\text{에 대하여, } x = x_0 + \left(\frac{b}{g}\right)t, \ y = y_0 - \left(\frac{a}{g}\right)t$$

증명

x', y'이 $ax+by=c$의 해라고 하면 다음이 성립합니다.

$$ax'+by'=c$$

x_0, y_0가 방정식 $ax+by=c$의 해라고 주어졌으므로 $ax_0+by_0=c$입니다. 우변이 모두 c로 같으므로 다음이 성립합니다.

$$ax'+by'=ax_0+by_0=c$$

동류항끼리 같은 변으로 모아봅시다.

$$a(x'-x_0)=b(y_0-y')$$

양변을 $\gcd(a, b)=g$로 나누어봅시다.

$$\frac{a}{g}(x'-x_0)=\frac{b}{g}(y_0-y') \qquad (*)$$

$\frac{a}{g}\times(\text{정수})=\frac{b}{g}(y_0-y')$이므로, $\frac{a}{g} \mid \frac{b}{g}(y_0-y')$입니다. 다음과 같은 [명제 1-5]에 의하면,

$$\gcd(a, b)=g\text{이면, } \gcd\left(\frac{a}{g}, \frac{b}{g}\right)=1$$

$\gcd\left(\frac{a}{g}, \frac{b}{g}\right)=1$입니다. 다음과 같은 [보조정리 1-13]의 유클리드의 보조정리를 적용해봅시다.

$$\gcd(k, m)=1\text{일 때, } k \mid (m\times n)\text{이라면 } k \mid n\text{입니다.}$$

$\frac{a}{g} \mid \frac{b}{g}(y_0-y')$을 통해 $\frac{a}{g} \mid (y_0-y')$임을 알 수 있습니다. 따라서 정수 t가 존재하여 다음을 만족합니다.

$$\frac{a}{g}t=(y_0-y') \quad \Rightarrow \quad y'=y_0-\frac{a}{g}t$$

증명해야 할 두 가지 중 하나를 증명했습니다($y=y'=y_0-\left(\frac{a}{g}\right)t$). 다음으로 $\frac{a}{g}t=(y_0-y')$을 $(*)$에 대입해봅시다.

$$\frac{a}{g}(x'-x_0)=\frac{b}{g}\left(\frac{a}{g}t\right)$$

양변을 $\frac{a}{g}$로 나눕니다.

$$x' - x_0 = \frac{b}{g}t \quad \Rightarrow \quad x' = x_0 + \frac{b}{g}t = x$$ ■

예제 1-23 **$30x + 35y = 565$의 모든 정수해를 구해보세요.**

풀이

30과 35에 유클리드 알고리즘을 적용해봅시다.

$$35 = 30 + 5$$
$$30 = 6 \times 5 + 0$$

그러므로 $\gcd(30, 35) = 5$입니다. $5 \mid 565$이므로 주어진 방정식 $30x + 35y = 565$는 정수해를 가집니다. 위 식을 재정렬하면 $35 - 30 = 5$입니다. $30 \times (-1) + 35 \times 1 = 5$이므로 방정식 $30x_1 + 35y_1 = 5$의 해를 구할 수 있습니다.

$$x_1 = -1, \; y_1 = 1$$

하지만 어떻게 $30x + 35y = 565$에 대한 하나의 해를 구할 수 있을까요? $5 \times 113 = 565$이므로 $x_1 = -1$, $y_1 = 1$에 113을 곱하면 각각 $x_0 = -113$, $y_0 = 113$입니다. 다음과 같은 [명제 1-18]을 사용해봅시다.

$$x = x_0 + \left(\frac{b}{g}\right)t, \; y = y_0 - \left(\frac{a}{g}\right)t$$

$a = 30$, $b = 35$, $g = 5$, $x_0 = -113$, $y_0 = 113$이므로 다음과 같습니다.

$$x = x_0 + \left(\frac{b}{g}\right)t = -113 + \left(\frac{35}{5}\right)t = -113 + 7t$$
$$y = y_0 - \left(\frac{a}{g}\right)t = 113 - \left(\frac{30}{5}\right)t = 113 - 6t$$

주어진 방정식 $30x + 35y = 565$의 일반해는 임의의 정수 t에 대하여 $x = -113 + 7t$, $y = 113 - 6t$입니다(t에 특정 값을 넣어 특수해를 찾을 수 있습니다. 예를 들어 $t = 0$을 대입하면 초기 해인 $x_0 = -113$, $y_0 = 113$이 됩니다).

실생활 문제에서는 일반적으로 변수의 값을 제한해야 합니다. 예를 들어 변수 x와 y는 양수여야 할 수도 있습니다. 이때 양수인 x, y 값을 만드는 정수 t에 제한을 둡니다.

? 수학에서 이러한 제한을 어떻게 만족시킬 수 있을까요?

부등식(inequality)을 사용하면 됩니다. 다음 예제에서는 부등식을 풀 줄 알아야 합니다. 이에 대해서는 입문 장에서 이미 다루었습니다.

예제 1-24 **한 서점에서 두 종류의 책을 총 565파운드만큼 주문하려고 합니다. 소프트커버로 된 책은 한 권에 30파운드이고 하드커버로 된 책은 한 권에 35파운드입니다. 하드커버 책과 소프트커버 책을 각각 몇 권씩 주문해야 할까요?**

풀이

방정식으로 나타내면 다음과 같습니다.

$$30x + 35y = 565$$

x, y는 각각 소프트커버 책의 주문 수량과 하드커버 책의 주문 수량입니다. 이 방정식은 앞의 예제에서 다룬 디오판토스 방정식입니다. 이미 일반해를 다음과 같이 찾았습니다.

$$x = -113 + 7t,\ y = 113 - 6t$$

이 경우에는 t에 아무 값이나 대입할 수 없습니다. 왜 그럴까요? x와 y는 주문한 책의 권 수를 나타내므로 0이거나 양수입니다. x, y의 값이 0 또는 양수가 되도록 하는 정수 t를 찾아야 합니다. 즉, 다음 부등식을 풀어야 합니다.

$$x = -113 + 7t \geq 0,\ y = 113 - 6t \geq 0$$

첫 번째 부등식을 풀어봅시다.

$$7t - 113 \geq 0 \quad \Leftrightarrow \quad 7t \geq 113$$
$$\Leftrightarrow \quad t \geq \frac{113}{7} = 16.14$$

(소수점 아래 셋째 자리에서 반올림)

마찬가지로 두 번째 부등식도 풀어봅시다.

$$113 - 6t \geq 0 \quad \Leftrightarrow \quad 113 \geq 6t$$
$$\Leftrightarrow \quad \frac{113}{6} \geq t \text{ 또는 } t \leq \frac{113}{6} = 18.83$$

(소수점 아래 셋째 자리에서 반올림)

따라서 t는 16.14와 18.83 사이에 있는 정수입니다. 정수 t 값은 무엇일까요? $t = 17$ 또는 $t = 18$입니다. $t = 17$을 $x = -113 + 7t$, $y = 113 - 6t$에 대입해봅시다.

$$x = (7 \times 17) - 113 = 6,\ y = 113 - (6 \times 17) = 11$$

다른 정수 $t=18$을 $x=-113+7t$, $y=113-6t$에 대입해봅시다.

$$x=(7\times18)-113=13,\ y=113-(6\times18)=5$$

2개의 해를 찾았습니다. $x=6$, $y=11$ 또는 $x=13$, $y=5$입니다. 이는 소프트커버 책 6권과 하드커버 책 11권을 주문하거나, 소프트커버 책 13권과 하드커버 책 5권을 주문해야 함을 의미합니다.

영화 〈다이하드 3〉 문제에서 정수 x와 y는 양수(채우기)와 0(비어 있음)뿐만 아니라 음수(쏟아냄)도 될 수 있습니다. 디오판토스 방정식에서 정수 x와 y에 대한 제한은 문제 상황에 따라 달라집니다.

예를 들어 어떤 가게에서 핫도그와 빵을 산다고 가정해봅시다. x와 y를 각각 핫도그와 빵의 개수라고 하면 이 변수는 양수 또는 0이어야 합니다. 왜냐하면 가게에서 음수 개수의 빵이나 핫도그를 살 수 없기 때문입니다.

다음으로 특별한 디오판토스 방정식 $ax+by=c$의 해를 찾는 방법을 설명하겠습니다.

따름정리 1-19

$\gcd(a, b)=1$(a와 b는 서로소)이고, x_0, y_0가 방정식 $ax+by=c$의 특수해라고 합시다. 그러면 이 방정식의 모든 다른 해는 임의의 정수 t에 대하여 $x=x_0+bt$, $y=y_0-at$입니다.

증명

1.4절 [연습문제 10]에서 증명합니다. ■

핵심요약

두 변수를 가진 일차 디오판토스 방정식의 예는 $ax+by=c$입니다.

- 이 방정식을 만족시키는 정수 x, y가 존재하면, 이 방정식은 해를 가집니다.
- $\gcd(a, b)=g$에 대해서 $g \mid c$를 만족하면, 이 방정식은 해를 가집니다.
- 임의의 정수 t에 대하여 x_0, y_0가 특수해이면, 이 방정식의 일반해는 $x=x_0+\left(\frac{b}{g}\right)t$, $y=y_0-\left(\frac{a}{g}\right)t$입니다.

1.4 연습문제

01. 다음 디오판토스 방정식의 일반해를 구해보세요.

(a) $2x+3y=5$

(b) $3x+6y=9$

(c) $15x-20y=10$

02. 다음 방정식이 정수해를 가지는지 판단해보세요. 만약 해를 가진다면 일반해를 구해보세요.

(a) $2x+4y=1$

(b) $48x+56y=32$

(c) $54x+108y=-72$

03. (가능한 경우) 다음 방정식의 일반해를 구해보세요.

(a) $101x+600y=1001$

(b) $181x+232y=-100$

힌트 1.3절 [연습문제 02(d)] 참고

04. 막대 1개의 가격은 2파운드이고 롤 1개의 가격은 3파운드입니다. 거스름돈 없이 20파운드로 구입할 수 있는 막대와 롤의 개수를 구해보세요. 각각 최소 1개 이상 구매해야 합니다.

05. 영화 <다이하드 3> 문제에서 4갤런들이 용기와 5갤런들이 용기를 가지고 정확히 3갤런을 측정해야 한다고 합시다. 어떻게 해야 할까요?

06. 1파운드는 100펜스입니다. 5펜스(0.05파운드)와 10펜스(0.10파운드) 동전만 사용하여 3.10파운드를 지불하려면 각 동전이 몇 개 필요할까요?

07. 1파운드는 100펜스입니다. 1종 우표는 개당 60펜스(0.60파운드), 2종 우표는 개당 50펜스(0.50파운드)입니다. 거스름돈이 생기지 않게, 정확히 50파운드로 구입할 수 있는 우표 개수의 조합을 나열하세요.

08. 핫도그 1개의 가격은 0.24파운드, 롤빵 1개의 가격은 0.14파운드입니다. 정확히 5파운드로 구입할 수 있는 핫도그와 빵의 조합을 나열하세요.

09. ATM 기계에서 10파운드 지폐와 20파운드 지폐를 인출할 수 있습니다. 100파운드를 인출할 때, 10파운드와 20파운드 지폐의 가능한 조합을 나열하세요.

10. [따름정리 1-19]를 증명해보세요.

11. 다음을 증명해보세요.

> $ax+by=1$이 정수해를 가집니다.
> $\Leftrightarrow \quad \gcd(a, b)=1$

12. $\gcd(a, b)>1$일 때, $ax+by=1$이 해를 갖지 않음을 증명해보세요.

13. $45x+81y=1$이 해를 갖지 않음을 보이세요.

14. 다음 결과를 증명해보세요.

> $\gcd(a, b)=1$이고 양의 정수 k가 c의 약수입니다. x_0, y_0가 방정식 $akx+bky=c$의 특수해라면, 이 방정식의 모든 다른 해는 임의의 정수 t에 대하여 $x=x_0+\left(\frac{b}{k}\right)t$, $y=y_0-\left(\frac{a}{k}\right)t$입니다.

15. $a \neq 0$인 일차방정식 $ax+may=na$가 있습니다. x_0, y_0가 이 방정식의 특수해라면 일반해는 $x=x_0+mt,\ y=y_0-t$임을 증명해보세요.

16. 다음 명제가 참임을 증명하거나 거짓임을 보이세요.

(a) $d \mid a,\ d \mid b$이면, 디오판토스 방정식 $ax+by=c$가 해를 가집니다.

(b) $d \mid a,\ d \mid b,\ d \mid c$이면, 디오판토스 방정식 $ax+by=c$가 해를 가집니다.

(c) 디오판토스 방정식 $ax+(a+1)y=1$은 해를 가집니다.

1장 종합문제

1.1 $\gcd(69, 161)$을 구하고 분수 $\frac{161}{69}$을 간단히 나타내보세요.

1.2 다음 물음에 답해보세요.

(i) 방정식 $57x+76y=\gcd(57, 76)$의 정수해를 구해보세요.

(ii) 방정식 $57x+76y=95$의 정수해를 구해보세요.

1.3 다음 일차방정식의 특정 정수해를 구해보세요.

(a) $63x+99y=\gcd(63, 99)$

(b) $2014x+2015y=\gcd(2014, 2015)$

(c) (i) $2015x+39y=\gcd(2015, 39)$

(ii) $2015x+39y=-\gcd(2015, 39)$

1.4 나눗셈 알고리즘을 적용하여 몫과 나머지를 구해보세요.

(a) 37 나누기 4

(b) -1007 나누기 20

(c) -1000001 나누기 999

1.5 다음 정수의 약수를 구해보세요.

(a) 100 (b) -100

(c) 200

1.6 다음 중 참인 것을 고르세요.

(a) $6 \mid 66$

(b) $6 \mid 0$

(c) $7 \nmid 17$

(d) $7 \nmid 98$

(e) $0 \mid 7$

1.7 $a \mid (b \times c)$를 만족하지만 $a \nmid b,\ a \nmid c$인 정수 a, b, c가 존재하나요?

1.8 서로소인 정수가 무엇을 의미하는지 설명해보세요.

1.9 $5 \mid (n^5-n)$이 참임을 증명해보세요.

1.10 임의의 정수의 세제곱은 $7k$ 또는 $7k \pm 1$의 형태임을 증명해보세요.

힌트 나눗셈 알고리즘을 이용하세요.

1.11 다음 명제가 참임을 증명하거나 거짓임을 보이세요.

$$a \mid b,\ b \mid a \quad \Rightarrow \quad a=b$$

2.1 소수 소개

학습목표

- 소수의 중요성을 이해할 수 있습니다.
- 소수의 몇 가지 성질을 증명할 수 있습니다.

이 장은 양의 정수를 이해하는 데 꼭 필요한 소수에 대해 논의하는 데 목적이 있습니다. 이 장에서 1보다 큰 모든 양의 정수는 유일한 방식으로 소수로 인수분해될 수 있다는 산술의 기본 정리를 증명합니다. 산술의 기본 정리로 주어진 정수를 인수분해할 수는 없지만, 인수분해가 존재하는지 여부를 확인할 수 있습니다.

2.2절에서 주어진 정수를 소수로 인수분해하는 방법을 살펴볼 것입니다. 2.3절에서는 소수에 관한 미해결 문제에 대해 논의하고 소수의 분포를 조사합니다. 마지막으로 2.4절에서는 주어진 두 정수의 최소공배수(lcm)와 최대공약수(gcd)를 찾는 방법에 대해 익힙니다. 이 방법은 주어진 정수를 소수의 곱으로 나타내는 작업에서부터 시작합니다.

2.1.1 소수의 중요성

정수론은 정수 중에서도 양의 정수에 대한 연구입니다. 소수는 이 연구의 핵심입니다.

? 소수는 무엇일까요?

정의 2-1 소수와 합성수
정수 p의 약수가 1과 p뿐일 때, 1보다 큰 p를 **소수**(prime number, prime)라 합니다. 1보다 큰 정수 중 소수가 아닌 수를 **합성수**(composite number)라 합니다.

이 정의는 1보다 큰 모든 정수는 소수이거나 합성수라는 의미를 내포합니다. 소수의 예로는 2, 3, 5, 7, 11, 13, 17, 19, 23, $\cdots$이 있고, 합성수의 예로는 4, 6, 8, 9, 10, 12, 14, 15, $\cdots$가 있습니다. 여기서 2는 유일한 짝수 소수(even prime)임을 주의합시다.

왜 소수가 중요할까요?

4,000년 이상, 정수론은 중요하게 활용되지 않았습니다. 그러다가 1970년대에 디지털 컴퓨터가 출현하여 정수론을 다양한 분야에서 응용할 수 있게 되었습니다. 이러한 응용 중 하나가 수신자만 읽을 수 있도록 메시지를 보호하는 메시지 암호화(encryption)입니다. 이러한 보안 통신 연구를 암호학(cryptography)이라고 합니다.

공개 키 암호화(public key encryption)는 문자 메시지를 의미 없는 것으로 변환하며, 대부분 공개 키를 사용하여 문자를 숫자로 변경합니다. 메시지는 개인 키에 의해 원래 메시지로 다시 변환되며 이 프로세스를 암호 해독(decryption)이라고 합니다. 이때 키는 큰 숫자로 구성되어 있습니다. 이 과정을 [그림 2-1]에서 설명하고 있습니다.

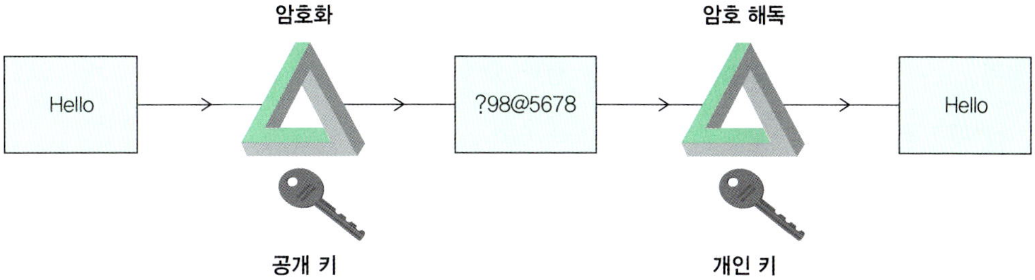

[그림 2-1] 공개 키 암호화

이처럼 큰 숫자 키는 어떻게 안전하게 만들 수 있을까요?

두 개의 큰 소수 p와 q를 곱하여 새로운 숫자 n, 즉 $n=p\times q$를 얻기는 쉽습니다. 하지만 반대 방향, 즉 n이 주어졌을 때 이를 큰 소인수 $p\times q$로 소인수분해하는 것은 매우 어렵습니다.

예를 들어 두 소수 23456761, 9876543139를 곱해봅시다.

$$23456761\times 9876543139=231671711917712779$$

위에 제시된 소수를 알고 있는 것이 아니라면, 우변(231671711917712779)을 소인수분해하는 것은 어려운 일입니다.

다음과 같이 비유해보죠. 색상이 다른 페인트 통이 수천 개 있고, 이 중에서 두 가지 색상의 페인트를 골라 섞는다고 상상해봅시다. 누군가에게 색상이 섞인 페인트 통을 보여주고 어떤 두 가지 색상이 섞였는지 묻는다면 답을 찾아내기 매우 어려울 것입니다.

메시지를 해독하려면 숫자 n을 두 개의 큰 소인수 p와 q로 소인수분해해야 합니다.

소수를 사용한 또 다른 실생활 예가 있을까요?

매미는 땅속에서 동면하는 곤충입니다. 과학자들은 매미의 수명 주기가 포식자와 마주치는 것을 최소화할 수 있는 방식으로 진화했다고 믿습니다. 땅속에서 애벌레 상태로 동면하던 매미는 13년 또는 17년마다 나타나 짝짓기를 하고 죽습니다. 새로 태어난 매미는 땅속으로 들어가 동면합니다. 이처럼 매미는 번식 기회를 한 차례 얻은 뒤에 죽습니다.

만약 매미가 8년마다 나타난다면 수명이 1년, 2년, 4년, 8년인 포식자와 만나게 될 것이고, 그러한 상황은 매미를 멸종으로 몰아갈 수 있습니다. 매미가 소수에 해당하는 동면 기간(13년 또는 17년)을 갖는 것은 포식자들이 매미를 잡아먹을 가능성을 줄여줍니다.

2.1.2 산술의 기본 정리

산술의 기본 정리는 수학에서 가장 중요한 결과 중에 하나이며, 다음과 같습니다.

> 1보다 큰 모든 정수는 ① 소수이거나 ② 소수들의 곱으로 나타낼 수 있습니다(곱하는 순서를 무시하면 소수들의 곱 형태는 유일합니다).

이 절의 뒷부분에서 이 기본 정리를 증명할 것입니다. 예를 들면 다음과 같습니다.

$$3 = 3,\ 10 = 2 \times 5,\ 20 = 2^2 \times 5,\ 100 = 2^2 \times 5^2,\ \cdots$$

즉, 산술의 기본 정리는 1보다 큰 정수의 소인수분해가 소수를 곱하는 순서를 무시하면 유일함을 의미합니다.

이는 무엇을 의미할까요?

$100 = 2^2 \times 5^2$이라고 하면 2와 5는 여러 번 곱하여 100이 되는 유일한 소수입니다. 100을 소인수분해하면 다른 소수는 존재하지 않습니다. 물론 다음과 같이 쓸 수는 있습니다.

$$100 = 2^2 \times 5^2 = 2 \times 2 \times 5^2 = 5 \times 5 \times 2 \times 2 = \ \cdots$$

하지만 이는 단지 곱셈의 순서를 변경했을 뿐입니다. 소수 2와 5는 100의 구성 요소입니다([그림 2-2] 참고).

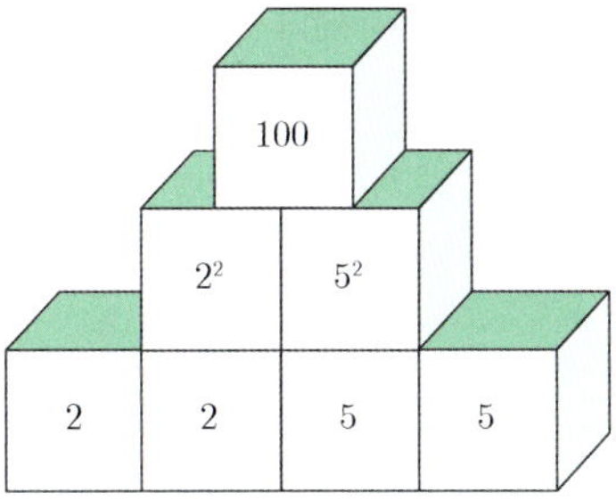

[그림 2-2] 100의 구성 요소

산술의 기본 정리는 1보다 큰 모든 정수는 소수이거나 소수의 곱으로 나타낼 수 있음을 알려줍니다. 이는 소수가 양의 정수의 구성 요소임을 의미합니다.

2.1.3 소수의 성질

이제 1보다 큰 양의 정수의 약수 또는 인수에 대해 알아봅시다. 다음과 같은 예를 살펴봅시다($a \mid b$는 a가 b의 약수임을 의미합니다).

$$2 \mid 364\text{는 } 2 \mid (4 \times 91)\text{을 의미하므로, } 2 \mid 4\text{입니다.}$$

2는 소수입니다. 마찬가지로 7도 소수이며, 다음이 성립합니다.

$$7 \mid 98 \quad \Rightarrow \quad 7 \mid (49 \times 2) \quad \Rightarrow \quad 7 \mid 49$$

일반적으로 다음을 알 수 있습니다.

명제 2-2

p가 소수이고 $p \mid (a \times b)$이면, $p \mid a$ 또는 $p \mid b$입니다.

증명

만약 $p \mid a$이면 결론이 성립합니다.

소수 p가 a를 나누지 않는다고 가정해보죠. $p \nmid a$이면 $\gcd(a, p) = 1$입니다.

? 왜 그럴까요?

$\gcd(a, p) = g$라 하면 $g \mid p$입니다. 하지만 p가 소수이므로 p의 약수는 오직 1과 p뿐입니다. 이는 $g = p$ 또는 $g = 1$을 의미합니다.

g는 a와 p의 최대공약수이므로 $g \mid a$이기도 합니다. 그래서 $g \neq p$입니다. 왜냐하면 p가 a를 나누지 않는다고 가정했기 때문입니다. 따라서 다음과 같습니다.

$$g = \gcd(a, p) = 1$$

$p \mid (a \times b)$이고 $p \nmid a$라고 가정했기 때문에 $p \mid b$를 증명해야 합니다.

? 어떻게 증명할 수 있을까요?

다음의 [정리 1-9]의 유클리드의 보조정리를 사용합시다.

$x \mid (y \times z)$이고 $\gcd(x, y) = 1$이면, $x \mid z$입니다.

이를 $p \mid (a \times b)$, $\gcd(a, p) = 1$에 적용하면, $p \mid b$입니다. ■

다음으로 [명제 2-2]를 확장한 따름정리를 증명하려고 합니다. [명제 2-2]는 다음과 같이 2항 이상의 곱으로 확장할 수 있습니다.

따름정리 2-3

만약 p가 소수이고 $p \mid (a_1 \times a_2 \times a_3 \times \cdots \times a_n)$이면, $p \mid a_1$ 또는 $p \mid a_2$ 또는 $\cdots$ 또는 $p \mid a_n$입니다.

? 이것을 어떻게 증명할까요?

수학적 귀납법을 이용해서 증명할 수 있습니다. 입문 장에서 소개한 수학적 귀납법의 세 단계를 떠올려 보세요.

[1단계] 맨 아래 값인 $n = k_0$일 때, 결과가 성립함을 확인합니다.

[2단계] $n = k$일 때, 결과가 성립한다고 가정합니다.

[3단계] $n = k+1$일 때, 결과가 성립함을 보이기 위해 [1단계], [2단계]를 사용합니다.

증명

[1단계] [명제 2-2]에 의해 $p \mid (a_1 \times a_2)$이면, $p \mid a_1$ 또는 $p \mid a_2$입니다.

[2단계] $n = k$일 때, 다음과 같이 결과가 성립한다고 가정합니다.

$$p \mid (a_1 \times a_2 \times a_3 \times \cdots \times a_k)\text{이면, } p \mid a_1 \text{ 또는 } p \mid a_2 \text{ 또는 } \cdots \text{ 또는 } p \mid a_k$$

[3단계] 이 결과가 $n=k+1$일 때 성립함을 증명해야 합니다. 즉, 다음을 보여야 합니다.

$$p \mid (a_1 \times a_2 \times a_3 \times \cdots \times a_{k+1})\text{이면, } p \mid a_1 \text{ 또는 } \cdots \text{ 또는 } p \mid a_{k+1}$$

$p \mid (a_1 \times a_2 \times a_3 \times \cdots \times a_{k+1})$은 $p \mid (a_1 \times a_2 \times a_3 \times \cdots \times a_k) \times a_{k+1}$을 의미합니다. $p \mid (a_1 \times a_2 \times a_3 \times \cdots \times a_k) \times a_{k+1}$에 [명제 2-2]를 적용하면 다음을 알 수 있습니다.

$$p \mid (a_1 \times a_2 \times a_3 \times \cdots \times a_k) \text{ 또는 } p \mid a_{k+1}$$

[2단계]에 따르면, $p \mid (a_1 \times a_2 \times a_3 \times \cdots \times a_k)$는 $p \mid a_1$ 또는 $p \mid a_2$ 또는 ⋯ 또는 $p \mid a_k$임을 의미합니다. 이 결과들을 종합해보면 다음과 같습니다.

$$p \mid (a_1 \times a_2 \times a_3 \times \cdots \times a_{k+1})\text{이면,}$$
$$p \mid a_1 \text{ 또는 } p \mid a_2 \text{ 또는 } \cdots \text{ 또는 } p \mid a_k \text{ 또는 } p \mid a_{k+1}$$

수학적 귀납법을 사용해 증명했습니다. ■

[따름정리 2-3]에서 $a_1, a_2, \cdots$가 소수라면 p는 $a_1, a_2, \cdots$ 중 하나와 같을 것입니다. 예를 들어 $7 \mid (p_1 \times p_2 \times \cdots \times p_k)$이면, $p_1, p_2, \cdots, p_k$ 중 하나는 7입니다. 이를 다음과 같이 일반화할 수 있습니다.

따름정리 2-4

$p, q_1, q_2, q_3, \cdots, q_n$이 모두 소수이고 $p \mid (q_1 \times q_2 \times \cdots \times q_n)$이면, 소수 $q_1, q_2, q_3, \cdots, q_n$ 중에 $p = q_k$인 q_k가 존재합니다.

증명

소수 $q_1, q_2, q_3, \cdots, q_n$에 대하여 $p \mid (q_1 \times q_2 \times \cdots \times q_n)$이 주어져 있습니다. 다음의 [따름정리 2-3]을 적용해봅시다.

$$p\text{가 소수이고 } p \mid (a_1 \times a_2 \times a_3 \times \cdots \times a_n)\text{이면, } p \mid a_1 \text{ 또는 } p \mid a_2 \text{ 또는 } \cdots \text{ 또는 } p \mid a_n$$

따라서 $p \mid (q_1 \times q_2 \times \cdots \times q_n)$에 대해 소수 $q_1, q_2, q_3, \cdots, q_n$ 중 하나인 q_k가 존재하여 $p \mid q_k$가 성립합니다. q_k는 소수이므로 q_k의 약수는 오직 1 또는 q_k입니다. p와 q_k가 모두 소수이므로 $p \mid q_k$를 통해 $p = q_k$임을 알 수 있습니다. ■

p가 합성수라면 [따름정리 2-4]는 유효하지 않습니다. 예를 들면 다음과 같습니다.

$$6 \mid (2 \times 3 \times 7)\text{이지만, } 6 \neq 2,\ 6 \neq 3,\ 6 \neq 7\text{입니다.}$$

2.1.4 산술의 기본 정리에 대한 증명

산술의 기본 정리를 설명하고 증명하기 전에 소인수분해의 존재를 직관적으로 이해할 수 있도록 몇 가지 수치 예제를 살펴봅시다. 예를 들어 다음과 같이 수를 소인수분해할 수 있습니다.

$$360 = 2 \times 2 \times 2 \times 3 \times 3 \times 5 = 2^3 \times 3^2 \times 5$$

$$1000000 = 2^6 \times 5^6$$

$$1000001 = 101 \times 9901$$

$$2789865215 = 5 \times 557973043$$

자연수의 정렬성(WOP)과 일반성을 잃지 않는다(WLOG)는 점을 사용하여 정리를 증명합니다. 이는 입문 장에서 다루었습니다.

> **정리 2-5 산술의 기본 정리(fundamental theorem of arithmetic)**
> 1보다 큰 모든 정수는 ① 소수이거나 ② 소수들의 곱으로 나타낼 수 있습니다(곱하는 순서를 무시하면 소수들의 곱 형태는 유일합니다).

? 이 결과를 어떻게 증명할까요?

일단 n이 소수들의 곱임을 증명합니다. 그리고 이 표현이 순서와 상관없이 유일함을 증명하면 됩니다.

증명

(1) n이 소수들의 곱이라는 것에 대한 증명(존재성 증명)

$n(>1)$은 소수이거나 합성수입니다. n이 소수라면 여기서 증명은 끝납니다. n이 합성수라면 약수 $d(>1)$를 가지며, 이는 $d \mid n$과 같이 나타낼 수 있습니다. S를 n의 1보다 큰 양의 약수들의 집합이라고 합시다. 그렇다면 S는 공집합이 아닙니다. 왜냐하면 $d \mid n$이므로 d가 S의 원소이기 때문입니다. 양의 약수들의 집합인 S에는 n의 가장 작은 약수가 반드시 존재합니다. 이를 p_1이라 합시다.

왜 그럴까요?

자연수의 정렬성(공집합이 아닌 양의 정수들의 모든 부분집합은 최소 원소를 가짐)때문입니다.

p_1은 틀림없이 소수입니다. 그렇지 않다면 n의 더 작은 약수가 존재하기 때문입니다. $p_1 \mid n$이므로 다음과 같이 쓸 수 있습니다.

$$\text{정수 } n_1\text{에 대하여, } n = p_1 \times n_1$$

만약 n_1이 소수라면, n이 소수의 곱임을 보였기 때문에 유일성을 증명하면 됩니다. 만약 n_1이 합성수라면 앞의 과정을 반복할 수 있습니다.

p_2가 n_1의 가장 작은 약수라 합시다. p_2도 소수임에 틀림없습니다. 따라서 $p_2 \mid n_1$이므로 다음과 같이 쓸 수 있습니다.

$$\text{정수 } n_2\text{에 대하여 } n_1 = p_2 \times n_2\text{입니다.}$$

$n_1 = p_2 \times n_2$를 $n = p_1 \times n_1$에 대입해봅시다.

$$n = p_1 \times p_2 \times n_2$$

n_2가 소수라면, n이 소수의 곱임을 알았습니다. n_2가 합성수라면 앞의 과정을 반복합니다.

$$n = p_1 \times p_2 \times p_3 \times n_3$$

하지만 이 과정을 영원히 반복할 수는 없습니다. 다음과 같이 n은 유한개의 소인수를 가지기 때문입니다.

$$n > n_1 > n_2 > n_3 > \cdots > n_k > 1$$

그래서 소수인 정수 n_k가 반드시 있어야 합니다. 즉, $n_k = p_k$이므로 다음과 같습니다.

$$n = p_1 \times p_2 \times p_3 \times \cdots \times n_k = p_1 \times p_2 \times p_3 \times \cdots \times p_k$$

따라서 n은 소수들의 곱입니다.

(2) 유일성 증명

다음을 가정합시다.

$$n = p_1 \times p_2 \times p_3 \times \cdots \times p_r = q_1 \times q_2 \times q_3 \times \cdots \times q_s \qquad (\dagger)$$

$p_1, p_2, p_3, \cdots, p_r$과 $q_1, q_2, q_3, \cdots, q_s$는 소수이고, 다음과 같이 내림차순으로 쓸 수 있습니다.

$$p_1 \geq p_2 \geq p_3 \geq \cdots \geq p_r,\ q_1 \geq q_2 \geq q_3 \geq \cdots \geq q_s \qquad (*)$$

일반성을 잃지 않고(WLOG), $s \geq r$을 가정합니다. (†)에 의해 $p_1 \times (p_2 \times p_3 \times \cdots \times p_r) = q_1 \times q_2 \times q_3 \times \cdots \times q_s$입니다. 따라서 $p_1 \mid q_1 \times q_2 \times q_3 \times \cdots \times q_s$입니다.

다음의 [따름정리 2-4]를 적용해봅시다.

> $p, q_1, q_2, q_3, \cdots, q_n$이 모두 소수이고 $p \mid (q_1 \times q_2 \times \cdots \times q_n)$이면,
> 소수 $q_1, q_2, q_3, \cdots, q_n$ 중에 $p = q_k$인 q_k가 존재합니다.

$p_1 \mid (q_1 \times q_2 \times q_3 \times \cdots \times q_s)$이므로 $p_1 = q_k$인 q_k가 $q_1, q_2, q_3, \cdots, q_s$ 중에 존재합니다. 순서대로 나열한 부등식 (*)에 의해 $q_1 \geq q_k$이므로(q_1이 가장 큰 원소이므로), $p_1 = q_k \leq q_1$입니다. 따라서 $p_1 \leq q_1$입니다.

반대로 (†)에 의해 $q_1 \times (q_2 \times \cdots \times q_s) = p_1 \times p_2 \times \cdots \times p_r$이므로 $q_1 \mid (p_1 \times p_2 \times p_3 \times \cdots \times p_r)$입니다.

다시, [따름정리 2-4]에 의해 다음과 같이 쓸 수 있습니다.

$q_1 = p_m$인 p_m이 $p_1, p_2, p_3, \cdots, p_r$ 중에 존재합니다.

(*)에 의해 $q_1 = p_m$은 $q_1 \leq p_1$을 의미합니다. p_1은 다음 중 가장 큰 소수입니다.

$$p_1, p_2, p_3, \cdots, p_r$$

$p_1 \leq q_1$과 $q_1 \leq p_1$ 모두가 참이 되는 방법은 다음 하나뿐입니다.

$$p_1 = q_1$$

이 과정을 반복하면 다음을 얻을 수 있습니다.

$$p_2 = q_2, p_3 = q_3, p_4 = q_4, \cdots, p_r = q_r$$

$s > r$인 경우 $p_1 \times p_2 \times p_3 \times \cdots \times p_r = q_1 \times q_2 \times q_3 \times \cdots \times q_s$에서 공통 인수인 p_1과 q_1, p_2와 q_2, $\cdots$, p_r과 q_r을 지우면 다음과 같습니다.

$$1 = q_{r+1} \times q_{r+2} \times \cdots \times q_s \quad (p_1, p_2, p_3, \cdots, p_r\text{을 모두 나누면 } 1)$$

그러나 $q_1, q_2, q_3, \cdots, q_s$가 모두 소수이므로 이는 성립할 수 없습니다. 1 = (소수)×(소수)×(소수)× ⋯ 인데, 가장 작은 소수는 2입니다. 즉, 1 = (소수)×(소수)×(소수)× ⋯ 는 불가능합니다. 따라서 $s = r$이고 이는 다음을 의미합니다.

$$p_1 = q_1, p_2 = q_2, p_3 = q_3, p_4 = q_4, \cdots, p_r = q_r$$

n의 소인수분해는 유일합니다. 임의의 정수 $n > 1$이 소수의 곱으로 표현될 수 있고, 그 표현은 순서와 상관없이 유일함을 증명했습니다. ■

소인수는 같은 것이 반복될 수 있습니다. 예를 들어 다음과 같습니다.

$$120 = 2 \times 2 \times 2 \times 3 \times 5 = 2^3 \times 3 \times 5$$

또한 산술의 기본 정리를 다음과 같이 쓸 수 있습니다.

따름정리 2-6

1보다 큰 정수 n은 ① 소수이거나 ② 소수들의 곱으로 나타낼 수 있습니다(곱하는 순서를 무시하면 소수들의 곱 형태는 유일합니다).

서로 다른 소수 $p_1, p_2, p_3, \cdots, p_r$에 대하여, $n = p_1^{k_1} \times p_2^{k_2} \times p_3^{k_3} \times \cdots \times p_r^{k_r}$

위의 $n = p_1^{k_1} \times p_2^{k_2} \times p_3^{k_3} \times \cdots \times p_r^{k_r}$에서 소수 p_j는 서로 다르고, 지수 k_j는 양의 정수입니다. 다음과 같은 표현을 n에 대한 **소인수분해**(prime decomposition)라고 합니다.

$$n = p_1^{k_1} \times p_2^{k_2} \times p_3^{k_3} \times \cdots \times p_r^{k_r}$$

간결한 곱셈 표기(product notation)는 그리스 대문자 파이($\prod$)로 나타냅니다. 입문 장에서 살펴보았지만 이에 대한 예를 제시해보겠습니다.

$$\prod_{k=1}^{5}(k) = 1 \times 2 \times 3 \times 4 \times 5, \quad \prod_{k=1}^{5}(k^2) = 1^2 \times 2^2 \times 3^2 \times 4^2 \times 5^2$$

간단한 기호로 숫자의 소인수분해를 다음과 같이 나타낼 수 있습니다.

$$n = p_1^{k_1} \times p_2^{k_2} \times p_3^{k_3} \times \cdots \times p_m^{k_m} = \prod_{j=1}^{m} p_j^{k_j}$$

핵심요약

- 소수는 1보다 큰 정수로, 약수가 오직 자기 자신과 1뿐입니다.
- 모든 정수 $n(> 1)$은 소수의 곱으로 유일하게 나타낼 수 있습니다.

2.1 연습문제

01. 다음 수를 소인수분해해보세요.

(a) 56 (b) 57 (c) 200

(d) 360 (e) 1001

02. 다음 수를 소인수분해해보세요.

(a) 53 (b) 530 (c) 1988

(d) 666 (e) 2021

03. 다음을 증명해보세요.

(a) 소수 p가 a를 나누지 않는다고 가정할 때, $\gcd(a, p)=1$입니다.

(b) p와 q가 서로 다른 소수이면, $\gcd(p, q)=1$입니다.

04. p^n의 1보다 큰, 가장 작은 인수는 소수 p임을 보이세요.

05. 다음을 증명해보세요.

(i) p와 q가 서로 다른 소수이면, 임의의 자연수 n에 대하여 $\gcd(p^n, q^n)=1$입니다.

(ii) p와 q가 서로 다른 소수이면, 임의의 자연수 n, m에 대하여 $\gcd(p^n, q^m)=1$입니다.

06. 다음을 증명해보세요.

(a) 연속인 정수는 공통으로 가지는 소인수가 없습니다.

(b) $\gcd(n, n+1)=1$입니다.

07. 다음 곱셈을 계산해보세요.

(a) $\prod_{j=1}^{6}(2j)$

(b) $\prod_{j=1}^{6}\left(\frac{j}{2}\right)$

*(c) $\prod_{j=1}^{3}\prod_{i=1}^{5}\left(\frac{i}{j}\right)$

08. 다음 명제에서 틀린 부분을 찾고, 그렇게 답한 이유를 설명해보세요.

(a) $3 \mid ((-3)\times(-5)) \quad \Rightarrow \quad 3=-3$

(b) $6 \nmid (2\times5\times7) \quad \Rightarrow$

$\gcd(6, 2)=\gcd(6, 5)=\gcd(6, 7)=1$

09. p가 홀수인 소수일 때, 정수 p, $p+2$가 1보다 큰 공약수를 갖지 않음을 보이세요(즉, p와 $p+2$가 서로소임을 보이세요).

10. p가 소수이면, p, $p+2$, $p+4$ 중 하나는 3으로 나누어짐을 보이세요.

11. 다음 명제가 거짓임을 증명해보세요.

(a) p가 소수이면, $p+2$도 소수입니다.

(b) $n=2m$일 때, 정수 n^2+1은 소수입니다.

*(c) 정수 n^2-1은 합성수입니다.

(d) n이 자연수일 때, 이차식인 $4n^2-2n+1$은 소수입니다.

*(e) $N=(2\times3\times5\times7\times\cdots\times P)+1$($P$는 소수)로 주어진 유클리드 수(Euclid number) N은 소수입니다.

12. 정수론에서 시그마 함수 $\sigma(n)$은 n의 양의 정수들의 합으로 정의합니다(4.5절에서 형식적으로 정의). 예를 들어 $\sigma(12)=1+2+3+4+6+12=28$입니다. 소수 p에 대하여 $\sigma(p)=p+1$임을 보이세요.

13. 타우 함수 $\tau(n)$은 1장에서 양의 약수들의 개수로 정의했습니다. 예를 들어 $\tau(12)=6$입니다. 왜냐하면 12의 양의 약수가 1, 2, 3, 4, 6, 12로 6개이기 때문입니다. 소수 p에 대하여 $\tau(p)=2$임을 보이세요. $\tau(n)$을 계산하는 일반 공식은 4장 [종합문제 4.30]을 참고하세요.

2.2 소수 판별법

학습목표

- 바닥함수와 천장함수를 이해할 수 있습니다.
- 소수를 판별할 수 있습니다.

? 1001이 소수인지 합성수인지 어떻게 판별할까요?

바닥함수의 개념을 사용합니다.

2.2.1 바닥함수와 천장함수

우리는 나이가 아무리 들어도 다른 사람들에게 "나는 아직 젊다."라고 말하고 싶어 합니다. 예를 들어 52세 생일이 채 하루가 남지 않았더라도 51세라고 이야기할 수 있습니다. 이는 바닥함수의 예에 해당합니다. 바닥함수는 다음과 같이 정의됩니다.

정의 2-7 바닥함수

바닥함수(floor function)는 x와 같거나 작은 정수 중에서 가장 큰 값으로 $\lfloor x \rfloor$로 표기합니다. 수학적 기호로는 다음과 같이 나타냅니다.

$$\lfloor x \rfloor = \max\{n : n \le x,\ n\text{은 정수}\}$$ [1]

1 집합의 max에 대한 정의는 입문 장을 참고하세요.

앞의 예에서 나이를 정당화하기 위해 바닥함수를 사용합니다.

$$\left\lfloor 51\frac{364}{365} \right\rfloor = \lfloor 51.997 \rfloor = 51$$

비록 51.997은 52에 더 가깝지만, 51.997보다 작으면서 가장 큰 정수는 51이므로 바닥함수를 취한 값은 51입니다. 마찬가지로 다음을 얻을 수 있습니다.

$$\lfloor 7 \rfloor = 7,\quad \lfloor \pi \rfloor = \lfloor 3.14\cdots \rfloor = 3,\quad \lfloor e \rfloor = \lfloor 2.72\cdots \rfloor = 2,$$
$$\lfloor 2.9999 \rfloor = 2,\quad \lfloor -2.1 \rfloor = -3$$

음수에 바닥함수를 취할 때는 주의해야 합니다. $\lfloor -2.1 \rfloor = -3$에서 봤듯이, -2.1보다 작은 정수 중에 가장 가까운 것을 취해야 합니다.

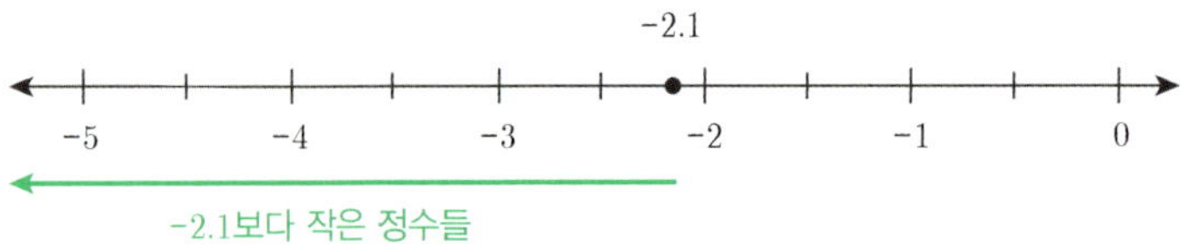

[그림 2-3] -2.1보다 작은 정수는 왼쪽에 위치

다음은 바닥함수를 적용한 사례입니다.

1. 윤년이 아닌 해에는 365.25일이 있습니다. 이 해에는 365.25의 바닥함수를 찾습니다.

$$\lfloor 365.25 \rfloor = 365$$

   윤년이 아닌 해마다 달력을 365일로 조정합니다.

2. 2시간 30분마다 자동차 한 대를 생산한다고 가정합시다. 12시간 동안 자동차를 몇 대 생산할 수 있을까요?

$$\left\lfloor \frac{12}{2.5} \right\rfloor = \lfloor 4.8 \rfloor = 4$$

   12시간 동안 4대의 차를 생산할 수 있습니다.

3. 우편 요금에도 바닥함수를 적용합니다. 예를 들어 우편물 무게가 0 ~ 100g이면 요금은 60펜스(0.60파운드)이고 101 ~ 250g이면 요금은 1.20파운드입니다. 우편물 무게가 100.9g인 경우 100.9의 바닥함수는 $\lfloor 100.9 \rfloor = 100$입니다. 따라서 1.20파운드가 아니라 60펜스를 우편 요금으로 지불하면 됩니다. 100.9를 가장 가까운 정수로 반올림하면 101이지만, 바닥함수를 적용하면 100이 된다는 점에 주의하세요.

바닥함수의 그래프(graph of floor function)는 [그림 2-4]와 같습니다.

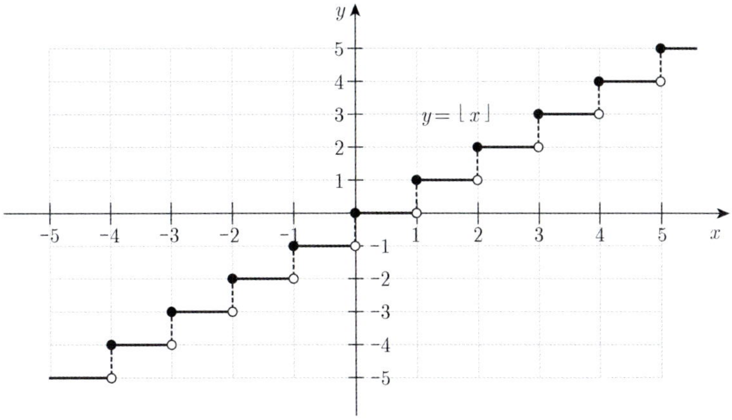

[그림 2-4] 바닥함수의 그래프

이제 천장함수를 살펴봅시다. 어떤 아이의 10번째 생일이 4개월 남았다면, 그 아이는 10살이라고 주장할 수 있습니다. 이는 아이가 자신의 나이에 천장함수를 적용한 예입니다.

정의 2-8 천장함수

천장함수(ceiling function)는 x와 같거나 큰 정수 중에서 가장 작은 값으로 $\lceil x \rceil$로 표기합니다. 수학적 기호로는 다음과 같이 나타냅니다.

$$\lceil x \rceil = \min\{n : n \geq x, n\text{은 정수}\}$$[2]

예를 들어봅시다.

$$\lceil 7 \rceil = 7,\ \lceil 7.1 \rceil = 8,\ \lceil \pi \rceil = 4,\ \lceil e \rceil = 3,\ \lceil 2.1 \rceil = 3,\ \lceil -2.1 \rceil = -2$$

다시 말하지만, 음수에 주의합시다. -2.1의 천장함수라면 -2.1보다 큰 정수를 보고 있으므로 수직선의 오른쪽으로 이동하여 -2.1의 오른쪽에서 가장 가까운 정수, 즉 -2를 찾습니다([그림 2-3] 참고). 다음은 천장함수를 적용한 사례입니다.

1. 이동통신사에서는 통화료를 부과할 때 통화 지속 시간(분)에 대해 천장함수를 사용합니다. 예를 들어 3분 1초 동안 전화를 걸면 4분에 해당하는 요금을 지불해야 합니다. 왜냐하면 $\left\lceil 3\frac{1}{60} \right\rceil = \lceil 3.02 \rceil = 4$이기 때문이죠. 3.02는 4보다 3에 더 가깝지만, 천장함수는 3.02보다 크거나 같은 바로 다음 정수이므로 4입니다.

2 집합의 min에 대한 정의는 입문 장을 참고하세요.

2. 빵 21개를 구매하려고 하는데, 4개씩 묶어 판매하고 있습니다. 그렇다면 $\left\lceil \frac{21}{4} \right\rceil = \lceil 5.25 \rceil = 6$이므로 6개 묶음을 사야 합니다.

3. 보트를 타러 가는데 요금이 30분당 1.20파운드라고 가정해봅시다. 40분 동안 보트를 타려면, 30분 요금의 2배를 지불해야 합니다. 왜냐하면 $\left\lceil \frac{40}{30} \right\rceil = \lceil 1.33\cdots \rceil = 2$이기 때문이죠. 즉, $2 \times 1.20 = 2.40$파운드를 지불해야 합니다.

천장함수의 그래프(graph of ceiling function)는 [그림 2-5]와 같습니다.

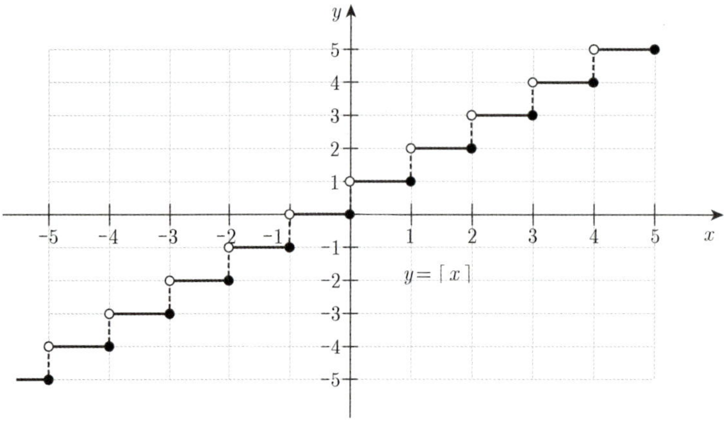

[그림 2-5] 천장함수의 그래프

바닥함수 또는 천장함수를 구하는 것과 숫자를 반올림하는 것 간의 차이를 알아야 합니다. 예를 들면 다음과 같이 2.92에 대해 세 가지 연산을 수행할 수 있습니다.

$$2.92 = 2.9 \quad \text{(소수점 아래 둘째 자리에서 반올림)}$$
$$\lfloor 2.92 \rfloor = 2 \quad \text{(바닥함수)}$$
$$\lceil 2.92 \rceil = 3 \quad \text{(천장함수)}$$

이제 합성수를 판별하는 데 바닥함수를 사용해봅시다.

2.2.2 합성수의 판별

? 주어진 수 n이 소수인지, 합성수인지 어떻게 판별할 수 있을까요?

합성수 n은 적어도 $\sqrt{n}$과 같거나 $\sqrt{n}$보다 작은 인수 하나를 가져야 함을 증명하려고 합니다. 예를 들어 $10 = 2 \times 5$는 인수 2와 5의 합성입니다. $\sqrt{10}$을 소수점 아래 셋째 자리에서 반올림하면 3.16이므로 $\sqrt{10} = 3.16$이라 둘 수 있습니다. 인수 중 하나인 2는 3.16보다 작습니다.

우리는 정수에 관심이 있으므로 $\sqrt{10} = 3.16$의 바닥함수를 사용하면, $\lfloor \sqrt{10} \rfloor = 3$이고 인수 2는 3보다 작습니다.

$n = 105$를 생각해봅시다. $3 \times 5 \times 7 = 105$이므로 105의 인수는 3, 5, 7입니다. $\lfloor \sqrt{105} \rfloor = \lfloor 10.247 \rfloor = 10$이고 모든 인수 3, 5, 7은 10보다 작거나 같습니다. 또 다른 예로 $57 = 19 \times 3$입니다. $\lfloor \sqrt{57} \rfloor = \lfloor 7.55 \rfloor = 7$이고 인수 중 하나인 3은 7보다 작거나 같습니다.

다음 결과는 주어진 수가 합성수인지 소수인지를 판단하는 데 사용할 수 있습니다.

> **명제 2-9 주어진 정수가 합성수인지 판별하는 방법**
> $n(>1)$이 합성수라면 약수 d가 존재하며, $1 < d \le \lfloor \sqrt{n} \rfloor$을 만족합니다.

? 이 명제는 무엇을 의미할까요?

n이 합성수라면 1보다 큰 약수가 적어도 한 개 존재하며, 이 약수는 $\lfloor \sqrt{n} \rfloor$보다 작거나 같습니다. 약수와 인수는 동의어임을 기억하세요.

증명

n이 합성수라고 주어져 있습니다. 그렇다면 정수 d_1, d_2가 존재하여 다음을 만족합니다.

$$1 < d_1 < n,\ \ 1 < d_2 < n \text{이며, } n = d_1 \times d_2$$

약수 d_1이 $d_1 > \lfloor \sqrt{n} \rfloor$을 만족한다고 합시다. d_1은 정수이므로 $d_1 > \sqrt{n}$입니다. 입문 장에서 제시한 부등식의 법칙을 적용해봅시다.

$$d_2 = \frac{n}{d_1} < \frac{n}{\sqrt{n}} = \sqrt{n} \quad \left(y > x > 0 \text{이면 } \frac{1}{y} < \frac{1}{x} \text{임을 사용}\right)$$

$d_2 < \sqrt{n}$이고 d_2가 정수이므로 $d_2 \le \lfloor \sqrt{n} \rfloor$입니다. ■

[명제 2-9]는 주어진 수가 합성수인지 판단하려면 2와 $\lfloor \sqrt{n} \rfloor$ ($\sqrt{n}$의 바닥함수) 사이에 약수(인수)가 있는지 확인하면 된다는 것을 알려줍니다.

예제 2-1 371이 합성수인지 판별해보세요.

풀이

먼저 $\lfloor \sqrt{371} \rfloor = \lfloor 19.26 \rfloor = 19$임을 알 수 있습니다. [명제 2-9]에 의해서 371이 합성수라면 19보다 작거나 같은 인수를 가져야 합니다.

2, 3, 4, 5는 371의 인수가 아닙니다. 6은 어떨까요? 6은 짝수이므로 371을 나눌 수 없습니다. 그다음 정수인 7로 시도해봅시다.

$$371 = 7 \times 53$$

따라서 371은 합성수입니다.

또 다른 예를 살펴봅시다. $315 = 3^2 \times 5 \times 7$입니다. 따라서 315의 인수는 $3^2 = 9, 5, 7$입니다. $\sqrt{315}$의 바닥함수를 계산하면 $\lfloor \sqrt{315} \rfloor = \lfloor 17.75 \rfloor = 17$입니다. 이 경우 모든 인수 5, 7, 9는 17보다 작거나 같습니다.

? 앞 절에서 소수에 대해 이야기했지만, 어떻게 소수를 판별할 수 있을까요?

[명제 2-9]는 다음을 의미하기도 합니다.

$1 < d \le \lfloor \sqrt{n} \rfloor$을 만족하는 n의 약수 d가 존재하지 않는다면,

n은 소수입니다([명제 2-9]의 대우(contrapositive)).

예를 들어 $n = 983$을 생각해봅시다. [명제 2-9]를 사용하여 983이 소수인지 아닌지를 판별할 수 있습니다.

? 왜 그럴까요?

983은 합성수 또는 소수입니다. 만약 983이 합성수라면, $\lfloor \sqrt{983} \rfloor = \lfloor 31.353 \rfloor = 31$보다 작거나 같은 약수를 가져야 합니다. 따라서 983이 소수인지 여부를 판별하려면 숫자 $2, 3, 4, \cdots, 31$ 중 하나가 983의 약수인지 확인해야 합니다. $2, 3, 4, \cdots, 31$이 모두 983의 약수가 아님을 직접 확인해보세요. 983은 나름 작은 수이지만 계산기를 사용하더라도 이것은 꽤 지루한 작업이 될 겁니다. 따라서 983은 소수입니다.

? 그렇다면 간단한 판별법이 있을까요?

있습니다. 정수 n이 합성수인지 여부를 검정하려면 $\lfloor \sqrt{n} \rfloor$까지의 소수가 n의 인수인지 여부만 확인하면 됩니다. 다음 따름정리를 확인해보세요.

따름정리 2-10

$n(> 1)$이 합성수라면, $p \le \lfloor \sqrt{n} \rfloor$을 만족하는 소인수 p를 가집니다.

증명

다음의 [명제 2-9]에 의해 n은 $1 < d \le \lfloor \sqrt{n} \rfloor$을 만족하는 약수 d를 가집니다.

$n(>1)$이 합성수라면 약수 d를 가지며, $1 < d \le \lfloor \sqrt{n} \rfloor$을 만족합니다.

[정리 2-5]의 산술의 기본 정리는 다음과 같습니다.

1보다 큰 모든 정수는 ① 소수이거나 ② 순서와 상관없이
소수들의 곱으로 유일하게 나타낼 수 있습니다.

이 정리를 적용하면, $d > 1$이므로 $p \mid d$를 만족하는 소수 p가 존재합니다. 따라서 $p \mid d$와 $d \mid n$이므로 $p \mid n$이고, 다음이 성립합니다.

$p \le d$이므로 $p \le \lfloor \sqrt{n} \rfloor$ ($d \le \lfloor \sqrt{n} \rfloor$ 이므로) ■

[따름정리 2-10]이 합성수 판별법을 어떻게 간단히 만들까요?

983이 소수인지 합성수인지 판별하려면 $\lfloor \sqrt{983} \rfloor = 31$보다 작거나 같은 소수가 983을 나누는지 확인하면 됩니다. 31까지의 소수는 다음과 같습니다.

2, 3, 5, 7, 11, 13, 17, 19, 23, 29, 31

11개의 소수가 31보다 작거나 같습니다. 이들 중 어느 것이 983의 약수인지 확인하면 됩니다. [명제 2-9]를 활용할 때는 2부터 31까지의 모든 수, 즉 2, 3, 4, 5, 6, 7, ⋯ , 30, 31이 983의 약수인지 모두 확인해야 했습니다.

[따름정리 2-10]은 주어진 정수 $n(>1)$이 소수인지 판별하려면, 2와 $\lfloor \sqrt{n} \rfloor$ 사이의 소수로 나누어지는지만 확인하면 됨을 의미합니다. 결국 [따름정리 2-10]은 더 적은 약수로 소수를 판별할 수 있기 때문에 [명제 2-9]보다 훨씬 더 유용합니다.

예제 2-2 **1001이 소수인지 합성수인지 판별하고, 소인수분해해보세요.**

풀이

$\lfloor \sqrt{1001} \rfloor = \lfloor 31.63 \rfloor = 31$입니다. 다음 소수들이 1001을 나누는지 확인해야 합니다.

2, 3, 5, 7, 11, 13, 17, 19, 23, 29, 31

2, 3, 5가 1001을 나누지 않는다는 건 분명합니다. 다음 소수인 7은 어떨까요? $7 \times 143 = 1001$입니다. 따라서 1001은 합성수입니다.

1001의 또 다른 약수가 있을까요? 143이 소수인지 확인하기 위하여 $\lfloor \sqrt{143} \rfloor = \lfloor 11.958 \rfloor = 11$까지의 소수를 확인합시다. 소수 2, 3, 5는 1001의 약수가 아니고 $143 \mid 1001$이므로 143의 약수도 아닙니다. 다음 소수는 7인데 이 수 또한 143의 약수가 아닙니다. 하지만 11은 어떨까요?

$$11 \times 13 = 143$$

따라서 1001을 소인수분해하면 $1001 = 7 \times 143 = 7 \times 11 \times 13$입니다.

예제 2-3 **1607이 소수인지 합성수인지 판별해보세요.**

풀이

$\lfloor \sqrt{1607} \rfloor = \lfloor 40.087 \rfloor = 40$입니다. 40 이하의 소수 수열은 다음과 같습니다.

$$2, 3, 5, 7, 11, 13, 17, 19, 23, 29, 31, 37$$

이 수열에 있는 어떤 소수도 1607의 약수가 아닙니다. 따라서 1607은 소수입니다.

다음으로 소수를 찾는 방법에 대해 알아봅시다.

2.2.3 에라토스테네스의 체

[그림 2-6] 에라토스테네스(B.C. 276-194)

에라토스테네스(Eratosthenes)는 기원전 276년 리비아에서 태어났고, 유년시절에 아테네에서 공부하며 보냈습니다. 에라토스테네스는 지구 둘레를 처음 측정한 학자로 잘 알려져 있습니다. 당시 지구 둘레에 대한 측정치로 여러 가지가 있었지만, 에라토스테네스의 측정치는 24,000~25,000마일로 매우 정확한 것 중 하나였습니다. 오늘날, 지구 둘레는 적도 기준으로 24,902마일(약 40,000킬로미터)이라고 알려져 있습니다. 에라토스테네스는 소수를 연구한 학자로도 유명합니다. '에라토스테네스의 체'는 그가 고안한 소수를 찾는 방법입니다.

고대 그리스인들은 주어진 수 이하의 소수의 개수를 찾는 데 관심이 있었습니다. 예를 들어 100 미만인 소수는 25개, 백만 미만인 소수는 78,498개입니다. 에라토스테네스는 주어진 수 이하의 소수를 찾는 방법을 개발했는데, 이 방법을 **에라토스테네스의 체**(sieve of Eratosthenes)라고 합니다.

[표 2-1]은 100 이하의 양의 정수에 대한 에라토스테네스의 체를 보여줍니다.

[표 2-1] 100 이하의 양의 정수에 대한 에라토스테네스의 체

1	2	3	(4)	5	(6)	7	(8)	(9)	(10)
11	(12)	13	(14)	(15)	(16)	17	(18)	19	(20)
(21)	(22)	23	(24)	(25)	(26)	(27)	(28)	29	(30)
31	(32)	(33)	(34)	(35)	(36)	37	(38)	(39)	(40)
41	(42)	43	(44)	(45)	(46)	47	(48)	(49)	(50)
(51)	(52)	53	(54)	(55)	(56)	(57)	(58)	59	(60)
61	(62)	(63)	(64)	(65)	(66)	67	(68)	(69)	(70)
71	(72)	73	(74)	(75)	(76)	(77)	(78)	79	(80)
(81)	(82)	83	(84)	(85)	(86)	(87)	(88)	89	(90)
(91)	(92)	(93)	(94)	(95)	(96)	97	(98)	(99)	(100)

먼저 1부터 100까지의 모든 정수를 씁니다. 2는 소수이므로 2를 제외한 2의 배수(짝수)에 동그라미를 칩니다. 남은 정수 중 첫 번째는 3이고, 이 수는 소수입니다. 이제 3을 제외한 3의 모든 배수에 동그라미를 칩니다. 이러한 과정을 5, 7, 11, 13, ⋯에 대해 반복합니다. 결국 이 체를 통과하지 못하고 남은 정수가 소수입니다.

따라서 100 이하인 소수는 다음과 같습니다.

$$2, 3, 5, 7, 11, 13, 17, 19, 23, 29, 31, 37, 41, 43,$$
$$47, 53, 59, 61, 67, 71, 73, 79, 83, 89, 97$$

소수의 개수를 세기 위해 다음 기호를 사용합니다. x를 임의의 정수라 합시다. 그렇다면 $\pi(x)$는 x보다 작거나 같은 소수들의 개수입니다. 이는 기호 π의 사용에 혼란을 줄 수 있지만, 위대한 수학자인 가우스(Gauss)가 이 표기법을 사용했기 때문에 이 주제와 관련한 대부분의 문헌에서 x보다 작거나 같은 소수의 수를 나타내는 데 $\pi(x)$를 사용합니다. 이때 $\pi(x)$를 'π 곱하기 x'로 읽지 않도록 합시다.

예를 들면 다음과 같습니다.

$$\pi(100)=25,\ \pi(200)=46,\ \pi(1000)=168,\ \pi(1000000)=78498$$

$\pi(200)=46$은 무엇을 의미할까요?

200보다 작은 소수는 46개 있다는 뜻입니다.

소수는 얼마나 많이 있을까요?

무한합니다.

다음 증명은 그리스 수학자 유클리드(B.C. 300)의 『유클리드 원론』 13권에 있는 것으로 아름다운 증명 중 하나입니다.

> **정리 2-11**
>
> 무한히 많은 소수가 존재합니다.

이를 어떻게 증명할까요?

귀류법으로 증명합니다.

증명

다음과 같이 소수의 개수가 유한하다고 가정합시다.

$$2,\ 3,\ 5,\ 7,\ 11,\ \cdots,\ Q \qquad (*)$$

Q가 가장 큰 소수입니다. 이번에는 숫자 N이 다음과 같다고 생각해봅시다.

$$N=(2\times3\times5\times7\times11\times\ \cdots\ \times Q)+1 \qquad (\dagger)$$

N은 수열 $(*)$의 숫자를 곱한 다음 1을 더한 것입니다. N을 종종 유클리드 수라고 합니다. 이 N은 소수이거나 합성수입니다.

N이 소수이면 Q보다 더 큰 소수를 찾았으므로 여기서 증명이 완료됩니다. 이는 Q가 가장 큰 소수가 될 수 없음을 의미합니다. N이 합성수이면 산술의 기본 정리에 의해 P와 같은 소인수를 가져야 합니다. 이 소인수 P는 수열 $(*)$의 소수 중 하나일 수 없습니다.

왜 안 될까요?

된다고 가정해보죠. 그러면 P가 N을 나누므로 P는 $2\times3\times5\times7\times11\times\cdots\times Q$를 나눕니다. 즉, 다음을 의미합니다.

$$P \mid [N-(2\times3\times\cdots\times P\times\cdots\times Q)] \quad\Rightarrow\quad P\mid 1$$

((†)에 의해 $N-(2\times3\times\cdots\times P\times\cdots\times Q)=1$)

P가 소수이므로 $P\mid 1$은 불가능합니다. 수열 (*) 안에 없는 소수를 찾았습니다. 따라서 소수는 유한하다고 할 수 없습니다. ■

핵심요약

- $n(>1)$이 합성수라면 바닥함수 $\lfloor\ \rfloor$에 대하여 n은 $p\le\lfloor\sqrt{n}\rfloor$을 만족하는 소인수 p를 가집니다.

2.2 연습문제

01. 다음 값을 구해보세요.

(a) $\lfloor 5\rfloor$ (b) $\lfloor 5.999\rfloor$

(c) $\lfloor \pi^e\rfloor$ (d) $\lfloor e^\pi\rfloor$

(e) $\lceil 7\rceil$ (f) $\lceil 7.0000000001\rceil$

(g) $\lceil \pi^e\rceil$ (h) $\lceil e^\pi\rceil$

02. 다음을 계산해보세요.

(a) $\lfloor 6.3\rfloor+\lceil -6.3\rceil$

(b) $\lfloor 6.3\rfloor+\lfloor -6.3\rfloor$

(c) $\lfloor -6.3\rfloor+\lceil -6.3\rceil$

(d) $\lfloor -6.3\rfloor+\lfloor -6.3\rfloor$

03. 다음을 만족하는 실수 x의 예를 들어보세요.

$$\lfloor x\rfloor=\lceil x\rceil$$

04. 다음의 그래프를 그려보세요.

(a) $\lfloor x\rfloor+1$ (b) $\lfloor x\rfloor-1$

(c) $\lceil x\rceil+1$ (d) $\lceil x\rceil-1$

05. 다음 명제가 거짓임(다음 등식이 성립하지 않음)을 보이세요.

(a) $\lfloor 2\times x\rfloor=2\times\lfloor x\rfloor$

(b) $\lceil 2\times x\rceil=2\times\lceil x\rceil$

(c) $\lceil x\rceil=\lfloor x\rfloor+1$

06. 자연수 n에 대하여 $n-1<x<n$이면 다음이 성립함을 보이세요.

(a) $\lceil x\rceil=n$

(b) $\lfloor x\rfloor=n-1$

07. 자연수 n에 대하여 $x-1<n<x$이면 다음이 성립함을 보이세요.

(a) $\lfloor x \rfloor = n$

(b) $\lceil x \rceil = n+1$

08. 다음 수가 합성수인지 판별하고, 합성수라면 소인수분해해보세요.

(a) 161　　(b) 203

(c) 1003　　(d) 1009

09. 다음 수가 합성수인지 판별하고, 합성수라면 소인수분해해보세요.

(a) $(2\times3\times5\times7)-1$

(b) $(2\times3\times5\times7)+1$

10. $(2\times3\times5\times7\times11\times13)+1$이 합성수임을 보이세요.

*__11.__ 모든 자연수 n에 대해서 $2^{3^n}+1$이 합성수임을 증명해보세요.

힌트 m이 홀수라면,

$$x^m+1=(x+1)(x^{m-1}-x^{m-2}+x^{m-3}-\cdots+x^2-x+1)$$

12. 계산기나 컴퓨터를 사용하지 않고, 다음을 계산해보세요(이 문제에 답하려면 로그의 성질을 알아야 합니다).

(a) $\lceil \log_{10}(101) \rceil$

(b) $\lfloor \log_2(63) \rfloor$

(c) 자연수 n에 대하여 $n-1<x<n$일 때, $\lfloor \log_n(n^x) \rfloor$

13. 다음 물음에 답해보세요.

**(a) 자연수 $N\geq 1$에 대하여, $\lfloor \log_{10}(N) \rfloor+1$은 N의 자릿수임을 증명해보세요.

(b) 구골 $=10^{100}$의 자릿수를 구해보세요.

(c) 구골플렉스는 $10^{(10^{100})}$입니다. 구골플렉스의 자릿수를 구해보세요.

(d) *(i) $2^{74207211}$의 자릿수를 구해보세요.

힌트 밑 변환 공식

$$\log_b(a)=\frac{\log_c(a)}{\log_c(b)}$$

(ii) 2진수로 계산한다고 할 때, $2^{74207211}$의 자릿수를 구해보세요.

14. 다음을 증명해보세요.

(i) 실수 $x>0$에 대하여, $\sqrt{\lfloor x \rfloor}=\lfloor \sqrt{x} \rfloor$가 거짓입니다.

(ii) 실수 $x\geq 0$에 대하여, $\lfloor \sqrt{\lfloor x \rfloor} \rfloor=\lfloor \sqrt{x} \rfloor$입니다.

2.3 소수의 성질

학습목표

- 소수와 관련하여 아직 해결되지 않은 문제를 이해할 수 있습니다.
- 등차수열에서 소수의 성질을 증명할 수 있습니다.

이 절은 두 부분으로 나뉩니다. 정수론에는 답을 모르는 질문이 많은데, 앞부분에서는 소수와 관련하여 몇 가지 풀리지 않은 문제를 소개합니다. 정수론의 미해결 문제에 대한 보다 포괄적인 수열은 리처드 가이(Richard Guy)의 책 『정수론의 미해결 문제(Unsolved Problems in Number Theory)』를 참고하세요.

뒷부분에서는 소수가 어떻게 분포되는지 살펴봅니다.

2.3.1 소수에 대한 미해결 문제

추측(conjecture)은 증명되지 않은 수학적 진술입니다. 일반적으로 추측에 대해 직관은 그 진술이 참이라고 말하지만 증명할 수는 없습니다.

1. **쌍둥이 소수 추측**(twin prime conjecture) – 드 폴리냐크(de Polignac), 1846

쌍둥이 소수의 예로 11, 13이 있습니다.

정의 2-12 쌍둥이 소수

p, $p+2$가 모두 소수일 때, p, $p+2$는 **쌍둥이 소수**(twin prime)입니다.

다음의 (i)~(iii)도 쌍둥이 소수의 예입니다.

(i) 17, 19　　(ii) 41, 43　　(iii) 1000000000061, 1000000000063

정수론에서 쌍둥이 소수 추측은 다음과 같습니다.

소수 p에 대하여 $p+2$ 또한 소수인 p는 무한히 많습니다.

사람들은 대부분 이 추측이 참이라고 믿지만, 어느 누구도 이 결과를 증명하지 못했습니다. 지금까지 알려진 가장 큰 쌍둥이 소수는 다음과 같습니다.

$$2996863034895 \cdot 2^{1290000} \pm 1$$

이 수들은 2016년에 발견되었습니다. 2013년에 장(Zhang)[3]은 소수 p와 q의 차가 7천만 미만인 쌍이 무한히 많음을 증명했습니다.

$$q - p < 70000000$$ [4]

나중에 소수 p와 q의 차가 246까지 줄어들었습니다. 즉, $q-p<246$인 소수 p와 q가 무한히 많습니다. 물론, 다음과 같이 소수 p와 q의 차가 2인 소수 쌍 p, q도 이 집합에 속합니다.

$$q - p = 2$$

하지만 차가 2인 이 소수 쌍 p, q들의 집합이 무한집합인지, 유한집합인지는 아직 모릅니다. 이에 대한 흥미로운 글들을 인터넷에서 찾을 수 있습니다.[5]

2. **라그랑주의 추측**(Lagrange's conjecture) – 1775

5보다 큰 모든 홀수는 소수 p, q에 대해서 $p+2q$의 형태로 쓸 수 있습니다.

예를 들면 다음과 같습니다.

$$7=3+2\times2,\ 9=5+2\times2,\ 11=5+2\times3,\ 13=3+2\times5,\ 15=5+2\times5,\ \cdots$$

이 역시 어느 누구도 증명하지 못했습니다.

3. **골드바흐의 추측**(Goldbach's conjecture) – 1742

2보다 큰 모든 짝수는 두 소수의 합으로 표현할 수 있습니다.

예를 들면 다음과 같습니다.

$$4=2+2,\ 6=3+3,\ 8=5+3,\ \cdots,\ 100=53+47,\ \cdots,\ 1000=509+491,\ \cdots$$

3 프린스턴대학교와 프린스턴고등연구소가 출간한 수학 학회지에서 확인할 수 있습니다.

4 비키 닐(Vicky Neal)에 의해 차이가 줄어들었습니다.

5 https://www.maa.org/sites/default/files/pdf/upload_library/2/Ellenberg-Math%20Hor-2014.pdf

이 결과 역시 아무도 증명하지 못했습니다. 수학자들은 270년 넘게 골드바흐의 추측을 증명하기 위해 노력해 왔습니다. 컴퓨터로는 4×10^{18}까지의 모든 짝수 정수에 대해 골드바흐의 추측이 참임을 확인하였습니다.

[그림 2-7] 골드바흐(1690–1764)

크리스티안 골드바흐(Christian Goldbach)는 오늘날 칼리닌그라드(러시아의 최서단에 있는 칼리닌그라드 주의 주도)라고 불리는 쾨니히스베르크에서 1690년에 태어났습니다. 그는 지역 대학에 다니며 법과 수학을 공부했습니다.

골드바흐는 20살 때 유럽으로 유학을 떠났습니다. 1712년, 그는 옥스포드에 있는 동안 유명한 수학자인 베르누이를 만나 무한급수에 대해 토론했습니다. 당시만 해도 골드바흐는 이 주제에 큰 매력을 못 느꼈습니다. 그로부터 5년이 지난 1717년에 그는 무한급수를 사용하여 원의 면적을 계산하는 것에 관한 라이프니츠의 기사를 읽었습니다. 골드바흐는 이 기사를 읽고 나서 무한급수에 매료되었습니다.

골드바흐의 홀수 추측(Goldbach's odd conjecture)이라고 불리는 또 다른 골드바흐의 추측이 있습니다.

5보다 큰 모든 홀수는 세 소수의 합으로 표현할 수 있습니다.

1729년에 골드바흐는 오일러와 서신을 주고받기 시작했는데, 이 서신 교환은 무려 35년 동안 이어졌습니다.[6] 1742년의 서신 교환 때 골드바흐의 유명한 추측이 나왔습니다.

4. **란다우의 추측**(Landau's conjecture) – 1912

란다우는 1912년에 다음과 같은 추측을 제안했습니다.

n^2+1의 형태인 소수가 무한히 많이 존재합니다.

$$2^2+1=5,\ 4^2+1=17,\ 6^2+1=37,\ \cdots$$

6 http://eulerarchive.maa.org/correspondence/correspondents/Goldbach.html

n^2+1을 n^2-1로 바꾸면 이 형태의 소수는 3만 있음을 알 수 있습니다.

$$2^2-1=3$$

에드문트 란다우(Edmund Landau, 1877-1938)는 그림이 하나도 없는 『미분과 적분』이라는 372쪽짜리 책을 썼습니다. 그는 직각삼각형에 대한 그림 없이 다음과 같은 삼각함수의 항등식을 증명했습니다.

$$\cos^2\theta+\sin^2\theta=1$$

란다우는 이 항등식을 사인 및 코사인 함수에 대한 거듭제곱급수를 사용하여 증명하였습니다. 그는 $\cos x=0$의 가장 작은 양수해로 $\frac{\pi}{2}$를 정의하였습니다. $\frac{\pi}{2}$ 또는 π의 값이나 원과의 관계에 대한 언급은 없었습니다.

앞의 네 가지 추측은 모두 수백 년 동안 입증되지 않은 채로 남아 있습니다.

2.3.2 소수의 분포

[정리 2-11]에서 소수가 무한히 존재함을 증명했습니다.

? 소수는 어떻게 분포하고 있을까요?

이는 수학계 전반에서 아주 흥미로운 질문 중 하나입니다.

수 체계는 순서가 있고 예측 가능한 집합으로 보고 있지만, 소수는 예측할 수 없습니다. 모든 소수를 찾는 공식은 없으므로 다음 소수가 어디에서 나올지 말할 수 없습니다.

수학자들은 계속해서 더 큰 소수를 찾고 있습니다. 1876년, 프랑스 수학자 에두아르 뤼카(Édouard Lucas)는 $2^{127}-1$이 소수임을 증명했으며, 이 소수는 그 후로 75년 동안 가장 큰 소수로 알려졌습니다. 컴퓨터가 등장하면서 수학자들은 정기적으로 더 큰 소수를 찾아냈습니다. 2019년을 기준으로 가장 큰 소수는 $2^{82589933}-1$이며 2,400만 자리가 넘습니다. 이 소수에 대해서는 4.4절의 뒷부분에서 다루겠습니다.

전자 프론티어 재단(Electronic Frontier Foundation)은 1억 자리 소수를 찾는 첫 번째 사람에게 150,000달러의 상금을 제공하겠다고 공표했습니다.

[표 2-2]는 특정한 수 N 미만인 소수의 개수 $\pi(N)$과 N 미만인 소수의 분포를 보여줍니다.

[표 2-2] 특정한 수 N 미만인 소수의 개수 $\pi(N)$과 N 미만인 소수의 분포

N(수)	$\pi(N)$ ($\leq N$인 소수의 개수)	$\frac{\pi(N)}{N}$(소수의 비율)	N 미만인 소수의 비율 (%)
100	25	0.25	25
1000	168	0.168	16.8
10000	1229	0.1229	12.29
100000	9592	0.09592	9.592
1000000	78498	0.078498	7.8498
10000000	664579	0.0664579	6.64579
100000000	5761455	0.05761455	5.761455
1000000000	50847534	0.050847534	5.0847534

100 미만인 소수의 비율은 25%이고 1000 미만인 소수의 비율은 16.8%입니다. [표 2-2]의 마지막 열에서 알 수 있듯이 N이 클수록 비율은 작아집니다. 예를 들어 10^{100}과 $10^{100}+1000$ 사이에 있는 소수는 2개뿐이지만, 1과 1000 사이에 있는 소수는 무려 168개입니다.

? 이 결과는 무엇을 의미할까요?

N이 아주 커질수록 소수의 개수는 줄어들 것입니다.

? 그렇다면 결국 소수는 사라질까요?

그렇지 않습니다. 왜냐하면 이미 소수는 무한히 많음을 증명했기 때문이죠. [그림 2-8]은 x에 대응하는 소수 개수에 대한 함수 $\pi(x)$의 그래프입니다.

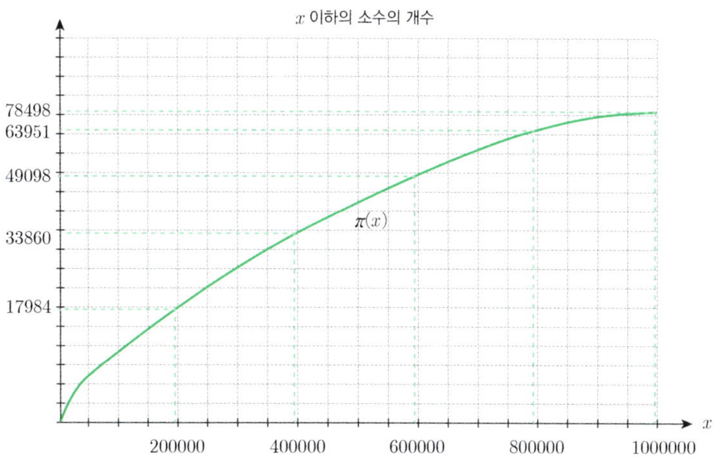

[그림 2-8] 소수 개수에 대한 함수 $\pi(x)$의 그래프

따라서 N이 클수록 곡선의 기울기가 작아진다는 것은 소수 개수가 줄어들고 있음을 나타냅니다. 따라서 큰 수의 경우 연속인 소수 사이에 큰 간격이 있을 것으로 예상됩니다. 이는 합성수이면서 연속인 정수의 개수가 많음을 의미하기도 합니다.

합성수이면서 연속인 정수가 많다는 것을 어떻게 알 수 있을까요?

이미 살펴보았듯이, 다음 소수가 어디에 있는지 알 수 있게 하는 소수의 분포는 없습니다. 쌍둥이 소수 추측은 두 소수 사이에 합성수가 한 개만 있는 상황이 있음을 보여줍니다. 두 개의 연속인 소수 사이의 차를 소수 간격이라고 합니다. [표 2-3]은 처음 12개의 소수와 해당하는 소수 간격을 보여줍니다.

[표 2-3] 12개의 소수와 소수 간격

소수	2	3	5	7	11	13	17	19	23	29	31	37
간격		1	2	2	4	2	4	2	4	6	2	6

3, 5, 7은 각 소수의 차(prime gap)가 2인 세 소수 쌍이며 유일합니다. 2.3절 [연습문제 03 (ii)]에서 이를 보이겠습니다.

소수의 차에서 1을 빼면, 두 소수 사이에 연속인 합성수가 몇 개 있는지 알 수 있습니다. 23과 29 사이에는 $6-1=5$개의 합성수(24, 25, 26, 27, 28)가 있음을 알 수 있습니다. 실제로 임의의 n에 대하여 n개의 연속인 합성수를 찾을 수 있음을 증명할 수 있습니다.

> **명제 2-13**
> 임의의 양의 정수 n에 대하여, 합성수이면서 연속인 정수가 n개 존재합니다.

이 명제는 무엇을 의미할까요?

수직선에 있는 일부 연속인 소수 쌍 사이에 합성수인 정수가 n개 있음을 의미합니다.

증명

이를 증명하려면 연속인 합성수를 찾아야 합니다. 이를 위해 팩토리얼(factorial) 함수 $n!$을 사용합니다. $n! = 1\times2\times3\ \times4\times\ \cdots\ \times(n-1)\times n$임을 기억합시다.

다음과 같이 연속인 n개의 정수 수열이 있습니다.

$$I_1=(n+1)!+2,\quad I_2=(n+1)!+3,\quad I_3=(n+1)!+4,\ \cdots,$$
$$I_{n-1}=(n+1)!+n,\quad I_n=(n+1)!+(n+1) \qquad (*)$$

이 수열의 첫 번째 수인 $I_1 = (n+1)!+2$를 생각해봅시다. 2가 I_1의 인수임을 알 수 있습니다.

? 어떻게 알 수 있나요?

$(n+1)! = 1 \times 2 \times 3 \times 4 \times \cdots \times (n+1)$이므로, 2는 $(n+1)!$과 2의 인수입니다.

$$2 \mid [(n+1)!+2]$$

2가 $I_1 = (n+1)!+2$의 인수이므로 I_1은 합성수입니다. 마찬가지로 이 수열에서 두 번째 수인 $I_2 = (n+1)!+3$은 3으로 나누어집니다. 그래서 I_2 역시 합성수입니다. 마지막 수인 $I_n = (n+1)!$ $(n+1)$은 $n+1$로 나누어집니다.

따라서 수열 (*)에서 n개의 수는 모두 합성수입니다. 이 수들은 각각 1과 자기 자신이 아닌 다른 인수를 갖기 때문입니다. 이로써 합성수이면서 연속인 정수 n개를 만들었습니다. ■

? 이 결과는 무엇을 의미할까요?

이 결과는 어떤 양의 정수 n, 예를 들어 5를 선택하였을 때 수직선 어딘가에서 5개의 연속인 합성수를 찾을 수 있음을 의미합니다.

5의 경우, 소수 23과 29 사이에 5개의 합성수 24, 25, 26, 27, 28을 찾을 수 있습니다. 또 다른 5개의 연속인 합성수는 소수 31과 37 사이에 있습니다.

이 결과는 크기에 상관없이 모든 n에 적용할 수 있습니다. 따라서 n을 백만으로 선택하면 수직선 어딘가에 나란히 놓여 있는 백만 개의 합성수를 찾을 수 있습니다.

[명제 2-13]의 증명에서 수열 (*)의 수는 n개의 연속인 합성수를 생성하는 데 사용할 수 있습니다. 예를 들어 $n=6$을 선택하면 다음 6개의 정수는 연속인 합성수입니다.

$$(6+1)!+2 = 5042 \quad \text{(2가 5042를 나눔)}$$
$$(6+1)!+3 = 5043 \quad \text{(3이 5043을 나눔)}$$
$$(6+1)!+4 = 5044 \quad \text{(4가 5044를 나눔)}$$
$$(6+1)!+5 = 5045 \quad \text{(5가 5045를 나눔)}$$
$$(6+1)!+6 = 5046 \quad \text{(6이 5046을 나눔)}$$
$$(6+1)!+7 = 5047 \quad \text{(7이 5047을 나눔)}$$

따라서 5042, 5043, 5044, 5045, 5046, 5047은 6개의 연속인 합성수입니다. [명제 2-13]의 증명에 주어진 공식을 통해 적어도 n개의 연속인 합성수의 수열을 만들 수 있습니다(처음 나타나는 n개의 연속인 합성수를 제공하는 것은 아닙니다). 처음 나타나는 7개의 연속인 합성수는

90, 91, 92, 93, 94, 95, 96으로 앞 절에서 설명한 에라토스테네스의 체를 통하여 이 수들을 찾았습니다.

2.3.3 $4n \pm 1$ 형태의 소수

앞에서 논의했듯이, 소수 전부 혹은 일부를 제공하는 단일 공식이나 알고리즘은 존재하지 않습니다.

하지만 소수 전부 또는 일부를 알아내는 수열은 찾을 수 있을까요?

찾을 수 있습니다. 지금부터 설명하겠습니다.

모든 정수는 다음과 같은 형태로 나타낼 수 있습니다.

$$4n,\ 4n+1,\ 4n+2,\ 4n+3$$

위 결과를 어떻게 확인할 수 있을까요?

이제 증명해보겠습니다.

명제 2-14

모든 정수는 다음 형태 중 하나입니다.

$$4n,\ 4n+1,\ 4n+2,\ 4n+3$$

어떻게 증명할 수 있을까요?

다음과 같은 [정리 1-7]의 나눗셈 알고리즘을 사용하여 증명할 수 있습니다.

$a, b \geq 1$에 대하여, $a = bq + r,\ 0 \leq r < b$를 만족하는 q, r이 존재합니다.

증명

a를 임의의 정수라 하고 $b = 4$라고 합시다. 나눗셈 알고리즘을 적용하여 $q = n$이라 하면 다음과 같습니다.

$$a = 4n + r,\ 0 \leq r < 4$$

나머지 r은 0, 1, 2, 3이 될 수 있습니다. 왜냐하면 $0 \leq r < 4$이기 때문입니다. 이와 같은 r 값을 $a = 4n + r$에 대입해봅시다.

$$a = 4n,\ 4n+1,\ 4n+2,\ 4n+3$$

따라서 임의의 정수 a는 이와 같은 수들 중 하나로 나타낼 수 있습니다. ■

우리는 $4n$, $4n+1$, $4n+2$, $4n+3$ 중에서 소수가 될 수 있는 형태에 관심이 있습니다. 여기서 $4n$ 또는 $4n+2$의 형태는 소수가 될 수 없습니다.

? 왜 그럴까요?

짝수는 2로 나누어집니다. 그런데 짝수인 소수는 2뿐이기 때문입니다.

? 모든 홀수인 소수를 $4n+1$, $4n+3$의 형태로 나타낼 수 있을까요?

그렇습니다. 수 $4n+1$, $4n+3$은 모든 홀수를 포함합니다. 따라서 모든 홀수인 소수(2가 아닌 모든 소수)는 $4n+1$ 또는 $4n+3$ 중 하나로 나타내야 합니다.

다음으로 $4n+3$ 형태의 소수는 무한히 많음을 증명하겠습니다. 예를 들어봅시다.

$$4\times1+3=7,\ 4\times2+3=11,\ 4\times4+3=19,\ 4\times5+3=23,\ 4\times7+3=31,\ \cdots$$

이를 증명하려면 보조정리가 필요합니다.

보조정리 2-15

$4n+1$ 형태인 두 개 이상의 정수들의 곱은 같은 형태인 $4n+1$ 형태로 나타낼 수 있습니다.

증명

$4\times(\text{정수})+1$의 형태인 임의의 두 정수 a, b에 대해 이 결과를 증명하면 됩니다. $a=4n_1+1$, $b=4n_2+1$이라 합시다(단, n_1, n_2는 정수).

$$\begin{aligned} a\times b = (4n_1+1)(4n_2+1) &= 16n_1n_2+4n_1+4n_2+1 \\ &= 4\underbrace{(4n_1n_2+n_1+n_2)}_{=n}+1 \\ &= 4n+1 \end{aligned}$$

따라서 곱 $a\times b$는 $4n+1$ 형태입니다. $4\times(\text{정수})+1$의 또 다른 곱으로 이 과정을 반복하면 $4\times(\text{정수})+1$ 형태의 답을 얻을 수 있습니다. ■

이제 '등차수열에서 소수에 대한 디리클레의 정리'라는 강력한 결과를 다뤄보겠습니다.

? 등차수열이란 무엇인가요?

수열 1, 8, 15, 22, 29, …를 보면, 이전 항과의 차이가 동일하게 7입니다. 이와 같은 수열을 등차수열이라고 합니다. 등차수열은 다음과 같이 일반화할 수 있습니다.

$$a,\ a+b,\ a+2b,\ a+3b,\ \cdots$$

a는 첫 번째 항이고, b는 공차입니다.

등차수열은 임의의 숫자 a에서 출발합니다. 그리고 동일한 크기 b만큼씩 커집니다. 예를 들어 1, 8, 15, 22, 29, …는 다음과 같이 쓸 수 있습니다.

$$1,\ 1+7,\ 1+2\times7,\ 1+3\times7,\ \cdots$$

> **정리 2-17 디리클레의 정리(Dirichlet's theorem)**
>
> a, b가 서로소인 양의 정수라 하면, 등차수열 a, $a+b$, $a+2b$, $a+3b$, …는 무한하게 많은 소수를 포함합니다.

증명

생략합니다(이 증명은 매우 어렵고 해석학이 필요합니다. 해석적 정수론[8]을 다룬 대다수 서적에서 이 증명을 볼 수 있습니다). ■

? 이 정리는 무엇을 의미할까요?

$a=2$, $b=3$이라 하면, 그 등차수열에는 무한히 많은 소수가 존재합니다.

$$2,\ 2+3=5,\ 2+2\times3=8,\ 2+3\times3=11,\ 2+4\times3=14,\ 2+5\times3=17,\ \cdots$$

디리클레의 정리는 등차수열 a, $a+b$, $a+2b$, $a+3b$, …가 소수로만 구성되어 있다고 주장하는 것이 아닙니다. 앞의 예에서 8, 14는 명백하게 소수가 아닙니다.

7 윌리엄 던햄의 저서 『Euler: The Master of Us All』을 참고하세요.

8 톰 아포스톨(Tom Apostol)의 저서 『Introduction to Analytic Number Theory』의 7장을 참고하세요.

예제 2-4 999로 끝나는 소수가 무한히 많음을 보이세요.

풀이

$a = 999$, $b = 1000$이라고 하면 $\gcd(999, 1000) = 1$입니다. 디리클레의 정리를 사용해봅시다.

$$N = 999,\ 999 + 1000,\ 999 + 2(1000),\ 999 + 3(1000),\ \cdots$$
$$N = 999,\ 1999,\ 2999,\ 3999,\ \cdots \tag{†}$$

디리클레의 정리는 (†) 형태의 소수가 무한히 많음을 주장합니다. 이런 수 모두가 소수는 아닙니다. 예를 들어 $9 \mid 999$이므로 999는 합성수입니다.

2.3.5 소수에 대한 놀라운 결과

정수론의 놀라운 결과는 다음과 같습니다.

(a) 소수 p가 두 수의 제곱의 합이라면, p는 $4n+1$ 형태입니다.
(b) $4n+3$ 형태의 소수는 두 수의 제곱의 합으로 쓸 수 없습니다.

2.3절 [연습문제 04]에서 이 결과들을 증명합니다.

결과 (a)의 역도 성립합니다. 소수 p가 $4n+1$ 형태라면 두 수의 제곱의 합으로 쓸 수 있습니다. 게다가 이 표현은 유일합니다. 이 놀라운 결과를 8장에서 증명합니다.

2.3.6 소수 만들기

? 모든 소수를 만들 수 있는 단순한 공식이 있을까요?

없습니다. 하지만 일부 소수를 만드는 단순한 공식은 있습니다.

예를 들어 다음 이차식을 봅시다.

$$f(n) = n^2 + n + 41$$

$n = 1, 2, 3, 4, \cdots, 39$는 소수를 만듭니다. 하지만 $n = 40$일 때는 다음과 같습니다.

$$\begin{aligned} f(40) &= 40^2 + 40 + 41 \\ &= 40(40+1) + 41 = 41(40+1) = 41^2 \end{aligned}$$

$n = 41$일 때는 다음과 같습니다.

$$\begin{aligned} f(41) &= 41^2 + 41 + 41 \\ &= 41(41 + 1 + 1) = 41(43) \end{aligned}$$

따라서 $f(40)$, $f(41)$은 합성수입니다.

프랑스의 변호사이자 수학자인 페르마는 소수를 찾기 위해 다음 공식을 생각했습니다.

$$F_n = 2^{2^n} + 1$$

페르마 수(Fermat number) F_n은 다음과 같이 $n = 0, 1, 2, 3, 4$에 대해서 소수를 만듭니다.

$$F_0 = 2^{2^0} + 1 = 3,\ F_1 = 2^{2^1} + 1 = 5,\ F_2 = 2^{2^2} + 1 = 17,$$
$$F_3 = 2^{2^3} + 1 = 257,\ F_4 = 2^{2^4} + 1 = 65537$$

하지만 $n = 5$일 때는 다음과 같습니다.

$$F_5 = 2^{2^5} + 1 = 4294967297 = 641 \times 6700417$$

따라서 F_5는 합성수입니다. 아직 다른 **페르마 소수**(Fermat prime) $F_n = 2^{2^n} + 1$은 없습니다.

핵심요약

- 정수론에는 골드바흐의 추측, 쌍둥이 소수 추측처럼 아직 해결되지 않은 문제가 많습니다.
- 소수는 무한하지만, 수가 아주 커질수록 소수의 개수가 줄어드는 패턴 외에는 다른 패턴이 없습니다.

2.3 연습문제

01. 다음 물음에 답해보세요.

(a) $4n+1$ 형태의 소수가 무한히 많음을 증명해보세요.

(b) $4n+3$ 형태의 소수가 무한히 많음을 또 다른 방법으로 증명해보세요.

(c) $p > 3$인 소수 p에 대해서 p는 $6n+1$ 또는 $6n+5$ 형태의 소수임을 증명해보세요. ((c)는 3보다 큰 모든 소수는 $6n+1$ 또는 $6n+5$ 형태로 쓸 수 있음을 의미합니다.)

02. 다음 물음에 답해보세요.

(a) $3n+1$ 형태의 소수가 무한히 많음을 증명해 보세요.

(b) $3n+2$ 형태의 소수가 무한히 많음을 증명해 보세요.

(c) $3n+3$ 형태의 소수가 존재하지 않는 이유를 설명해보세요.

03. 다음 물음에 답해보세요.

(i) 연속인 세 홀수의 곱은 3으로 나누어떨어짐을 증명해보세요.

(ii) 소수 p에 대해서 $p, p+2, p+4$ 모두가 소수가 되도록 하는 소수는 오직 $p=3$만 존재함을 증명해보세요.

04. 다음의 중요한 결과를 증명해보세요.

(a) 소수 p가 두 수의 제곱의 합이라면, p는 $4n+1$ 형태입니다.

(b) $4n+3$ 형태의 소수 p는 두 수의 제곱의 합으로 나타낼 수 없습니다.

2.4 최소공배수

학습목표

- 최소공배수의 의미를 이해할 수 있습니다.
- 소인수분해를 통해 최소공배수와 최대공약수를 구할 수 있습니다.
- 최대공약수와 최소공배수 사이의 관계를 알 수 있습니다.

2.4.1 최소공배수 소개

? 최소공배수는 언제 사용할까요?

분수의 덧셈과 뺄셈에서 사용합니다.

? 최소공배수는 무엇을 의미할까요?

8과 10의 최소공배수를 찾고 싶다면, 우선 각각의 공배수를 나열합니다.

$$8\text{의 배수는 } 8, 16, 24, 32, 40, 48, 56, 64, 72, 80, 88, \cdots$$
$$10\text{의 배수는 } 10, 20, 30, 40, 50, 60, 70, 80, 90, \cdots$$

? 이 수열에서 공통으로 존재하는 배수는 무엇인가요?

40, 80입니다.

이 중 가장 작은 수는 40입니다. 그래서 8과 10의 최소공배수(lcm)는 40입니다. 최소공배수는 다음과 같이 정의합니다.

0이 아닌 두 정수 a와 b의 최소공배수는 a와 b의 양의 공배수들 중에서 가장 작은 수입니다.

0이 아닌 두 정수 a와 b의 최소공배수는 '정수 a와 b 모두로 나누어떨어지는 최소의 양의 정수'로 정의할 수도 있습니다. a와 b의 최소공배수는 $[a, b]$로 나타냅니다.

예제 2-5 $[12, 15]$를 구해보세요.

풀이

12의 배수를 나열하면 다음과 같습니다.

$$12, 24, 36, 48, 60, 72, 84, 96, 108, 120, 132, \cdots$$

15의 배수를 나열하면 다음과 같습니다.

$$15, 30, 45, 60, 75, 90, 105, 120, 135, \cdots$$

이 중에서 공통으로 들어 있는 수는 무엇인가요? 60과 120입니다. 이 중 가장 작은 수는 60입니다. 따라서 12와 15의 최소공배수는 60, 즉 $[12, 15] = 60$입니다.

? 0이 아닌 두 정수의 최소공배수를 항상 찾을 수 있을까요?

항상 찾을 수 있습니다. 0이 아닌 두 정수 a, b가 있다고 할 때, $a \times b$는 a와 b의 공배수입니다. 이는 0이 아닌 두 정수의 최소공배수가 항상 존재함을 의미합니다.

최소공배수의 형식적 정의는 다음과 같습니다.

정의 2-18 최소공배수

0이 아닌 두 정수 a와 b의 **최소공배수**(least common multiple)를 m이라 합시다. 즉, $[a, b] = m$입니다. 그렇다면 m은 다음을 만족합니다.

(i) $a \mid m$이고 $b \mid m$ (공배수)

(ii) $a \mid n$이고 $b \mid n$이면, $m \leq n$ (최소인 배수)

2.4.2 최소공배수의 계산

42와 44의 최소공배수는 어떻게 구할 수 있을까요?

42와 44의 배수 수열을 만든 다음, 이렇게 나열한 숫자들 중 가장 작은 공배수를 찾으면 $[42, 44] = 924$임을 알 수 있습니다. 이는 다소 힘든 작업입니다.

최소공배수를 찾는 좀 더 효율적인 방법이 있을까요?

있습니다. 먼저 이 정수들을 각각 소인수분해해봅시다.

$$42 = 2 \times 3 \times 7,\ \ 44 = 2^2 \times 11$$

따라서 42와 44의 최소공배수는 이 소수들 2, 3, 7, 11의 곱을 포함해야만 합니다. 44의 소인수분해에 2^2이 있으므로, 공배수 또한 2^2을 포함해야 합니다.

$$[42, 44] = [2 \times 3 \times 7,\ 2^2 \times 11] = 2^2 \times 3 \times 7 \times 11 = 924$$

이 접근 방법은 배수를 나열한 다음 가장 작은 공배수를 찾는 것보다 훨씬 쉽습니다. 이 방법을 다음과 같이 나타낼 수 있습니다.

> **명제 2-19**
>
> a와 b의 분해를 $a = p_1^{e_1} \times p_2^{e_2} \times \cdots \times p_k^{e_k}$, $b = p_1^{f_1} \times p_2^{f_2} \times \cdots \times p_k^{f_k}$, $e_j \ge 0$, $f_j \ge 0$이라고 합시다. 그러면 a와 b의 최소공배수는 다음과 같습니다.
>
> $$[a, b] = p_1^{\max(e_1, f_1)} \times p_2^{\max(e_2, f_2)} \times \cdots \times p_k^{\max(e_k, f_k)}$$
>
> $a \ge b$라면 $\max(a, b) = a$입니다(입문 장 참고).

a와 b의 분해에 같은 소수가 있어야 할까요?

그렇지 않습니다. 소수 p_j가 a에 존재하지만 b에 존재하지 않는다면, b의 분해에 $p_j^0 = 1$이라고 씁니다(소수는 1보다 크기 때문에 이는 소인수분해가 아닙니다. 산술의 기본 정리를 증명할 때 이야기했습니다).

증명

2.4절 [연습문제의 16]에서 증명합니다. ■

예제 2-6 다음 물음에 답해보세요.

(i) [57, 60]을 계산해보세요.

(ii) 앨리스는 화살을 57번 쏴서 과녁에 43번 명중했고, 밥은 화살을 60번 쏴서 46번 명중했습니다. 누구의 기록이 더 좋은가요?

(iii) $\frac{1}{57}+\frac{1}{60}$을 계산하고, 답을 가장 간단한 형태로 써보세요.

풀이

(i) 57과 60의 소인수분해는 다음과 같습니다.

$$57 = 3 \times 19,\ 60 = 2^2 \times 3 \times 5$$

[명제 2-19]를 사용해봅시다.

$$\begin{aligned}[57,\ 60] &= [3 \times 19,\ 2^2 \times 3 \times 5] \\ &= 2^{\max(0,\ 2)} \times 3^{\max(1,\ 1)} \times 5^{\max(0,\ 1)} \times 19^{\max(1,\ 0)} \\ &= 2^2 \times 3^1 \times 5^1 \times 19^1 = 1140\end{aligned}$$

(ii) (i)의 결과를 사용하여 앨리스와 밥 중에서 누가 더 성적이 좋은지 확인해봅시다. 왜 (i)의 결과를 사용할까요? 공배수의 비율로 명중 횟수를 표현할 수 있기 때문입니다. 경제적인 이유로 최소공배수를 사용해 명중 횟수를 기록합니다.

57에 몇 배를 해야 1140이 될까요? 20배입니다. 따라서 앨리스의 명중 비율은 $\frac{43}{57}=\frac{43 \times 20}{57 \times 20}=\frac{860}{1140}$, 즉 1140번 중에 860번입니다.

60에 몇 배를 해야 1140이 될까요? 19배입니다. 따라서 밥의 명중 비율은 $\frac{46}{60}=\frac{46 \times 19}{60 \times 19}=\frac{874}{1140}$, 즉 1140번 중에 874번입니다.

밥의 기록이 더 좋다는 결론이 나왔습니다. 왜냐하면 1140번 시도했을 때 밥은 874번, 앨리스는 860번 명중했다고 비교할 수 있기 때문입니다.

(iii) (i)로부터 [57, 60] = 1140입니다.

$$\begin{aligned}\frac{1}{57}+\frac{1}{60} &= \left(\frac{20 \times 1}{20 \times 57}\right)+\left(\frac{19 \times 1}{19 \times 60}\right) \\ &= \frac{20}{1140}+\frac{19}{1140}=\frac{39}{1140}=\frac{13}{380}\end{aligned}$$

앞의 예제에서 (ⅱ) 부분에 대해 $\frac{43}{57}$과 $\frac{46}{60}$을 소수로 나타내어 비교하는 것이 더 낫다고 주장할 수 있습니다. 그러나 이 방식에서는 나눗셈을 해야 합니다. 우리가 앞에서 사용한 방식은 더 쉬운 연산인 곱셈에 기반합니다.

2.4.3 최소공배수의 성질

? 두 정수가 서로소일 때, 이 두 수의 최소공배수는 무엇일까요?

다음 예에서 서로소인 두 정수의 최소공배수를 살펴봅시다.

$$[5,\ 9] = 45$$
$$[100,\ 101] = 10100$$
$$[333,\ 1000] = 333000$$

? 이 결과들을 보고 무엇을 알 수 있을까요?

$45 = 5 \times 9$, $10100 = 100 \times 101$, $333000 = 333 \times 1000$임을 알 수 있습니다.

a와 b가 서로소라고 하면 두 수의 공약수는 1을 제외하고는 아무것도 없습니다. 추론을 통해, 위와 같이 $[a,\ b] = a \times b$임을 알 수 있습니다. 서로소인 정수들의 최소공배수는 그 수들의 곱과 같습니다.

> **명제 2-20**
> a와 b가 서로소이면 $[a,\ b] = a \times b$입니다.

? 이 명제를 어떻게 증명할까요?

최소공배수의 정의와 귀류법을 이용합니다.

증명

$a \times b$는 두 정수 a와 b의 공배수임이 명백합니다. $a \times b$가 두 정수 모두의 가장 작은 배수임을 증명해야 합니다. a와 b의 최소공배수를 $m(m < a \times b)$이라고 가정합시다. 즉 $[a,\ b] = m$입니다. 최소공배수의 정의에 의해 다음이 성립합니다.

$$a \mid m,\ b \mid m$$

이 중 첫 번째인 $a \mid m$이 성립하면 다음을 만족하는 정수 n이 존재합니다.

$$a \times n = m$$

$a \times n = m$을 $b \mid m$에 대입해봅시다.

$$b \mid (a \times n)$$

a와 b가 서로소라고 주어져 있으므로 $\gcd(a, b) = 1$입니다. [보조정리 1-13]의 유클리드의 보조정리는 다음과 같습니다.

$\gcd(x, y) = 1$일 때, $x \mid (y \times z)$라면, $x \mid z$입니다.

이를 적용하면 $\gcd(a, b) = 1$일 때, $b \mid (a \times n)$이므로 $b \mid n$입니다. $b \mid n$이므로 $n \geq b$입니다. 이 결과는 모순입니다. 앞에서 $m < a \times b$라고 했기 때문입니다. 만약 $n \geq b$라면, $m = a \times n \geq a \times b$이므로, 가정 $[a, b] = m$, $m < a \times b$가 틀립니다. 따라서 $[a, b] = a \times b$입니다. ■

[5, 1000004]를 계산해보세요. 5와 1000004는 서로소이므로 [명제 2-20]에 따라 다음과 같이 나타낼 수 있습니다.

$$[5, 1000004] = 5 \times 1000004 = 5000020$$

2.4절 [연습문제 12]에서 0이 아닌 두 정수의 최소공배수는 유일함을 증명합니다.

2.4.4 최대공약수와 최소공배수

두 정수의 최소공배수와 최대공약수를 어떻게 구할까요?

1.3절에서는 유클리드 알고리즘을 사용했습니다. 또 다른 접근 방법은 다음과 같습니다.

명제 2-21

정수 a, b의 분해를 $a = p_1^{e_1} \times p_2^{e_2} \times \cdots \times p_k^{e_k}$, $b = p_1^{f_1} \times p_2^{f_2} \times \cdots \times p_k^{f_k}(e_j \geq 0, f_j \geq 0)$이라 합시다. 그러면 최대공약수는 다음과 같습니다.

$$\gcd(a, b) = p_1^{\min(e_1, f_1)} \times p_2^{\min(e_2, f_2)} \times \cdots \times p_k^{\min(e_k, f_k)}$$

증명

2.4절 [연습문제 17]에서 증명합니다. ■

주어진 두 정수의 최대공약수를 찾을 때, 일반적으로 유클리드 알고리즘을 사용하는 것이 [명제 2-21]의 소인수분해 방법을 사용하는 것보다 더 쉽습니다. 주어진 정수의 소인수분해를 찾는 것은 어렵고 시간이 많이 걸리기 때문입니다.

예제 2-7 **gcd(5291, 3108)을 구해보세요(1장의 [예제 1-17]과 다르게 2장에서 학습한 내용으로 풀어보세요).**

풀이

두 수를 소인수분해를 하면 다음과 같습니다.

$$5291 = 11 \times 13 \times 37,\ 3108 = 2^2 \times 3 \times 7 \times 37$$

[명제 2-21]을 사용해봅시다.

$$\begin{aligned}\gcd(5291, 3108) &= \gcd(11 \times 13 \times 37, 2^2 \times 3 \times 7 \times 37) \\ &= 2^{\min(0,2)} \times 3^{\min(0,1)} \times 7^{\min(0,1)} \times 11^{\min(1,0)} \times 13^{\min(1,0)} \times 37^{\min(1,1)} \\ &= 2^0 \times 3^0 \times 7^0 \times 11^0 \times 13^0 \times 37^1 = 1 \times 1 \times 1 \times 1 \times 1 \times 37 = 37\end{aligned}$$

따라서 $\gcd(5291, 3108) = 37$입니다. 일단 각 수를 소인수분해하고 나면 이 방법이 좀 더 쉽게 느껴질 것입니다.

이제 최대공약수와 최소공배수 사이의 관계를 살펴보겠습니다. 다음과 같은 예가 있습니다.

$$\begin{gathered}\gcd(10, 12) \times [10, 12] = 120 \\ \gcd(21, 30) \times [21, 30] = 630 \\ \gcd(101, 100) \times [101, 100] = 10100\end{gathered}$$

? 이 예를 통해 무엇을 발견했나요?

$$\begin{gathered}\gcd(10, 12) \times [10, 12] = 10 \times 12 \\ \gcd(21, 30) \times [21, 30] = 21 \times 30 \\ \gcd(101, 100) \times [101, 100] = 101 \times 100\end{gathered}$$

일반적으로 다음이 성립합니다.

$$\gcd(a, b) \times [a, b] = a \times b$$ ((최대공약수)×(최소공배수)=정수들의 곱)

명제 2-22

a, b를 양의 정수라 하면 다음이 성립합니다.

$$\gcd(a, b)\times[a, b] = a\times b$$

이 결과를 사용하여 주어진 두 수의 최대공약수와 최소공배수를 올바르게 계산했는지 확인할 수 있습니다.

이 명제를 어떻게 증명할 수 있을까요?

a와 b의 소인수분해로 좌변인 $\gcd(a, b)\times[a, b]$와 우변인 $a\times b$가 같음을 증명합니다.

증명

a, b의 소인수분해를 $a = p_1^{e_1}\times p_2^{e_2}\times \cdots \times p_k^{e_k}$, $a = p_1^{f_1}\times p_2^{f_2}\times \cdots \times p_k^{f_k}$이라 합시다(소수가 존재하지 않는 경우에는 $p_j^0 = 1$과 같이 나타냅니다). 다음의 [명제 2-19]와 [명제 2-21]을 사용합니다.

[명제 2-19] $[a, b] = p_1^{\max(e_1, f_1)}\times p_2^{\max(e_2, f_2)}\times \cdots \times p_k^{\max(e_k, f_k)}$

[명제 2-21] $\gcd(a, b) = p_1^{\min(e_1, f_1)}\times p_2^{\min(e_2, f_2)}\times \cdots \times p_k^{\min(e_k, f_k)}$

주어진 식 $\gcd(a, b)\times[a, b] = a\times b$의 좌변에 대입해봅시다.

$$\begin{aligned}\gcd(a, b)\times[a, b] &= \left(p_1^{\min(e_1, f_1)}\times p_2^{\min(e_2, f_2)}\times \cdots \times p_k^{\min(e_k, f_k)}\right)\\ &\quad\times\left(p_1^{\max(e_1, f_1)}\times p_2^{\max(e_2, f_2)}\times \cdots \times p_k^{\max(e_k, f_k)}\right)\\ &= p_1^{\min(e_1, f_1)+\max(e_1, f_1)}\times p_2^{\min(e_2, f_2)+\max(e_2, f_2)}\times \cdots\\ &\quad\times p_k^{\min(e_k, f_k)+\max(e_k, f_k)} \quad \text{(지수법칙)} \qquad (\dagger)\end{aligned}$$

위 식에서 각각의 지수 $\min(e_j, f_j)+\max(e_j, f_j)(j = 1, \cdots, k)$를 계산해봅시다.

$e_j = f_j$라면, $\min(e_j, f_j)+\max(e_j, f_j) = e_j + f_j$입니다.
$e_j < f_j$라면, $\min(e_j, f_j)+\max(e_j, f_j) = e_j + f_j$입니다.
$e_j > f_j$라면, 여전히 $\min(e_j, f_j)+\max(e_j, f_j) = f_j + e_j$입니다.

세 경우 모두에서 소수의 지수들의 결과가 같음을 알 수 있습니다.

$$\min(e_j, f_j)+\max(e_j, f_j) = e_j + f_j$$

이를 (†)에 대입해봅시다.

$$\gcd(a, b) \times [a, b] = p_1^{e_1+f_1} \times p_2^{e_2+f_2} \times \cdots \times p_k^{e_k+f_k} \qquad (*)$$

주어진 식 $\gcd(a, b) \times [a, b] = a \times b$의 우변을 소수들로 전개하면 다음과 같습니다.

$$\begin{aligned} a \times b &= \left(p_1^{e_1} \times p_2^{e_2} \times \cdots \times p_k^{e_k}\right) \times \left(p_1^{f_1} \times p_2^{f_2} \times \cdots \times p_k^{f_k}\right) \\ &\underbrace{=}_{\text{지수법칙}} p_1^{e_1+f_1} \times p_2^{e_2+f_2} \times \cdots \times p_k^{e_k+f_k} \qquad (**) \end{aligned}$$

(*)와 (**)를 비교하면 다음과 같은 결과를 얻을 수 있습니다.

$$\gcd(a, b) \times [a, b] = a \times b$$ ■

이 명제는 최소공배수와 최대공약수의 곱은 두 수의 곱과 같다는 놀라운 결과를 제공합니다.

$$\gcd(a, b) \times [a, b] = (a\text{와 } b\text{의 곱})$$

예제 2-8 **다음을 구해보세요.**

(i) $\gcd(36, 54)$ (ii) $[36, 54]$

풀이

(i) $\gcd(36, 54) = \gcd(2^2 \times 3^2, 2 \times 3^3)$ $(36 = 2^2 \times 3^2, 54 = 2 \times 3^3)$

$= 2^{\min(2,\,1)} \times 3^{\min(2,\,3)} = 2^1 \times 3^2 = 18$

(ii) $a = 36$, $b = 54$, $\gcd(36, 54) = 18$을 다음 식에 대입해봅시다.

$$\gcd(a, b) \times [a, b] = a \times b$$

$18 \times [36, 54] = 36 \times 54$이므로 $[36, 54] = \frac{36 \times 54}{18} = 108$입니다. 따라서 $\gcd(36, 54) = 18$, $[36, 54] = 108$입니다.

2.4.5 세 개 이상인 정수의 최소공배수

지금까지 두 양의 정수의 최소공배수에 대해 살펴보았습니다.

? 15, 27, 36의 최소공배수를 어떻게 찾을 수 있을까요?

다음 결과를 이용할 수 있습니다.

명제 2-23

$a_1, a_2, a_3, \cdots, a_n$을 0이 아닌 정수라 하면 다음이 성립합니다.

$$[a_1, a_2, a_3, \cdots, a_{n-1}, a_n] = [[a_1, a_2, a_3, \cdots, a_{n-1}], a_n]$$

증명

2.4절 [연습문제 19]에서 증명합니다. ■

예제 2-9 [15, 27, 36]을 계산해보세요.

풀이

[명제 2-23]에 $a_1 = 15$, $a_2 = 27$, $a_3 = 36$을 적용해봅시다.

$$[15, 27, 36] = [[15, 27], 36] \qquad (\ddagger)$$

먼저 [15, 27]을 구해야 합니다. 어떻게 구하면 될까요? 다음의 [명제 2-19]를 사용합니다.

$$[a, b] = p_1^{\max(e_1, f_1)} \times p_2^{\max(e_2, f_2)} \times \cdots \times p_k^{\max(e_k, f_k)}$$

$15 = 3 \times 5$, $27 = 3^3$임을 알 수 있습니다. 따라서 [명제 2-19]를 적용하면 다음과 같습니다.

$$[15, 27] = [3 \times 5, 3^3] = 3^{\max(1, 3)} \times 5^{\max(1, 0)} = 3^3 \times 5^1$$

$[15, 27] = 3^3 \times 5^1$을 $(\ddagger)$에 대입해봅시다.

$$\begin{aligned}[15, 27, 36] &= [[15, 27], 36] = [3^3 \times 5^1, 2^2 \times 3^2] \\ &= 2^{\max(0, 2)} \times 3^{\max(3, 2)} \times 5^{\max(1, 0)} \\ &= 2^2 \times 3^3 \times 5^1 = 540\end{aligned}$$

따라서 $[15, 27, 36] = 540$입니다. 즉, 15, 27, 36의 최소공배수는 540입니다.

2.4.3절에서 배운 [명제 2-20]의 'a와 b가 서로소인 정수라면 $[a, b] = a \times b$'라는 관계식은 n개의 쌍이 **쌍마다 서로소**(pairwise prime)인 정수 $a_1, a_2, a_3, \cdots, a_n$으로 확장할 수 있습니다.

? 쌍마다 서로소라는 것은 무슨 의미일까요?

서로 다른 정수 쌍이 모두 서로소라는 것을 의미합니다. 즉, 다음과 같습니다.

$$k \neq m\text{에 대하여, } \gcd(a_k, a_m) = 1$$

예를 들어 정수 $\{2, 3, 5\}$는 쌍마다 서로소입니다. 왜냐하면 $\gcd(2, 3) = \gcd(2, 5) = \gcd(3, 5) = 1$이기 때문입니다. 하지만 $\{2, 3, 4\}$는 쌍마다 서로소는 아닙니다. 왜냐하면 $\gcd(2, 4) = 2$이기 때문입니다.

따름정리 2-24

$a_1, a_2, a_3, \cdots, a_n$이 쌍마다 서로소인 정수라면 다음이 성립합니다.

$$[a_1, a_2, a_3, \cdots, a_n] = a_1 \times a_2 \times \cdots \times a_n$$

증명

2.4절 [연습문제 15]에서 증명합니다. ■

핵심요약

- 이 절에서 0이 아닌 두 정수의 최소공배수를 정의하였습니다. a와 b의 최소공배수를 기호로는 $[a, b]$로 나타내며 다음과 같이 구할 수 있습니다.

$$[a, b] = p_1^{\max(e_1, f_1)} \times p_2^{\max(e_2, f_2)} \times \cdots \times p_k^{\max(e_k, f_k)}$$

- 최소공배수와 최대공약수 사이에 다음 관계가 성립함을 알 수 있습니다.

$$\gcd(a, b) \times [a, b] = a \times b$$

2.4 연습문제

01. 다음 정수 쌍의 최소공배수를 구해보세요.

(a) $[45, 81]$　(b) $[2000, 2015]$

(c) $[1000, 1001]$

02. 핫도그는 10개 들이 한 묶음, 빵은 8개 들이 한 묶음으로 포장되어 있습니다. 최소 몇 묶음씩 구매해야 핫도그와 빵이 남지 않을까요?

03. 해리는 역학 시험에서 85점 만점에 64점, 실해석학 시험에서 91점 만점에 69점을 받았습니다. 최소공배수를 이용하여 어떤 시험에서 해리가 더 좋은 성적을 얻었는지 서술하세요.

04. 다음 물음에 답해보세요.

(ⅰ) $[20, 265, 530]$을 구해보세요.

(ⅱ) (ⅰ)의 결과를 사용하여 $\frac{1}{20} + \frac{1}{265} + \frac{1}{530}$을 계산해보세요.

05. 다음 물음에 답해보세요.

(i) $[3, 4, 28]$을 구해보세요.

(ii) 계산기를 사용하지 않고 다음 방정식을 풀어보세요.

$$\frac{1}{3}+\frac{1}{4}+\frac{1}{28}+x=1$$

06. 다음 두 정수의 최소공배수를 구해보세요.

(a) $[60, 100]$ (b) $[600, 1000]$

(c) $[6000, 10000]$

결과를 통해 무엇을 알게 되었나요?

07. 양의 정수 a, b, c에 대하여, $[ab, ac]=a[b, c]$가 성립함을 증명해보세요.

힌트 다음과 같은 [명제 1-11]을 활용해보세요.

$$a>0\text{에 대하여,}$$
$$\gcd(ab, ac)= a\gcd(b, c)$$

08. p와 q가 서로 다른 소수일 때, $[p, q]=p\times q$임을 증명해보세요.

09. 양의 정수 m, a에 대하여, $[a, ma]=ma$임을 증명해보세요.

10. a와 b, a와 c가 서로소인 양의 정수일 때, 다음을 증명해보세요.

$$[a, bc]=a\times b\times c$$

힌트 1.3절 [연습문제 15(i)]의 결과인 다음 내용을 활용해보세요.

$$\gcd(a, b)=\gcd(a, c)=1$$
$$\Leftrightarrow \gcd(a, bc)=1$$

11. 양의 정수 a, b, c에 대하여, 다음 명제가 거짓임을 증명해보세요.

(a) 소수 p에 대하여, $[p, p]=p^2$

(b) $[a, b]=a\times b$

(c) $[a, b]=n$, $[b, c]=m$이면, $[a, c]=m\times n$

(d) $[a+b, c]=[a, c]+[b, c]$

(e) $[ab, ac]=a^2[b, c]$

(f) $\gcd(a, b, c)\times[a, b, c]=a\times b\times c$

12. 양의 정수 a와 b에 대하여, $[a, b]$가 유일함을 증명해보세요.

13. 다음을 계산해보세요.

(a) $[2, 3, 5, 7]$

(b) $[24, 35, 51, 64]$

(c) $[11, 121, 132, 99, 77]$

*14. 어느 한 대대의 병사 수가 500명에서 600명 사이입니다. 병사들을 6명씩, 8명씩, 11명씩 그룹으로 나눌 때마다 3명이 남습니다. 이 대대에는 몇 명의 군인이 있습니까?

15. [따름정리 2-24]를 증명해보세요.

힌트 1.3절 [연습문제 15(ii)]의 결과인 다음 내용을 활용해보세요.

$$\begin{aligned}\gcd(a, n_1)&=\gcd(a, n_2)\\&=\cdots\\&=\gcd(a, n_k)=1\end{aligned}$$
$$\Rightarrow \gcd(a, n_1\times n_2\times \cdots \times n_k)=1$$

**16. [명제 2-19]를 증명해보세요.

**17. [명제 2-21]을 증명해보세요.

18. $[a, b]=m$이고 n을 a, b의 공배수라고 할 때, $m \mid n$임을 증명해보세요.

*19. [명제 2-23]을 증명해보세요.

20. 자연수 n에 대하여 $[n, n+1] = n \times (n+1)$임을 증명해보세요.

*21. a, b를 양의 정수라 할 때, 다음을 보이세요.

$$\gcd(a, b) = \gcd(a+b, [a, b])$$

힌트 1.3절 [연습문제 16]의 결과인 다음 내용을 활용해보세요.

$\gcd(x, y) = 1$이라면, $\gcd(x+y, xy) = 1$이 성립합니다.

**22. a, b, c를 양의 정수라 할 때, 다음을 보이세요.

$$\gcd(a, b, c) \times [ab, ac, bc] = a \times b \times c$$

힌트 1.3절 [연습문제 19]의 결과인 다음 내용을 활용해보세요.

$$\gcd(a, b, c) = \gcd(a, \gcd(b, c))$$

2장 종합문제

2.1 다음 정수들을 소인수분해해보세요.

(a) 100 (b) 1000 (c) 161

(d) 201 (e) 301

2.2 다음을 계산해보세요.

(a) $\left\lfloor \frac{1}{2} \right\rfloor$ (b) $\left\lfloor -\frac{1}{2} \right\rfloor$

(c) $\left\lceil -\frac{\pi}{4} \right\rceil$ (d) $\left\lfloor -\frac{\pi}{4} \right\rfloor$

(e) $\lfloor -7.1 \rfloor + \lceil -7.1 \rceil$

(f) $\lfloor -7.1 \rfloor + \lceil 7.1 \rceil$

2.3 다음을 계산해보세요.

(a) $\lfloor e \rfloor^{\lfloor \pi \rfloor} + \lfloor \pi \rfloor^{\lfloor e \rfloor}$

(b) $\lceil e \rceil^{\lceil \pi \rceil} + \lceil \pi \rceil^{\lceil e \rceil}$

(c) $\lceil e^{\lceil \pi \rceil} \rceil + \lceil \pi^{\lceil e \rceil} \rceil$

2.4 다음 수에 대하여, $\lfloor \sqrt{\lfloor x \rfloor} \rfloor$와 $\lfloor \sqrt{x} \rfloor$를 계산해보세요.

(a) $x = 100$ (b) $x = 1000$

(c) $x = 2.75$

? 이 결과를 통해 무엇을 알게 되었나요?

2.5 $\lfloor x \rfloor + \lceil x \rceil$의 그래프를 그려보세요.

2.6 적절한 그래프를 그려서 $\lfloor x \rfloor \le x$, $\lceil x \rceil \ge x$가 성립하는 이유를 설명해보세요.

2.7 적절한 그래프를 그려서 다음 부등식이 성립함을 보이세요.

(a) $x - 1 < \lfloor x \rfloor \le x$

(b) $x \le \lceil x \rceil < x + 1$

2.8 자연수 n에 대하여, $n^2 - 1$ 형태의 소수는 오직 3뿐임을 보이세요.

2.9 자연수 n에 대하여, $n^3 - 1$ 형태의 소수는 오직 7뿐임을 보이세요.

힌트 $a^n - 1 = (a-1)(a^{n-1} + a^{n-2} + a^{n-3} + \cdots + 1)$

3.1 합동 소개

학습목표

- 합동의 법칙을 적용할 수 있습니다.
- 합동의 성질을 증명할 수 있습니다.
- 큰 양의 정수의 성질을 추론할 수 있습니다.

종종 큰 양수의 특별한 성질에 관심을 갖습니다. 예를 들어 다음 질문을 생각해봅시다.

1. 2^{127}의 마지막 자릿수는 무엇일까요?
2. $10^{171}+1$이 17로 나누어떨어질까요?
3. $1!+2!+3!+\cdots+20!$을 20으로 나누었을 때 나머지는 무엇일까요?

이 장의 뒷부분에서 살펴보겠지만, 큰 수에 대한 이 같은 질문에 답하기 위해 일반 산술과 매우 유사한 합동 산술을 사용합니다.

사실 우리는 합동 산술을 매일 사용하고 있습니다. 단순히 시계를 볼 때, 법 12시간으로 합동 산술을 적용합니다. 예를 들어 13시라고 하지 않고 1시에서 다시 시작하는 거죠. 이 방식은 매우 효율적입니다. 24시간으로 구성된 시계는 꽤 어수선해 보일 것입니다. 여기에도 동일한 논리가 적용됩니다. 정확한 자릿수를 알 필요가 없는 정수의 일부 특성을 단순히 조사하는 경우, 더 작은 정수의 배수에 나머지를 더하는 방식으로 간단히 표현하는 것만으로도 충분합니다.

합동 산술의 또 다른 이름은 **나머지의 산술**(arithmetic of remainders)입니다. 이렇게 부르는 이유는 **법**(modulo) n이라고 하는 고정된 수 n으로 나눌 때 나머지에 따라 수를 분류하기 때문입니다. 참고로 modulo의 복수형은 moduli입니다. 합동 산술은 무한한 수직선을 순환 루프로 변환하는데, 이는 종종 큰 정수를 분석하는 데 매우 효율적인 방법입니다([그림 3-1] 참고).

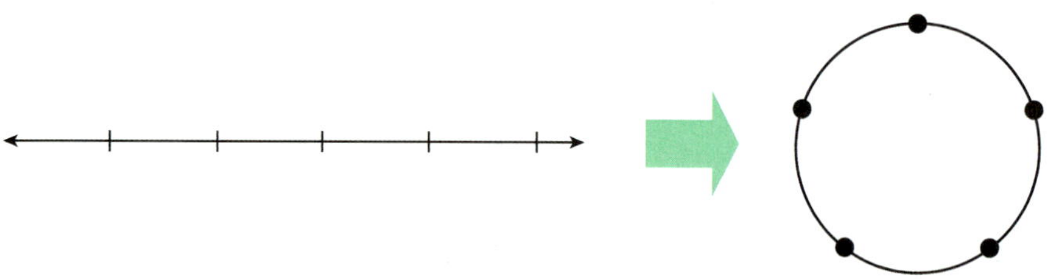

[그림 3-1] 합동 산술은 수직선을 원 또는 루프로 표현

합동 산술에서 산술은 수직선이 아닌 루프나 원에서 이루어집니다. 간단히 말해서, 합동 산술은 무한한 수직선을 루프로 변환하고 이 루프에서 수의 다양한 성질을 추론할 수 있습니다. 예를 들어 합동 산술을 사용하면 다음 질문에 답할 수 있습니다.

? 어떤 수가 9로 나누어떨어질까요?

정수의 자릿수의 합이 9로 나누어떨어지면, 그 정수는 9로 나누어떨어집니다. 이는 어떤 수가 9로 나누어떨어지는지 확인하는 쉬운 판별법입니다. 이 질문은 [예제 3-8]에서 다루겠습니다.

? 1939년 9월 3일은 무슨 요일이었을까요?

(영국과 프랑스가 독일에 전쟁을 선포한 날입니다.) 합동 산술은 과거에 역사적 사건이 있던 날의 요일이나 미래의 요일을 계산하는 데 사용할 수 있습니다.

? 9^{9^9}의 마지막 두 자릿수는 무엇일까요?

3.1절 [연습문제 30]에서 이 질문에 답해봅시다.

? 합동 산술은 어디에 응용될까요?

상당히 많은 부분에 합동 산술이 쓰이고 있습니다. 은행은 합동 산술을 사용하여 신용카드 번호가 유효한지 확인하고, 슈퍼마켓 판매품의 바코드도 합동 산술을 사용하여 확인합니다.

3.1.1 합동의 정의

$10 \equiv 3 \pmod 7$은 단순히 수 10을 법 7로 표현하는 방법입니다. 즉, 10은 7의 배수(이 경우 1×7)와 나머지 3으로 표현할 수 있습니다. 그리고 '10과 3은 법 7에 대해 합동'이라고 읽습니다. $\equiv$는 **합동 기호**(congruent symbol)이며, $(\text{mod}\, n)$은 법 n을 나타냅니다. 합동 산술의 예는 다음과 같습니다.

(a) $10 \equiv 3 \pmod 7$. 법 7은 요일을 계산하는 데 유용합니다. 예를 들어 오늘이 월요일이면 10일 후는 목요일입니다. 왜냐하면 $10 \equiv 3 \pmod 7$은 이 값에 전체 주기인 7, 즉 월요일부터 그다음 월요일까지 포함하고 여기에 3일을 더한 것이기 때문입니다.

(b) $25 \equiv 1 \pmod 2$. 법 2는 수가 홀수인지 짝수인지를 나머지가 0인지 1인지로 확인할 수 있어 유용합니다.

(c) $50 \equiv 2 \pmod{24}$. 합동 24는 24시간 방식을 사용하여 시간을 확인하는 데 유용합니다. 지금이 오전 9시라고 하면 50시간 후에는 오전 11시입니다. 오전 9시부터 오전 9시까지의 주기 수에 2시간을 더한 것입니다. '50과 2는 법 24에 대해 합동'이라고 읽습니다.

정의 3-1 합동

n을 고정된 양의 정수, a, b를 정수라 할 때 다음을 만족하면 'a와 b는 법 n에 대해 **합동**(congruent)'이라 합니다.

$$a \equiv b \pmod{n} \quad \Leftrightarrow \quad a-b\text{가 } n\text{의 배수이거나}$$
$$\text{정수 } k\text{가 존재하여 } a-b=kn\text{을 만족합니다.}$$

이 정의의 $a-b=kn$을 a에 대해 정리하면 다음과 같습니다.

$$a = kn + b$$

즉, a를 n으로 나누면 나머지가 b입니다. 이 작업을 자주 한다면, a가 n의 배수보다 b만큼 크다고 표현하기보다 'a와 b는 법 n에 대해 합동이다'라고 표현하는 것이 훨씬 더 편리합니다.

합동 산술 이론은 역사상 가장 위대한 수학자 중 한 명인 가우스가 개발하였습니다([그림 3-2] 참고).

[그림 3-2] 가우스(1777-1855)

가우스(Gauss)는 아르키메데스, 뉴턴과 함께 역사상 위대한 수학자 중 한 명으로 꼽힙니다. 그는 11살 때 $\sqrt{2}$가 무리수임을 증명했고, 18살에는 눈금 없는 자와 컴퍼스만으로 정17각형을 작도했습니다.

가우스는 당시 수학 분야에서 세계적으로 유명한 괴팅겐대학교에서 공부했고, 말년에는 동 대학교에서 교수로 재직하며 정수론, 무한급수, 대수학, 천문학, 광학 분야의 논문을 발표했습니다. 자기 유도의 단위는 가우스의 이름을 따서 명명된 것입니다.

만약 [정의 3-1]에서 나머지가 0이라면, 즉 $b=0$이라면 a는 n으로 나누어떨어집니다. 이때 n은 a의 약수라고 하며, $n \mid a$로 나타낼 수 있습니다.

예를 들어 다음과 같습니다.

$$6 \equiv 0 \pmod{3} \qquad (6 = (2 \times 3) + \boxed{0}\text{이므로})$$
$$540 \equiv 0 \pmod{6} \qquad (540 = (90 \times 6) + \boxed{0}\text{이므로})$$

따라서 다음 명제를 알 수 있습니다.

명제 3-2

a를 정수라고 하면 다음이 성립합니다.

$$a \equiv 0 \pmod{n} \quad \Leftrightarrow \quad n \mid a$$

앞의 예를 적용해보면 '$6 \equiv 0 \pmod{3} \Leftrightarrow 3 \mid 6$'으로 표현할 수 있습니다.

증명

다음의 [정의 3-1]을 생각해봅시다.

$$a \equiv b \pmod{n} \quad \Leftrightarrow \quad a - b = kn$$

[정의 3-1]을 $a \equiv 0 \pmod{n}$에 대입해봅시다.

$$a \equiv 0 \pmod{n} \quad \Leftrightarrow \quad a - 0 = kn \Leftrightarrow n \mid a$$

따라서 '$a - 0 = a$는 n의 배수' 또는 $n \mid a$입니다. ■

나머지가 0이 아닌 사례를 살펴봅시다. 5를 4로 나누면 나머지가 1이므로, $5 \equiv 1 \pmod{4}$입니다. 10을 7로 나누면 나머지가 3이므로, $10 \equiv 3 \pmod{7}$입니다.

? $25 \equiv 1 \pmod{24}$는 무엇을 의미할까요?

25를 24로 나누면 나머지가 1입니다. 이는 시계 연산의 예에 해당합니다. 따라서 현재 오후 2시라면, 25시간 후에는 오후 3시가 됩니다.

1로 나누는 것은 의미가 없습니다. 나머지가 항상 0이기 때문이죠. 즉, 모든 정수 a에 대하여 $a \equiv 0 \pmod{1}$임을 알고 있습니다. 그러니 $n \geq 2$에 대한 법을 생각해봅시다.

$a \equiv b \pmod{n}$을 만족하는 정수 a와 b가 존재함을 어떻게 알 수 있을까요?

1장에서 제시한 다음의 [정리 1-7]의 나눗셈 알고리즘으로 알 수 있습니다.

$$a, n \geq 1\text{에 대하여}, \ a = (n \times q) + r, \ 0 \leq r < n$$

예를 들어 158을 10의 배수와 나머지의 합으로 쓰면 $158 = (15 \times 10) + 8$이며, 다음과 같이 합동 기호로 나타낼 수 있습니다(158은 10의 배수보다 8만큼 큼).

$$158 \equiv 8 \pmod{10}$$

마찬가지로, $100 = (14 \times 7) + 2$, $100 \equiv 2 \pmod{7}$임을 알 수 있습니다.

오늘이 목요일이라고 가정합시다.

100일 후는 무슨 요일일까요?

오늘이 목요일이면 7, 14, 21, 28, ⋯ 일 후는 목요일입니다. 따라서 100을 7로 나누었을 때의 나머지에 관심을 기울여야 합니다. 이 예에서 나머지는 2입니다. 따라서 $100 \equiv 2 \pmod{7}$이므로 100일 뒤는 토요일일 겁니다.

3.1.2 완전 잉여계

다음 식이 성립합니다.

$$a = (n \times q) + r, \ 0 \leq r < n \quad \Leftrightarrow \quad a \equiv r \pmod{n}$$

(r은 a를 n으로 나누었을 때의 나머지)

합동 산술은 수를 나머지에 따라 분류한다는 것을 기억합시다. 나머지 r은 0, 1, 2, 3, 4, ⋯ , $n-1$이 될 수 있습니다. 모든 정수 a는 0, 1, ⋯ , $n-1$ 중 하나와 합동이라는 결론이 나옵니다. 이 나머지들을 **잉여**(residues)라 부르기도 합니다.

'잉여'라는 용어는 일상어로서 어떤 의미인가요?

어떤 것을 제거한 후에 남는 것을 의미합니다.

법 7의 잉여는 무엇일까요?

임의의 수를 7로 나누면 그 나머지는 0, 1, 2, 3, 4, 5, 6입니다. 일반적으로 이 잉여를 집합 $\{0, 1, 2, 3, 4, 5, 6\}$으로 나타냅니다. 집합 $\{0, 1, 2, 3, 4, 5, 6\}$은 법 7의 완전 잉여 집합(complete set of residues)입니다.

법 7의 잉여 집합 $\{7, 8, 9, 10, 11, 12, 13\}$은 어떨까요?

이 또한 법 7의 완전 잉여 집합입니다. 왜냐하면 $7 \equiv 0 \pmod 7$, $8 \equiv 1 \pmod 7$, $\cdots$, $13 \equiv 6 \pmod 7$이기 때문입니다.

예제 3-1 **법 7의 완전 잉여 집합을 2개 이상 적어보세요.**

풀이

법 7을 [그림 3-3]과 같이 시계 혹은 원으로 나타낼 수 있습니다. 정수의 덧셈에 대해서는 시계방향으로, 정수의 뺄셈에 대해서는 반시계방향으로 법 7에 대한 산술을 수행합니다.

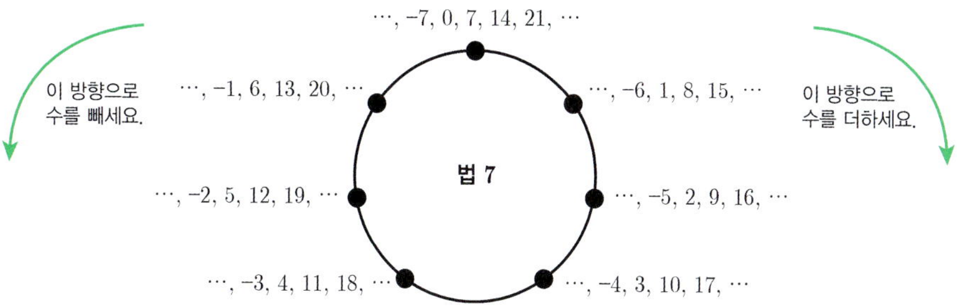

[그림 3-3] 법 7 시계

14부터 정수를 고려한다면 $\{14, 15, 16, 17, 18, 19, 20\}$입니다.

시계 반대 방향으로 음의 정수도 고려할 수 있습니다. 완전 잉여 집합을 형성하는 음의 정수 집합은 다음과 같습니다.

$$\{-1, -2, -3, -4, -5, -6, -7\}$$

정수 집합이 시계 주위의 모든 지점(●)을 포함하고 이 집합이 각 지점에서 한 번만 멈춘다면 그 집합을 완전 잉여계라고 부릅니다. 형식적인 정의는 다음과 같습니다.

정의 3-3 완전 잉여 집합과 완전 잉여계

모든 정수가 집합 $\{r_1, r_2, r_3, \cdots, r_{n-1}, r_n\}$에서 단 하나의 r_k와 합동인 경우에, 이 집합을 법 n의 **완전 잉여 집합**(complete set of residues) 또는 법 n의 **완전 잉여계**(complete system of residues)라고 합니다.

정수 집합이 아래의 두 조건을 모두 만족하면 완전 잉여계입니다.

1. 집합이 모든 지점을 포함합니다.
2. 집합이 각 지점에서 단 한 번씩만 멈춥니다.

[예제 3-1]에서 집합 $\{0, 1, 2, 3, 4, 5, 6\}$, $\{7, 8, 9, 10, 11, 12, 13\}$, $\{-1, -2, -3, -4, -5, -6, -7\}$은 법 7에 대한 완전 잉여계입니다.

이러한 집합은 몇 개 존재할까요?

무한하게 많습니다. 하지만 수학에서는 유일한 답을 찾고 싶어 합니다. 가능하다면 말이죠.

완전 잉여계를 형성하는 유일한 정수 집합을 정의할 수 있을까요?

정의할 수 있습니다. 최소의 잉여 또는 음이 아닌 최소의 잉여(least non-negative residue)로 정의하면 됩니다.

정수 집합 $\{0, 1, 2, 3, \cdots, n-1\}$을 법 n에 대한 음이 아닌 최소의 잉여라고 부릅니다. 예를 들어 $\{0, 1, 2, 3, 4, 5, 6\}$은 법 7에 대한 음이 아닌 최소의 잉여입니다.

예제 3-2 **각각에 대해 음이 아닌 최소의 잉여들로 완전 잉여계를 구해보세요.**

(a) 법 10 **(b)** 법 2 **(c)** 법 5

풀이

(a) $\{0, 1, 2, 3, 4, 5, 6, 7, 8, 9\}$

(b) $\{0, 1\}$

(c) $\{0, 1, 2, 3, 4\}$

예제 3-3 **다음에서 x를 법 n에 대한 최소의 잉여라고 합시다. x 값을 구해보세요.**

(a) $34 \equiv x \pmod{10}$ **(b)** $100 \equiv x \pmod{9}$

(c) $-27 \equiv x \pmod{7}$ **(d)** $-100 \equiv x \pmod{6}$

풀이

(a) 34를 10으로 나누면, $34 = (10 \times 3) + 4$입니다.

$$34 \equiv 4 \pmod{10} \quad \Rightarrow \quad x = 4$$

(b) 100을 9로 나누면, $100 = (11 \times 9) + 1$이므로 나머지가 1입니다.

$$100 \equiv 1 \pmod 9 \quad \Rightarrow \quad x = 1$$

(c) 나눗셈 알고리즘에 의해 $-27 = \{(-4) \times 7\} + 1$입니다.

$$-27 \equiv 1 \pmod 7 \quad \Rightarrow \quad x = 1$$

(d) 마찬가지로 $-100 = \{(-17) \times 6\} + 2$입니다.

$$-100 \equiv 2 \pmod 6 \quad \Rightarrow \quad x = 2$$

잉여 집합 $\{r_1, r_2, r_3, \cdots, r_{n-1}, r_n\}$에서 2개 이상의 잉여가 서로 법 n에 대해 합동이라면, 완전 잉여계를 형성할 수 없습니다. 이는 집합을 법 n인 시계 모양으로 구성할 때, 특정한 지점에서 최소 두 번 이상 멈춘다는 것을 의미합니다.

예를 들어 다음 집합은 모두 법 5에 대한 완전 잉여계가 아닙니다.

$$\{10, 15, 20, 25, 30\}, \ \{-1, -2, -3, -4, -8\}, \ \{0, 1, 2, 3, 4, 7\}$$

? 왜 그럴까요?

법 5에 대해서 [그림 3-4]와 같이 나타낼 수 있습니다.

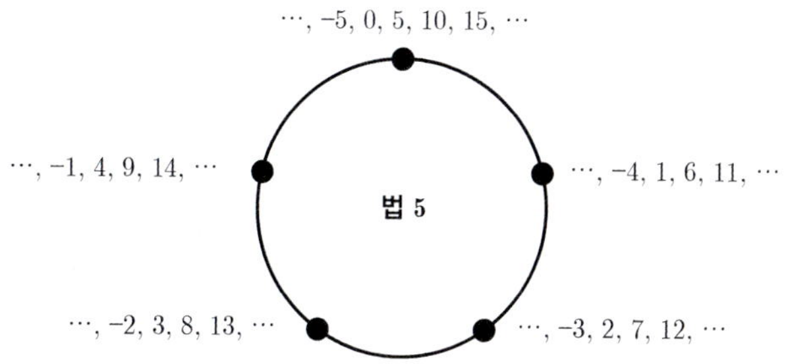

[그림 3-4] 법 5 시계

첫 번째 집합 $\{10, 15, 20, 25, 30\}$의 모든 수는 법 5에 대해서 0과 합동입니다. 1, 2, 3, 4 $\pmod 5$에서 멈추지 않았기 때문에, 이 집합은 완전 잉여계가 아닙니다.

두 번째 집합 $\{-1, -2, -3, -4, -8\}$은 $0 \pmod 5$에서 멈추지 않았기 때문에 완전 잉여계가 아닙니다.

세 번째 집합 $\{0, 1, 2, 3, 4, 7\}$에서 $7 \equiv 2 \pmod 5$입니다. 즉, $2 \pmod 5$에서 두 번 멈춥니다. 완전 잉여계는 각 지점에 한 번씩만 멈춘다는 것을 잊지 마세요.

명제 3-4

임의의 정수 a, b에 대하여 다음이 성립합니다.

$$a \equiv b \pmod{n} \quad \Leftrightarrow \quad a\text{와 } b\text{를 } n\text{으로 나누었을 때, 음이 아닌 나머지가 같습니다.}$$

이 명제를 어떻게 증명할까요?

$\Leftrightarrow$ 기호가 있으므로, $\Rightarrow$와 $\Leftarrow$ 양방향을 모두 증명해야 합니다. [정의 3-1]과 나눗셈 알고리즘을 사용합니다.

증명

($\Rightarrow$) $a \equiv b \pmod{n}$이라고 가정합시다. 다음의 [정의 3-1]을 이용합시다.

$$a \equiv b \pmod{n} \quad \Leftrightarrow \quad a-b=kn$$

따라서 정수 k가 존재하여 다음을 만족합니다.

$$a-b=kn \qquad (*)$$

a, n에 대하여 [정리 1-7]의 나눗셈 알고리즘을 적용해봅시다.

$$a=q_1 n+r_1, \quad 0 \le r_1 < n$$

b, n에 대하여 [정리 1-7]의 나눗셈 알고리즘을 적용해봅시다.

$$b=q_2 n+r_2, \quad 0 \le r_2 < n$$

나머지들이 같다는 것, 즉 $r_1=r_2$임을 증명해야 합니다. $a=q_1 n+r_1$과 $b=q_2 n+r_2$를 $(*)$에 대입해봅시다.

$$\begin{aligned} a-b &= q_1 n+r_1-(q_2 n+r_2) \\ &= (q_1-q_2)n+(r_1-r_2) \\ &\underbrace{=}_{(*)\text{에 의해}} kn \quad (k=q_1-q_2) \end{aligned}$$

따라서 $r_1-r_2=0$이므로, $r_1=r_2$입니다.

($\Leftarrow$) a와 b를 n으로 나누었을 때, 나머지가 같다고 합시다. 나눗셈 알고리즘에 의해 다음과 같이 쓸 수 있습니다.

$$a=q_1 n+r, \quad 0 \le r < n$$

$$b=q_2 n+r, \quad 0 \le r < n$$

뺄셈을 해봅시다.

$$\begin{aligned} a-b &= q_1 n + r - (q_2 n + r) \\ &= (q_1 - q_2) n \end{aligned}$$

$a-b=(q_1-q_2)n$으로부터 $a-b$는 n의 배수이므로, 다음이 성립합니다.

$$a \equiv b \pmod{n}$$ ■

이 결과의 예를 살펴봅시다.

$$47 \pmod{10} \equiv 37 \pmod{10} \equiv 27 \pmod{10} \equiv 7 \pmod{10}$$

이렇게 되는 이유는 47, 37, 27을 10으로 나누었을 때 나머지가 모두 7이기 때문입니다. 일반적으로 다음과 같이 간략하게 씁니다.

$$47 \equiv 37 \equiv 27 \equiv 7 \pmod{10}$$

법 n에 대해서 a와 b가 합동이 아니라면, 다음과 같이 나타냅니다.

$$a \not\equiv b \pmod{n}$$

이를 'a는 법 n에 대하여 b와 **합동이 아니다**(incongruent)'라고 합니다.

예를 들어 $47 \not\equiv 6 \pmod{10}$입니다. 47을 10으로 나누었을 때 나머지는 7이지만, 6을 10으로 나누면 나머지는 6이기 때문입니다. 따라서 47은 법 10에 대하여 6과 합동이 아닙니다.

3.1.3 합동의 성질

합동 기호인 ≡는 등호 =와 비슷해서 헷갈리기 쉽습니다. 그런데 이 둘은 매우 비슷한 성질을 가지고 있기도 합니다.

명제 3-5

합동은 다음과 같은 성질을 갖습니다.

(i) $a \equiv a \pmod{n}$

(ii) $a \equiv b \pmod{n}$이면, $b \equiv a \pmod{n}$입니다.

(iii) $a \equiv b \pmod{n}$이고 $b \equiv c \pmod{n}$이면, $a \equiv c \pmod{n}$입니다.

이 명제의 예를 들면 다음과 같습니다.

(i) $7 \equiv 7 \pmod 5$

(ii) $7 \equiv 2 \pmod 5$이면, $2 \equiv 7 \pmod 5$입니다.

(iii) $7 \equiv 2 \pmod 5$이고 $2 \equiv -3 \pmod 5$이면, $7 \equiv -3 \pmod 5$입니다.

이 명제에 주어진 일반적인 결과를 어떻게 증명할 수 있을까요?

다음의 [정의 3-1]을 이용해봅시다.

$$a \equiv b \pmod n \quad \Leftrightarrow \quad a - b = kn$$

증명

(i) $a - a = 0$이고, $n \times 0 = 0$이므로 0은 n의 배수입니다. 따라서 $a \equiv a \pmod n$입니다.

(ii) $a \equiv b \pmod n$이므로 정수 k가 존재하여, 다음을 만족합니다.

$$a - b = kn \quad (a - b\text{는 } n\text{의 배수})$$

양변에 -1을 곱합니다.

$$-(a - b) = -kn$$
$$b - a = (-k) \times n \quad (b - a\text{는 } n\text{의 배수})$$

$b - a$가 n의 배수이므로 [정의 3-1]에 의해 $b \equiv a \pmod n$입니다.

(iii) $a \equiv b \pmod n$이고 $b \equiv c \pmod n$이라고 가정합니다. [정의 3-1]에 의해 정수 k, m이 존재하여 다음을 만족합니다.

$$a - b = kn \quad (a - b\text{는 } n\text{의 배수})$$
$$b - c = mn \quad (b - c\text{는 } n\text{의 배수})$$

이 두 식을 더해봅시다.

$$a - b + b - c = kn + mn$$
$$a - c = (k + m)n \quad (\text{단순화, 인수분해})$$

마지막 줄에서 $a - c$가 n의 배수이므로, $a \equiv c \pmod n$입니다. ■

이제 합동 산술에서 덧셈, 뺄셈, 곱셈이 들어가는 몇 가지 결과를 살펴봐야 합니다. 나눗셈(곱셈의 역)은 3.3절에서 따로 다룹니다.

다음은 합동 산술의 덧셈과 곱셈에 관한 명제입니다.

명제 3-6

$a \equiv b \pmod{n}$, $c \equiv d \pmod{n}$이면, 다음을 만족합니다.

(i) $a+c \equiv b+d \pmod{n}$

(ii) $ac \equiv bd \pmod{n}$

다음의 수치적인 예를 통해 살펴보겠습니다.

$$1729 \equiv 2 \pmod{11}, \quad 4159 \equiv 1 \pmod{11}$$

그렇다면 [명제 3-6]에 의해 다음과 같습니다.

(i) $1729+4159 \equiv 2+1 \equiv 3 \pmod{11}$

(ii) $(1729 \times 4159) \equiv (2 \times 1) \equiv 2 \pmod{11}$

합 $1729+4159$나 곱 1729×4159를 계산할 필요는 없습니다. 어떻게 합동 산술이 이러한 수를 다루는지 살펴봅시다.

? [명제 3-6]을 증명하려면 어떻게 해야 할까요?

다음의 [정의 3-1]을 이용합니다.

$$x \equiv y \pmod{n} \quad \Leftrightarrow \quad x-y=kn$$

증명

(i) $a \equiv b \pmod{n}$, $c \equiv d \pmod{n}$이 주어져 있습니다. [정의 3-1]에 의해 다음을 만족하는 정수 k, m이 존재합니다.

$$a-b=kn \quad (a-b\text{는 } n\text{의 배수})$$
$$c-d=mn \quad (c-d\text{는 } n\text{의 배수})$$

$a-b=kn$과 $c-d=mn$을 더해봅시다.

$$(a-b)+(c-d)=kn+mn$$
$$a+c-(b+d)=(k+m)n \quad (\text{항 재정렬, 인수분해})$$

마지막 줄의 $a+c-(b+d)$가 n의 배수이므로, [정의 3-1]에 의해 다음이 성립합니다.

$$a+c \equiv (b+d) \pmod{n}$$

(ii) 마찬가지로 정수 k, m에 대하여 $a-b=kn$, $c-d=mn$입니다. $a-b=kn$에 c를 곱하고, $c-d=mn$에 b를 곱해봅시다.

$$ac-bc=knc$$
$$bc-bd=bmn$$

두 식을 더합니다.

$$ac-bc+\underbrace{bc-bd}_{=0}=knc+bmn$$
$$ac-bd=(kc+bm)n \quad \text{(인수분해)}$$

따라서 $ac-bd$는 n의 배수이므로 $ac \equiv bd \pmod{n}$입니다. ■

예제 3-4 지금이 오전 7시라면, 100시간 뒤는 몇 시일까요?

풀이

시작점이 오전 7시이므로, 법 24를 사용합시다. 가장 먼저 무엇을 계산해야 할까요? 100을 법 24에 대하여 음이 아닌 최소의 잉여로 계산해봅시다.

$$100 \equiv 4 \pmod{24} \quad (100=(4\times 24)+4\text{이므로 나머지가 }4)$$

다음과 같은 [명제 3-6(i)]을 사용해봅시다.

$a \equiv b \pmod{n}$, $c \equiv d \pmod{n}$이면, $a+c \equiv b+d \pmod{n}$입니다.

오전 7시에서 시작했으니, $7 \equiv 7 \pmod{24}$과 $100 \equiv 4 \pmod{24}$를 더해봅시다.

$$7+100 \equiv 7+4 \equiv 11 \pmod{24}$$

따라서 100시간 뒤는 오전 11시일 것입니다.

3.1.4 정수에 적용하기

이 장을 시작할 때 합동 산술이 큰 수의 성질을 찾는 데 사용된다고 이야기한 바 있습니다. 다음 예제를 생각해봅시다.

예제 3-5 $1!+2!+3!+4!+\cdots+99!+100!$을 20으로 나눈 나머지를 구해보세요.

풀이

팩토리얼 함수 $n!$이 무엇을 의미하는지 떠올려봅시다.

$$n!=n\times(n-1)\times(n-2)\times\cdots\times3\times2\times1$$

20으로 나눈 나머지를 찾는 것은 법 20에 대한 계산을 하라는 의미입니다. 주어진 합을 처음부터 일부 써봅시다.

$$\begin{aligned}
&1!+2!+3!+4!+\cdots+99!+100!\\
&\equiv 1+2+3\times2+4\times3\times2+\underbrace{5\times4}_{=20}\times3\times2+6\times\underbrace{5\times4}_{=20}\times3\times2+\cdots \pmod{20}\\
&\equiv \underbrace{1+2+6+24}_{=33}+20\times3\times2+6\times20\times3\times2+\cdots \pmod{20}\\
&\equiv 33+\underbrace{0}_{=20\text{의 배수}}+\underbrace{0}_{=20\text{의 배수}}+\underbrace{0}_{=20\text{의 배수}}+\cdots+\underbrace{0}_{=20\text{의 배수}} \pmod{20}\\
&\equiv 33\equiv 13 \pmod{20}
\end{aligned}$$

따라서 $1!+2!+3!+4!+\cdots+99!+100!$을 20으로 나눈 나머지는 13입니다.

[예제 3-5]에서 볼 수 있듯이 합동 산술은 큰 수를 줄여줍니다. 다음으로 동일한 합동 산술로 법 n에 대해 양쪽에 더하거나 곱하는 방법을 살펴봅시다.

따름정리 3-7

$a\equiv b \pmod{n}$이라면, 임의의 정수 c에 대하여 다음이 성립합니다.

(i) $a+c\equiv b+c \pmod{n}$

(ii) $ac\equiv bc \pmod{n}$

[따름정리 3-7]은 무엇을 의미할까요?

등호처럼, 합동인 경우에 양변에 같은 것을 더하거나 곱해도 합동 관계가 유지됩니다.

증명

다음과 같은 [명제 3-6]을 적용해봅시다.

$a \equiv b \pmod{n}$, $c \equiv d \pmod{n}$이면, 다음을 만족합니다.

(i) $a+c \equiv b+d \pmod{n}$

(ii) $ac \equiv bd \pmod{n}$

$c \equiv c \pmod{n}$이면 위의 모든 결과를 얻을 수 있습니다.

(i) $a+c \equiv b+c \pmod{n}$

(ii) $ac \equiv bc \pmod{n}$ ■

3.1.5 지수에 적용하기

지수의 잉여에 대해서 생각해봅시다. 법 n에 대하여 a가 b와 합동이면, a와 b에 자연수 지수를 취해도 합동 관계가 유지됨을 증명합니다.

명제 3-8

$a \equiv b \pmod{n}$이면, 자연수 k에 대해 $a^k \equiv b^k \pmod{n}$입니다.

이 명제의 수치적인 예 두 가지를 살펴봅시다.

$365 \equiv 1 \pmod{7}$이면, $365^{100} \equiv 1^{100} \equiv 1 \pmod{7}$입니다.

$13 \equiv -1 \pmod{14}$이면, $13^{511} \equiv (-1)^{511} \equiv -1 \equiv 13 \pmod{14}$입니다.

큰 수 365^{100}과 13^{511}을 계산할 필요가 없습니다(365^{100}은 730자릿수이고 13^{511}은 570자릿수입니다).

? 이 명제를 어떻게 증명할까요?

다음의 [명제 3-6(ii)]와 수학적 귀납법을 사용합니다.

$$ac \equiv bd \pmod{n}$$

증명

$a \equiv b \pmod{n}$이 주어져 있으므로, $k=1$에 대해서는 참입니다. 임의의 $k=m$에 대하여, 즉 $a^m \equiv b^m \pmod{n}$이 참이라고 가정합니다.

이제 $k=m+1$에 대하여 생각해봅시다.

$$a^{m+1} \equiv a^m \times a \equiv b^m \times b \equiv b^{m+1} \pmod{n}$$

따라서 수학적 귀납법에 의해 [명제 3-8]이 성립합니다. ■

합동의 덧셈과 곱셈, 거듭제곱 취하기와 같은 모든 성질을 사용하여 수의 나머지를 계산할 수 있습니다. 다음 예제에서는 합동 산술이 큰 수의 모든 자릿수를 찾지 않고도 그 수의 마지막 자릿수를 찾는 데 사용할 수 있는 방법임을 보여줍니다.

예제 3-6 **3^{101}의 마지막 자릿수를 구해보세요.**

풀이

계산기는 3^{101}의 마지막 자릿수를 보여주지 않습니다. 3^{101}이 49자릿수라서 너무 크기 때문이죠.

$$3^{101} = \underbrace{3 \times 3 \times 3 \times \cdots \times 3}_{101\text{번}}$$

3^{101}의 마지막 자릿수를 어떻게 구할까요? 3^{101}을 10으로 나눈 나머지(0부터 9까지)를 찾으면 됩니다. 그러므로 임의의 정수의 마지막 자릿수는 법 10에 대하여 음이 아닌 최소의 잉여입니다. 즉, 법 10에 대하여 계산해야 한다는 의미입니다. 따라서 다음에서 x를 찾아야 합니다.

$$3^{101} \equiv x \pmod{10} \quad (x\text{는 법 10에 대해서 음이 아닌 최소의 잉여})$$

$3^2 = 9$이고 $3^2 \equiv 9 \equiv -1 \pmod{10}$임을 알고 있습니다.

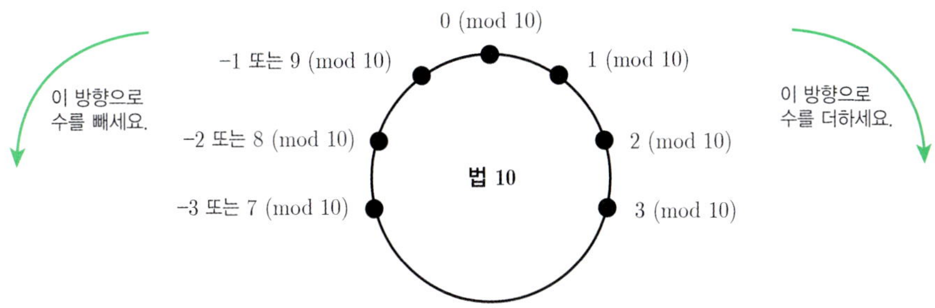

[그림 3-5] 법 10 시계

$3^2 \equiv -1 \pmod{10}$이므로, 지수 101을 2의 배수에 나머지를 더한 형태로 씁니다. 이렇게 쓰면 -1을 이용할 수 있으므로 연산이 더 쉬워집니다.

$$101 = (2 \times 50) + 1 \quad \text{(나눗셈 알고리즘)}$$

지수법칙을 사용하여 다음과 같이 쓸 수 있습니다.

$$\begin{aligned} 3^{101} &\equiv 3^{(2\times 50)+1} \\ &\equiv (3^2)^{50}\times 3 \\ &\equiv (9)^{50}\times 3 \\ &\underbrace{\equiv}_{9\equiv -1 \pmod{10}} (-1)^{50}\times 3 \equiv 1\times 3\equiv 3 \pmod{10} \end{aligned}$$

따라서 3^{101}의 마지막 자릿수는 3입니다. 10으로 나누었을 때 나머지가 3이기 때문입니다.

4장과 5장에서는 여러 가지 정수의 마지막 몇 자릿수를 계산해볼 것입니다.

3.1.6 나누어떨어짐의 판별

예제 3-7 **$42 \mid (13^{70}-1)$임을 보이세요.**

풀이

$42 \mid (13^{70}-1)$은 42가 $13^{70}-1$의 인수임을 의미합니다. 수 $13^{70}-1$은 78자릿수입니다. 십진법 형태로 이 수를 나타내는 건 번거로운 일입니다.

42가 $13^{70}-1$을 나눈다는 것을 어떻게 보여줄 수 있을까요? 법 42에 대하여 합동 산술을 사용해봅시다.

$$13^2 = 169 \equiv 1 \pmod{42} \quad (169=(4\times 42)+1\text{이므로})$$

지수법칙을 적용해봅시다.

$$\begin{aligned} 13^{70} &\equiv (13^2)^{35} && (70=2\times 35\text{이므로}) \\ &\equiv (1)^{35} && (13^2=169\equiv 1 \pmod{42}\text{이므로}) \\ &\equiv 1 \pmod{42} \end{aligned}$$

따라서 $13^{70}-1\equiv 1-1\equiv 0 \pmod{42}$이므로, $13^{70}-1$은 42의 배수이고 다음과 같이 나타낼 수 있습니다.

$$42 \mid (13^{70}-1)$$

42가 $13^{70}-1$의 인수임을 보이기 위해 $13^{70}-1$의 실제 자릿수를 구할 필요는 없었습니다.

다음 명제는 합동 관계가 정수 계수를 갖는 다항식(polynomial)에서 유지됨을 보여줍니다. 다항식의 개념은 입문 장을 참고하세요. 예를 들면 $5x^7+3x^6+2x^5+\cdots+x^2+3x+1$이 정수 계수를 갖는 다항식입니다.

명제 3-9

$P(x)=c_0+c_1x+c_2x^2+\cdots+c_{m-1}x^{m-1}+c_mx^m$을 m차 다항식이라 합시다. 즉, $c_m \not\equiv 0 \pmod{n}$입니다(단, 계수 c_k들은 정수).

$$a \equiv b \pmod{n}\text{이면, } P(a) \equiv P(b) \pmod{n}\text{입니다.}$$

증명

3.1절 [연습문제 31]에서 증명합니다. ■

예제 3-8 **정수의 자릿수의 합이 9로 나누어떨어진다면, 그 정수는 9로 나누어떨어진다는 것을 보이세요.**

풀이

이 결과는 그 수가 9로 나누어떨어지는지 여부를 판별하는 데 매우 유용합니다. 예를 들어 984567이 9로 나누어떨어지는지 판별해봅시다. 자릿수의 합은 $9+8+4+5+6+7=39$이고 9는 39를 나누지 못하므로, 984567은 9로 나누어떨어지지 않습니다.

이번에는 111111111이 9로 나누어떨어지는지 판별해봅시다. 마찬가지로 111111111의 각 자릿수를 더합니다.

$$1+1+1+1+1+1+1+1+1=9\text{이고 } 9 \mid 9\text{이므로, } 9 \mid 111111111\text{입니다.}$$

이 두 수뿐만 아니라 일반적인 경우에도 9로 나누어떨어짐을 판별할 수 있는지 증명해야 합니다.

증명

정수 $N=a_na_{n-1}a_{n-2}\cdots a_2a_1a_0$라 합시다. 이 자릿수의 합 S는 다음과 같습니다.

$$S=a_n+a_{n-1}+a_{n-2}+\cdots+a_2+a_1+a_0 \tag{*}$$

S가 9로 나누어떨어진다고 가정했으므로 $9 \mid S$ 혹은 다음과 같습니다.

$$S \equiv 0 \pmod{9} \tag{†}$$

주어진 정수 N이 9로 나누어떨어진다는 것을 어떻게 보일 수 있을까요? $N \equiv 0 \pmod{9}$임을 보여야 합니다.

$N = a_n a_{n-1} a_{n-2} \cdots a_2 a_1 a_0$가 의미하는 것은 무엇일까요? 일의 자리는 a_0, 십의 자리는 a_1, 백의 자리는 a_2 등을 의미합니다.

[표 3-1] $N = a_n a_{n-1} a_{n-2} \cdots a_2 a_1 a_0$에 대한 각 자리의 수

10^n	10^{n-1}	$\cdots$	$10^2 = 100$	$10^1 = 10$	$10^0 = 1$
a_n	a_{n-1}	$\cdots$	a_2	a_1	a_0

따라서 다음과 같이 전개된 형태로 쓸 수 있습니다.

$$\begin{aligned} N &= a_n a_{n-1} a_{n-2} \cdots a_2 a_1 a_0 \\ &= (a_n \times 10^n) + (a_{n-1} \times 10^{n-1}) + (a_{n-2} \times 10^{n-2}) + \cdots \\ &\quad + (a_2 \times 10^2) + (a_1 \times 10) + (a_0 \times 1) \end{aligned}$$

N이 9로 나누어떨어지는가에 대해 관심이 있으므로 법 9를 사용합시다. 10을 법 9에 대하여 계산하면 다음과 같습니다.

$$10 \equiv 1 \pmod 9$$

다음의 [명제 3-8]을 적용해봅시다.

$a \equiv b \pmod n$이면, $a^k \equiv b^k \pmod n$입니다.

따라서 임의의 정수 k에 대하여 $10^k \equiv 1^k \equiv 1 \pmod 9$입니다. 이 결과와 [명제 3-9]를 아래 합동식에 적용해봅시다.

$$\begin{aligned} N &\equiv a_n a_{n-1} a_{n-2} \cdots a_2 a_1 a_0 \\ &\equiv (a_n \times 10^n) + (a_{n-1} \times 10^{n-1}) + \cdots + (a_2 \times 10^2) + (a_1 \times 10) + (a_0 \times 1) \pmod 9 \\ &\equiv (a_n \times 1) + (a_{n-1} \times 1) + \cdots + (a_2 \times 1) + (a_1 \times 1) + (a_0 \times 1) \pmod 9 \quad \text{(위 결과에 의해)} \\ &\equiv a_n + a_{n-1} + a_{n-2} + \cdots + a_2 + a_1 + a_0 \\ &\underbrace{\equiv}_{(*)\text{에 의해}} S \equiv 0 \pmod 9 \quad \text{((†)에 의해)} \end{aligned}$$

따라서 $N \equiv 0 \pmod 9$이므로 $9 \mid N$입니다.

마지막 계산에서 $N \equiv S \pmod 9$는 $N-S=9m$을 의미하며, $N-9m=S$와 같이 쓸 수 있습니다. 이는 $9 \mid N$이면 $9 \mid S$임을 의미합니다. [예제 3-8]의 결과는 다음과 같이 다시 쓸 수 있습니다.

정수가 9로 나누어떨어집니다. $\Leftrightarrow$ 정수의 각 자릿수의 합이 9로 나누어떨어집니다.

핵심요약

- 큰 수에 대한 성질을 추론하기 위해 합동 산술을 사용합니다.
- $a \equiv b \pmod n$은 '$a-b$는 n의 배수'라는 말과 같습니다.
- $a \equiv b \pmod n$, $c \equiv d \pmod n$이면, 다음이 성립합니다.

  [명제 3-6] $a+c \equiv b+d \pmod n$, $ac \equiv bd \pmod n$

  [명제 3-8] $a^k \equiv b^k \pmod n$

3.1 연습문제

01. 다음 법에 대하여 완전 잉여 집합 3개를 써보세요.

(a) 5

(b) 10

(c) 13

02. 다음 집합이 왜 법 11에 대하여 완전 잉여계가 아닌지 설명해보세요.

(a) $\{1, 2, 3, 4, 5, 6, 7, 8, 9, 10\}$

(b) $\{0, 1, 2, 3, 4, 5, 6, 7, 8, 9, 10, 11, 12\}$

(c) $\{0, 2, 4, 6, 8, 10, 12, 13, 14, 15, 16\}$

03. 다음 법에 대하여 음이 아닌 최소의 완전 잉여계를 써보세요.

(a) 6

(b) 12

(c) 17

04. 법 n에 대하여 음이 아닌 최소의 잉여 x 값을 구해보세요.

(a) $100 \equiv x \pmod{12}$

(b) $666 \equiv x \pmod{11}$

(c) $-5 \equiv x \pmod{15}$

(d) $1000 \equiv x \pmod{1001}$

(e) $-25 \equiv x \pmod 7$

(f) $-100 \equiv x \pmod{24}$

05. 다음 식에서 법 n에 대하여 음이 아닌 최소의 잉여 x 값을 구해보세요.

(a) $2789+2788 \equiv x \pmod{2787}$

(b) $2789 \times 2788 \equiv x \pmod{2787}$

(c) $5201+5211 \equiv x \pmod{5200}$

(d) $5201 \times 5211 \equiv x \pmod{5200}$

(e) $5198+5188 \equiv x \pmod{5200}$

(f) $5198 \times 5188 \equiv x \pmod{5200}$

06. 1729 (mod 5), 1729 (mod 11), 1729 (mod 1001)의 음이 아닌 최소의 잉여를 구해보세요.

07. 합동 산술을 사용하여 다음의 마지막 두 자릿수를 구해보세요.

(a) 4352709×4678829

(b) 4352783^5

08. 다음 식이 참인지 거짓인지 판별해보세요.

(a) $12 \equiv 232 \pmod 5$

(b) $15 \not\equiv 5 \pmod{10}$

(c) $12 \equiv -1 \pmod{11}$

(d) $365 \not\equiv 1 \pmod 7$

(e) $-65 \equiv -29 \pmod{12}$

(f) $-43 \not\equiv -46 \pmod 2$

09. 다음 수의 마지막 자릿수를 구해보세요.

(a) 3^{100} (b) 9^{100}

(c) 2^{100} (d) 4^{100}

***10.** 2014^{2014}의 마지막 두 자릿수를 구해보세요(이 수는 6655자릿수입니다).

11. 다음 물음에 답해보세요.

(a) a가 짝수이고, n이 자연수이면, a^n 또한 짝수임을 증명해보세요.

(b) a가 홀수이고, n이 자연수이면, a^n 또한 홀수임을 증명해보세요.

12. 다음 물음에 답해보세요.

(a) 제곱수 a^2을 3으로 나누면, 나머지가 0 또는 1임을 증명해보세요.

(b) 제곱수 a^2을 4로 나누면, 나머지가 0 또는 1임을 증명해보세요.

13. $p \equiv 3 \pmod 4$를 만족하는 소수 p에 대하여, p는 두 제곱수의 합으로 나타낼 수 없음을 보이세요.

힌트 [연습문제 12(b)]의 결과를 활용하세요.

14. n이 자연수이면, $6^n \equiv 6 \pmod{10}$을 증명해보세요.

? 6의 거듭제곱의 마지막 자릿수에 대해서 어떤 결론을 이끌어낼 수 있을까요?

15. 자연수 m에 대하여 $2^m \not\equiv 0 \pmod{10}$임을 증명해보세요.

? 2^m의 자릿수와 관련하여, 이는 무엇을 의미할까요?

힌트 $m = 4q + r,\ 0 \le r < 4$

16. 제곱수의 마지막 자릿수는 0, 1, 4, 5, 6, 9 중 하나임을 증명해보세요.

17. a를 임의의 정수라 합시다. a^3의 마지막 자릿수는 0부터 9까지 모든 수가 될 수 있음을 증명해보세요.

***18.** 다음 명제가 틀렸음을 증명해보세요.

(a) $a^2 \equiv b^2 \pmod n \Rightarrow a \equiv b \pmod n$

(b) $a \times b \equiv 0 \pmod n$
$\Rightarrow a \equiv 0$ 또는 $b \equiv 0 \pmod n$

(c) $ac \equiv bc \pmod n \Rightarrow a \equiv b \pmod n$

19. 다음 각각에 대해 나머지를 구해보세요.

(a) 11^{567}을 61로 나누었을 때

(b) 11^{567}을 43로 나누었을 때

20. $F_5 = 2^{2^5} + 1$ ($n = 5$일 때, 페르마 수)이 641로 나누어떨어짐을 보이세요.

21. $1! + 2! + 3! + 4! + \cdots + 1000!$의 마지막 자릿수를 구해보세요.

22. 다음 수의 마지막 자릿수를 구해보세요.

(a) 1961^{1961} (b) 1023^{1022}

(c) 2019^{2019}

*23. 연속인 정수 k개 중 적어도 하나는 k로 나누어떨어짐을 증명해보세요.

24. 다음 물음에 답해보세요.

(a) $m \mid n$이고 $a \equiv b \pmod{n}$이면, $a \equiv b \pmod{m}$임을 증명해보세요.

(b) $k > 0$, $ka \equiv kb \pmod{kn}$이면 $a \equiv b \pmod{n}$임을 증명해보세요.

*(c) $\gcd(m, n) = 1$인 경우에 $a \equiv b \pmod{n}$이고 $a \equiv b \pmod{m}$이면, $a \equiv b \pmod{m \times n}$임을 증명해보세요.

(d) $i \neq j$, $\gcd(n_i, n_j) = 1$이고 $k = 1, 2, 3, \cdots, r$에 대하여 $a \equiv b \pmod{n_k}$라 합시다. $a \equiv b \pmod{n_1 \times n_2 \times \cdots \times n_r}$임을 증명해보세요.

(e) 서로 다른 소수 p_j에 대하여 $n = p_1^{k_1} \times p_2^{k_2} \times \cdots \times p_m^{k_m}$이고 $a \equiv b \pmod{n}$이면, $j = 1, 2, \cdots, m$에 대해서 $a \equiv b \pmod{p_j}$임을 증명해보세요.

25. $a^3 - a \equiv 0 \pmod{3}$임을 증명해보세요.

26. 자연수 n에 대하여 3이 $4^n - 1$을 나눈다는 것을 보이세요.

27. 자연수가 3으로 나누어떨어진다는 것과 그 수의 자릿수의 합이 3으로 나누어떨어진다는 것이 필요충분조건임을 보이세요.

28. 다음을 증명해보세요.

(i) $x^7 \equiv x \pmod{7}$

(ii) $x^7 \equiv x \pmod{6}$

(iii) $x^7 \equiv x \pmod{42}$

*29. 수학적 귀납법을 이용하여 다음을 보이세요.

> 자연수 n에 대하여,
> $2^{2n+1} \equiv 9n^2 - 3n + 2 \pmod{54}$

*30. 9^{9^9}의 마지막 두 자리의 수가 8, 9임을 보이세요.

31. [명제 3-9]를 증명해보세요.

32. 다음은 11의 배수 판별법입니다. 자연수 N을 십진법으로 다음과 같이 써봅시다.

$$N \equiv a_n a_{n-1} a_{n-2} \cdots a_2 a_1 a_0,$$
(a_i는 각 자리의 수)

32. $T = a_0 - a_1 + a_2 - a_3 + \cdots + (-1)^n a_n$이라 할 때, 다음을 보이세요.

> N이 11로 나누어떨어집니다.
> $\Leftrightarrow$ T가 11로 나누어떨어집니다.

3.2 곱셈의 합동 성질

학습목표

- 소거법칙을 언제 사용하는지 알 수 있습니다.
- 일반 산술과 합동 산술을 비교할 수 있습니다.

3.2.1 합동에서 소거하기

앞 절에서 다음의 [따름정리 3-7]을 소개했습니다.

$$a \equiv b \pmod{n}\text{이면, } ac \equiv bc \pmod{n}$$

이 따름정리는 $a \equiv b \pmod{n}$에 임의의 정수 c를 곱해도 합동이 유지됨을 의미합니다.

? 이 따름정리의 역 '$ac \equiv bc \pmod{n} \Rightarrow a \equiv b \pmod{n}$'도 성립할까요?

성립하지 않습니다. 예를 들어봅시다.

$$6 \times 2 \equiv 11 \times 2 \pmod{10}\text{이지만, } 6 \not\equiv 6 \not\equiv 11 \pmod{10}\text{입니다.}$$

따라서 6은 법 10에 대하여 11과 합동이 아닙니다.

일반적인 대수 연산에서는 0이 아닌 수로 항상 나눌 수 있습니다. 예를 들어 c가 0이 아니라면 다음과 같이 양변의 c를 약분할 수 있습니다.

$$ac = bc \quad \Rightarrow \quad a = b$$

하지만 합동 산술에서는 다음과 같습니다.

$$ac \equiv bc \pmod{n} \quad \not\Rightarrow \quad a \equiv b \pmod{n}$$

? 합동 산술에서 소거할 방법을 찾을 수 있을까요?

공통 인수로 나눌 수 있는 경우가 있습니다. 예를 들면 다음과 같습니다.

$$2 \times 6 \equiv 2 \times 11 \pmod{5} \quad \Rightarrow \quad 6 \equiv 11 \pmod{5}$$

합동이 유지되는 또 다른 예들도 보죠.

$$9 \times 7 \equiv 3 \times 7 \pmod{6} \quad \Rightarrow \quad 9 \equiv 3 \pmod{6}$$

$$27 \times 9 \equiv 7 \times 9 \pmod{10} \quad \Rightarrow \quad 27 \equiv 7 \pmod{10}$$
$$11 \times 6 \equiv 11 \times 19 \pmod{13} \quad \Rightarrow \quad 6 \equiv 19 \pmod{13}$$

? 왜 이와 같은 소거는 몇몇 경우에만 성립할까요?

다음 명제는 공통 인수를 소거할 때 적용하는 기준을 제공합니다. 공통 인수를 소거하면 산술이 더 간단해집니다.

> **명제 3-10**
>
> $ac \equiv bc \pmod{n}$이면, $g = \gcd(c, n)$에 대하여 $a \equiv b \left(\mathrm{mod}\ \dfrac{n}{g}\right)$입니다.

앞의 예를 가져와 적용해봅시다.

$$9 \times 7 \equiv 3 \times 7 \pmod{6} \quad \Rightarrow \quad 9 \equiv 3 \pmod{6}$$

이 결과를 명제와 관련하여 공통 인수 $c = 7$, $n = 6$이라고 합시다. $g = \gcd(6, 7) = 1$이고 $\left(\mathrm{mod}\ \dfrac{n}{g}\right) = \left(\mathrm{mod}\ \dfrac{6}{1}\right) = (\mathrm{mod}\ 6)$이므로, 이 경우에는 명제가 성립합니다.

증명

$g = \gcd(c, n)$이라 하면, 정수 x와 y가 존재하여 다음을 만족합니다.

$$gx = c, \quad gy = n \qquad (*)$$

$\dfrac{n}{g}$이 $a - b$를 나눈다는 것, 즉 $\dfrac{n}{g} \mid (a - b)$임을 증명해야 합니다.

? 왜 그럴까요?

$a \equiv b \left(\mathrm{mod}\ \dfrac{n}{g}\right)$임을 보여야 하기 때문입니다.

$(*)$에서 $y = \dfrac{n}{g}$임을 알 수 있습니다. 이 결과는 $y \mid (a - b)$를 증명하는 것으로 충분합니다. 주어진 $ac \equiv bc \pmod{n}$은 $ac - bc$가 n의 배수임을 의미합니다.

$$\begin{aligned}
ac - bc &= kn \\
(a - b)c &= kn \quad \text{(인수분해)} \\
(a - b)gx &= kgy \quad \text{((*)로부터 } c = gx \text{와 } n = gy \text{ 대입)} \\
(a - b)x &\underbrace{=}_{g\ \text{소거}} ky \quad \Rightarrow \quad y \mid (a - b)x
\end{aligned}$$

$y \mid (a-b)x$임을 알았습니다. 이제 $y \mid (a-b)$임을 증명해야 합니다.

어떻게 하면 될까요?

x와 y의 최대공약수가 1임을 보이기 위해 다음의 [명제 1-5]를 적용해봅시다.

$$\gcd(a, b) = g \quad \Rightarrow \quad \gcd\left(\frac{a}{g}, \frac{b}{g}\right) = 1$$

그러면 $\gcd(x, y) \underbrace{=}_{(*)\text{에 의해}} \gcd\left(\frac{c}{g}, \frac{n}{g}\right) = 1$입니다.

이제 다음의 유클리드의 보조정리를 적용합니다.

$\gcd(a, b) = 1$일 때, $a \mid (b \times c)$이면 $a \mid c$입니다.

$\gcd(y, x) = 1$이고 $y \mid [(a-b) \times x]$이므로, $y \mid (a-b)$입니다. 따라서 다음과 같은 결과를 얻을 수 있습니다.

$$a \equiv b \pmod{y} \quad \Rightarrow \quad a \equiv b\left(\bmod \frac{n}{g}\right) \quad \left(y = \frac{n}{g}\text{이므로}\right)$$ ■

다음의 [명제 3-10]을 사용해봅시다.

$ac \equiv bc \pmod{n}$이면, $g = \gcd(c, n)$에 대하여 $a \equiv b\left(\bmod \frac{n}{g}\right)$입니다.

수치적인 예에 대입하면 다음과 같습니다.

$$2 \times 3 \equiv 2 \times 7 \pmod{4} \quad \Rightarrow \quad 3 \equiv 7\left(\bmod \frac{4}{2}\right) \equiv 7 \pmod{2}$$

$$3 \times 15 \equiv 5 \times 15 \pmod{6} \quad \Rightarrow \quad 3 \underbrace{\equiv}_{\gcd(15,\ 6) = 3\text{이므로}} 5\left(\bmod \frac{6}{3}\right) \equiv 5 \pmod{2}$$

앞으로 선형합동식의 해를 찾는 데 [명제 3-10]을 사용할 수 있습니다.

예제 3-9 다음 합동식에서 정수 x를 찾아보세요(이 합동식은 선형합동식의 예로 다음 절에서 다룹니다).

$$15x \equiv 45 \pmod{10}$$

풀이

주어진 합동식을 $15x \equiv 15 \times 3 \pmod{10}$과 같이 쓸 수 있습니다. 15와 10의 최대공약수는 $\gcd(15, 10) = 5$입니다. 이제 다음의 [명제 3-10]을 적용해봅시다.

$$ac \equiv bc \pmod{n}\text{이면, } g = \gcd(c, n)\text{에 대하여 } a \equiv b\left(\bmod \frac{n}{g}\right)\text{입니다.}$$

주어진 합동식 $15x \equiv 15 \times 3 \pmod{10}$에 적용하면 다음이 성립합니다.

$$x \equiv 3\left(\bmod \frac{10}{5}\right) \equiv 3 \pmod{2} \equiv 1 \pmod{2}$$

해 $x \equiv 1 \pmod{2}$는 x가 홀수인 정수임을 의미합니다. 왜냐하면 정수 x가 정수 t에 대해서 $x - 1 = 2t$를 만족하기 때문입니다($x - 1$이 2의 배수이므로). 또는 다음을 만족하기 때문입니다.

$$x = 2t + 1$$

t에 다양한 정수를 대입하면 x가 다음과 같은 홀수임을 알 수 있습니다.

$$x = 1, 3, 5, 7, \cdots, -1, -3, \cdots \text{ 은 } 15x \equiv 45 \pmod{10}\text{의 해입니다.}$$

$\gcd(c, n) = 1$과 같은 특별한 경우를 생각해봅시다. c와 n의 공약수는 1뿐입니다. 즉, 서로소입니다.

정리 3-11 소거법칙(cancellation law)

$ac \equiv bc \pmod{n}$이고 $\gcd(c, n) = 1$이면, $a \equiv b \pmod{n}$입니다.

증명

$\gcd(c, n) = 1$과 [명제 3-10]을 적용하면 다음과 같습니다.

$$ac \equiv bc \pmod{n}\text{이면, } a \equiv b\left(\bmod \frac{n}{1}\right) \equiv b \pmod{n}\text{입니다.}$$

따라서 $ac \equiv bc \pmod{n}$이면, $a \equiv b \pmod{n}$입니다. ■

한 가지 예를 들어보겠습니다.

$$9 \times 3 \equiv 9 \times 17 \pmod{7}\text{이고 } \gcd(7, 9) = 1\text{이므로 } 3 \equiv 17 \pmod{7}\text{입니다.}$$

다음 합동식을 생각해봅시다.

$$12x \equiv 36 \pmod{11} \quad \Rightarrow \quad 12x \equiv 12 \times 3 \pmod{11} \underbrace{\quad \Rightarrow \quad}_{\gcd(12,\ 11)=1\text{이므로}} x \equiv 3 \pmod{11}$$

이 해 $x \equiv 3 \pmod{11}$은 x가 11의 배수보다 3만큼 크다는 것을 나타냅니다. 즉, 임의의 정수 t에 대하여 $x = 3 + 11t$입니다.

다음으로 법 p(소수)에 대한 소거법칙을 생각해봅시다.

정리 3-12 소거법칙

소수 p에 대하여 $ac \equiv bc \pmod{p}$이고 $p \nmid c$이면 다음과 같습니다.

$$a \equiv b \pmod{p}$$

증명

주어진 소수 p가 c를 나누지 못하면, $\gcd(p, c) = 1$입니다.

왜 그럴까요?

다음의 2.1절 [연습문제 03(a)]에 따라 성립합니다.

> 소수 p가 c를 나누지 않으면, $\gcd(p, c) = 1$입니다.

[정리 3-11]의 소거법칙에 의해 $ac \equiv bc \pmod{p}$이면 $a \equiv b \pmod{p}$입니다. ■

이 정리를 법 13(소수)에 적용한 예를 살펴봅시다. $6 \times 4 \equiv 6 \times 30 \pmod{13}$이면 $4 \equiv 30 \pmod{13}$입니다. 왜냐하면 $13 \nmid 6$이기 때문입니다.

3.2.2 법 n에 대하여 0과 관련된 합동의 성질

일반적인 대수 연산에서는 다음이 성립합니다.

$$a \times b = 0 \quad \Rightarrow \quad a = 0 \text{ 또는 } b = 0$$

? 합동 산술에서도 '$a \times b \equiv 0 \pmod{n} \Rightarrow a \equiv 0$ 또는 $b \equiv 0 \pmod{n}$'이 성립할까요?

성립하지 않습니다. 예를 들어보겠습니다.

$$4 \times 5 \equiv 0 \pmod{20}\text{이지만, } 4 \not\equiv 0 \pmod{20}\text{이고 } 5 \not\equiv 0 \pmod{20}\text{입니다.}$$

'$a \times b \equiv 0 \pmod{n}$이면, $b \equiv 0 \pmod{n}$'이 성립하는 경우도 있습니다. 다음 예를 통해 살펴봅시다.

$$3 \times 20 \equiv 0 \pmod{10}\text{이면, } 20 \equiv 0 \pmod{10}\text{입니다.}$$
$$6 \times 44 \equiv 0 \pmod{11}\text{이면, } 44 \equiv 0 \pmod{11}\text{입니다.}$$
$$2 \times 60 \equiv 0 \pmod{15}\text{이면, } 60 \equiv 0 \pmod{15}\text{입니다.}$$

? 왜 일반적으로는 성립하지 않고 이 경우에 대해서만 '$a \times b \equiv 0 \pmod{n} \Rightarrow b \equiv 0 \pmod{n}$'이 성립할까요?

a와 n이 서로소이기 때문입니다. 즉, 이 명제는 $\gcd(a, n) = 1$인 경우에만 성립합니다.

명제 3-13

$a \times b \equiv 0 \pmod{n}$이고 $\gcd(a, n) = 1$이면, $b \equiv 0 \pmod{n}$입니다.

증명

$a \times b \equiv 0 \pmod{n}$이면 $a \times b \equiv a \times 0 \pmod{n}$이라고 할 수 있습니다. 다음과 같은 [정리 3-11]의 소거법칙을 적용해봅시다.

$$x \times y \equiv x \times z \pmod{n}\text{이고 } g = \gcd(x, n) = 1\text{이면, } y \equiv z \pmod{n}\text{입니다.}$$

$\gcd(a, n) = 1$이며 $a \times b \equiv a \times 0 \pmod{n}$이므로, $b \equiv 0 \pmod{n}$입니다. ■

? '$a \times b = 0 \Rightarrow a = 0$ 또는 $b = 0$'이라는 일반적인 대수 연산의 결과와 유사한 일반적인 결과를 합동식에서 찾을 수 있을까요?

다음은 법 p(소수)에 대하여 0과 합동인 두 정수의 곱에 관련된 일반적인 결과입니다.

3.3 선형합동식 풀기

학습목표

- 합동방정식을 풀 수 있습니다.
- 합동방정식을 푸는 것이 선형 디오판토스 방정식과 어떤 관련이 있는지 알 수 있습니다.
- 곱셈에 대한 역원을 찾을 수 있습니다.

3.3.1 선형합동식 풀기

대수에는 다음과 같은 미지수 x에 대한 선형방정식이 있습니다.

$$2x + 1 = 7$$

이 방정식의 해는 $x = 3$입니다.

합동 산술에서 **선형합동식**(linear congruence)의 형태는 다음과 같습니다.

$$ax \equiv b \pmod{n}$$

이 선형합동식의 해는 이 식을 만족하는 정수 x들의 집합입니다.

? 해는 왜 유일한 정수가 아닌 정수들의 집합일까요?

$ax \equiv b \pmod{n}$이 '$ax - b$는 n의 배수' 또는 '어떤 정수 k에 대하여 $ax - b = kn$'을 의미한다는 것을 떠올려봅시다.

? 합동식 $ax \equiv b \pmod{n}$의 해를 유일한 해로 제한할 방법이 있을까요?

만약 두 해 $x = x_0$, $x = x_1$이 선형합동식 $ax \equiv b \pmod{n}$을 만족하고, 법 n에 대해서 두 해가 합동이면, 즉 $x_0 \equiv x_1 \pmod{n}$이면 두 해는 같은 해입니다. 다시 말해 해를 1개로 셉니다.

다음 선형합동식을 예로 들어 살펴봅시다.

$$2x \equiv 1 \pmod{5}$$

정수 x에 대하여 [표 3-2]와 같이 나타낼 수 있습니다.

[표 3-2] $2x \pmod 5$의 지점

x	0	1	2	3	4	5	6	7	8	9
$2x \pmod 5$	0	2	4	1	3	0	2	4	1	3

그러므로 $x = 3$과 $x = 8$은 다음 선형합동식을 만족합니다.

$$2x \equiv 1 \pmod 5$$

하지만 이들은 같은 해입니다.

왜 그럴까요?

$8 \equiv 3 \pmod 5$이기 때문입니다. 따라서 해를 2개가 아닌 1개로 셉니다(법 5 시계에서 같은 지점입니다).

법 5에 대한 해에 관심이 있으므로, x가 다음과 같을 때의 잉여에 대해서만 생각해야 합니다.

$$x = 0,\ 1,\ 2,\ 3,\ 4 \ \ (\text{법 5의 음이 아닌 최소의 잉여})$$

왜냐하면 나머지 모든 정수는 법 5에서 음이 아닌 최소의 잉여 중 하나이기 때문이죠. [그림 3-6]을 보면 이해하기 쉽습니다.

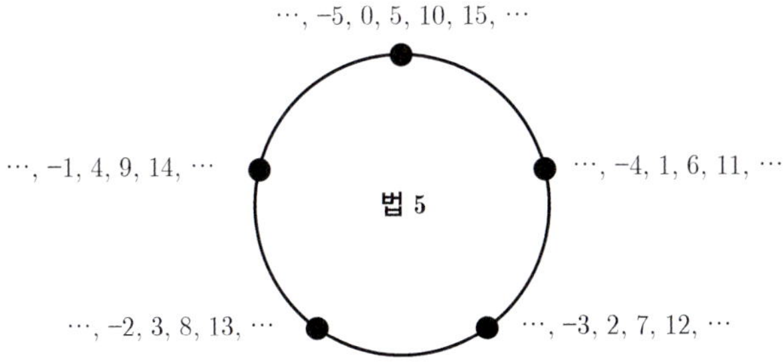

[그림 3-6] 법 5 시계

합동식 $x \equiv 0, 1, 2, 3, 4 \pmod 5$는 모든 지점을 포함합니다. 임의의 다른 정수들은 이 지점 중에서 한 곳에 멈출 것입니다.

이제 선형합동식을 보다 체계적으로 풀 수 있는 방법을 살펴보겠습니다.

예제 3-10 **다음 선형합동식을 풀어보세요.**

$$2x \equiv 1 \pmod 5$$

풀이

합동의 정의에 의해, $2x \equiv 1 \pmod 5$에서 $2x$는 5의 배수보다 1만큼 크다는 것을 알 수 있습니다.

$$\text{정수 } y\text{에 대하여, } 2x = 1 + 5y$$

이 결과를 정리한 $2x - 5y = 1$은 선형 디오판토스 방정식입니다. 이런 형태의 방정식을 1.4절에서 풀었습니다. 이제 $2x = 1 + 5y$를 x에 대해서 정리해봅시다.

$$x = \frac{5y+1}{2}$$

x가 정수임을 기억하세요. 그렇다면 y 값은 무엇일까요? y 값은 홀수인 정수입니다. y 값이 짝수일 경우, 짝수에 1을 더한 뒤 2로 나눈 값은 정수가 아니므로 y 값은 홀수입니다. $y = 1, 3, 5, \cdots, -1, -3, -5, \cdots$를 $x = \frac{5y+1}{2}$에 각각 대입하면 다음과 같습니다.

$$x = 3, 8, 13, \cdots, -2, -7, -12, \cdots$$

모든 해가 법 5에 대해서 합동이므로 모든 해를 하나의 해, 즉 같은 해로 셉니다.

$$3 \equiv 8 \equiv 13 \equiv \cdots \equiv -2 \equiv -7 \equiv \cdots \pmod 5$$

[그림 3-6]을 보면, 3, 8, 13, ⋯ , −2, −7이 같은 지점인 $3 \pmod 5$에 멈추는 것을 알 수 있습니다. 따라서 $2x \equiv 1 \pmod 5$의 해는 $x \equiv 3 \pmod 5$입니다.

예제 3-11 다음 선형합동식을 풀어보세요.

$$2x \equiv 1 \pmod 6$$

풀이

선형합동식 $2x \equiv 1 \pmod 6$의 해는 법 6에 대한 연산이므로 다음 목록 중에 있습니다.

$$x = 0, 1, 2, 3, 4, 5$$

이를 계산한 결과는 [표 3-3]과 같습니다.

[표 3-3] $2x \pmod 6$의 지점

x	0	1	2	3	4	5
$2x \pmod 6$	0	2	4	0	2	4

[표 3-3]을 통해 다음을 만족하는 x 값이 존재하지 않음을 알 수 있습니다.

$$2x \equiv 1 \pmod{6}$$

다시 말해 정수 $2x$의 집합은 법 6에 대하여 지점 1에서 멈추지 않습니다. 따라서 주어진 선형합동식 $2x \equiv 1 \pmod{6}$의 해는 존재하지 않습니다.

$2x \equiv 1 \pmod{6}$으로부터 얻은 디오판토스 방정식 $2x - 6y = 1$의 해는 존재하지 않습니다. $\gcd(2,6) = 2$이고 $2 \nmid 1$이기 때문입니다.

$ax \equiv b \pmod{n}$이면, 다음과 같이 음이 아닌 최소의 잉여만 생각하면 충분합니다.

$$x = 0,\ 1,\ 2,\ 3,\ \cdots,\ n-1$$

$2x \equiv 1 \pmod{5}$를 풀기 위해 x 값을 9까지 고려했지만([표 3-2] 참고), 사실 $x = 0,\ 1,\ 2,\ 3,\ 4$에 대해서만 생각하면 됩니다.

3.3.2 선형합동식의 해

[예제 3-11]은 해가 없는 선형합동식이 존재함을 보여줍니다.

? 합동식의 해가 존재하는지 어떻게 알 수 있을까요?

다음 명제를 통해 해의 판별법을 알 수 있습니다.

> **명제 3-15**
>
> 선형합동식 $ax \equiv b \pmod{n}$의 해가 존재합니다. $\Leftrightarrow$ $g = \gcd(a, n)$에 대하여 $g \mid b$입니다.

[예제 3-10]에서 $2x \equiv 1 \pmod{5}$에 대해 살펴봤습니다. $g = \gcd(2, 5) = 1$이고 $1 \mid 1$이므로, $2x \equiv 1 \pmod{5}$의 해가 존재합니다.

반면, [예제 3-11]에서 $2x \equiv 1 \pmod{6}$은 $g = \gcd(2, 6) = 2$이고 2는 1을 나누지 못하므로, 이 선형합동식의 해는 존재하지 않습니다([표 3-3]을 보면 $2x \pmod{6}$은 법 6에 대하여 0, 2, 4에서만 멈춥니다. 모두 $g = \gcd(2, 6) = 2$의 배수이기 때문이죠).

[명제 3-15]를 어떻게 증명할 수 있을까요?

1장에서 제시한 다음 [명제 1-17]의 디오판토스 방정식을 사용해 증명합니다.

$ax + by = c$가 정수해를 가집니다. $\Leftrightarrow$ $\gcd(a, b) = g$에 대하여 $g \mid c$입니다.

증명

주어진 $ax \equiv b \pmod{n}$은 정수 y가 존재하여 다음을 만족함을 의미합니다.

$$ax = b + ny \quad \Rightarrow \quad ax - ny = b$$

$g = \gcd(a, n)$이라 하면, [명제 1-17]에 의해 디오판토스 방정식 $ax - ny = b$가 해를 가진다는 것과 $g \mid b$는 필요충분조건입니다. ■

예제 3-12 다음 선형합동식 중에서 해가 존재하는 것은 무엇일까요?

(a) $7x \equiv 8 \pmod{14}$

(b) $12x \equiv 8 \pmod{6}$

(c) $15x \equiv 21 \pmod{9}$

(d) $36x \equiv 54 \pmod{90}$

풀이

(a) 7과 14의 최대공약수는 $\gcd(7, 14) = 7$이지만, 7은 8을 나누지 못합니다. 따라서 [명제 3-15]에 의해 선형합동식 $7x \equiv 8 \pmod{14}$의 해는 존재하지 않습니다.

(b) $\gcd(12, 6) = 6$이고 $6 \nmid 8$입니다. 그러므로 $12x \equiv 8 \pmod{6}$의 해는 존재하지 않습니다.

(c) $\gcd(15, 9) = 3$이고 3은 21을 나눕니다. 그러므로 선형합동식 $15x \equiv 21 \pmod{9}$의 해는 존재합니다.

(d) $\gcd(36, 90) = 18$이고 18은 54를 나누므로, 선형합동식 $36x \equiv 54 \pmod{90}$의 해는 존재합니다.

이제 합동식 $ax \equiv b \pmod{n}$이 $g = \gcd(a, n)$개의 합동이 아닌 해(incongruent solution)를 가진다는 것을 이야기하려고 합니다.

합동이 아니라는 것은 무엇을 의미할까요?

예를 들어 $6x \equiv 2 \pmod{4}$를 살펴보겠습니다. 이 합동식은 $x \equiv 1 \pmod{4}$와 $x \equiv 3 \pmod{4}$를 해로 가집니다.

$$3 \not\equiv 1 \pmod{4} \quad (\text{mod } 4\text{에 대하여 3과 1은 합동이 아님})$$

$x \equiv 1 \pmod 4$와 $x \equiv 3 \pmod 4$는 합동이 아닌 2개의 해입니다.

왜 그럴까요?

$1 \pmod 4$와 $3 \pmod 4$는 법 4 시계에서 다른 지점에 멈추기 때문입니다.

예제 3-13 **선형합동식 $6x \equiv 3 \pmod 9$의 해를 구해보세요.**

풀이

먼저 6과 9의 최대공약수를 찾아봅시다.

$$\gcd(6, 9) = 3$$

$3 \mid 3$이므로 주어진 선형합동식 $6x \equiv 3 \pmod 9$는 (정확하게 3개의) 해를 가집니다. 법 9에 대한 경우이므로 다음에 대해서만 고려하면 됩니다.

$$x = 0, 1, 2, 3, 4, 5, 6, 7, 8$$

계산한 결과는 [표 3-4]와 같습니다.

[표 3-4] $6x \pmod 9$의 지점

x	0	1	2	3	4	5	6	7	8
$6x \pmod 9$	0	6	3	0	6	3	0	6	3

위 표를 사용하면 다음과 같이 해를 알 수 있습니다.

$$x \equiv 2, 5, 8 \pmod 9$$

따라서 $6x \equiv 3 \pmod 9$는 3개의 합동이 아닌 해 $x \equiv 2, 5, 8 \pmod 9$를 가집니다.

[예제 3-13]의 [표 3-4]를 통해 다음 합동식의 해가 존재함을 알 수 있습니다.

$$6x \equiv 0, 3, 6 \pmod 9$$

그 이유는 이 수들(0, 3, 6)은 3의 배수, 즉 6과 9의 최대공약수의 배수이기 때문입니다. $6x \pmod 9$로 나타낸 정수들의 집합은 법 9 시계에서 0, 3, 6 지점에만 멈춥니다. 그러므로 합동방정식 $6x \equiv 1, 2, 4, 5, 7, 8 \pmod 9$의 해는 존재하지 않습니다. 3은 1, 2, 4, 5, 7, 8을 나눌 수 없기 때문입니다.

명제 3-16

선형방정식 $ax \equiv b \pmod{n}$이 $g = \gcd(a, n)$에 대해서 $g \mid b$라면, 법 n에 대하여 정확히 g개의 합동이 아닌 해를 가집니다.

증명

3.3절 [연습문제 24]에서 증명합니다. ■

[명제 3-16]을 증명할 때 $ax \equiv b \pmod{n}$에서 g개의 해를 찾기 위해 다음 수식을 사용합니다. 여기서 x_0는 첫 번째 해입니다.

$$x \equiv x_0,\ x_0 + \left(\frac{n}{g}\right),\ x_0 + 2\left(\frac{n}{g}\right),\ x_0 + 3\left(\frac{n}{g}\right),\ \cdots,\ x_0 + (g-1)\left(\frac{n}{g}\right) \pmod{n} \quad (3\text{-}17)$$

위 식들은 다음과 같이 간단한 형태로 나타낼 수 있습니다.

$$x \equiv x_0 + t\left(\frac{n}{g}\right) \pmod{n},\quad t = 0, 1, 2, \cdots, g-1 \quad (3\text{-}18)$$

이 결과는 해 x_0와 $\frac{n}{g}$의 배수를 더한 것임을 알 수 있습니다.

3.3.3 선형합동식 풀기

선형방정식 $7x - 35 = 0$을 7로 나누어 $x - 5 = 0$을 만들면 해를 좀 더 쉽게 구할 수 있습니다.

? 합동식에서도 공통 인수로 나눌 수 있을까요?

$ax \equiv b \pmod{n}$의 해를 찾기 위해서 $g = \gcd(a, n)$으로 나눌 수 있습니다. 계산이 더 간단한 작은 합동식을 다룰 수 있기 때문이죠. 다음 예제에서 이에 대해 설명합니다.

예제 3-14 **$7x \equiv 35 \pmod{70}$의 모든 해를 구해보세요.**

풀이

먼저 7과 70의 최대공약수를 찾습니다.

$$\gcd(7, 70) = 7$$

7이 35를 나누는지 확인합니다. $7 \mid 35$이므로 7개의 합동이 아닌 해를 가집니다. 왜 그럴까요? 다음의 [명제 3-16]에 따른 결과입니다.

$$ax \equiv b \pmod{n}\text{이 } g = \gcd(a, n)\text{에 대해서 } g \mid b\text{라면,}$$
$$\text{법 } n\text{에 대하여 정확히 } g\text{개의 합동이 아닌 해를 가집니다.}$$

명백한 해가 존재하나요? 법 70은 계산하기에 너무 큽니다. 주어진 선형합동식을 다음과 같이 다시 쓸 수 있습니다.

$$7x \equiv 5 \times 7 \pmod{10 \times 7}$$

여기에 다음의 [명제 3-10]을 적용해봅시다.

$$ac \equiv bc \pmod{n}\text{이면, } g = \gcd(c, n)\text{에 대하여 } a \equiv b \left(\bmod \frac{n}{g}\right)\text{입니다.}$$

$7x \equiv 5 \times 7 \pmod{10 \times 7}$에서 $g = 7$이라면 다음과 같습니다.

$$x \equiv 5 \pmod{10}$$

합동식의 정의에 의해 $x - 5 = 10y$ 또는 $x = 5 + 10y$라고 할 수 있습니다. 7개의 합동이 아닌 해가 있음을 기억합시다. $y = 0, 1, 2, 3, 4, 5, 6$을 $x = 5 + 10y$에 대입합니다.

$$\begin{aligned} x &\equiv 5,\ 5+10,\ 5+2\times10,\ 5+3\times10,\ \cdots,\ 5+6\times10 \\ &\equiv 5,\ 15,\ 25,\ 35,\ 45,\ 55,\ 65 \pmod{70} \end{aligned}$$

모든 해가 주어진 합동식 $7x \equiv 35 \pmod{70}$을 만족한다는 것을 확인할 수 있습니다.

앞서 살펴본 다음의 공식 (3-18)을 이용해 [예제 3-14]의 합동식을 풀 수도 있습니다.

$$x \equiv x_0 + t\left(\frac{n}{g}\right) \pmod{n},\quad t = 0, 1, 2, \cdots, g-1$$

초기 해 $x_0 \equiv 5 \pmod{70}$을 사용해 $7x \equiv 35 \pmod{70}$을 풀어보세요.

? 어떻게 나머지 6개의 해를 찾을 수 있을까요?

$x_0 \equiv 5 \pmod{70}$과 함께 $n = 70$, $g = 7$이므로 $\dfrac{n}{g} = \dfrac{70}{7} = 10$입니다. 공식 (3-18)에서 10에 $t = 0, 1, 2, \cdots, 7-1$을 곱한 다음 $x_0 \equiv 5 \pmod{70}$과 더하면 다음을 얻을 수 있습니다.

$$\begin{aligned} x &\equiv 5,\ 5+10,\ 5+2\times10,\ 5+3\times10,\ \cdots,\ 5+(7-1)\times10 \\ &\equiv 5,\ 15,\ 25,\ 35,\ 45,\ 55,\ 65 \pmod{70} \end{aligned}$$

예제 3-15 $7x \equiv 34 \pmod{70}$의 해를 구해보세요.

풀이

$\gcd(7, 70) = 7$이고, 7이 34를 나누지 못하므로 이 합동식의 해는 존재하지 않습니다.

예제 3-16 다음 선형합동식의 합동이 아닌 모든 해를 구해보세요.

$$5x \equiv 34 \pmod 7$$

풀이

$\gcd(5, 7) = 1$이고 1은 34를 나눕니다. 주어진 합동방정식의 해는 몇 개인가요? 1개로 유일합니다. 이 해를 어떻게 구할 수 있을까요? 주어진 선형합동식 $5x \equiv 34 \pmod 7$을 간단하게 만들 수 있습니다. $34 \equiv 6 \pmod 7$이므로 $5x \equiv 34 \equiv 6 \pmod 7$입니다. $5x \equiv 34 \pmod 7$보다 $5x \equiv 6 \pmod 7$의 해를 구하기가 더 쉽습니다.

또한 $5 \equiv -2 \pmod 7$, $6 \equiv -1 \pmod 7$이므로, 이 결과를 사용하여 더 쉽게 같은 방정식을 풀 수 있습니다.

$$-2x \equiv -1 \pmod 7$$
$$2x \equiv 1 \pmod 7 \quad (-1 \text{ 곱하기})$$

이를 통해 $x \equiv 4 \pmod 7$이 해임을 알 수 있습니다. $2 \times 4 \equiv 8 \equiv 1 \pmod 7$이기 때문입니다. 이 해가 맞는지 확인해봅시다.

$$5 \times 4 \equiv 20 \equiv 6 \equiv 34 \pmod 7$$

그러므로 $5x \equiv 34 \pmod 7$은 유일한 해인 $x \equiv 4 \pmod 7$을 가집니다.

예제 3-17 다음 선형합동식의 합동이 아닌 모든 해를 구해보세요.

$$6x \equiv 34 \pmod{68}$$

풀이

$\gcd(6, 68) = 2$이고 $2 \mid 34$이므로, 법 68에 대해 합동이 아닌 2개의 해가 존재합니다. 법 68에 대한 합동식을 계산하는 것은 너무 지루합니다. 좀 더 작은 법에 대한 합동식으로 바꿀 수 있을까요? 가능합니다. 다음의 [명제 3-10]을 활용합니다.

> $ac \equiv bc \pmod n$이면, $g = \gcd(c, n)$에 대하여 $a \equiv b \left(\bmod \frac{n}{g}\right)$입니다.

따라서 주어진 합동식 $6x \equiv 34 \pmod{68}$을 다음과 같이 쓸 수 있습니다.

$$(3 \times 2)x \equiv 17 \times 2 \pmod{34 \times 2} \quad \Rightarrow \quad 3x \equiv 17 \pmod{34}$$

마지막 합동식 $3x \equiv 17 \pmod{34}$로부터 디오판토스 방정식을 도출해낼 수 있습니다.

$$3x = 17 + 34y \quad \Rightarrow \quad \text{정수 } y\text{에 대하여, } x = \frac{17+34y}{3}$$

$x = \frac{17+34y}{3}$에 $y=1$을 대입하면 $x = \frac{17+34\times 1}{3} = 17$입니다. 합동이 아닌 해는 2개임을 잊지 마세요. 어떻게 나머지 해를 구할 수 있을까요? 해 $x \equiv 17 \pmod{34}$로부터 다음과 같이 x가 34의 배수보다 17만큼 더 크다는 것을 알 수 있습니다.

$$\text{정수 } y\text{에 대하여, } x = 17 + 34y$$

y 값은 무엇일까요? 해가 2개이므로 $y = 0, 1$을 $x = 17 + 34y$에 대입해봅시다.

$$x \equiv 17, 51 \pmod{68}$$

법 68에 대하여 합동이 아닌 해 2개를 찾았습니다. 이 답이 맞는지 확인해보세요.

3.3.4 유일한 해

$\gcd(a, n) = 1$이면, 일반적인 선형합동식 $ax \equiv b \pmod{n}$의 해는 몇 개일까요?

1개, 즉 유일한 해를 가집니다. g가 b를 나눈다면 g가 $ax \equiv b \pmod{n}$의 해의 개수이기 때문입니다.

따름정리 3-19

$\gcd(a, n) = 1$이면, 선형합동식 $ax \equiv b \pmod{n}$은 법 n에 대하여 유일한 해(unique solution)를 가집니다.

증명

다음의 [명제 3-16]에서 $g = 1$을 적용해봅시다.

> $ax \equiv b \pmod{n}$이 $g = \gcd(a, n)$에 대해서 $g \mid b$라면,
> 법 n에 대하여 정확히 g개의 해를 가집니다.

$g = \gcd(a, n) = 1$, $1 \mid b$이므로, $ax \equiv b \pmod{n}$은 유일한 해를 가집니다. ■

예제 3-18 $6x \equiv 1 \pmod{13}$의 해를 구해보세요.

풀이

$\gcd(6, 13) = 1$이므로 법 13에 대하여 유일한 해를 가집니다. 합동식 $6x \equiv 1 \pmod{13}$은 다음과 같은 디오판토스 방정식으로 나타낼 수 있습니다.

$$\text{정수 } y\text{에 대하여, } 6x = 1 + 13y\text{이므로 } x = \frac{1+13y}{6}\text{입니다.}$$

x가 정수가 되게 하는 y를 선택합니다. $y = 5$라고 하면 $x = \frac{1+13(5)}{6} = 11$입니다. 따라서 $x \equiv 11 \pmod{13}$입니다.

일반적인 대수 연산에서 $6x = 1 \Rightarrow x = \frac{1}{6}$입니다. $x = 6^{-1} = \frac{1}{6}$은 6의 역원입니다. 마찬가지로 합동식 $6x \equiv 1 \pmod{13}$의 유일한 해인 $x \equiv 11 \pmod{13}$을 법 13에 대하여 6의 (곱셈에 대한) 역원이라 합니다.

3.3.5 곱셈에 대한 역원

정의 3-20 곱셈에 대한 역원

$ax \equiv 1 \pmod{n}$일 때, 이 합동식의 유일한 해 x를 법 n에 대하여 a의 **곱셈에 대한 역원**(multiplicative inverse)이라고 하며, $a^{-1} \pmod{n}$으로 나타냅니다.

[예제 3-10]은 다음과 같았습니다.

$$2x \equiv 1 \pmod{5} \quad \Rightarrow \quad x \equiv 3 \pmod{5}$$

그러므로 이를 $2^{-1} \equiv 3 \pmod{5}$처럼 나타낼 수 있습니다.

3.3절 [연습문제 13]에서 다음 명제를 증명합니다.

명제 3-21

$a \pmod{n}$의 역원이 존재합니다. $\Leftrightarrow$ $\gcd(a, n) = 1$

예제 3-19 $3^{-1} \pmod{14}$를 구해보세요.

풀이

역원을 구하라는 것은 $3x \equiv 1 \pmod{14}$의 해를 구하라는 의미입니다. $\gcd(3, 14) = 1$이므로 $3^{-1} \pmod{14}$가 존재합니다. 계산하면 다음과 같습니다.

$$x \equiv 5 \pmod{14} \quad (3 \times 5 = 15 \equiv 1 \pmod{14}\text{이므로})$$

법 14에 대한 3의 역원은 법 14에 대한 5입니다. 기호로는 $3^{-1} \equiv 5 \pmod{14}$로 나타냅니다.

예제 3-20 법 15에 대한 3의 역원을 구해보세요.

풀이

이 경우에는 $3x \equiv 1 \pmod{15}$의 해를 구해야 합니다. $\gcd(3, 15) = 3$이므로 합동식 $3x \equiv 1 \pmod{15}$의 해는 존재하지 않습니다. 따라서 법 15에 대한 3의 역원은 없습니다.

[명제 3-21]을 떠올려봅시다. $a \pmod{n}$이 역원을 가진다는 것은 $\gcd(a, n) = 1$과 서로 필요충분조건이라고 했습니다. 이는 n과 서로소인 나머지만 역원을 가진다는 것을 의미합니다.

? 법 10에 대하여 음이 아닌 최소의 잉여 중에 어떤 수가 역원을 가질까요?

1, 3, 7, 9입니다. 나머지 0, 2, 4, 5, 6, 8은 법 10에 대하여 역원을 갖지 않습니다. 10과 서로소가 아니기 때문이죠.

만약 $a^{-1} \equiv a \pmod{n}$이라면 a는 **자기 가역적**(self-invertible)이라고 하거나 자기 자신을 역원으로 가진다고 합니다. 예를 들어 $12^{-1} \equiv 12 \pmod{13}$입니다. $12 \times 12 \equiv 144 \equiv 1 \pmod{13}$이기 때문입니다.

핵심요약

- **[명제 3-15], [명제 3-16]**

  $ax \equiv b \pmod{n}$의 해가 존재합니다. $\Leftrightarrow$ $g = \gcd(a, n)$에 대하여 $g \mid b$이고, g개의 합동이 아닌 해를 가집니다.

- 법 n에 대하여 a의 곱셈에 대한 역원은 $ax \equiv 1 \pmod{n}$의 유일한 해 $x \pmod{n}$이며, 기호로는 $a^{-1} \pmod{n}$으로 나타냅니다.

3.3 연습문제

01. 다음 합동방정식의 해를 구해보세요.

(a) $3x \equiv 1 \pmod{5}$

(b) $4x \equiv 2 \pmod{7}$

(c) $7x \equiv 0 \pmod{8}$

(d) $10x \equiv 5 \pmod{13}$

(e) $8x \equiv 4 \pmod{15}$

(f) $9x \equiv 10 \pmod{16}$

02. 다음 합동방정식의 해를 구해보세요.

(a) $2x \equiv 25 \pmod{7}$

(b) $17x \equiv 3 \pmod{5}$

(c) $27x \equiv 33 \pmod{10}$

(d) $128x \equiv 1 \pmod{5}$

(e) $32x \equiv 23 \pmod{21}$

(f) $54x \equiv 52 \pmod{53}$

03. 다음 합동방정식의 모든 해를 구해보세요.

(a) $6x \equiv 2 \pmod{4}$

(b) $12x \equiv 6 \pmod{18}$

(c) $15x \equiv 10 \pmod{25}$

(d) $7x \equiv 21 \pmod{1001}$

04. 다음 합동방정식 중 해가 없는 것은 무엇인가요? 해를 갖는 합동방정식이 있다면 해를 구해보세요.

(a) $12x \equiv 4 \pmod{18}$

(b) $13x \equiv 5 \pmod{65}$

(c) $18x \equiv 1 \pmod{16}$

(d) $1001x \equiv 121 \pmod{11}$

(e) $15x \equiv 9 \pmod{27}$

(f) $407x \equiv 40 \pmod{666}$

05. 다음 합동방정식의 모든 해를 구해보세요.

(a) $10x \equiv 20 \pmod{15}$

(b) $12x \equiv 18 \pmod{48}$

(c) $12x \equiv 48 \pmod{18}$

06. 선형합동식 $15x \equiv b \pmod{25}$가 있습니다. 이 선형합동식이 해를 갖도록 하는 정수 b를 구해보세요.

? 합동이 아닌 해는 몇 개 존재할까요?

07. $n \geq 1$인 선형합동식 $nx \equiv b \pmod{n^2}$이 있습니다. 해가 존재하도록 하는 정수 b와 해의 개수를 구해보세요.

08. 다음의 곱셈에 대한 역원을 구해보세요.

(a) $6 \pmod{13}$

(b) $5 \pmod{6}$

(c) $12 \pmod{17}$

(d) $16 \pmod{17}$

*(e) $9 \pmod{101}$

(f) $n+1 \pmod{n}$

09. 다음에 대하여 곱셈에 대한 역원이 존재하는 정수 a를 모두 구해보세요.

(a) 법 12

(b) 법 13

(c) 법 15

10. 정수 $d(>1)$가 a, n, b를 나누지만 해가 존재하지 않는 선형합동식 $ax \equiv b \pmod{n}$의 예를 들어보세요.

11. p가 소수일 때, 법 p에 대하여 a가 자기 자신의 역원이 되기 위한 필요충분조건은 $a \equiv \pm 1 \pmod{p}$임을 증명해보세요.

12. $a^{-1} \equiv b \pmod{n}$이면 $b^{-1} \equiv a \pmod{n}$임을 증명해보세요.

13. [명제 3-21]을 증명해보세요.

14. $\gcd(a, n) = 1$일 때, 선형합동식 $ax \equiv b \pmod{n}$이 유일한 해 $x \equiv a^{-1}b \pmod{n}$을 가짐을 보이세요. 그리고 $9^{-1} \pmod{21}$을 구해보세요.

15. 소수 p에 대하여 $1 \leq a < p$인 모든 정수 a는 법 p에 대하여 곱셈에 대한 역원을 가짐을 증명해보세요.

16. 법 p에 대하여 $\{2, 3, \cdots, p-2\}$의 어떠한 원소도 자기 가역적이지 않음을 보이세요(자기 가역적이라는 것은 $a^{-1} \equiv a \pmod{n}$을 의미합니다).

17. 방정식 $n(a+b)x \equiv [a^2 - b^2] \pmod{(a+b)}$가 해를 가진다는 것을 증명해보세요.

? 이 방정식의 해는 몇 개일까요?

18. $g = \gcd(a, n)$에 대하여 방정식 $\frac{a}{g}x \equiv b \left(\bmod \frac{n}{g}\right)$이 해를 가진다는 것을 증명해보세요.

? 이 방정식의 해는 몇 개일까요?

19. 선형 디오판토스 방정식 $15x - 6y = 3$을 풀어보세요. 이 방정식의 해를 사용하여 $15x \equiv 3 \pmod{6}$의 해를 구해보세요.

20. 다음 디오판토스 방정식과 동등한 합동식을 사용하여 방정식의 일반적인 해를 구해보세요.

(a) $6x + 7y = 100$

(b) $1998x + 100y = 5192$

*21. $71^{-1} \pmod{771}$을 구해보세요.

22. 다음 물음에 답해보세요.

(a) 합동방정식 $x^5 \equiv x \pmod{5}$가 왜 1개 이상의 해를 갖는지 설명하고, 이 합동방정식의 모든 해를 구해보세요.

(b) 합동식 $x^5 + 1 \equiv 0 \pmod{5}$의 해를 구해보세요.

23. 보안 통신인 암호학에 대한 질문입니다. $p = 11$, $q = 13$, $e = 17$일 때, 밥의 공개 키가 두 수 $p \times q$와 e로 주어져 있습니다. 밥의 개인 키 d는 다음을 만족합니다.

$$d \equiv e^{-1} \pmod{(p-1)(q-1)}$$

(i) 밥의 공개 키와 개인 키를 구해보세요.

(ii) 앨리스는 다음 식을 만들어서 메시지 $M = 12$를 암호화했습니다.

$$M^e \equiv a \pmod{pq}$$

밥은 다음을 만족하는 개인 키 d를 사용하여 메시지를 복원했습니다.

$$M \equiv a^d \pmod{pq}$$

$a \pmod{pq}$를 구하고 $M \equiv a^d \pmod{pq}$임을 증명해보세요.

**24. [명제 3-16]을 증명해보세요.

3.4 중국인의 나머지 정리

학습목표

- 중국인의 나머지 정리를 증명할 수 있습니다.
- 이 정리를 활용하여 연립 선형합동식의 해를 구할 수 있습니다.

중국인의 나머지 정리는 다음 문제를 해결하는 데 도움이 됩니다.

군 감독관인 여러분에게 배속된 군인이 몇 명인지 세어야 한다고 가정해봅시다. 한 명씩 셀 수도 있지만 아주 지루한 작업일 것이며 오류가 발생하기 쉽습니다. 군인의 수를 세는 더 쉬운 방법은 행으로 그룹화하는 것입니다. 다음과 같이 가정합니다.

- 한 줄에 3명씩 군인을 배치하면 2명이 남습니다.
- 한 줄에 5명씩 군인을 배치하면 3명이 남습니다.
- 한 줄에 7명씩 군인을 배치하면 2명이 남습니다.

이 문제를 합동 산술의 문제로 바꿀 수 있습니다. 이 문제는 군인의 수 x에 대하여 다음과 같은 **연립 선형합동식**(simultaneous linear congruences)을 풀어야 함을 의미합니다.

$$x \equiv 2 \pmod 3 \quad (x\text{를 3으로 나누면 나머지가 2})$$
$$x \equiv 3 \pmod 5 \quad (x\text{를 5로 나누면 나머지가 3})$$
$$x \equiv 2 \pmod 7 \quad (x\text{를 7로 나누면 나머지가 2})$$

군인 수 x는 위 3개의 방정식을 모두 만족해야 합니다. 이 절의 [예제 3-24]에서 이 문제를 다룹니다(실제로 한 명, 한 명 세지 않고 군인의 수를 계산합니다).

3.4.1 연립 선형합동식의 풀이

지금까지 다음과 같은 하나의 선형합동식을 풀었습니다.

$$ax \equiv b \pmod n$$

이 절에서는 연립 선형합동식의 집합 문제를 풀어봅니다. 일반적인 방법을 다루기 전에 관련 예제부터 살펴보겠습니다.

예제 3-21 다음 방정식을 모두 만족시키는 x를 찾아보세요.

$$x \equiv 1 \pmod{5} \quad (1)$$

$$x \equiv 4 \pmod{7} \quad (2)$$

풀이

방정식 (1)과 (2) 모두가 참이 되게 하는 x 값을 찾아야 합니다. 먼저 대입을 통해 찾아봅시다.

[표 3-5] $x \pmod{5}$, $x \pmod{7}$의 지점

x	1	2	3	4	5	6	7	8	9	10	11	12	13	14	15
$x \pmod{5}$	1	2	3	4	0	1	2	3	4	0	1	2	3	4	0
$x \pmod{7}$	1	2	3	4	5	6	0	1	2	3	4	5	6	0	1

[표 3-5]에서 두 방정식을 모두 만족하는 x 값은 $x = 11$입니다. 그 이유는 다음과 같습니다.

$$11 \equiv 1 \pmod{5}, \quad 11 \equiv 4 \pmod{7}$$

물론 간단한 정수 값이라면 일일이 대입해서 계산할 수 있습니다. 하지만 법 n에서 수가 커질 수도 있기 때문에, 연립 선형방정식을 해결하는 체계적인 방법이 필요합니다.

? [예제 3-21]에서 첫 번째 방정식인 $x \equiv 1 \pmod{5}$는 무엇을 의미하나요?

x는 5의 배수보다 1만큼 큽니다. 즉, 정수 k에 대하여 $x = 1 + 5k$입니다.

마찬가지로 $x \equiv 4 \pmod{7}$은 정수 c에 대하여 $x = 4 + 7c$임을 의미합니다. 두 디오판토스 방정식 $x = 1 + 5k$, $x = 4 + 7c$에서 x 값이 같으므로 다음과 같이 쓸 수 있습니다.

$$x = 1 + 5k = 4 + 7c, \quad k = \frac{3 + 7c}{5}$$

k는 정수이므로 $3 + 7c$는 5의 배수입니다. 만약 $c = 1$이면, 다음과 같습니다.

$$k = \frac{3 + 7c}{5} = \frac{3 + 7 \times 1}{5} = \frac{10}{5} = 2$$

$c = 1$을 $x = 4 + 7c$에 대입해봅시다.

$$x = 4 + 7 \times 1 = 11$$

$x = 11$이 [예제 3-21]의 해입니다.

예제 3-22 **다음 연립방정식을 풀어보세요.**

$$x \equiv 31 \pmod{49}$$
$$x \equiv 6 \pmod{20}$$

풀이

두 방정식에 대한 합동식의 정의에 따라, 정수 k와 c가 존재하여 다음과 같이 쓸 수 있습니다.

$$x - 31 = 49k \quad \Rightarrow \quad x = 31 + 49k$$
$$x - 6 = 20c \quad \Rightarrow \quad x = 6 + 20c$$

두 식에서 x 값이 같으므로 두 방정식을 같다고 놓으면, 다음과 같은 디오판토스 방정식이 나타납니다.

$$6 + 20c = 31 + 49k \quad \Rightarrow \quad c = \frac{25 + 49k}{20}$$

정수해를 구해야 하므로, k 값에는 분자인 $25 + 49k$를 20의 배수로 만드는 정수가 와야 합니다(49에 5의 배수를 곱하면 5 또는 0으로 끝나는 결과를 얻을 수 있습니다. 이때 5로 끝나는 경우에만 25를 더하여 20으로 나눌 수 있습니다).

따라서 k에 5의 배수, 즉 $k = 5, 10, 15, \cdots$를 대입해봅시다. 이때 $k = 5, 10$은 20의 배수를 만들지 못하지만, 15는 20의 배수를 만듭니다.

$$c = \frac{25 + 49 \times 15}{20} = 38$$

$c = 38$을 $x = 6 + 20c$에 대입하면, $x = 6 + 20 \times 38 = 766$입니다. $x = 766$이 주어진 방정식 모두를 만족하는지 확인해봅시다.

$$x \equiv 766 \equiv 31 \pmod{49}$$
$$x \equiv 766 \equiv 6 \pmod{20}$$

예제 3-23 **2, 3, 5로 나누었을 때, 나머지가 1이 되는 정수 x를 구해보세요.**

풀이

정수 x는 다음 합동방정식을 만족해야 합니다.

$$x \equiv 1 \pmod{2} \quad (x\text{를 2로 나누면 나머지가 1})$$
$$x \equiv 1 \pmod{3} \quad (x\text{를 3으로 나누면 나머지가 1})$$
$$x \equiv 1 \pmod{5} \quad (x\text{를 5로 나누면 나머지가 1})$$

이 합동방정식은 무엇을 의미할까요? $x-1$이 2, 3, 5의 배수임을 의미합니다. 따라서 다음과 같이 쓸 수 있습니다.

$$\text{정수 } k, c, m\text{에 대하여, } x-1=2k,\ x-1=3c,\ x-1=5m$$

2, 3, 5의 배수는 무엇일까요? $\gcd(2, 3)=\gcd(2, 5)=\gcd(3, 5)=1$이므로, 2, 3, 5의 배수 중 가장 작은 수는 다음과 같습니다.

$$2\times3\times5=30 \quad (2, 3, 5\text{의 최소공배수는 } 30)$$

이에 따라 다음과 같이 $x-1$이 30의 배수임을 얻습니다.

$$x-1=30n \quad \Rightarrow \quad x\equiv1 \pmod{30}$$

해는 30의 배수에 1을 더한 값으로 $x=30n+1$입니다. n에 1, 2, 3, …을 대입해봅시다.

$$x=30+1=31,\ x=(30\times2)+1=61,\ x=(30\times3)+1=91,\ \cdots$$

다음과 같은 각각의 해가 주어진 방정식을 만족하는지 확인해보세요.

$$x\equiv1 \pmod 2,\ x\equiv1 \pmod 3,\ x\equiv1 \pmod 5$$

3.4.2절에서는 연립 선형합동방정식을 푸는 구조화된 방법인 중국인의 나머지 정리를 살펴보겠습니다.

3.4.2 중국인의 나머지 정리의 증명

[예제 3-23]에서 수 2, 3, 5는 쌍마다 서로소입니다.

? 쌍마다 서로소라는 것은 무엇을 의미할까요?

모든 쌍에서 두 수의 공약수가 오직 1뿐임을 의미합니다.

$$\gcd(2, 3)=\gcd(2, 5)=\gcd(3, 5)=1$$

따라서 2, 3, 5는 쌍마다 서로소입니다('쌍마다 서로소'는 2.4절에서 다루었습니다).

주의할 점이 있습니다. $\gcd(a, b, c)=1$이라고 해서 a, b, c가 반드시 쌍마다 서로소라고 이야기할 수는 없습니다. 예를 들어 $\gcd(2, 3, 4)=1$이지만 $\gcd(2, 4)=2$입니다. 따라서 정수 2, 3, 4는 쌍마다 서로소가 아닙니다.

정수 $n_1, n_2, n_3, \cdots, n_r$에 대하여, 이 수들을 임의로 2개씩 짝지을 때 1을 제외한 공약수는 갖지 않는다고 해봅시다. 즉, 다음과 같습니다.

$$i \neq j\text{에 대하여, } \gcd(n_i, n_j) = 1$$

이 정수 목록 $n_1, n_2, n_3, \cdots, n_r$은 쌍마다 서로소입니다.

예를 들어 수 25, 26, 27은 쌍마다 서로소입니다. 왜냐하면 $\gcd(25, 26) = \gcd(26, 27) = \gcd(25, 27) = 1$이기 때문이죠.

정리 3-22 중국인의 나머지 정리(chinese remainder theorem)

$n_1, n_2, n_3, \cdots, n_r$은 양의 정수이고 쌍마다 서로소라고 합시다. 그러면 다음 연립 선형합동식의 모든 방정식을 만족하는 해가 존재합니다.

$$\begin{aligned} x &\equiv a_1 \pmod{n_1} \\ x &\equiv a_2 \pmod{n_2} \\ &\vdots \\ x &\equiv a_r \pmod{n_r} \end{aligned}$$

더욱이, 이 해는 법 $n_1 \times n_2 \times n_3 \times \cdots \times n_r$에 대해 유일합니다.

이 결과를 어떻게 증명할 수 있을까요?

두 가지를 각각 증명해야 합니다.

(1) 해의 존재성

(2) 해의 유일성

증명

(1) 존재성

$n = n_1 \times n_2 \times n_3 \times \cdots \times n_r$일 때, 각 정수 $k = 1, 2, 3, \cdots, r$에 대하여 다음과 같이 가정합시다.

$$N_k = \frac{n}{n_k} = \frac{n_1 n_2 \cdots n_{k-1} \cancel{n_k} n_{k+1} \cdots n_r}{\cancel{n_k}} = n_1 n_2 \cdots n_{k-1} n_{k+1} \cdots n_r \quad (n_k\text{를 약분하기})$$

위 식은 N_k가 n_k를 제외한 주어진 $n_i (i = 1, 2, \cdots, r)$들의 곱임을 의미합니다. $n_1, n_2, n_3, \cdots, n_r$은 쌍마다 서로소이므로 $i \neq j$에 대하여 $\gcd(n_i, n_j) = 1$입니다. 즉, 다음과 같습니다.

$$N_k = n_1 \times n_2 \times \cdots \times n_{k-1} \times n_{k+1} \times \cdots \times n_r \text{에 대하여, } \gcd(n_k, N_k) = 1$$

? 왜 그럴까요?

1.3절 [연습문제 15(ii)]에 의해 다음을 알 수 있습니다.

$$\gcd(a, n_1) = \gcd(a, n_2) = \cdots = \gcd(a, n_k) = 1 \text{이면,}$$
$$\gcd(a, n_1 \times n_2 \times \cdots \times n_k) = 1$$

다음과 같은 선형합동방정식에 대해 생각해봅시다.

$$N_k x \equiv 1 \pmod{n_k}$$

? 이 방정식은 해를 가질까요?

네, 유일한 해를 가집니다. $\gcd(n_k, N_k) = 1$이기 때문이죠. 각 k에 대하여 x_k가 $N_k x \equiv 1 \pmod{n_k}$의 유일한 해라고 하면 다음이 성립합니다.

$$N_k x_k \equiv 1 \pmod{n_k} \qquad (\dagger)$$

x_k는 $N_k \pmod{n_k}$의 곱셈에 대한 역원입니다.

주어진 연립 합동방정식을 모두 만족하는 해를 구해야 합니다. 해를 다음과 같이 생각해봅시다.

$$x' = a_1 N_1 x_1 + a_2 N_2 x_2 + a_3 N_3 x_3 + \cdots + a_r N_r x_r$$

해 x'이 다음과 같이 주어진 첫 번째 방정식을 만족하는지 확인해봅시다.

$$x \equiv a_1 \pmod{n_1}$$

이 해를 법 n_1에 대하여 생각해봅시다.

$$x' = a_1 N_1 x_1 + a_2 N_2 x_2 + a_3 N_3 x_3 + \cdots + a_r N_r x_r \pmod{n_1} \qquad (*)$$

위에 제시한 N_k의 정의에 의해 다음과 같이 쓸 수 있습니다.

$$N_k = n_1 \times n_2 \times \cdots \times n_{k-1} \times n_{k+1} \times \cdots \times n_r \qquad (n_k\text{를 제외한 값들의 곱})$$

수 $N_2, N_3, N_4, \cdots, N_r$은 n_1의 배수입니다. n_1이 곱 안에 존재하기 때문이죠. 그러므로 수 $N_2, N_3, N_4, \cdots, N_r$은 법 n_1에 대하여 0과 합동입니다. 즉, $N_2 \equiv N_3 \equiv N_4 \equiv \cdots \equiv N_r \equiv 0 \pmod{n_1}$입니다. 따라서 다음과 같은 식들이 성립합니다.

$$a_2 N_2 x_2 \equiv 0 \pmod{n_1}, \quad a_3 N_3 x_3 \equiv 0 \pmod{n_1}, \quad \cdots, \quad a_r N_r x_r \equiv 0 \pmod{n_1}$$

앞의 식들을 (*)에 대입해봅시다.

$$x' \equiv a_1 N_1 x_1 + 0 + 0 + \cdots + 0 \equiv a_1 N_1 x_1 \pmod{n_1}$$

(†)에 의해 $N_1 x_1 \equiv 1 \pmod{n_1}$입니다. 이를 $x' \equiv a_1 N_1 x_1 \pmod{n_1}$에 대입해봅시다.

$$x' \equiv a_1 N_1 x_1 \equiv a_1(1) \equiv a_1 \pmod{n_1}$$

따라서 x'은 첫 번째 합동방정식 $x \equiv a_1 \pmod{n_1}$을 만족합니다. 비슷한 방식으로, x'이 나머지 합동방정식을 만족함을 증명할 수 있습니다. 따라서 주어진 모든 합동식의 해인 $x = x'$이 존재합니다.

(2) 유일성

주어진 방정식을 만족하는 또 다른 해 y가 존재한다고 가정합시다. 즉, 다음을 의미합니다.

$$k = 1, 2, 3, \cdots, r\text{에 대하여, } x \equiv a_k \equiv y \pmod{n_k}$$

$k = 1, 2, 3, \cdots, r$에 대하여 합동식 $x \equiv y \pmod{n_k}$를 통해 다음을 알 수 있습니다.

$$n_1 \mid (x-y), \quad n_2 \mid (x-y), \cdots, \quad n_r \mid (x-y) \qquad (††)$$

$n_1, n_2, n_3, \cdots, n_r$은 쌍마다 서로소이므로 $i \neq j$에 대하여 $\gcd(n_i, n_j) = 1$임을 기억합시다. 이제 다음과 같은 1.3절 [연습문제 12(ii)]의 결과를 적용해봅시다.

$$\gcd(a_i, a_j) = 1\text{일 때, } a_1 \mid c, \ a_2 \mid c, \ \cdots, \ a_n \mid c\text{이면 } (a_1 \times a_2 \times \cdots \times a_n) \mid c\text{입니다.}$$

(††)에서 $a_1 = n_1, a_2 = n_2, \cdots, a_r = n_r$이고, $c = x - y$라 하면 다음과 같이 쓸 수 있습니다.

$$(n_1 \times n_2 \times n_3 \times \cdots \times n_r) \mid (x-y)$$

즉, $x - y$가 $n_1 \times n_2 \times n_3 \times \cdots \times n_r$의 배수임을 의미합니다. 따라서 합동식의 정의에 의해 다음과 같이 쓸 수 있습니다.

$$x \equiv y \ (n_1 \times n_2 \times n_3 \times \cdots \times n_r)$$

x와 y는 법 $n_1 n_2 n_3 \cdots n_r$에 대하여 합동입니다. ■

이 증명은 주어진 연립 선형합동식의 해를 구하는 체계적인 방법을 제공합니다. 이 증명을 통해 만든 해는 다음과 같습니다.

$$x = a_1 N_1 x_1 + a_2 N_2 x_2 + a_3 N_3 x_3 + \cdots + a_r N_r x_r \qquad (3\text{-}23)$$

이 공식의 구성 요소를 살펴보면 다음과 같습니다.

1. a_k 들은 주어진 방정식에서 우변의 수입니다.

$$x \equiv a_k \pmod{n_k}$$

2. 대문자 N_k들은 주어진 $n_1, n_2, n_3, \cdots, n_r$ 중에서 n_k를 제외한 수들의 곱입니다.

$$N_k = n_1 \times n_2 \times \cdots \times n_{k-1} \times n_{k+1} \times \cdots \times n_r$$

3. x_k는 법 n_k에 대하여 N_k의 역원입니다. 즉, x_k는 다음을 만족합니다.

$$N_k x_k \equiv 1 \pmod{n_k}$$

공식 (3-23)을 사용하여 관련 예제들을 풀어봅시다.

3.4.3 중국인의 나머지 정리의 적용

예제 3-24 이제 이 절을 시작할 때 언급한 군인 수 문제를 해결해봅시다. 이 문제는 다음 연립 선형방정식을 푸는 것과 같습니다.

$$x \equiv 2 \pmod 3,\ x \equiv 3 \pmod 5,\ x \equiv 2 \pmod 7$$

군인 수가 500에서 600명 사이라고 할 때, 정확한 군인 수를 구해보세요.

풀이

이 문제를 어떻게 풀어야 할까요? 공식 (3-23)을 사용해봅시다.

$$x = a_1 N_1 x_1 + a_2 N_2 x_2 + a_3 N_3 x_3 + \cdots + a_r N_r x_r$$

이 경우에 $r = 3$입니다. 주어진 방정식이 3개이기 때문이죠.

$$x = (a_1 \times N_1 \times x_1) + (a_2 \times N_2 \times x_2) + (a_3 \times N_3 \times x_3) \qquad (*)$$

주어진 법 3, 5, 7의 수가 쌍마다 서로소라면 이 공식을 사용할 수 있습니다.

$$\gcd(3, 5) = 1, \gcd(3, 7) = 1, \gcd(5, 7) = 1$$

따라서 법 3, 5, 7의 수는 쌍마다 서로소입니다. 주어진 법에 대한 수들의 곱 n에 대하여 각 N_k는 $\dfrac{n}{n_k}$입니다.

$$n = 3 \times 5 \times 7 \quad \text{(법 3, 5, 7의 수가 주어져 있으므로)}$$

그러므로 다음과 같습니다.

$$N_1 = \frac{\cancel{3} \times 5 \times 7}{\cancel{3}} = 35 \quad \text{(곱에서 3 제외)}$$
$$N_2 = \frac{3 \times \cancel{5} \times 7}{\cancel{5}} = 21 \quad \text{(곱에서 5 제외)}$$
$$N_3 = \frac{3 \times 5 \times \cancel{7}}{\cancel{7}} = 15 \quad \text{(곱에서 7 제외)}$$

$k = 1, 2, 3$에 대하여 $N_k x_k \equiv 1 \pmod{n_k}$를 만족하는 x_k를 찾아야 합니다.

$$N_1 x_1 \equiv 35x_1 \equiv 1 \pmod 3$$
$$N_2 x_2 \equiv 21x_2 \equiv 1 \pmod 5$$
$$N_3 x_3 \equiv 15x_3 \equiv 1 \pmod 7$$

$35x_1 \equiv 1 \pmod 3$을 만족하는 수 x_1을 찾아야 합니다. $35 \equiv 2 \pmod 3$이므로 다음을 알 수 있습니다.

$$35x_1 \equiv 2x_1 \equiv 1 \pmod 3 \quad \Rightarrow \quad x_1 = 2$$

마찬가지로 나머지 두 방정식을 풀 수 있습니다.

$$21x_2 \underbrace{\equiv}_{21 \equiv 1 \pmod 5\text{이므로}} x_2 \equiv 1 \pmod 5 \quad \Rightarrow \quad x_2 = 1$$

$$15x_3 \underbrace{\equiv}_{15 \equiv 1 \pmod 7\text{이므로}} x_3 \equiv 1 \pmod 7 \quad \Rightarrow \quad x_2 = 1$$

$x \equiv 2 \pmod 3$, $x \equiv 3 \pmod 5$, $x \equiv 2 \pmod 7$이 주어져 있으므로 다음과 같이 쓸 수 있습니다.

$$a_1 = 2,\ a_2 = 3,\ a_3 = 2 \quad (x \equiv a_k \pmod{n_k}\text{이므로})$$

$a_1 = 2$, $a_2 = 3$, $a_3 = 2$, $N_1 = 35$, $N_2 = 21$, $N_3 = 15$, $x_1 = 2$, $x_2 = 1$, $x_3 = 1$을 (*)에 대입해봅시다.

$$\begin{aligned} x &= (a_1 \times N_1 \times x_1) + (a_2 \times N_2 \times x_2) + (a_3 \times N_3 \times x_3) \\ &= (2 \times 35 \times 2) + (3 \times 21 \times 1) + (2 \times 15 \times 1) = 233 \end{aligned}$$

$x = 233$을 얻었습니다. 이 값은 주어진 모든 방정식을 만족합니다. 그러나 더 작은 수가 모든 방정식을 만족할 수도 있습니다. 그러한 수를 어떻게 찾을 수 있을까요? 주어진 해는 법 $n_1 \times n_2 \times n_3 \times \cdots \times n_r$에 대하여 유일한 해입니다. 이 예제의 경우 다음과 같이 나타낼 수

있습니다.

$$n_1 \times n_2 \times n_3 = 3 \times 5 \times 7 = 105$$

따라서 $x = 233 \equiv 23 \pmod{105}$입니다. 일반해 x는 다음과 같습니다.

$$x = 23 + 105t$$

그러므로 해는 105의 배수보다 23만큼 큽니다. 군인 수가 500에서 600명 사이라고 했으니 $x = 23 + 105t$에 $t = 5$를 대입해봅시다.

$$x = 23 + 105 \times 5 = 548$$

548명은 주어진 범위 안에 있습니다. 실제로 세지 않고 군인 수를 구했습니다.

이제 $cx \equiv b \pmod{n}$ 형태의 선형합동식을 다루기 위해 중국인의 나머지 정리를 확장해보겠습니다. 왜냐하면 공식 (3-23)은 $x \equiv b \pmod{n}$ 형태의 합동식에만 적용할 수 있기 때문입니다.

명제 3-24

양의 정수 $n_1, n_2, n_3, \cdots, n_r$들을 쌍마다 서로소라고 합시다. 또한 $k = 1, 2, \cdots, n$에 대하여 c_k는 $\gcd(c_k, n_k) = 1$을 만족합니다. 그렇다면 다음 연립 선형합동식의 해는 존재하며, 이 해는 모든 방정식을 만족합니다.

$$\begin{aligned} c_1 x &\equiv b_1 \pmod{n_1} \\ c_2 x &\equiv b_2 \pmod{n_2} \\ &\vdots \\ c_r x &\equiv b_r \pmod{n_r} \end{aligned}$$

더욱이, 이 해는 법 $n_1 \times n_2 \times n_3 \times \cdots \times n_r$에 대하여 유일한 해입니다.

증명

3.4절 [연습문제 09]에서 증명합니다. ■

예제 3-25 **다음 연립 선형방정식의 해를 구해보세요.**

$$2x \equiv 1 \pmod{5},\ 3x \equiv 9 \pmod{6},\ 4x \equiv 1 \pmod{7}$$

풀이

이번에는 $x \equiv ? \pmod{m}$이 아니라 $cx \equiv ? \pmod{m}$ 형태의 문제입니다. 이 문제를 어떻게 풀어야 할까요?

적절한 인수를 각 $cx \equiv ?\pmod{m}$에 곱하여 $x \equiv ?\pmod{m}$으로 변형해봅시다. 첫 번째 합동식 $2x \equiv 1\pmod{5}$에 3을 곱합니다.

$$6x \underbrace{\equiv}_{6\equiv 1\ (\text{mod}5)\text{이므로}} x \equiv 3\pmod{5}$$

두 번째 방정식 $3x \equiv 9\pmod{6}$을 $\gcd(3,\ 6) = 3$으로 나누어 간단히 만들어봅시다.

$$\frac{3}{3}x \equiv \frac{9}{3}\left(\text{mod}\ \frac{6}{3}\right) \quad\Rightarrow\quad x \equiv 3 \equiv 1\pmod{2}$$

세 번째 방정식 $4x \equiv 1\pmod{7}$에 2를 곱해봅시다.

$$8x \underbrace{\equiv}_{8\equiv 1\ (\text{mod}7)\text{이므로}} x \equiv 2\pmod{7}$$

정리하면 다음과 같습니다. 이 세 연립방정식을 풀면 됩니다.

$$x \equiv 3\pmod{5},\quad x \equiv 1\pmod{2},\quad x \equiv 2\pmod{7}$$

먼저 법 2, 5, 7의 수가 쌍마다 서로소인지 확인합니다.

$$\gcd(2,\ 5) = \gcd(2,\ 7) = \gcd(5,\ 7) = 1$$

다음의 공식 (3–23)을 사용해 해를 구해봅시다.

$$x = a_1N_1x_1 + a_2N_2x_2 + a_3N_3x_3 + \ \cdots\ + a_rN_rx_r$$

이 경우에는 주어진 연립방정식이 3개이므로 $r = 3$입니다.

$$x = (a_1 \times N_1 \times x_1) + (a_2 \times N_2 \times x_2) + (a_3 \times N_3 \times x_3) \qquad (\dagger)$$

법 n은 주어진 법 2, 5, 7의 곱입니다.

$$n = n_1 \times n_2 \times n_3 = 5 \times 2 \times 7 \qquad (\text{법 } n_1 = 5,\ n_2 = 2,\ n_3 = 7)$$

N_1, N_2, N_3를 계산해봅시다.

$$N_1 = \frac{\cancel{5} \times 2 \times 7}{\cancel{5}} = 14$$

$$N_2 = \frac{5 \times \cancel{2} \times 7}{\cancel{2}} = 35$$

$$N_3 = \frac{5 \times 2 \times \cancel{7}}{\cancel{7}} = 10$$

$k=1, 2, 3$에 대하여 $N_k x_k \equiv 1 \pmod{n_k}$를 만족하는 x_k를 찾아야 합니다.

$$\begin{aligned} N_1 x_1 &\equiv 14x_1 \equiv 1 \pmod{5} \quad (n_1 = 5) \\ N_2 x_2 &\equiv 35x_2 \equiv 1 \pmod{2} \quad (n_2 = 2) \\ N_3 x_3 &\equiv 10x_3 \equiv 1 \pmod{7} \quad (n_3 = 7) \end{aligned}$$

각각의 합동식을 간단히 정리하여 풀어봅시다.

$$14x_1 \underbrace{\equiv}_{14 \equiv 4 \equiv -1 \pmod{5}\text{이므로}} -x_1 \equiv 1 \pmod{5} \Rightarrow x_1 = 4$$

$$\begin{aligned} 35x_2 \equiv x_2 \equiv 1 \pmod{2} &\Rightarrow x_2 = 1 \\ 10x_3 \equiv 3x_3 \equiv 1 \pmod{7} &\Rightarrow x_3 = 5 \end{aligned}$$

(†)를 사용하려면 어떤 성분이 더 필요할까요? a_k 값들이 필요합니다. 다음 연립방정식을 풀고 있음을 기억합시다.

$$x \equiv 3 \pmod{5}, \quad x \equiv 1 \pmod{2}, \quad x \equiv 2 \pmod{7}$$

따라서 $a_1 = 3, a_2 = 1, a_3 = 2$입니다. $a_1 = 3, a_2 = 1, a_3 = 2$, $N_1 = 14, N_2 = 35, N_3 = 10$, $x_1 = 4, x_2 = 1, x_3 = 5$를 (†)에 대입해봅시다.

$$\begin{aligned} x &= (a_1 \times N_1 \times x_1) + (a_2 \times N_2 \times x_2) + (a_3 \times N_3 \times x_3) \\ &= (3 \times 14 \times 4) + (1 \times 35 \times 1) + (2 \times 10 \times 5) = 303 \end{aligned}$$

법 $n_1 \times n_2 \times n_3$에 대하여, 즉 이 경우에는 $5 \times 2 \times 7 = 70$에 대하여 $x = 303$을 써봅시다.

$$x = 303 \equiv 23 \pmod{70}$$

$x \equiv 23 \pmod{70}$이 주어진 3개의 연립방정식을 만족하는지 확인해보세요.

$$2 \times 23 \equiv 1 \pmod{5}, \quad 3 \times 23 \equiv 9 \pmod{6}, \quad 4 \times 23 \equiv 1 \pmod{7}$$

핵심요약

- 연립 합동방정식은 중국인의 나머지 정리로 풉니다.

3.4 연습문제

01. 다음 연립 합동방정식을 풀어보세요.

(a) $x \equiv 5 \pmod 7,\ x \equiv 4 \pmod{11}$

(b) $x \equiv 0 \pmod 5,\ x \equiv 0 \pmod 6$

(c) $x \equiv 3 \pmod 8,\ x \equiv 5 \pmod{13}$

(d) $x \equiv 1 \pmod 3,\ x \equiv 2 \pmod 5,$
$x \equiv 3 \pmod 7$

(e) $x \equiv 1 \pmod 5,\ x \equiv 3 \pmod 7,$
$x \equiv 5 \pmod{11}$

02. 다음 연립 합동방정식을 풀어보세요. 일반해와 이 방정식을 만족하는 가장 작은 양의 정수해를 구해보세요.

(a) $2x \equiv 1 \pmod 3,\ 5x \equiv 2 \pmod 7$

(b) $2x \equiv 1 \pmod{13},\ 3x \equiv 2 \pmod{19}$

(c) $3x \equiv 5 \pmod 7,\ 5x \equiv 2 \pmod{11},$
$9x \equiv 1 \pmod 5$

(d) $x \equiv 3 \pmod 7,\ x \equiv 9 \pmod{11}$

03. 7로 나누었을 때의 나머지가 2이고, 9로 나누었을 때의 나머지가 3이며, 11로 나누었을 때의 나머지가 6인 최소의 양의 정수를 구해보세요.

04. 5로 나누었을 때의 나머지가 1이고, 7로 나누었을 때의 나머지가 2이며, 9로 나누었을 때의 나머지가 3이고, 11로 나누었을 때의 나머지가 4인 최소의 양의 정수를 구해보세요.

05. 다음 연립 합동방정식의 해가 존재하지 않음을 보이세요.

$$x \equiv 1 \pmod 2,\ x \equiv 2 \pmod 4$$

06. 장군은 자신의 대대에 소속된 군인이 몇 명인지 알고 싶습니다. 장군은 대대의 군인들을 다음과 같이 배치했습니다.

5줄로 서면 2명이 남습니다.
6줄로 서면 4명이 남습니다.
7줄로 서면 1명이 남습니다.
11줄로 서면 7명이 남습니다.

? 장군의 대대에 속한 군인은 최소 몇 명인가요?

07. 다음 연립 합동방정식을 만족하는 최소 양의 정수 x를 구해보세요.

$$2x \equiv 1 \pmod 5,\quad 3x \equiv 9 \pmod 6,$$
$$4x \equiv 1 \pmod 7,\quad 5x \equiv 9 \pmod{11}$$

08. 다음 물음에 답해보세요.

(a) $x \equiv M \pmod p$와 $x \equiv M \pmod q$를 만족하는 서로 다른 소수 p, q에 대하여 $x \equiv M \pmod{pq}$가 성립함을 증명해보세요.

(b) $p_1, p_2, p_3, \cdots, p_k$가 서로 다른 소수이며, $j = 1, 2, 3, \cdots, k$에 대해 $x \equiv M \pmod{p_j}$를 만족한다고 합시다.

$x \equiv M \pmod{p_1 \times p_2 \times p_3 \times \cdots \times p_k}$가 성립함을 증명해보세요.

*(c) $a \equiv b \pmod{m_k} \Leftrightarrow a \equiv b \pmod{[m_1, m_2, \cdots, m_n]}$임을 증명해보세요. 이 책 전반에 걸쳐 사용하는 아주 중요한 결과입니다.

09. [명제 3-24]를 증명해보세요.

10. $n_1, n_2, \cdots, n_r$이 쌍마다 서로소일 때, $n = n_1 \times n_2 \times \cdots \times n_r$에 대하여 정수 계수를 가진 다항식 $P(x)$가 $P(x) \equiv 0 \pmod{n}$을 만족한다면, $k = 1, 2, 3, \cdots, r$에 대하여 $P(x) \equiv 0 \pmod{n_k}$임을 증명해보세요.

11. 정수 x가 다음 두 합동식을 만족한다고 할 때, 이 연립 합동방정식이 해를 가질 필요충분조건이 $\gcd(m, n) \mid (a-b)$임을 증명해보세요.

$$x \equiv a \pmod{m}$$
$$x \equiv b \pmod{n}$$

3.5 인수분해 소개

학습목표

- 두 제곱수의 차이를 사용하여 양의 정수를 인수분해할 수 있습니다.
- 합동 산술을 사용하여 양의 정수를 인수분해할 수 있습니다.

3.5.1 왜 정수를 인수분해할까요?

소수의 중요성은 2.1절에서 다루었습니다. 여기서 그 내용 중 일부를 반복하여 다룹니다.

암호학에서 정수를 인수분해(factorization)하는 작업은 중요합니다. 암호화를 하려면 대개 2개의 큰 소수 p와 q를 곱해서 $n = p \times q$를 얻어야 하기 때문입니다.

여기서 $n(= pq)$은 비밀이 아니지만 두 큰 소수 p와 q는 비밀입니다. 공개된 곱 $n = pq$와 비밀인 인수 p, q의 개념이 공개 키 암호화의 기본입니다. 암호화된 메시지를 해독하려면 n을 만들기 위해 곱하는 p와 q(큰 소수)를 찾아야 합니다. 이 코드를 해독하려면 n을 인수분해해야 하는데, 쉽지 않은 작업입니다.

예를 들어 소수 $p = 199934459$와 $q = 4567834463$에 대하여, $n = p \times q = 199934459 \times 4567834463 = 913267512161460517$입니다. 이 수가 소수 p와 q의 곱이라는 정보 없이 $n = 913267512161460517$의 인수분해를 시도해보세요.

? 이게 왜 어려운 문제일까요?

작은 수를 인수분해할 때는 시행착오을 겪더라도 손으로 상당히 빠르게 계산할 수 있습니다. 하지만 수가 커질수록 손 계산은 매우 노동 집약적인 방식입니다.

예를 들어 13081을 인수분해한다고 해보죠. 처음 몇 개의 소수, 즉 2, 3, 5, 7, 11, 13, ⋯으로 시작해서 이 수들이 13081을 나누는지 확인합니다.

따라서 다음과 같습니다.

$$\begin{aligned}391 &= 20^2 - b^2 = 20^2 - 3^2 \\ &= (20-3)(20+3) \quad (a^2-b^2=(a-b)(a+b) \text{ 사용}) \\ &= 17 \times 23\end{aligned}$$

17과 23 모두 소수이므로 391을 소인수분해하면 17×23입니다.

예제 3-26 **13081을 소인수분해해보세요.**

풀이

$n = 13081$이라 하면, 두 제곱수의 차를 사용할 수 있습니다.

$$n = a^2 - b^2 = (a-b)(a+b)$$

이 기본적인 항등식을 사용하려면 $n = 13081$을 $a^2 - b^2$으로 나타내야 합니다. 따라서 $n = 13081$의 제곱근을 찾아, 이 수에 천장함수를 취해야 합니다. 천장함수를 구하는 이유는 이 수로부터 나온 값에서 n을 빼기 위해서입니다.

$$a = \lceil \sqrt{13081} \rceil = \lceil 114.37 \rceil = 115$$

$a^2 = 115^2 = 13225$는 $n = 13081$보다 큽니다. 이들의 차는 다음과 같습니다.

$$a^2 - n = 115^2 - 13081 = 144 = 12^2$$

위 식을 재배열하면, $115^2 - 12^2 = 13081 = n$임을 알 수 있습니다. 두 제곱수의 차를 사용합시다.

$$\begin{aligned}n = 13081 &= 115^2 - 12^2 \\ &= (115-12)(115+12) \quad (a^2-b^2=(a-b)(a+b) \text{ 사용}) \\ &= 103 \times 127\end{aligned}$$

103과 127은 큰 수가 아니므로 두 수를 어렵지 않게 인수분해할 수 있습니다. 다음의 [따름정리 2-10]에 의해 10 이하의 소수만 확인해보면 됩니다.

> $m > 1$이 합성수라면, m은 $p \le \lfloor \sqrt{m} \rfloor$을 만족하는 소인수 p를 가집니다.

p를 103의 소인수라하면 $p \le \lfloor \sqrt{103} \rfloor = 10$입니다. 10 이하의 소수는 모두 103을 나누지 않으므로 [따름정리 2-10]에 의해 정수 103은 소수입니다.

마찬가지로 127도 소수입니다. 소수 2, 3, 5, 7, 11 모두가 127을 나누지 않기 때문입니다. 따라서 13081을 소인수분해하면 $13081 = 103 \times 127$입니다.

3.5.3 페르마 분해

주어진 수 n을 두 제곱수의 차를 이용해 인수분해한다는 개념은 프랑스 수학자 페르마(1601–1665)가 만들었습니다. 페르마의 생애는 다음 장에서 자세히 기술합니다.

주어진 정수를 두 제곱수의 차로 나타내려면 다양한 시도를 해야 할 수도 있습니다. 다음 예제는 이 같은 수를 어떻게 다루는지 보여줍니다.

예제 3-27 12371을 소인수분해해보세요.

풀이

$n = 12371$이라 하면, 다음을 만족하는 정수 a, b를 찾아야 합니다.

$$n = 12371 = a^2 - b^2$$

위 식은 $b^2 = a^2 - 12371$과 같이 다시 쓸 수 있습니다. 먼저 12371의 제곱근의 천장함수 값을 구합니다.

$$\lceil \sqrt{12371} \rceil = \lceil 111.22 \rceil = 112 = a_1$$

12371을 두 제곱수의 차로서 다시 나타내면, $12371 = a_1^2 - b_1^2 = 112^2 - b_1^2$입니다. $12371 = 112^2 - b_1^2$을 재배열하면 다음과 같습니다.

$$b_1^2 = 112^2 - 12371 = 173$$

173은 완전제곱수가 아니므로, 112의 다음 정수인 113으로 시도해봅니다. $113^2 - 12371 = 398$입니다. 398도 완전제곱수가 아닙니다. 그다음 정수로 시도해봅니다. $114^2 - 12371 = 625$이고, $625 = 25^2$입니다. 완전제곱수를 얻었으므로, 다음과 같이 쓸 수 있습니다.

$$\begin{aligned} 114^2 - 12371 &= 25^2 \\ 12371 &= 114^2 - 25^2 && \text{(재배열)} \\ &= (114-25)(114+25) && (a^2-b^2=(a-b)(a+b) \text{ 사용}) \\ &= 89 \times 139 \end{aligned}$$

89와 139는 원래 주어진 수인 12371보다 훨씬 쉽게 인수분해할 수 있습니다. 상대적으로 수의 크기가 작기 때문이죠.

89와 139가 둘 다 소수임을 알 수 있습니다(확인해보세요). 따라서 다음과 같습니다.

$$12371 = 89 \times 139$$

정수 n을 **페르마 분해**(Fermat factorization)하는 과정을 다음과 같이 요약할 수 있습니다.

1. $a_1 = \lceil \sqrt{n} \rceil$ 이라 합시다. a_1은 $\sqrt{n}$ 보다 크거나 같으면서 $\sqrt{n}$에 가장 가까운 정수입니다.

2. $a_1^2 - n$을 계산하여 완전제곱수가 나오면 $b_1^2 = a_1^2 - n$이라 합니다. 이제 다음과 같이 인수분해할 수 있습니다.

$$n = a_1^2 - b_1^2 = (a_1 - b_1)(a_1 + b_1)$$

3. $a_1^2 - n$이 완전제곱수가 아니라면, 정수 k에 대하여 $a_k^2 - n$이 완전제곱수가 될 때까지 $a_2 = a_1 + 1$, $a_3 = a_2 + 1$, $\cdots$을 시도합니다. 그러므로 인수분해는 다음과 같습니다.

$$n = a_k^2 - b_k^2 = (a_k - b_k)(a_k + b_k)$$

? 이 과정의 끝이 있다는 것을 어떻게 알 수 있나요?

다음과 같은 대수 항등식이 존재하기 때문입니다.

$$\left(\frac{n+1}{2}\right)^2 - \left(\frac{n-1}{2}\right)^2 = n$$

이 식은 모든 홀수인 정수 n은 두 정수 제곱의 차로서 나타낼 수 있음을 의미합니다(3.5절 [연습문제 03]에서 이 항등식을 증명합니다). 그러므로 임의의 홀수인 정수 n에 대하여 다음과 같이 쓸 수 있습니다.

$$a = \frac{n+1}{2},\ b = \frac{n-1}{2}\text{에 대하여, } a^2 - b^2 = n$$

페르마는 2027651281을 인수분해하는 데 이 방법을 사용했습니다(3장 [종합문제 3.19] 참고).

앞에서 설명한 페르마 분해 방법은 n이 $\sqrt{n}$에 가까운 인수를 가질 때 매우 효과적입니다.

? 인수가 $\sqrt{n}$에 가깝지 않다면, 어떻게 인수분해할까요?

다음에 설명하는 합동 산술을 적용할 수 있습니다.

3.5.4 합동 산술을 사용한 인수분해

여기서는 이차합동식 $a^2 \equiv b^2 \pmod{n}$에 대하여 살펴봅니다. 먼저 '자명하지 않은 인수'의 개념을 정의해야 합니다.

정의 3-25 자명하지 않은 인수

다음을 만족하면 정수 d가 정수 n의 **자명하지 않은 인수**(non-trivial factor)입니다.

(i) $d \mid n$

(ii) $d \neq 1$이고 $d \neq n$

예를 들어 12의 자명하지 않은 인수는 2, 3, 4, 6입니다. 1과 12는 명백하게 12의 인수이므로, 이들을 12의 **자명한 인수**(trivial factor)라고 합니다.

? 20의 자명하지 않은 인수는 무엇인가요?

2, 4, 5, 10입니다.

다음으로 인수분해 정리를 살펴봅시다.

정리 3-26 인수분해 정리(factorization theorem)

a와 b가 다음을 만족하는 정수라 합시다.

$$a^2 \equiv b^2 \pmod{n}, \quad a \not\equiv \pm b \pmod{n}$$

그렇다면 $\gcd(a-b, n)$은 n의 자명하지 않은 인수입니다.

수치적인 예로 이 정리를 확인해봅시다.

$$20^2 \equiv 3^2 \pmod{391}, \quad 20 \not\equiv \pm 3 \pmod{391} \quad (a=20, b=3, n=391)$$

$\gcd(20-3, 391) = \gcd(17, 391) = 17$을 계산하면, [정리 3-26]의 인수분해 정리에 의해 17이 391의 인수임을 알 수 있습니다. 실제로 $391 = 17 \times 23$입니다. 391의 두 인수는 $20-3=17$과 $20+3=23$입니다(이 절의 앞부분에서 인수 17과 23을 구했습니다).

증명

$g = \gcd(a-b, n)$이라 하면, 최대공약수의 정의에 의해 g는 n의 인수임을 알 수 있습니다. 하지만 g가 n의 자명하지 않은 인수임을 증명해야 합니다. 즉, $g \neq n$이고 $g \neq 1$임을 증명해야 합니다.

(i) 먼저 $g \neq n$임을 증명합니다. $a^2 \equiv b^2 \pmod{n}$이지만 $a \not\equiv b \pmod{n}$이므로 $n \nmid (a-b)$입니다. 따라서 다음과 같습니다.

$$g = \gcd(a-b, n) \neq n$$

(ii) 이제 $g \neq 1$임을 증명합니다. 이미 다음이 성립함을 알고 있습니다.

$$a^2 \equiv b^2 \pmod{n} \Leftrightarrow a^2 - b^2 \equiv (a-b)(a+b) \equiv 0 \pmod{n}$$

$(a-b)(a+b) \equiv 0 \pmod{n}$은 $n \mid (a+b)(a-b)$를 의미합니다. 하지만 $a \not\equiv -b \pmod{n}$이므로 $a+b \not\equiv 0 \pmod{n}$입니다. 그래서 $n \nmid (a+b)$입니다. 다음과 같은 1장 [종합문제 1.22]를 이용해봅시다.

$x \nmid y$이지만 $x \mid yz$라면, $\gcd(x, z) > 1$입니다.

$n \nmid (a+b)$이지만 $n \mid (a+b)(a-b)$이므로, $g = \gcd(n, a-b) > 1$입니다. 따라서 $g \neq 1$입니다.

$g \neq n$이고 $g \neq 1$이므로 g는 n의 자명하지 않은 인수임을 알 수 있습니다. ■

? 두 제곱수의 차에 대한 항등식 $a^2 - b^2 = n$보다 합동식 $a^2 \equiv b^2 \pmod{n}$을 사용하면 어떤 장점이 있을까요?

$a^2 \equiv b^2 \pmod{n}$은 정수 k에 대하여 $a^2 - b^2 = kn$과 같은 표현입니다. 이 경우에 $a^2 - b^2$이 n과 정확히 같지 않아도 n의 배수가 되게 하는 다른 정수 a와 b를 찾으면 됩니다.

다음 예제에서 $a^2 \equiv b^2 \pmod{n}$과 $a \not\equiv \pm b \pmod{n}$을 적용하려면 먼저 제곱수를 계산해야 함을 알 수 있습니다.

예제 3-28 12349를 소인수분해해보세요.

풀이

$n = 12349$라 하면, 다음을 만족하는 a와 b를 찾아야 합니다.

$$\text{정수 } k\text{에 대하여, } n \times k = 12349 \times k = a^2 - b^2$$

$k = 1$이면, n은 두 제곱수의 차입니다. 두 제곱수의 차로 이 문제를 해결해봅시다. 먼저 12349의 제곱근의 천장함수를 구합니다.

$$a_1 = \lceil \sqrt{12349} \rceil = \lceil 111.12 \rceil = 112$$

$112^2 - 12349 = 195$입니다. 195는 명백하게 완전제곱수가 아닙니다. 그 이유는 다음과 같습니다.

$$\sqrt{195} = 13.96 \quad \text{(소수점 아래 셋째 자리에서 반올림)}$$

195를 인수분해하면, $195 = 3 \times 5 \times 13$입니다.

a_k가 완전제곱수를 찾으려고 시도하는 값이라 할 때, 함수 $f(a_k) = a_k^2 - 12349$라 합시다. 112보다 큰 값을 몇 개 선택하여 [표 3-6]과 같이 표를 만들어서 $a_k^2 - 12349$의 인수를 계산하면 다음 결과를 얻을 수 있습니다.

[표 3-6] $f(a_k) = a_k^2 - 12349$의 인수

a_k	$f(a_k) = a_k^2 - 12349$	$f(a_k)$의 인수
112	$112^2 - 12349 = 195$	$3 \times 5 \times 13$
113	$113^2 - 12349 = 420$	$2^2 \times 3 \times 5 \times 7$
⋮	⋮	⋮
118	$118^2 - 12349 = 1575$	$3^2 \times 5^2 \times 7$
122	$122^2 - 12349 = 2535$	$3 \times 5 \times 13^2$

각 결과의 가운데 열을 합동식으로 나타낼 수 있습니다.

$$112^2 \equiv 195 \equiv 3 \times 5 \times 13 \pmod{12349}$$
$$113^2 \equiv 420 \equiv 2^2 \times 3 \times 5 \times 7 \pmod{12349}$$
$$118^2 \equiv 1575 \equiv 3^2 \times 5^2 \times 7 \pmod{12349}$$
$$122^2 \equiv 2535 \equiv 3 \times 5 \times 13^2 \pmod{12349}$$

마지막 세 결과를 곱해봅시다.

$$(113^2) \times (118^2) \times (122^2) \equiv (2^2 \times 3 \times 5 \times 7) \times (3^2 \times 5^2 \times 7) \times (3 \times 5 \times 13^2)$$
$$\equiv 2^2 \times 3^4 \times 5^4 \times 7^2 \times 13^2 \quad \text{(지수법칙)}$$

$$(113 \times 118 \times 122)^2 \equiv (2 \times 3^2 \times 5^2 \times 7 \times 13)^2 \pmod{12349}$$

[정리 3-26]의 인수분해 정리를 적용하기 위해 다음 조건을 확인해봅시다.

$$a^2 \equiv b^2 \pmod{n}, \quad a \not\equiv \pm b \pmod{n}$$

$a = 113 \times 118 \times 122 = 1626748$, $b = 2 \times 3^2 \times 5^2 \times 7 \times 13 = 40950$, $n = 12349$로 다음과 같습니다.

$$a = 1626748 \equiv 9029 \pmod{12349}$$
$$b = 40950 \equiv 3903 \pmod{12349}$$

따라서 $a \equiv 9029 N \equiv \pm 3903 \equiv \pm b \pmod{12349}$입니다. 이제 다음을 계산해야 합니다.

$$\gcd(a-b, n) = \gcd(1626748 - 40950, 12349) = \gcd(1585798, 12349)$$

1.3절의 유클리드 알고리즘을 사용하여 다음과 같이 최대공약수를 얻을 수 있습니다.

$$1585798 = (128 \times 12349) + 5126$$
$$12349 = (2 \times 5126) + 2097$$
$$5126 = (2 \times 2097) + 932$$
$$2097 = (2 \times 932) + \boxed{233}$$
$$932 = (4 \times 233)$$

따라서 $\gcd(1585798, 12349) = 233$입니다. 다음의 인수분해 정리를 이용해봅시다.

$\gcd(a-b, n)$는 n의 자명한 인수가 아닙니다.

그러면 233은 12349의 인수입니다. 나눗셈을 하면 $\frac{12349}{233} = 53$입니다. 53과 233은 모두 소수입니다. 따라서 $12349 = 53 \times 233$입니다.

인수 53과 233은 $\lceil \sqrt{12349} \rceil = 112$에 가깝지 않습니다. [예제 3-28]과 같은 방식이 정수를 인수분해하는 데 많은 시간이 걸리는 방법일 수 있지만, 정수를 인수분해하는 쉬운 방법은 없습니다. 제곱을 일치시키려면 시간이 걸립니다.

컴퓨터 인수분해 알고리즘은 다양하게 존재하며 각각 고유한 장점과 단점이 있습니다. 그러나 현재까지는 큰 정수를 인수분해하는 빠르고 확실한 알고리즘이 없다는 것도 사실입니다.

핵심요약

- 정수를 인수분해하기 위해 두 제곱수의 차 $a^2 - b^2 = (a-b)(a+b)$를 사용할 수 있습니다.
- $a^2 \equiv b^2 \pmod{n}$이고 $a \not\equiv \pm b \pmod{n}$이라면, $\gcd(a-b, n)$은 n의 자명하지 않은 인수입니다.

3.5 연습문제

01. 다음 정수를 소인수분해해보세요.

(a) 299　　(b) 851

(c) 10403　　(d) 2479

02. 다음 정수를 소인수분해해보세요.

(a) 9271

(b) 2146

*(c) 2974791

03. n이 홀수일 때, 다음을 증명해보세요.

$$\left(\frac{n+1}{2}\right)^2 - \left(\frac{n-1}{2}\right)^2 = n$$

04. 1236519를 인수분해해보세요.

05. 다음 물음에 답해보세요.

(i) 다음 정수를 각각 인수분해해보세요.

(a) 713　　(b) 1271

(c) 403

(ii) 다음 이차방정식의 해를 구해보세요. 단, 무리수 형태로 답을 적습니다.

$$403x^2 + 1271x + 713 = 0$$

(iii) 다음 분수를 기약분수로 나타내보세요.

$$\frac{713}{1271}, \frac{403}{1271}, \frac{403}{713}$$

06. 18861649를 인수분해하고, 다음 이차방정식을 풀어보세요.

$$x^2 - 18861649 = 0$$

07. 다음 물음에 답해보세요.

(i) 3397301을 인수분해해보세요(이 수를 소수로 인수분해할 필요는 없습니다).

(ii) 근의 공식을 사용하지 않고 $x^2 + 164x - 3397301 = 0$의 해를 구해보세요.

***08.** 두 제곱수의 차를 이용하여 53을 인수분해해보세요.

? 53을 인수분해하는 이 접근 방식과 관련하여 무엇을 알 수 있나요?

09. 자연수 n에 대하여, $n^2 - 1$ 형태의 소수는 3만 있음을 증명해보세요.

10. 다음 물음을 답해보세요.

(i) $n>1$에 대하여, 3^n-1은 합성수인 정수임을 증명해보세요.

(ii) $n>1$과 $x\geq 3$에 대하여, x^n-1이 합성수인 정수임을 증명해보세요.

힌트 $n>1$에 대하여,

$$a^n-b^n=(a-b)(a^{n-1}+a^{n-2}b+a^{n-3}b^2+\cdots+ab^{n-2}+b^{n-1})$$

11. 트랩도어 함수(trapdoor function)는 한 방향으로는 쉽게 계산할 수 있지만 역방향으로는 계산하기 어려운 함수이기 때문에 암호학에서 흔히 사용됩니다. 예를 들어 2개의 소수 p와 q의 곱셈을 들 수 있는데, 수 $n=p\times q$를 만들기는 쉽지만 $n=p\times q$를 인수분해하기는 어렵습니다. 다음 트랩도어 함수(사실 이처럼 작은 수는 트랩도어 함수에 적합하지 않음)를 2개의 소수로 분해해보세요.

(a) 411

(b) 2419

(c) 17947

12. 합동 산술을 사용하여 다음 정수를 인수분해해보세요.

(a) 2201

*(b) 2189

(c) 9211

13. 다음을 만족하는 정수 n은 어떤 형태일까요?

$$a^2\equiv b^2 \pmod{n} \quad \Rightarrow \quad a\equiv \pm b \pmod{n}$$

14. 다음 정수를 소인수분해해보세요.

(a) 9999

*(b) 999999

힌트 10^n-1

(c) 단위 반복 소수(repunit) R_n이 다음과 같이 주어져 있습니다.

$$R_n=\underbrace{11\cdots 1}_{1\text{이 } n\text{개}}$$

예를 들어 $R_5=\underbrace{11111}_{1\text{이 } 5\text{개}}$입니다.

다음을 인수분해해보세요.

(i) R_4 (ii) R_6

15. $8^8-1=16777215$를 소인수분해해보세요.

3장 종합문제

3.1 다음이 참인지 거짓인지 판별해보세요.

(a) $2015\equiv 5 \pmod{10}$

(b) $266\equiv 1 \pmod{7}$

(c) $17\equiv -5 \pmod{12}$

(d) $-11\equiv -57 \pmod{34}$

(e) 임의의 정수 a에 대하여, $a\equiv 0 \pmod{1}$

3.2 다음 합동식의 모든 해를 구해보세요.

(a) $7x\equiv 21 \pmod{15}$

(b) $12x\equiv 24 \pmod{27}$

(c) $10x\equiv 20 \pmod{30}$

(d) $3x\equiv 2 \pmod{6}$

3.3 다음의 곱셈에 대한 역원을 구해보세요.

(a) $5 \pmod{12}$

(b) $7 \pmod{15}$

(c) $10 \pmod{27}$

(d) $6 \pmod{15}$

(e) $7 \pmod{12}$

(f) $11 \pmod{12}$

(g) $9 \pmod{13}$

(h) $9 \pmod{15}$

3.4 법 12에 대하여, 곱셈에 대한 역원이 존재하지 않는 음이 아닌 최소의 잉여는 무엇인가요?

3.5 48531을 소인수분해해보세요.

3.6 소수 p와 자연수 a, b, n, m에 대하여 다음 명제를 증명하거나 거짓임을 보이세요.

(a) $n \equiv 0 \pmod{p^a}$이면, $n \equiv 0 \pmod{p^{a+1}}$입니다.

(b) $p^a \equiv 0 \pmod{n}$이면, $p^{a+1} \equiv 0 \pmod{n}$입니다.

(c) $p^a \equiv 0 \pmod{n}$이면, $p^{a+m} \equiv 0 \pmod{n}$입니다.

(d) $p^a \equiv 0 \pmod{n}$이고 $p^b \equiv 0 \pmod{n}$이면, $\min(a, b)$는 서로 다른 두 값 a, b 중 더 작은 값으로, $p^{\min(a,b)} \equiv 0 \pmod{m+n}$입니다.

3.7 다음 명제를 증명해보세요.

(a) n이 홀수라면, $n^2 \equiv 1 \pmod{8}$입니다.

(b) 임의의 n에 대하여, $n^3 \equiv 0, 1, 6 \pmod{7}$입니다.

(c) 임의의 n에 대하여, $n^4 \equiv 0$ 또는 $1 \pmod{5}$입니다.

3.8 모든 제곱수는 0 또는 $1 \pmod{4}$와 합동임을 증명해보세요.

3.9 $a \equiv b \pmod{n}$이고 $c > 0$이면 $ac \equiv bc \pmod{nc}$임을 증명해보세요.

3.10 $a \equiv b \pmod{n}$이고 양의 정수 d에 대하여 $d \mid a, d \mid b, d \mid n$이면, $\frac{a}{d} \equiv \frac{b}{d} \left(\mathrm{mod}\ \frac{n}{d}\right)$임을 증명해보세요.

3.11 소수 p가 $p \nmid a$라 합시다. $a^p \equiv a \pmod{p}$라면, $a^{p-1} \equiv 1 \pmod{p}$임을 증명해보세요.

3.12 다음 명제에 대한 예를 들어보세요.

> p가 소수일 때, $x^2 \equiv 1 \pmod{p}$이면
> $x-1 \equiv 0 \pmod{p}$이고
> $x+1 \equiv 0 \pmod{p}$입니다.

3.13 다음 물음에 답해보세요.

(a) 다음 연립 선형합동식의 해를 구해보세요.

$$x \equiv 1 \pmod{3},\ x \equiv 2 \pmod{4},\ x \equiv 3 \pmod{5}$$

(b) 교사가 학생의 모둠을 다음과 같이 구성한다고 가정해봅시다.

> 한 모둠이 3명이면, 1명이 남습니다.
> 한 모둠이 5명이면, 3명이 남습니다.
> 한 모둠이 7명이면, 5명이 남습니다.

교실에는 최소 몇 명의 학생이 있을까요?

3.14 p와 q가 서로 다른 소수일 때, 다음이 성립하지 않음을 증명해보세요.

> $a^p \equiv a \pmod{p}$, $a^p \equiv a \pmod{q}$이면,
> $a^{pq} \equiv a \pmod{pq}$입니다.

4.1 페르마의 소정리 소개

학습목표

- 페르마의 소정리를 증명할 수 있습니다.
- 합동식의 지수를 계산하는 데 페르마의 소정리를 적용할 수 있습니다.

3^{101}을 31로 나눈 나머지는 무엇일까요?

[예제 4-3]에서 이 문제를 풀어봅니다. 페르마의 소정리를 이용하면 문제를 아주 간단히 만들 수 있습니다.

페르마의 소정리(FIT[1] ; Fermat's little Theorem)를 사용하여 법 소수에 대한 선형합동식을 풀고, 소수 p에 대하여 $a \pmod{p}$의 역원을 찾아보겠습니다. 또한 이전 장보다 훨씬 쉬운 방법으로 합동 산술의 지수를 계산해보겠습니다. 이 장에서는 법 소수, 즉 $n=p$로 제한하여 살펴보고, 다음 장에서는 이 장의 결과를 합성수 n에 대한 법으로 일반화합니다. [그림 4-1]은 이 과정의 개요를 나타냅니다.

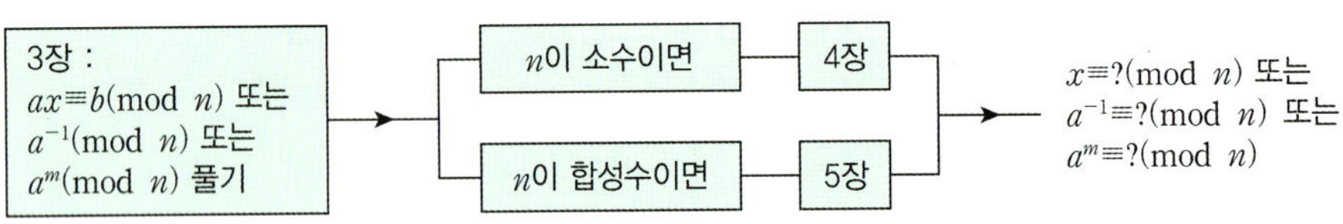

[그림 4-1] 선형합동식의 풀이

더불어 이 장에서는 합동 산술을 사용하여 2^n-1의 인수를 찾고, 2^n-1이 소수이면 완전수가 만들어짐을 증명하겠습니다.

4.1.1 지수에 대한 표

먼저 주어진 값에 대한 표를 만든 다음, 법 소수에 대해 특정 지수와 관련된 중요한 결과를 설명하고 증명해보겠습니다.

1 일반적으로 FLT로 표기하는 **페르마의 마지막 정리**(Fermat's Last Theorem)와 구별하기 위해 소문자 l로 표기합니다.

예제 4-1 **법 5의 양수 잉여에 대하여 처음 다섯 제곱까지의 값을 표로 구성해보세요.**

풀이

법 5에 대한 최소의 양수 잉여 $a = 1, 2, 3, 4$의 제곱을 계산한 결과는 [표 4-1]과 같습니다.

[표 4-1] 법 5에 대한 최소의 양수 잉여의 지수

a	1	2	3	4
a^2	$1^2 \equiv 1 \pmod 5$	$2^2 \equiv 4 \pmod 5$	$3^2 \equiv 4 \pmod 5$	$4^2 \equiv 1 \pmod 5$
a^3	$1^3 \equiv 1 \pmod 5$	$2^3 \equiv 3 \pmod 5$	$3^3 \equiv 2 \pmod 5$	$4^3 \equiv 4 \pmod 5$
a^4	$1^4 \equiv 1 \pmod 5$	$2^4 \equiv 1 \pmod 5$	$3^4 \equiv 1 \pmod 5$	$4^4 \equiv 1 \pmod 5$
a^5	$1^5 \equiv 1 \pmod 5$	$2^5 \equiv 2 \pmod 5$	$3^5 \equiv 3 \pmod 5$	$4^5 \equiv 4 \pmod 5$

회색 음영 처리된 결과를 통해 무엇을 알 수 있나요?

$$1^4 \equiv 2^4 \equiv 3^4 \equiv 4^4 \equiv 1 \pmod 5$$

일반적으로 a가 5로 나누어떨어지지 않는다면, $a^4 \equiv 1 \pmod 5$입니다.

이 결과는 다른 소수의 법 연산에서도 성립합니다. 예를 들어 다음과 같은 결과를 알 수 있습니다.

$$1^{12} \equiv 2^{12} \equiv 3^{12} \equiv 4^{12} \equiv 5^{12} \equiv 6^{12} \equiv 7^{12} \equiv 8^{12} \equiv 9^{12} \equiv 10^{12} \equiv 11^{12} \equiv 12^{12} \equiv 1 \pmod{13}$$

이 결과는 법 소수에 대해서만 성립하며, 프랑스 수학자 피에르 드 페르마(Pierre do Fermat)의 이름을 따서 명명한 일반 명제인 '페르마의 소정리'의 예입니다.

[그림 4-2] 페르마(1601-1665)

페르마는 프랑스에서 태어났으며 툴루즈대학교에서 법학을 공부한 후 변호사가 되었습니다. 하지만 법학보다 수학에 더 관심이 많아 수학을 연구하는 데 모든 시간을 쏟아부었습니다.

페르마는 응용수학보다 순수수학을 더 좋아했으며, 특히 정수론을 연구한 수학자로 잘 알려져 있습니다.

페르마의 마지막 정리는 증명되는 데 거의 350년이 걸린 탓에, 페르마의 소정리보다 더 유명해졌습니다.

페르마의 마지막 정리는 다음과 같습니다.

$n \geq 3$에 대하여 $x^n + y^n = z^n$을 만족하는 양의 정수 x, y, z는 존재하지 않습니다.

페르마는 그가 쓴 책의 여백에 다음과 같이 남겼습니다. "나는 아주 놀라운 증명을 발견했는데, 이 증명을 담기에는 여백이 너무 좁습니다." 페르마의 마지막 정리는 1994년에 영국 수학자 앤드류 와일즈(Andrew Wiles)가 증명했는데, 굉장히 복잡합니다.

4.1.2 페르마의 소정리 증명

페르마의 소정리는 정수론의 기본 정리이며, 법 소수에 대한 잉여의 거듭제곱 계산을 훨씬 쉽게 만들어줍니다. 소수 p에 대하여 a가 p로 나누어떨어지지 않는 임의의 정수이면, 페르마의 소정리는 다음과 같습니다.

$$a^{p-1} \equiv 1 \pmod{p}$$

법 7, 11, 17(소수)로 예를 들면 다음과 같습니다.

$$5^{7-1} \equiv 1 \pmod{7},\ \ 2^{11-1} \equiv 1 \pmod{11},\ \ 15^{17-1} \equiv 1 \pmod{17}$$

? 이 결과가 항상 성립할까요?

항상 성립합니다. 이에 대한 일반적인 결과(FIT)를 증명해봅시다.

> **정리 4-1 페르마의 소정리(FIT ; Fermat's little Theorem)**
>
> 정수 a와 소수 p에 대하여 p가 a를 나누지 않으면 다음이 성립합니다.
>
> $$a^{p-1} \equiv 1 \pmod{p}$$

이 결과는 $a^{p-1} - 1 \equiv 0 \pmod{p}$이므로, p가 $a^{p-1} - 1$을 나눈다는 것을 의미합니다. 예를 들면 다음과 같습니다.

$$5^{30} \equiv 1 \pmod{31} \text{ 또는 } 31 \mid (5^{30} - 1)$$

증명

a의 양의 배수를 작은 수부터 차례대로 $p-1$개까지 생각해봅시다.

$$a,\ 2a,\ 3a,\ 4a,\ \cdots,\ (p-1)a \qquad (*)$$

목록 (*)에 있는 각 잉여는 법 p에 대하여 합동이 아닙니다. 즉, 이 잉여들은 모두 법 p에 대하여 합동이 아닙니다.

? 왜 그럴까요?

목록 (*) 중에서 서로 합동인 잉여가 2개 있다고 가정하면 다음과 같이 쓸 수 있습니다.

$$1 \le k < m \le p-1 \text{에 대하여, } k \times a \equiv m \times a \pmod{p}$$

이때 다음과 같은 [정리 3-12]의 소거법칙을 생각해봅시다.

$$a \times c \equiv b \times c \pmod{p} \text{이고 } p \nmid c \text{이면, } a \equiv b \pmod{p} \text{입니다.}$$

소거법칙을 $k \times a \equiv m \times a \pmod{p}$에 적용하면, $k \equiv m \pmod{p}$ 또는 $k-m \equiv 0 \pmod{p}$가 성립합니다. $1 \le k < m \le p-1$이므로, $k-m=0$입니다. 하지만 $k<m$이므로 $k-m=0$이 될 수 없습니다. 따라서 목록 (*)에 있는 각각의 수는 합동이 아닙니다. 목록 (*)에 있는 수들을 곱해봅시다.

$$\begin{aligned} a \times 2a \times 3a \times \cdots \times (p-1)a &\equiv \underbrace{1 \times 2 \times 3 \times \cdots \times (p-1)}_{=(p-1)!} \times \underbrace{a \times a \times a \times \cdots \times a}_{p-1\text{개}} \\ &\equiv (p-1)! \times a^{p-1} \pmod{p} \quad (1 \times 2 \times \cdots \times m = m!) \end{aligned}$$

목록 (*)에 있는 수들이 서로 합동이 아니므로, 각각의 수는 $1, 2, 3, 4, \cdots, p-1$ 중 하나와 순서대로 합동입니다. 이를 통해 다음 내용을 알 수 있습니다.

$$\begin{aligned} (p-1)! \times a^{p-1} &\equiv 1 \times 2 \times 3 \times 4 \times \cdots \times (p-1) \\ &\equiv (p-1)! \pmod{p} \end{aligned}$$

$c=(p-1)!$이라 하고 [정리 3-12]의 소거법칙을 $(p-1)! \times a^{p-1} \equiv 1 \times (p-1)! \pmod{p}$에 적용하면, $p \nmid (p-1)!$이므로 다음과 같습니다.

$$a^{p-1} \equiv 1 \pmod{p}$$ ■

페르마의 소정리(FIT)는 계산을 간단하게 하는 데 유용합니다.

? 왜 그럴까요?

법 소수에 대한 합동 산술을 할 때, $a^{p-1} \equiv 1 \pmod{p}$를 이용하면 연산이 간단해집니다. 임의의 자연수 k에 대하여 $1^k \equiv 1 \pmod{p}$이기 때문이죠. 잉여 $1 \pmod{p}$를 사용하면 거듭제곱 계산이 훨씬 쉬워집니다.

4.1.3 페르마의 소정리 적용

예제 4-2 **다음을 만족하는 음이 아닌 최소의 잉여 x를 구해보세요.**

$$7^{52} \equiv x \pmod{11}$$

풀이

11은 소수이고 11은 7을 나누지 않으므로, 다음과 같은 페르마의 소정리를 적용합니다.

$$a^{p-1} \equiv 1 \pmod{p}$$

$a = 7,\ p = 11$이라 하면 다음이 성립합니다.

$$7^{10} \equiv 1 \pmod{11} \qquad (*)$$

주어진 수 7^{52}의 지수 52를 10의 배수와 나머지의 합으로 다시 써봅시다.

$$52 = (5 \times 10) + 2$$

그러면 다음과 같습니다.

$$\begin{aligned} 7^{52} \equiv 7^{(5\times 10)+2} &\equiv 7^{5\times 10} \times 7^2 \quad (a^{m+n} = a^m \times a^n \text{ 적용}) \\ &\equiv (7^{10})^5 \times 7^2 \quad (a^{m\times n} = (a^m)^n \text{ 적용}) \\ &\equiv \underbrace{(1)^5}_{(*)\text{에 의해}} \times 49 \equiv 1 \times 5 \equiv 5 \pmod{11} \end{aligned}$$

따라서 $x \equiv 7^{52} \equiv 5 \pmod{11}$입니다.

$7^{52} \equiv 5 \pmod{11}$은 44자리의 수인 $7^{52} = 8812478708972319518439373668791281811331 1201$을 11로 나누었을 때, 나머지가 5라는 의미입니다. $7^{10} \equiv 1 \pmod{11}$이라는 페르마의 소정리 없이 $7^{52} \pmod{11}$을 계산한다고 생각해보세요.

예제 4-3 **3^{101}을 31로 나눈 나머지를 구해보세요(3^{101}은 49자릿수).**

풀이

r을 나머지라고 하면 다음을 만족합니다.

$$3^{101} \equiv r \pmod{31}$$

31은 소수이고 3으로 나누어떨어지지 않으므로, 다음과 같은 페르마의 소정리를 적용할 수 있습니다.

$$a^{p-1} \equiv 1 \pmod{p}$$

$a = 3$, $p = 31$이라고 하면 다음과 같습니다.

$$3^{30} \equiv 1 \pmod{31} \qquad (‡)$$

주어진 수 3^{101}의 지수 101을 30의 배수와 나머지의 합으로 나타내면 $101 = (30 \times 3) + 11$입니다. 이를 $3^{101} \equiv r \pmod{31}$에 적용하면 다음과 같습니다.

$$\begin{aligned} 3^{101} \equiv 3^{(30 \times 3) + 11} &\equiv (3^{30})^3 \times 3^{11} && \text{(지수법칙)} \\ &\equiv 1^3 \times 3^{11} && \text{((‡)에 의해)} \\ &\equiv 3^{11} \pmod{31} \end{aligned}$$

3^{11}을 법 31에 대하여 음이 아닌 최소의 잉여로 나타내야 합니다. 3의 지수를 간단하게 하여 계산하면 다음과 같이 나타낼 수 있습니다.

$$3^3 \equiv 27 \equiv -4 \pmod{31}$$

$3^3 \equiv -4 \pmod{31}$을 사용하여 $3^{101} \equiv 3^{11} \pmod{31}$을 간단히 정리해봅시다.

$$\begin{aligned} 3^{101} \equiv 3^{11} &\equiv 3^{(3 \times 3) + 2} \\ &\equiv (3^3)^3 \times 3^2 \equiv \underbrace{(-4)^3}_{\text{앞의 계산에 의해}} \times 9 \equiv -64 \times 9 \equiv -2 \times 9 \equiv -18 \equiv 13 \pmod{31} \end{aligned}$$

따라서 $r \equiv 3^{101} \equiv 13 \pmod{31}$입니다. 즉, 3^{101}을 31로 나눈 나머지는 13입니다.

예제 4-4 소수 p와 정수 a에 대하여 p가 a를 나누지 않는다고 할 때, a^{p-2}이 법 p에 대하여 a의 역원임을 보이세요(수식으로 나타내면 $a^{-1} \equiv a^{p-2} \pmod{p}$입니다).

풀이

이 경우에 역원은 무엇을 의미할까요? 다음과 같은 [정의 3-20]을 살펴봅시다.

$$ax \equiv 1 \pmod{n} \;\Rightarrow\; \text{해 } x\text{는 } a \pmod{n}\text{의 역원입니다.}$$

페르마의 소정리에 의하면 다음이 성립합니다.

$$a^{p-1} \equiv 1 \pmod{p} \;\Rightarrow\; a(a^{p-2}) \equiv 1 \pmod{p} \;\Rightarrow\; a^{-1} \equiv a^{p-2} \pmod{p}$$

법 p에 대하여 a의 역원을 찾기 위해 [예제 4-4]의 결과를 사용할 수 있습니다. 예를 들어 $2^{-1}\,(\mathrm{mod}\,31)$을 구해봅시다. 2와 31은 서로소이므로 법 31에 대한 2의 역원이 존재합니다. [예제 4-4]에 의해 다음과 같이 쓸 수 있습니다.

$$2^{-1} \equiv 2^{31-2} \equiv 2^{29}\,(\mathrm{mod}\,31)$$

2의 거듭제곱을 간단하게 정리하여 계산하면 $2^5 \equiv 32 \equiv 1\,(\mathrm{mod}\,31)$입니다. 따라서 다음이 성립합니다.

$$\begin{aligned} 2^{-1} &\equiv 2^{29} \equiv 2^{25} \times 2^4 \quad \text{(지수법칙)} \\ &\equiv (2^5)^5 \times 16 \equiv 1^5 \times 16 \equiv 16\,(\mathrm{mod}\,31) \end{aligned}$$

따라서 법 31에 대하여 2의 역원은 16입니다. 즉, $2^{-1} \equiv 16\,(\mathrm{mod}\,31)$이므로 다음과 같이 표현합니다.

$$2 \times 16 \equiv 32 \equiv 1\,(\mathrm{mod}\,31)$$

선형합동식 $ax \equiv b\,(\mathrm{mod}\,n)$의 해를 구할 때도 페르마의 소정리를 사용할 수 있습니다.

예제 4-5 선형합동식 $31x \equiv 5\,(\mathrm{mod}\,37)$의 해를 구해보세요.

풀이

31과 37이 서로소이므로, $31x \equiv 5\,(\mathrm{mod}\,37)$은 유일한 해를 가집니다. 먼저 법 37에 대하여 31의 역원을 구합시다.

왜 역원을 구해야 할까요? $31 \times 31^{-1} \equiv 1\,(\mathrm{mod}\,37)$이기 때문입니다. 주어진 방정식의 양변에 $31^{-1}\,(\mathrm{mod}\,37)$을 곱합니다.

$$\underbrace{31 \times 31^{-1}}_{\equiv 1\,(\mathrm{mod}\,37)}x \equiv 31^{-1} \times 5\,(\mathrm{mod}\,37) \quad \Rightarrow \quad x \equiv 31^{-1} \times 5\,(\mathrm{mod}\,37) \qquad (*)$$

37은 소수이고 31을 나누지 않으므로, [예제 4-4]의 결과에 의해 다음을 알 수 있습니다.

$$31^{-1} \equiv 31^{37-2} \equiv 31^{35} \underbrace{\ \equiv\ }_{31 \equiv -6\,(\mathrm{mod}\,37)\text{이므로}} (-6)^{35}\,(\mathrm{mod}\,37) \qquad (\dagger)$$

법 37에 대하여 $(-6)^{35}$을 계산해야 합니다. 먼저 지수가 작은 -6의 거듭제곱을 계산한 뒤, 지수법칙을 적용해봅시다.

$$\begin{aligned} &(-6)^2 \equiv 36 \equiv -1\,(\mathrm{mod}\,37) \\ \Rightarrow\ &(-6)^{35} \equiv (-6)^{34} \times (-6) \equiv ((-6)^2)^{17} \times (-6) \equiv (-1)^{17} \times (-6) \equiv 6\,(\mathrm{mod}\,37) \end{aligned}$$

따라서 (†)에 의해 $31^{-1} \equiv (-6)^{35} \equiv 6 \pmod{37}$임을 알 수 있습니다. 이를 (*)에 대입합니다.

$$x \equiv 6 \times 5 \equiv 30 \pmod{37}$$

그러므로 $31x \equiv 5 \pmod{37}$의 해는 $x \equiv 30 \pmod{37}$입니다.

[예제 4-5]에서 $31x \equiv 5 \pmod{37}$의 해를 구하는 과정이 3장에서 살펴본 디오판토스 방정식 $31x = 5 + 37y$의 해를 구하는 과정보다 간단함을 알 수 있습니다.

다음은 페르마의 소정리를 확장한 결과입니다.

따름정리 4-2

임의의 정수 a와 소수 p에 대하여, $a^p \equiv a \pmod{p}$가 성립합니다.

? 이 결과는 페르마의 소정리와 어떤 점이 다를까요?

페르마의 소정리에서 소수 p는 정수 a를 나누지 않지만, 이 결과는 p가 a를 나누는 경우도 포함합니다.

$a^p \equiv a \pmod{p}$는 $a^p - a \equiv 0 \pmod{p}$, 즉 p가 $a^p - a$를 나눈다는 것을 의미하기도 합니다.

? $a^p \equiv a \pmod{p}$를 어떻게 증명할까요?

다음의 두 가지 경우를 생각해야 합니다.

(i) p가 a를 나누는 경우

(ii) p가 a를 나누지 않는 경우

증명

(i) 소수 p가 a를 나눈다고 가정합니다. 즉, $p \mid a$입니다.

$$a \equiv 0 \pmod{p} \quad \Rightarrow \quad a^p \equiv 0^p \equiv 0 \equiv a \pmod{p}$$

그러므로 $a^p \equiv a \pmod{p}$를 얻습니다.

(ii) 소수 p가 a를 나누지 않는다고 가정합니다. 이 경우에는 다음과 같은 [정리 4-1]의 페르마의 소정리를 사용합니다.

$$a^{p-1} \equiv 1 \pmod{p}$$

핵심요약

- [정리 4-1] 정수 a와 소수 p에 대하여 소수 p가 a를 나누지 않는다면 다음이 성립합니다.

$$a^{p-1} \equiv 1 \pmod{p}$$

- [정리 4-1]의 페르마의 소정리는 법 소수에 대한 나머지의 거듭제곱을 간단히 하는 데 사용되는 정수론의 기본 정리(fundamental theorem of number theory)입니다.

4.1 연습문제

01. 다음 합동식의 음이 아닌 최소의 잉여 x를 구해보세요.

(a) $7^{101} \equiv x \pmod{11}$

(b) $2^{1976} \equiv x \pmod{13}$

(c) $5^{1961} \equiv x \pmod{7}$

(d) $3^{2013} \equiv x \pmod{23}$

(e) $26^{2013} \equiv x \pmod{23}$

02. 페르마의 소정리를 사용하여 다음 수의 곱셈에 대한 역원을 구해보세요. 음이 아닌 최소의 잉여로 답합니다.

(a) $5 \pmod{11}$

(b) $9 \pmod{23}$

(c) $2 \pmod{37}$

(d) $5 \pmod{41}$

03. 다음 수를 11로 나눈 나머지를 구해보세요.

(i) 6^{2014} (ii) 6^{2013}

04. 다음 물음에 답해보세요.

(i) $8^{21} \pmod{23}$을 구해보세요.

(ii) 방정식 $8x \equiv 7 \pmod{23}$의 해를 구해보세요.

05. 다음을 증명해보세요.

(a) $2^{8190} \equiv 1 \pmod{8191}$

? 수 8191에 대해 무엇을 말할 수 있을까요?

(b) $2^{65536} \equiv 1 \pmod{65537}$

? 수 65537에 대해 무엇을 말할 수 있을까요?

06. $2^{2046} \equiv 1 \pmod{2047}$임을 보이세요. 2047이 소수인지 확인해보세요.

07. $7^{40353606} \equiv 0 \pmod{40353607}$임을 보이세요.

? 40353607은 소수일까요?

08. $2^{1234566} \equiv 899557 \pmod{1234567}$일 때, 1234567은 합성수일까요, 소수일까요?

09. $x^{101} \equiv 5 \pmod{13}$의 해를 구해보세요.

10. 다음을 증명해보세요.

(a) 소수 p에 대하여,

$$1^{p-1} + 2^{p-1} + 3^{p-1} + \cdots + (p-1)^{p-1} \equiv -1 \pmod{p}$$

(b) 홀수인 소수 p에 대하여,

$1^p+2^p+3^p+\cdots+(p-1)^p \equiv 0 \pmod{p}$

힌트 $1+2+3+\cdots+n=\dfrac{n(n+1)}{2}$

11. 다음 물음에 답해보세요.

(i) 소수 p에 대하여 $p \nmid n$입니다. $nx \equiv a \pmod{p}$의 해가 $x \equiv n^{p-2}a \pmod{p}$임을 증명해보세요.

(ii) 다음 선형합동식을 풀어보세요.

$$10x \equiv 11 \pmod{17}$$

12. 3^{2013}을 43으로 나누었을 때의 나머지를 음이 아닌 최솟값으로 구해보세요.

13. 다음을 만족하는 최소의 양수 잉여 x를 구해보세요.

$$3^{101} \equiv x \pmod{103}$$

14. 다음 물음에 답해보세요.

(i) 임의의 연속인 세 정수의 곱이 3으로 나누어떨어짐을 보이세요.

(ii) 임의의 연속인 세 정수의 곱이 6으로 나누어떨어짐을 보이세요.

15. $1055^{201} \not\equiv 1 \pmod{211}$인 이유를 설명해보세요.

힌트 211은 소수입니다.

*16. 자연수 n에 대하여, $\dfrac{25n^{61}+52n}{77}$이 정수임을 증명해보세요.

힌트 다음과 같은 3.1절 [연습문제 24(d)]의 결과를 사용해보세요.

$i \neq j$일 때 $\gcd(m_i, m_j)=1$이고, $k=1, 2, 3, \cdots, n$에 대하여 $a \equiv b \pmod{m_k}$이면, $a \equiv b \pmod{m_1 \times m_2 \times \cdots \times m_n}$입니다.

17. 자연수 n에 대하여, $\dfrac{12n^{13}+23n}{35}$이 정수임을 증명해보세요.

18. 소수 p와 자연수 k에 대하여 $p \nmid n$이 성립하면, $n^{k(p-1)} \equiv 1 \pmod{p}$임을 증명해보세요.

19. 홀수인 소수 p에 대하여, $p \nmid n$이라 합시다. $n^{\frac{p-1}{2}} \pmod{p}$의 곱셈에 대한 역원이 $n^{\frac{p-1}{2}} \pmod{p}$임을 증명해보세요.

20. p를 홀수인 소수, x를 법 p에 대한 최소의 양수 잉여라 할 때, 다음을 보이세요.

$$x^{p+1} \equiv 4 \pmod{p}$$
$$\Rightarrow \quad x \equiv 2 \text{ 또는 } x \equiv -2 \pmod{p}$$

21. 2^p-1이 소수이고 n을 나누지 않을 때, $n^{2^p} \equiv n^2 \pmod{2^p-1}$임을 증명해보세요.

22. p가 소수일 때, 다음을 증명해보세요.

$$a^p \equiv b^p \pmod{p} \quad \Rightarrow \quad a \equiv b \pmod{p}$$

실수의 대수 연산에 대해서는 다음과 같은 결과가 성립하지 않는다는 점에 주의합니다.

'$a=b=1$ 또는 $a=b=0$'이 아니면,

$$a^p=b^p \quad \not\Rightarrow \quad a=b$$

*23. p가 소수일 때 p가 n을 나누지 않으면, p가 $(1-n)(1+n+n^2+n^3+\cdots+n^{p-2})$을 나눈다는 것을 증명해보세요.

4.2 윌슨의 정리

학습목표

- 윌슨의 정리를 증명할 수 있습니다.
- $n!\ (\mathrm{mod}\, p)$를 구하는 데 윌슨의 정리를 적용할 수 있습니다.

4.1절에서 페르마의 소정리를 설명할 때와 마찬가지로, 윌슨의 정리 역시 법 소수에 대한 연산으로 제한하여 설명합니다. 윌슨의 정리는 양방향, 즉 $\Rightarrow$(충분조건)과 $\Leftarrow$(필요조건)이 모두 참입니다. 4.1.4절에서 살펴보았듯이, 페르마의 소정리는 양방향 모두가 성립하는 것이 아니었습니다.

존 윌슨(John Wilson, 1741-1793)은 케임브리지대학교의 수학 졸업 시험인 수학 트리포스(mathematical tripos)에서 가장 높은 점수를 받아, 최고 수학 학부생인 시니어 랭글러(senior wrangler)의 영예를 얻었습니다.

존 윌슨은 '윌슨의 정리'를 재발견했습니다. 재발견했다고 표현하는 이유는 700년 전 수학(특히 기하학과 정수론), 광학(물체에 반사되는 빛이 우리의 눈으로 들어옴으로써 물체를 볼 수 있다는 주장을 처음으로 함), 천문학에 지대한 공헌을 한 초기의 이론 물리학자 중 한 사람으로 알려진 이븐 알하이삼(Ibn al-Haytham, 965-1040 A.D.)이 이 정리를 처음 발견했기 때문입니다.

이븐 알하이삼은 이라크의 바스라에서 태어나 자랐지만, 성인이 된 후로는 이집트 카이로에서 살았으며, 수학과 물리학 연구에 평생을 바쳤습니다.[3]

예제 4-7 **다음 각 합동식에서의 x를 구해보세요.**

(a) $x \equiv 4!\ (\mathrm{mod}\, 5)$ (b) $x \equiv 6!\ (\mathrm{mod}\, 7)$

풀이

(a) $4! = 1\times2\times3\times4 = 24 \equiv 4 \equiv -1\ (\mathrm{mod}\, 5)$임을 기억하세요. 그러므로 $x \equiv 4! \equiv -1\ (\mathrm{mod}\, 5)$입니다.

(b) 마찬가지로 $6! = 1\times2\times3\times4\times5\times6 = 720$입니다. 그리고 $x \equiv 6! \equiv 720 \equiv 6 \equiv -1\ (\mathrm{mod}\, 7)$입니다.

3 https://mathshistory.st-andrews.ac.uk/Biographies/Al-Haytham

[예제 4-7]과 같은 $n!$은 쉽게 계산할 수 있었지만, n이 큰 수라면 $n!$을 계산하는 일은 그리 간단하지 않습니다. $n!$을 법 소수에 대해 계산하는 더 간단한 방법을 찾아보죠.

다음에 살펴볼 [예제 4-8]에서 잉여의 역수를 사용하여 이와 같은 문제를 현명하게 해결할 수 있습니다. 윌슨의 정리에 대한 증명은 합동 산술의 역원을 이용합니다.

4.2.1 곱셈에 대한 역원

? $a \pmod{n}$의 곱셈에 대한 역원의 의미를 기억하나요?

다음의 [정의 3-20]을 떠올려봅시다.

$ax \equiv 1 \pmod{n}$이면, 이 합동식의 유일한 해 x는 $a \pmod{n}$의 곱셈에 대한 역원입니다.

다음의 [명제 3-21]도 기억해봅시다.

$a \pmod{n}$이 역원을 가집니다. $\Leftrightarrow$ a와 n은 서로소입니다.

예제 4-8 다음 합동식에서 음이 아닌 최소의 잉여 $x \pmod{13}$을 구해보세요.

$$x \equiv 12! \pmod{13}$$

풀이

팩토리얼(!)이 무엇을 의미하는지 기억합시다.

$$x \equiv 12! \equiv 1 \times 2 \times 3 \times 4 \times 5 \times 6 \times 7 \times 8 \times 9 \times 10 \times 11 \times 12 \pmod{13} \qquad (*)$$

(*)에서 우변의 첫 번째 수와 마지막 수를 곱하면, $1 \times 12 \equiv 12 \equiv -1 \pmod{13}$입니다.

이제 우변의 곱에서 남은 수 $2, 3, \cdots, 11$에 대하여 약간 간단한 형태로 진행할 수 있습니다. 법 13(소수)에 대한 문제이므로, $a = 2, 3, 4, \cdots, 11$이면 $\gcd(a, 13) = 1$로 a와 13이 서로소입니다. 이는 각 a가 역원을 가진다는 것을 의미합니다. 예를 들어봅시다.

$$2 \times 7 \equiv 14 \equiv 1 \pmod{13}$$

그러므로 2의 역원은 법 13에 대해 7입니다. 마찬가지로 남아 있는 모든 수를 짝지어 줄 수 있습니다.

$$3 \times 9 \equiv 27 \equiv 1 \pmod{13}$$
$$4 \times 10 \equiv 40 \equiv 1 \pmod{13}$$

$$5 \times 8 \equiv 40 \equiv 1 \pmod{13}$$
$$6 \times 11 \equiv 66 \equiv 1 \pmod{13}$$

이를 (*)에 대입해봅시다.

$$\begin{aligned} x \equiv 12! &\equiv 1 \times 12 \times \underbrace{2 \times 7}_{\equiv 1} \times \underbrace{3 \times 9}_{\equiv 1} \times \underbrace{4 \times 10}_{\equiv 1} \times \underbrace{5 \times 8}_{\equiv 1} \times \underbrace{6 \times 11}_{\equiv 1} \quad \text{(앞의 내용에 의해)} \\ &\equiv (-1) \times (1) \times (1) \times (1) \times (1) \times (1) \\ &\equiv -1 \equiv 12 \pmod{13} \end{aligned}$$

윌슨의 정리에서는 잉여에 대해 이처럼 역수와 짝을 짓는 개념을 사용합니다. 이 정리를 도출하기 전에 다음과 같은 보조정리가 필요합니다.

보조정리 4-3

p를 소수라 하면, 다음이 성립합니다.

$$x^2 \equiv 1 \pmod{p} \quad \Leftrightarrow \quad x \equiv \pm 1 \pmod{p}$$

이 보조정리는 무엇을 의미할까요?

법 p에 대하여 $x \equiv \pm 1$의 역원은 $x \equiv \pm 1$입니다. 즉, $x \equiv \pm 1$의 역원은 자기 자신입니다. 실수와 비교해보면, 1 또는 -1의 역원은 각각 1 또는 -1입니다.

증명

이 결과를 어떻게 증명할까요?

다음과 같은 [명제 3-14(b)]를 사용합니다.

$$a = x \text{이고 } b = 1 \text{일 때, } a^2 \equiv b^2 \pmod{p} \Leftrightarrow a \equiv \pm b \pmod{p}$$ ■

[보조정리 4-3]의 결과는 언뜻 보기에 그다지 명확하지 않다고 생각할 수 있습니다. 하지만 $x^2 \equiv 1 \pmod{p}$를 만족하는 두 x 값을 자세히 살펴보면, 유용한 결과를 얻을 수 있습니다.

[보조정리 4-3]은 $x^2 \equiv 1 \pmod{p}$를 만족하는 x 값이 $x \equiv 1 \pmod{p}$ 또는 $x \equiv -1 \equiv p - 1 \pmod{p}$임을 의미합니다. 더군다나 이 두 x 값은 각각 자기 자신의 역원입니다. 이 성질을 윌슨의 정리를 증명할 때 사용합니다.

[예제 4-8]에서 [보조정리 4-3]의 합동식 $x \equiv \pm 1 \pmod{p}$는 다음과 같습니다.

$$x \equiv 1 \pmod{13}, \quad x \equiv -1 \equiv 12 \pmod{13}$$

$12 \pmod{13}$의 합동 산술에서의 역원은 $12 \pmod{13}$입니다. 그 이유는 다음과 같습니다.

$$12 \times 12 \equiv 144 \equiv 1 \pmod{13}$$

4.2.2 윌슨의 정리

이제 윌슨의 정리를 증명할 수 있습니다.

> **정리 4-4 윌슨의 정리(Wilson's theorem)**
> p가 소수이면, $(p-1)! \equiv -1 \pmod{p}$입니다.

? 이 정리를 어떻게 증명할까요?

먼저 처음 두 소수 $p=2$와 $p=3$에 대해 결과를 확인해봅시다. 그러고 나서 남은 소수들에 대하여 결과를 증명합니다.

증명

$p=2$ 또는 $p=3$이라 하면 다음과 같이 쓸 수 있습니다.

$$(2-1)! \equiv 1 \equiv -1 \pmod{2}$$
$$(3-1)! \equiv 2 \equiv -1 \pmod{3}$$

$p=2$와 $p=3$에 대해서 결과가 성립합니다. 이제 소수 $p \geq 5$에 대하여 다음과 같은 법 p의 최소의 양수 잉여를 생각해봅시다.

$$1, 2, 3, 4, \cdots, p-1$$

[보조정리 4-3]을 통해 이 목록의 첫 번째 수와 마지막 수인 1과 $p-1$은 자기 자신이 역수임을 알 수 있습니다. 목록에서 이 두 값을 제거하면 축소된 목록 $2, 3, 4, \cdots, p-2$가 남습니다. $2, 3, 4, \cdots, p-2$의 역수는 이 목록 안에 있는 또 다른 수입니다.

? 왜 그럴까요?

다음 선형합동식을 다시 생각해봅시다.

$$a = 2, 3, 4, \cdots, p-2\text{에 대하여,} \quad ax \equiv 1 \pmod{p}$$

$\gcd(a, p) = 1$이므로, 선형합동식 $ax \equiv 1 \pmod{p}$는 유일한 해 $x \equiv b \pmod{p}$, $b \neq a \pmod{p}$를 가집니다. $a = 2, 3, 4, \cdots, p-2$는 각각 자기 자신이 역원이 아니기 때문입니다.

? 왜 아닐까요?

3.3절 [연습문제 16]의 결과는 다음과 같았습니다.

> 법 p에 대하여, $\{2, 3, \cdots, p-2\}$의 어떠한 원소도 자기 가역적이지 않습니다.

즉, 목록 $2, 3, 4, \cdots, p-2$에 있는 잉여 a와 b가 쌍을 지어 $a \times b \equiv 1 \pmod{p}$가 성립합니다. 따라서 다음과 같습니다.

$$\underbrace{2 \times 3 \times 4 \times \cdots \times (p-2)}_{=(p-2)!} \equiv 1 \times 1 \times 1 \times \cdots \times 1 \equiv 1 \pmod{p}$$

$$(p-2)! \equiv 1 \pmod{p}$$

그러므로 다음과 같습니다.

$$\begin{aligned}(p-1)! &\equiv (p-1)\underbrace{(p-2)!}_{\equiv 1\,(\text{위 결과에 의해})} \pmod{p} \\ &\equiv (p-1) \equiv -1 \pmod{p}\end{aligned}$$

■

예제 4-9 **다음 합동식에서 잉여 x를 구해보세요.**

(a) $x \equiv 16! \pmod{17}$ (b) $x \equiv 11! \pmod{12}$ (c) $x \equiv 10! \pmod{13}$

풀이

(a) 17이 소수이므로 윌슨의 정리에 의해 다음이 성립합니다.

$$x \equiv 16! \equiv -1 \pmod{17}$$

(b) 12는 소수가 아니므로 윌슨의 정리를 사용할 수 없습니다.

$$\begin{aligned}x \equiv 11! &\equiv 2 \times \underbrace{3 \times 4}_{=12 \equiv 0 \pmod{12}} \times 5 \times 6 \times 7 \times 8 \times 9 \times 10 \times 11 \\ &\equiv 2 \times 0 \times 5 \times \cdots \times 11 \equiv 0 \pmod{12}\end{aligned}$$

(c) 13은 소수이지만 12!이 아니라 10!임을 알아내야 합니다. 윌슨의 정리에 의해 다음과 같이 쓸 수 있습니다.

$$12! \equiv -1 \pmod{13} \qquad (*)$$

$12! = 12 \times 11 \times 10!$입니다. 이를 (*)에 대입해봅시다.

$$\begin{aligned} 12 \times 11 \times 10! &\equiv (-1) \times (-2) \times 10! \quad (12 \equiv -1,\ 11 \equiv -2 \pmod{13}) \\ &\equiv 2 \times 10! \equiv -1 \pmod{13} \quad (**) \end{aligned}$$

마지막 줄 $2 \times 10! \equiv -1 \pmod{13}$에 $2 \pmod{13}$의 역원을 곱하면 $x \equiv 10! \pmod{13}$을 얻을 수 있습니다. $2 \pmod{13}$의 역원은 무엇일까요? $7 \pmod{13}$입니다. $2 \times 7 \equiv 14 \equiv 1 \pmod{13}$이기 때문입니다. (**)의 양변에 7을 곱합니다.

$$\underbrace{2 \times 7}_{\equiv 1 \pmod{13}} \times 10! \equiv 7 \times (-1) \equiv -7 \equiv 6 \pmod{13}$$

따라서 $x \equiv 10! \equiv 6 \pmod{13}$입니다.

4.2절 [연습문제 17]에서 페르마의 소정리를 사용하여 윌슨의 정리를 다시 증명합니다.

이차합동식 $x^2 \equiv -1 \pmod{p}$가 해를 갖기 위한 필요충분조건은 $p = 2$ 또는 $p \equiv 1 \pmod{4}$임을 증명하는 데 윌슨의 정리를 사용할 수 있습니다(4.2절 [연습문제 16] 참고). 7장에서는 이차 잉여에 대해 알아봅니다.

4.2.3 윌슨의 정리의 역

윌슨의 정리의 역 또한 참입니다.

> **정리 4-5 윌슨의 정리의 역(converse of Wilson's theorem)**
> $(n-1)! \equiv -1 \pmod{n}$이면, n은 소수입니다.

? 이 결과를 어떻게 증명할까요?

귀류법을 이용하여 증명합니다.

증명

n이 합성수라고 가정합시다. 이는 다음과 같이 n이 자명하지 않은 인수를 최소한 2개 가짐을 의미합니다([정의 3-25]에서 정의함).

$$d_1 > 1\text{과 } d_2 > 1\text{에 대하여, } d_1 \times d_2 = n$$

일반성을 잃지 않고(WLOG), $d_2 > d_1$이라 가정합시다.

$$\begin{aligned}(n-1)! &= 1 \times 2 \times \cdots \times d_1 \times \cdots \times d_2 \times \cdots \times (n-1) \\ &= d_1 \times d_2 \times 1 \times 2 \times \cdots \times (n-1)\end{aligned}$$

그러면 다음이 성립합니다.

$$\begin{aligned}(n-1)! &\equiv \underbrace{d_1 \times d_2}_{\equiv 0 \pmod{n}\ (d_1 \times d_2 = n\text{이므로})} \times 1 \times 2 \times \cdots \times (n-1) \pmod{n} \\ &\equiv 0 \times 1 \times 2 \times \cdots \times (n-1) \equiv 0 \pmod{n}\end{aligned}$$

그러나 $(n-1)! \equiv 0 \pmod{n}$은 불가능합니다.

왜 그럴까요?

$(n-1)! \equiv -1 \pmod{n}$이 주어져 있기 때문입니다.

가정에 모순이 생기므로 n은 합성수일 수 없습니다. 따라서 n은 소수입니다. ■

[정리 4-5]를 어디에 활용하면 좋을까요?

$(n-1)! \equiv -1 \pmod{n}$이면 n이 소수이므로, 이 정리는 소수를 판별하는 데 사용할 수 있습니다. 하지만 이런 활용이 그다지 실용적이지는 않습니다.

왜 실용성이 떨어질까요?

n 값이 작더라도 $(n-1)!$은 매우 큰 수이기 때문입니다. 주어진 수가 소수인지 합성수인지를 판별하는 더 효율적인 방법이 있는데, 다음 절에서 설명하겠습니다.

팩토리얼에 대한 합동 산술 결과를 일반화하면 다음과 같습니다.

$$(n-1)! \equiv \begin{cases} -1 \pmod{n} & (n\text{이 소수}) \\ 2 \pmod{n} & (n = 4) \\ 0 \pmod{n} & (\text{그 외의 경우}) \end{cases}$$

이 결과를 4.2절 [연습문제 10]에서 증명합니다.

핵심요약

- **윌슨의 정리와 그 역** : $(n-1)! \equiv -1 \pmod{n} \iff n$은 소수

4.2 연습문제

01. 다음 합동식에 대하여 음이 아닌 최소의 잉여 x를 구해보세요.

(a) $10! \equiv x \pmod{11}$

(b) $10! + 10! \equiv x \pmod{11}$

(c) $10(10!) + 8(10!) \equiv x \pmod{11}$

(d) $5(10!)^{101} + 3(10!)^{100} \equiv x \pmod{11}$

02. $15!$을 17로 나눈 나머지를 구해보세요.

03. $25!$을 17로 나눈 나머지를 구해보세요.

04. $x \equiv 8 \times 9 \times 10 \times 11 \times 16 \times 17 \times 18 \times 19 \pmod{13}$을 만족하는 음이 아닌 최소의 잉여 x를 구해보세요.

05. 다음을 만족하는 최소의 잉여 x를 구해보세요.

$$x \equiv 2(20!) \pmod{23}$$

06. 계산기를 사용하지 않고, 다음을 만족하는 음이 아닌 최소의 잉여 x를 구해보세요.

$$96 \times 97 \times 98 \times 99 \times 100 \equiv x \pmod{101}$$

07. $61! \pmod{71}$을 계산해보세요.

08. 주어진 n에 대하여 $(n-1)! \pmod{n}$을 계산해보세요.

(a) $n = 15$ (b) $n = 21$

(c) $n = 30$

? 이 결과를 통해 무엇을 알 수 있나요?

09. 다음에서 음이 아닌 최소의 잉여를 구해보세요.

$$\left[\left(\frac{(29-1)}{2}\right)!\right]^2 \pmod{29}$$

10. 다음을 증명해보세요.

$$(n-1)! \equiv \begin{cases} -1 \pmod{n} & (n\text{이 소수}) \\ 2 \pmod{n} & (n = 4) \\ 0 \pmod{n} & (\text{그 외의 경우}) \end{cases}$$

11. $x^2 \equiv 1 \pmod{n} \nRightarrow x \equiv \pm 1 \pmod{n}$임을 증명해보세요.

12. p가 소수이고, $\gcd(n, p) = 1$이라 합시다. $(p-1)! + n^{p-1} \equiv 0 \pmod{p}$임을 증명해보세요.

13. p가 소수일 때, $(p-2)! \equiv 1 \pmod{p}$임을 증명해보세요.

14. p가 홀수인 소수일 때, $2(p-3)! \equiv -1 \pmod{p}$임을 증명해보세요.

15. p가 소수일 때, $1 \le n < p$에 대하여 $(p-1)(p-2) \cdots (p-n) \equiv (-1)^n n! \pmod{p}$임을 증명해보세요.

**16. 소수 p에 대하여, 이차합동식 $x^2 + 1 \equiv 0 \pmod{p}$가 해를 가질 필요충분조건이 $p = 2$ 또는 $p \equiv 1 \pmod{4}$임을 증명해보세요.

17. 페르마의 소정리를 이용하여 윌슨의 정리를 증명해보세요.

힌트 $x^{p-1} - 1 \equiv 0 \pmod{p}$

*18. p가 홀수인 소수일 때,

$\{1 \times 3 \times 5 \times \cdots \times (p-2)\}^2$

$\equiv (-1)^{\frac{p+1}{2}} \pmod{p}$임을 증명해보세요.

[명제 4-6]에서는 이 대우 명제가 $a=2$인 경우를 살펴보았지만, a를 $n \nmid a$인 모든 정수로 선택할 수 있습니다. 따라서 다음과 같은 일반적인 명제를 유도할 수 있습니다.

명제 4-7 페르마의 합성수 판별법(Fermat's composite test)

n이 1보다 큰 홀수인 정수라고 합시다.

$$n \nmid a\text{인 } a\text{에 대하여 } a^{n-1} \not\equiv 1 \pmod{n}\text{이면, } n\text{은 합성수입니다.}$$

? 왜 앞에서 살펴본 $2^{n-1} \not\equiv 1 \pmod{n}$보다 $a^{n-1} \not\equiv 1 \pmod{n}$을 사용할까요?

일부 수치 예제에서 $2^{n-1} \equiv 1 \pmod{n}$일 수는 있지만, 4.1절에서 확인한 바와 같이 이는 n이 소수(유사소수)임을 의미하지는 않습니다. n이 합성수임을 추론하기 위해서는 또다른 밑 a에 대하여 $a^{n-1} \not\equiv 1 \pmod{n}$과 같이 나타내야 합니다. 또한 2가 아닌 다른 밑에 대해 적용하는 것이 더 쉬울 수 있습니다. 특정한 밑에 얽매이지 않는 경우에는 항상 유용합니다.

증명

페르마의 소정리의 대우 명제이므로 성립합니다. ■

예제 4-11 4369가 합성수임을 보이세요.

풀이

밑을 2로 두고 계산기를 사용하여 다음을 직접 확인해봅시다.

$$2^{4369-1} \equiv 2^{4368} \equiv 1 \pmod{4369}$$

4장 [종합문제 4.15]에서 4369가 유사소수임을 보일 것입니다. 만약 밑을 3으로 두면 다음을 알 수 있습니다.

$$3^{4368} \equiv 3333 \not\equiv 1 \pmod{4369}$$

[명제 4-7]의 페르마의 합성수 판별법에 의해 4369는 합성수입니다.

이 방법이 합성수를 판별하기 위한 아주 효율적인 방법은 아닙니다. 왜냐하면 이 방법에 사용할 가장 적절한 밑이 무엇인지 미리 알아야 하는데, 이 밑이 항상 분명하지는 않기 때문입니다.

4.3.2 유사소수

4.1절의 끝 부분에서 유사소수에 대해 간략하게 언급했습니다.

예제 4-12 $2^{340} \equiv x \pmod{341}$을 만족하는 최소의 양수 잉여 x를 구해보세요.

풀이

2의 다양한 거듭제곱을 계산해봅시다.

$$2^8 \equiv 256,\ \ 2^9 \equiv 512 \equiv 171,\ \ 2^{10} \equiv 1024 \equiv 1 \pmod{341}$$

$2^{10} \equiv 1 \pmod{341}$과 지수법칙에 의해 다음을 알 수 있습니다.

$$2^{340} \equiv (2^{10})^{34} \equiv 1^{34} \equiv 1 \pmod{341}$$

따라서 최소의 양수 잉여는 $x \equiv 2^{340} \equiv 1 \pmod{341}$입니다.

$2^{340} \equiv 1 \pmod{341}$이라는 결과는 341이 소수임을 의미하지는 않습니다. 실제로 $341 = 11 \times 31$이므로 합성수입니다.

지난 2,500여 년 동안, 수학계에서는 $2^{n-1} \equiv 1 \pmod{n}$이면 n이 소수라고 생각했습니다(실제로 19세기까지는 합동 산술이 발전하지 않았습니다. 그래서 2,000년 넘게 사람들은 $n \mid (2^{n-1} - 1)$이면 n이 소수라고 잘못 생각해왔습니다). 1819년에 [예제 4-12]의 결과처럼 341이 합성수이지만, $2^{340} \equiv 1 \pmod{341}$임이 발견되었습니다.[4] 341은 유사소수의 한 예입니다.

유사소수를 형식적으로 다음과 같이 정의합니다.

정의 4-8 유사소수

합성수인 정수 n에 대하여 다음을 만족하면, n을 **밑 a-유사소수**(base a-pseudoprime) 또는 간단하게 **유사소수**(pseudoprime)라고 합니다.

$$\gcd(a, n) = 1\text{이고 } a > 1\text{일 때, } a^{n-1} \equiv 1 \pmod{n}$$

예를 들어 $2^{340} \equiv 1 \pmod{341}$이므로 341은 밑 2-유사소수입니다. 341은 밑 2-유사소수 중 가장 작은 수입니다.

4 https://primes.utm.edu/curios/page.php/341.html

예제 4-13 91이 밑 3-유사소수임을 보이세요.

풀이

$\gcd(3, 91) = 1$입니다. 91이 3-유사소수인지 알려면 다음 두 가지를 확인해야 합니다.

(i) 91은 합성수입니다.

(ii) $3^{90} \equiv 1 \pmod{91}$

각각의 경우를 확인해봅시다.

(i) $91 = 7 \times 13$이므로, 91은 합성수입니다.

(ii) 3의 거듭제곱을 계산해봅시다.

$$3^4 \equiv 81 \equiv -10 \pmod{91}$$
$$3^5 \equiv 3 \times (-10) \equiv -30 \pmod{91}$$
$$3^6 \equiv (-30) \times 3 \equiv -90 \equiv 1 \pmod{91}$$

$3^6 \equiv 1 \pmod{91}$을 이용하여 $3^{90} \equiv ? \pmod{91}$을 계산해봅시다.

$$\underbrace{3^{90} \equiv 3^{6\times 15}}_{90=6\times 15} \underbrace{\equiv (3^6)^{15}}_{\text{지수법칙}} \equiv 1^{15} \equiv 1 \pmod{91}$$

$3^{90} \equiv 1 \pmod{91}$이므로 91은 밑 3-유사소수입니다(4.3절 [연습문제 03(b)]에서는 91이 밑 2-유사소수가 아님을 보여야 합니다).

91은 밑 3-유사소수 중 가장 작습니다. 217은 가장 작은 밑 5-유사소수이고, 25는 가장 작은 밑 7-유사소수입니다(4.3절 [연습문제 18] 참고).

4.3.3 $2^n - 1$ 형태인 정수의 인수분해

명제 4-9

양의 정수 m, n에 대하여 $m \mid n$이면, $(2^m - 1) \mid (2^n - 1)$입니다.

증명

$m \mid n$이므로 정수 k가 존재하여 다음이 성립합니다.

$$m \times k = n$$

다음의 대수 항등식(입문 장 참고)을 사용해야 합니다.

$$a^{r \times s} - 1 = (a^r - 1)(a^{r(s-1)} + a^{r(s-2)} + \cdots + a^r + 1)$$

$a = 2$를 대입해봅시다.

$$2^n - 1 = 2^{m \times k} - 1 = (2^m - 1)(2^{m(k-1)} + 2^{m(k-2)} + \cdots + 2^m + 1)$$

$2^n - 1 = (2^m - 1)(2^{m(k-1)} + 2^{m(k-2)} + \cdots + 2^m + 1)$로부터 $2^n - 1$의 인수가 $2^m - 1$, 즉 $(2^m - 1) \mid (2^n - 1)$입니다. ■

예를 들어 $7 \mid 14$이므로, [명제 4-9]에 의해 다음이 성립합니다.

$$(2^7 - 1) \mid (2^{14} - 1)$$

위 식의 지수를 계산하고 1을 빼서 다음과 같이 결과를 직접 확인해봅시다.

$$2^7 - 1 = 127, \quad 2^{14} - 1 = 16383$$

$\dfrac{16383}{127} = 129$이므로 $127 \mid 16383$입니다. 즉, $(2^7 - 1) \mid (2^{14} - 1)$입니다.

$2^n - 1$의 인수를 찾는 데 [명제 4-9]를 사용할 수 있습니다.

예제 4-14 **$2^{18} - 1 = 262143$을 소인수분해해보세요.**

풀이

지수 18의 자명하지 않은 인수([정의 3-25]에서 정의함)는 2, 3, 6, 9입니다. 다음의 [명제 4-9]를 사용해봅시다.

$$m \mid n\text{이면, } (2^m - 1) \mid (2^n - 1)\text{입니다.}$$

이 명제에 $m = 2, 3, 6, 9$, $n = 18$을 대입하면 다음이 성립합니다.

$$(2^2 - 1) \mid (2^{18} - 1) \Rightarrow 3 \mid (2^{18} - 1) \qquad (2^2 - 1 = 3\text{이므로})$$
$$(2^3 - 1) \mid (2^{18} - 1) \Rightarrow 7 \mid (2^{18} - 1) \qquad (2^3 - 1 = 7\text{이므로})$$
$$(2^6 - 1) \mid (2^{18} - 1) \Rightarrow 63 \mid (2^{18} - 1) \qquad (2^6 - 1 = 63\text{이므로})$$
$$(2^9 - 1) \mid (2^{18} - 1) \Rightarrow 511 \mid (2^{18} - 1) \qquad (2^9 - 1 = 511\text{이므로})$$

따라서 3, 7, 63, 511은 $2^{18} - 1$의 인수 중 일부입니다. [명제 4-9]는 $m \mid n$일 때, $2^n - 1$의

모든 인수가 2^m-1의 형태라고 말하는 것은 아닙니다. 가장 큰 인수는 511입니다. 511로 $2^{18}-1$을 나누어봅시다.

$$\frac{2^{18}-1}{511}=513, \text{ 즉 } 2^{18}-1=511\times 513 \qquad (*)$$

[예제 3-8]에서 살펴본 다음 결과를 이용해봅시다.

정수의 자릿수의 합이 9로 나누어떨어지면, 그 정수는 9로 나누어떨어집니다.

$5+1+3=9$이고 $9 \mid 9$이므로, 다음과 같이 9는 513의 인수입니다.

$$\frac{513}{9}=57, \text{ 즉 } 513=9\times 57=3^2\times 57=3^2\times 3\times 19=3^3\times 19$$

511을 인수분해하면 $7\times 73=511$입니다. (*)에 이 결과를 대입하면 다음과 같습니다.

$$2^{18}-1=511\times 513=(7\times 73)\times(3^3\times 19)=3^3\times 7\times 19\times 73$$

그러므로 $2^{18}-1$을 소인수분해하면 $3^3\times 7\times 19\times 73$입니다.

예제 4-15 **$2^{777}-1$이 합성수임을 보이세요.**

풀이

명백하게 $7 \mid 777$이므로 [명제 4-9]에 의해 $2^7-1=127$이 $2^{777}-1$의 인수입니다. 따라서 $2^{777}-1$은 합성수입니다.

다음과 같은 [명제 4-9]의 역 또한 참입니다.

명제 4-10

$(2^m-1) \mid (2^n-1)$이면, $m \mid n$입니다.

증명

4.3절 [연습문제 15]에서 증명합니다. ■

따름정리 4-11

n이 합성수이면, 2^n-1도 합성수입니다.

증명

4.3절 [연습문제 10]에서 증명합니다. ■

[따름정리 4-11]은 n이 소수이면, 2^n-1도 소수임을 의미하지 않는다는 점에 주의하세요. 예를 들어 $n=11$이면, n은 소수이지만 $2^{11}-1=2047=23\times 89$는 합성수입니다.

하지만 다음과 같은 [따름정리 4-11]의 대우 명제는 성립합니다.

2^n-1이 소수이면, n은 소수입니다.

4.3절 [연습문제 13]에서 [따름정리 4-11]의 대우 명제를 증명하며, 요약하면 다음과 같습니다.

2^n-1이 소수 $\Rightarrow$ n이 소수 **(명제)**

n이 소수 $\nRightarrow$ 2^n-1이 소수 **(역)**

4.3.4 유사소수 생성

다음 명제의 증명 과정은 주어진 유사소수로부터 새로운 유사소수를 어떻게 만들 수 있는지를 보여줍니다.

명제 4-12

$2^{341}-1$은 밑 2-유사소수입니다.

증명

다음 두 가지를 증명해야 합니다.

(i) $2^{341}-1$이 합성수입니다.

(ii) $2^{2^{341}-2}\equiv 1 \pmod{2^{341}-1}$

(i) 341을 인수분해하면, $341=11\times 31$이므로 341은 합성수입니다. 앞에서 살펴본 [따름정리 4-11]은 다음과 같습니다.

n이 합성수이면, 2^n-1도 합성수입니다.

따라서 $2^{341}-1$은 합성수입니다.

(ii) $2^{2^{341}-2} \equiv 1 \pmod{2^{341}-1}$임을 보여야 합니다. [예제 4-12]로부터, 341은 밑 2-유사소수이므로 $2^{340} \equiv 1 \pmod{341}$입니다. $2^{340} \equiv 1 \pmod{341}$의 양변에 2를 곱해봅시다.

$$2 \times 2^{340} \underbrace{\equiv}_{\text{지수법칙}} 2^{341} \equiv 2 \pmod{341}$$

합동식의 정의에 의해 다음과 같이 쓸 수 있습니다.

정수 k가 존재하여, $2^{341}-2=341k$입니다. (*)

이제 합동식 $2^{2^{341}-2} \equiv x \pmod{2^{341}-1}$을 계산해봅시다. (ii)를 증명하기 위해 $x \equiv 1 \pmod{2^{341}-1}$임을 보여야 합니다. (*)에 의해 지수를 $2^{341}-2=341k$로 나타낼 수 있습니다.

$$2^{2^{341}-2} \equiv 2^{341k} \pmod{2^{341}-1} \qquad (\dagger)$$

또한 $m \equiv 0 \pmod{m}$이므로, $2^{341}-1 \equiv 0 \pmod{2^{341}-1}$이 성립합니다. 따라서 $2^{341} \equiv 1 \pmod{2^{341}-1}$입니다.

$$2^{2^{341}-2} \underbrace{\equiv}_{(\dagger)\text{에 의해}} 2^{341k} \underbrace{\equiv}_{\text{지수법칙}} (2^{341})^k \equiv 1^k \equiv 1 \pmod{2^{341}-1}$$

$2^{2^{341}-2} \equiv 1 \pmod{2^{341}-1}$임을 보였습니다.

이로써 (i)과 (ii)를 모두 증명했으므로 $2^{341}-1$은 밑 2-유사소수입니다. ■

이 명제는 밑 2-유사소수 341을 통해서 또 다른 밑 2-유사소수 $2^{341}-1$을 만들 수 있음을 보여줍니다. 이 결과는 341에만 해당하는 것이 아니라 다른 유사소수 n에 대해서도 참입니다.

명제 4-13

n이 밑 2-유사소수이면, 2^n-1도 밑 2-유사소수입니다.

증명

4.3절 [연습문제 11]에서 증명합니다. ■

이 명제는 밑 2-유사소수를 무한하게 만들 수 있음을 암시하는데, 이 결과는 4.3절 [연습문제 20]에서 증명합니다.

자연스럽게 다음 질문으로 이어집니다.

$a > 1$에 대하여 밑 a-유사소수가 무한히 존재할까요?

그렇습니다. 4장 [종합문제 4.29]에서 이 질문에 답해봅시다.

4.3.5 카마이클 수

[예제 4-12]에서 341이 밑 2-유사소수임을 알았습니다. 만약 밑이 3이라면 다음을 얻습니다.

$$3^{340} \equiv 56 \pmod{341}$$

그러므로 341은 밑 3-유사소수가 아닙니다.

$\gcd(a, n) = 1$이라면, 몇몇 정수는 모든 밑 a에 대하여 유사소수입니다. 예를 들어 $\gcd(a, 561) = 1$이면 $a^{560} \equiv 1 \pmod{561}$이므로, 561은 이 경우에 해당하는 정수입니다.

그러나 $561 = 3 \times 11 \times 17$이므로 561은 합성수입니다. 561과 같은 수를 카마이클 수라고 합니다. 3, 11, 17 또는 이들 조합의 배수가 아닌 모든 a에 대하여 $a^{560} \equiv 1 \pmod{561}$이 성립할 것입니다. 하지만 밑이 3, 11, 17이고 지수가 560일 때, 법 561에 대해 계산하면 다음과 같이 1이 나오지 않습니다.

$$3^{560} \equiv 375 \not\equiv 1 \pmod{561},\quad 11^{560} \equiv 154 \not\equiv 1 \pmod{561},\quad 17^{560} \equiv 34 \not\equiv 1 \pmod{561}$$

정의 4-14 카마이클 수

합성수인 정수 n이 모든 밑 a에 대하여 다음을 만족하면, n을 **카마이클 수**(Carmichael number)라고 합니다.

$$\gcd(a, n) = 1\text{이면, } a^{n-1} \equiv 1 \pmod{n}\text{입니다.}$$

다른 카마이클 수로는 1105, 1729, 2465, ⋯ 가 있습니다. 실제로 카마이클 수는 무한하게 많습니다.

[그림 4-3] 카마이클 (1879–1976)

로버트 카마이클(Robert Carmichael)은 1879년 미국 앨라배마에서 태어났습니다. 1905년에 그는 『American Mathematical Monthly』라는 저널에 문제를 게재하기 시작했고, 1909년까지 이 저널에 약 170개의 글을 실었습니다. 1911~1915년까지 인디애나대학교에서 수학과 교수로 학생들을 가르쳤고 1915년에 일리노이대학교로 옮겼습니다. 카마이클은 1947년에 은퇴할 때까지 일리노이대학교에서 학술 경력을 쌓았습니다.

카마이클이 저술한 책으로는 상대성 이론, 정수론, 미분적분학, 삼각법, 논리학, 대수학 관련 교과서가 있습니다. 그는 1910년에 앞의 본문에서 설명한 숫자 561의 속성을 처음 발견했습니다. '카마이클 수'는 그의 이름을 따 명명한 것입니다. 카마이클은 1967년에 88세의 나이로 세상을 떠났습니다.

예제 4-16 561이 카마이클 수임을 증명해보세요.

풀이

$561 = 3 \times 11 \times 17$이므로 561은 합성수입니다. 따라서 다음을 증명해야 합니다.

$$\gcd(a,\ 561) = 1\text{인 모든 } a\text{에 대하여 } a^{560} \equiv 1 \pmod{561}$$

페르마의 소정리와 중국인의 나머지 정리를 사용하여 증명하겠습니다.

증명

먼저 다음과 같은 페르마의 소정리를 생각해봅시다.

$$p \nmid a\text{이면, } a^{p-1} \equiv 1 \pmod{p}\text{입니다.}$$

$561 = 3 \times 11 \times 17$이므로, 다음과 같이 법 $p = 3,\ 11,\ 17$에 대해 페르마의 소정리를 적용해봅시다.

$$\begin{aligned} a^{2} &\equiv 1 \pmod{3} && (p=3) \\ a^{10} &\equiv 1 \pmod{11} && (p=11) \\ a^{16} &\equiv 1 \pmod{17} && (p=17) \end{aligned}$$

하지만 $a^{560} \equiv 1 \pmod{561}$을 증명하는 것이므로, 이 지수들이 필요하지 않습니다. 우리는 지수 560에 관심이 있습니다. 지수법칙과 위 결과를 사용하여 다음을 알 수 있습니다.

$$a^{560} \equiv (a^2)^{280} \equiv 1^{280} \equiv 1 \pmod{3}$$

마찬가지로 지수법칙을 사용하여 다음의 두 합동식을 얻을 수 있습니다.

$$a^{560} \equiv (a^{10})^{56} \equiv 1^{56} \equiv 1 \pmod{11}$$
$$a^{560} \equiv (a^{16})^{35} \equiv 1^{35} \equiv 1 \pmod{17}$$

$x = a^{560}$이라 하고, 앞에서 계산한 합동식을 여기에 대입하면 다음과 같은 연립 합동방정식을 얻을 수 있습니다.

$$x \equiv 1 \pmod{3}$$
$$x \equiv 1 \pmod{11}$$
$$x \equiv 1 \pmod{17}$$

다음과 같은 3.4절 [연습문제 08(b)]를 적용하여 방정식을 풀어봅시다.

> 서로 다른 소수 $p_1, p_2, p_3, \cdots, p_k$에 대하여 $x \equiv M \pmod{p_j}$이면,
> $x \equiv M \pmod{p_1 \times p_2 \times p_3 \times \cdots \times p_k}$입니다.

앞의 세 합동방정식에 이 결과를 적용하면 다음과 같습니다.

$$x \equiv 1 \pmod{3 \times 11 \times 17} \equiv 1 \pmod{561}$$

$x = a^{560}$을 여기에 대입해봅시다.

$$a^{560} \equiv 1 \pmod{561}$$

따라서 $\gcd(a, 561) = 1$인 모든 a에 대하여, $a^{560} \equiv 1 \pmod{561}$이 성립합니다. 그러므로 561은 카마이클 수입니다.

핵심요약

- n이 합성수임을 증명하기 위해 $a^{n-1} \not\equiv 1 \pmod{n}$을 이용할 수 있습니다.
- 유사소수는 다음과 같은 페르마의 소정리를 만족하는 합성수 n입니다.

$$\gcd(a, n) = 1\text{이면, } a^{n-1} \equiv 1 \pmod{n}\text{입니다.}$$

4.3 연습문제

01. 페르마의 소정리를 사용하여 다음 수가 합성수임을 확인해보세요.

(a) 4097

(b) 32767

(c) 2197

힌트 밑 13을 사용하세요.

02. 2047이 밑 2-유사소수임을 보이세요.

03. 다음 물음에 답해보세요.

(a) 561이 다음의 예가 됨을 보이세요.

(i) 밑 560-유사소수

(ii) 밑 562-유사소수

(b) 91이 밑 2-유사소수가 아님을 보이세요.

04. 각 정수의 자명하지 않은 인수를 찾아 다음 수가 합성수임을 보이세요.

(a) $2^{123}-1$

(b) $2^{161051}-1$

(c) $2^{1769}-1$

05. 다음 정수를 소인수분해해보세요.

(a) $2^{20}-1$

(b) $2^{21}-1$

(c) $2^{24}-1$

06. 다음 논증에서 틀린 내용은 무엇인가요?

> $10^{5-1}\not\equiv 1\,(\bmod 5)$는
> 5가 합성수임을 함의합니다.

07. 3이 $2^{2n}-1$의 인수임을 증명해보세요.

08. 7이 $2^{3n}-1$의 인수임을 증명해보세요.

09. 2047이 $2^{3751}-1$의 인수임을 보이세요.

10. [따름정리 4-11]을 증명해보세요.

11. [명제 4-13]을 증명해보세요.

12. 1729가 카마이클 수임을 보이세요.

13. 2^n-1이 소수이면 n도 소수임을 증명해보세요.

14. 소수 p에 대하여 2^p-1이 합성수이면, 2^p-1이 밑 2-유사소수임을 증명해보세요.

15. $(2^m-1)\mid(2^n-1)$이면, $m\mid n$임을 증명해보세요.

16. 일반적으로 $(2^{2^n}-1)\nmid(2^{2^n}+1)$임을 증명해보세요.

17. $2^n\mid 2^{2^n}$이 성립하는 이유를 설명해보세요.

18. 다음 물음에 답해보세요.

(a) 25가 밑 7-유사소수이지만, 카마이클 수가 아님을 보이세요.

(b) 217이 밑 5-유사소수이지만, 카마이클 수가 아님을 보이세요.

*19. 페르마 수 $F_n = 2^{2^n} + 1$이 합성수이면, $F_n = 2^{2^n} + 1$이 밑 2-유사소수임을 증명해보세요.

*20. 밑 2-유사소수가 무한히 많음을 증명해보세요.

21. 다음 명제가 거짓임을 증명해보세요.

합성수 n은 카마이클 수 $\Leftrightarrow$ $p \mid n$인 모든 소수 p에 대하여, $(p-1) \mid (n-1)$

힌트 $n = p^k$으로 생각합니다.

4.4 메르센 수

학습목표

- 메르센 수의 개념을 이해할 수 있습니다.
- 합성수인 메르센 수의 소인수를 찾을 수 있습니다.

? 소수인 지수 251에 대하여, $2^{251}-1$의 인수를 어떻게 찾을 수 있을까요?

$2^{251}-1$은 메르센 수의 예로 중요한 수입니다.

? 왜 그럴까요?

지금까지 알려진 큰 소수는 일반적으로 메르센 소수 중에서 찾을 수 있기 때문입니다. [예제 4-20]에서 $2^{251}-1$과 같은 합성수인 메르센 수의 소인수를 찾는 방법을 정리하겠습니다.

4.4.1 메르센 수의 정의

? 메르센은 어떤 사람일까요?

[그림 4-4] 마린 메르센 (1588-1648)

마린 메르센(Marin Mersenne) 신부는 1588년에 지금은 자동차 경주로 유명한 르망 근교에서 태어났습니다. 어렸을 때부터 메르센은 종교와 철학에 관심이 많았습니다. 1611년에 미니미 수도회에 입교했고, 1616년에 파리의 로얄 광장 수도원의 원장으로 선출되어 평생 그곳에서 살았습니다. 이 수도원에서 지내는 동안 그는 수학에도 관심을 가졌습니다. 당시 대부분의 수학자들은 각자 비밀스럽게 연구하면서 수학적 아이디어를 서로 공유하지 않는 경향이 있었습니다. 메르센은 다양한 수학자들과 소통함으로써 이런 분위기를 바꾸어나갔습니다.

그는 유럽의 수학자와 과학자들 사이에 학문적 토론이 이루어질 수 있도록 토대를 마련했습니다. 메르센은 모든 소수를 나타내는 공식을 찾으려고 고군분투하던 중에 메르센 소수를 발견했습니다.

정의 4-15 메르센 수

n번째 **메르센 수**(Mersenne number) M_n을 다음과 같이 정의합니다.

$$M_n = 2^n - 1$$

이름을 붙여서 사용하진 않았지만 앞 절에서 메르센 수를 다루었고, 다음 명제를 증명했습니다.

$$2^n - 1\text{이 소수} \quad \Rightarrow \quad n\text{이 소수}$$

흥미롭긴 하지만 이 명제가 유용한 결과는 아닙니다.

왜 그럴까요?

효율적이지 않기 때문입니다. 이 명제는 큰 정수 $2^n - 1$이 소수이면 작은 정수 n도 소수라는 것인데, 이는 먼저 $2^n - 1$을 확인한 다음에 n이 소수임을 추론하는 방식입니다. 예를 들어 $2^{19} - 1 = 524287$이 소수임을 확인한 뒤에야 지수 19가 소수임을 나타낼 수 있습니다. 524287보다는 더 작은 수인 19가 소수인지 판별하는 것이 훨씬 쉽습니다.

정의 4-16 메르센 소수

$M_n = 2^n - 1$이 소수이면, 이를 **메르센 소수**(Mersenne prime)라고 합니다.

몇 가지 메르센 소수의 예를 살펴보면 다음과 같습니다.

$$2^2 - 1 = 3, \ 2^3 - 1 = 7, \ 2^5 - 1 = 31, \ \cdots$$

메르센은 $2^p - 1$을 소수라고 할 수 있는 11개의 소수 p를 다음과 같이 나열했습니다.

$$2, 3, 5, 7, 13, 17, 19, 31, \boxed{67}, 127, \boxed{257} \qquad (\dagger)$$

$M_{67} = 2^{67} - 1$과 $M_{257} = 2^{257} - 1$이 합성수이므로, 메르센이 나열한 목록에는 소수가 아닌 수가 2개 있습니다. 메르센 수가 소수인지 아닌지 판별하는 작업은 거의 400년 동안 이어져왔습니다.

물론, 디지털 컴퓨터가 출현한 후 큰 진전을 이루었죠. 컴퓨터 기술을 사용하기 전, 미국 수학자 프랭크 콜(Frank Cole, 1861-1926)은 1903년 10월에 다음의 인수분해를 발견했습니다.

$$M_{67} = 2^{67} - 1 = 147573952589676412927 = (761838257287) \times (193707721)$$

전해지는 이야기에 따르면, 콜은 3년 동안 일요일 오후마다 이 인수를 찾고 있었다고 합니다.

프랭크 콜은 미국 수학회(American Mathematical Society)의 회의에서 '큰 수의 인수분해에 관하여(On the Factorization of Large Numbers)'라는 제목으로 이 인수분해를 발표했습니다. 그는 말 한마디 없이 앞의 인수분해를 칠판에 써서 보여주었습니다. 이 발표는 지금까지도 아주 이상한 학회 발표 장면 중 하나로 꼽힙니다.[5] 콜은 $M_{67} = 2^{67} - 1$이 합성수이므로 목록 (†)에 있는 메르센 소수의 목록이 잘못되었음을 보여주었습니다.

또한 메르센은 나열한 소수 목록에서 3개의 소수 61, 89, 107을 빠뜨렸습니다. $p = 61, 89, 107$에 대하여 $M_p = 2^p - 1$은 모두 소수입니다.

처음 몇 개의 소수 p에 대한 메르센 수를 나열하면 [표 4-2]와 같습니다.

[표 4-2] 소수 p에 대한 메르센 수 일부

p	2	3	5	7	11	13
$2^p - 1$	3	7	31	127	$2047 = 23 \times 89$	8191

$p = 11$에서 확인할 수 있듯이, p가 소수일 때 $2^p - 1$이 소수임을 보장할 수 없습니다. 앞 절에서 언급했던 다음 내용을 떠올려봅시다.

$$p\text{가 소수} \quad \not\Rightarrow \quad 2^p - 1\text{이 소수}$$

메르센 소수가 무한히 많다는 주장도 있습니다. 그러나 이 주장은 아직까지 누구도 증명하지 못했기 때문에 추정일 뿐입니다.

1996년 이래로 GIMPS로 약칭하는 Great Internet Mersenne Prime Search라는 컴퓨터 프로그램이 있습니다. GIMPS는 조지 볼트만(George Woltman)이 소수를 찾기 위해 시작한 프로그램입니다.

5 존 왓킨스(John Watkins)의 『Number Theory : A Historical Approach』의 135쪽을 참고하세요.

예제 4-17 $M_{23} = 2^{23} - 1$의 소인수를 구해보세요.

풀이

$n = 23$이면, $p = (2 \times 23) + 1 = 47$이 소수입니다. 다음과 같은 [명제 4-17]을 적용해봅시다.

$$p = 2n + 1\text{에 대하여, } p \mid (2^n - 1) \text{ 또는 } p \mid (2^n + 1)\text{입니다.}$$

따라서 $47 \mid (2^{23} - 1)$ 또는 $47 \mid (2^{23} + 1)$입니다. 이 중에서 $47 \mid (2^{23} - 1)$에 대하여 계산기를 사용하여 확인하면 다음을 알 수 있습니다.

$$2^{23} - 1 = 47 \times 178481$$

따라서 $2^{23} - 1$의 소인수는 47입니다(178481도 $2^{23} - 1$의 소인수입니다).

M_{23}은 소인수 47과 178481을 가지는 합성수입니다. 이와 같은 분해를 할 때 항상 한 쌍의 소인수를 얻는 것은 아닙니다. [예제 4-17]에서 47이 $2^{23} - 1$을 나눈다는 것을 알았습니다. 즉, 47은 $2^{23} + 1$을 나누지 않습니다.

이 절의 목표는 합성수인 메르센 수 $M_n = 2^n - 1$의 소인수를 찾는 것입니다. 따라서 다음과 같은 질문으로 자연스럽게 이어집니다.

? $M_n = 2^n - 1$의 인수는 어떤 형태의 소수일까요?

다음 명제에서 $p = 2n + 1$이 $2^n - 1$ 또는 $2^n + 1$의 소인수라는 결론을 내릴 수 있는 소수의 형태를 알려줍니다.

명제 4-18

$p = 2n + 1$이 소수이면, 다음이 성립합니다.

(a) $p \equiv \pm 1 \pmod 8$이면, $p \mid (2^n - 1)$입니다.

(b) $p \equiv \pm 3 \pmod 8$이면, $p \mid (2^n + 1)$입니다.

이 결과의 수치 예제는 [예제 4-17]에서 이미 다음과 같이 제시하였습니다.

$$p = 47 = (2 \times 23) + 1 \equiv 47 \equiv 7 \equiv -1 \pmod 8$$

$n=23$이므로 (a)의 결과를 적용하면, $p \mid (2^n-1)$입니다. $p=47$, $n=23$을 대입합니다.

$$47 \mid (2^{23}-1)$$

$2^{23}-1$의 소인수를 구하기 위해 계산기를 사용할 필요가 없습니다. 소수 $p=2n+1$이 2^n-1의 인수인지 여부를 결정하려면, 소수 p를 8로 나눈 나머지가 1 또는 7인지 확인해야 합니다.

증명

이차 잉여 개념을 이용해야 하므로, 7.3절 [연습문제 13]에서 증명합니다. ■

이 결과를 다음 예제에서 사용해봅시다.

예제 4-18 $2^{50}+1$의 소인수를 하나 구해보세요.

풀이

$n=50$이면, $2n+1=(2\times 50)+1=101$은 소수입니다. $p=101$이라 하면 다음이 성립합니다.

$$p=101\equiv 5\equiv -3 \pmod 8$$

$p\equiv -3 \pmod 8$이므로, 다음과 같은 [명제 4-18(b)]를 적용합니다.

$$p\equiv \pm 3 \pmod 8\text{이면, } p \mid (2^n+1)\text{입니다.}$$

$p=101$이고 $n=50$이므로 다음과 같습니다.

$$101 \mid (2^{50}+1)$$

그러므로 101은 $2^{50}+1$의 소인수입니다.

[명제 4-18]은 101이 $2^{50}+1=1125899906842625$의 소인수임을 알려줍니다. 이 명제가 얼마나 유용한지 기억해둡시다. 십진법으로 $2^{50}+1$을 나타내면 5도 인수임을 알 수 있습니다.

4.4절 [연습문제 15]에서 n이 2의 거듭제곱이 아닌 경우, 2^n+1이 합성수임을 증명할 것입니다. 따라서 지수 $n=2^m$일 때를 제외하고 2^n+1은 모든 n에 대하여 합성수입니다. 이와 같은 결과 때문에 2^n+1이 아닌 2^n-1에서 소수를 찾는 것입니다.

[명제 4-18]이 없었다면, $2^n\pm 1$과 같은 합성수의 소인수를 찾는 일은 n이 작은 수일지라도 매우 피곤한 작업이었을 것입니다.

예제 4-19 $2^{116}-1$의 3보다 큰 소인수를 하나 구해보세요($(2^2-1) \mid (2^{116}-1)$이므로, 3은 인수입니다).

풀이

지수가 $n=116$이면, $2n+1=(2\times116)+1=233$입니다. 먼저 233이 소수인지 확인해야 합니다. 233이 소수가 아니면 [명제 4-18]을 사용할 수 없습니다. 233이 소수인지 어떻게 확인할 수 있을까요? 다음과 같은 2장의 [보조정리 2-10]을 사용해봅시다.

> $n>1$이 합성수이면, $q \le \lfloor \sqrt{n} \rfloor$을 만족하는 소인수 q가 존재합니다.

$\sqrt{233}$의 바닥함수 값을 구하면 다음과 같습니다.

$$\lfloor \sqrt{233} \rfloor = 15$$

15 이하의 소수 중에서 233을 나누는 것은 없습니다. 그러므로 233은 소수입니다. $p=233$이면 다음이 성립합니다.

$$p=233\equiv 1 \pmod 8$$

$p\equiv 1 \pmod 8$이므로, 다음의 [명제 4-18(a)]를 적용합니다.

> $p=2n+1$이 소수일 때, $p\equiv \pm1 \pmod 8$이면 $p \mid (2^n-1)$입니다.

$n=116$과 $p=233$을 대입하면 다음과 같습니다.

$$233 \mid (2^{116}-1)$$

따라서 233은 $2^{116}-1$의 소인수입니다.

$2^{116}-1$의 소인수 233을 찾았습니다.

$$2^{116}-1=83076749736557242056487941267521535$$

[명제 4-18]이 없었다면, $2^{116}-1$의 소인수 233을 찾는 데 매우 많은 시간이 소요되었을 것입니다(이 수를 십진법으로 나타내면, 5도 $2^{116}-1$의 인수임을 알 수 있습니다).

[명제 4-18]을 적용할 때, 다음 사항을 주의해야 합니다. 다음 단계 중에서 발생한 첫 번째 오류를 찾아보세요.

[1단계] $n=44$이면, $2n+1=(2\times44)+1=89$이고 89는 소수입니다.

[2단계] $89\equiv 1 \pmod 8$입니다.

[3단계] 그러므로 $44 \mid (2^{89}-1)$입니다.

$2^{89}-1$은 홀수이고 44는 짝수이므로 $44 \nmid 2^{89}-1$입니다. 명백한 오류입니다. 실제로 $2^{89}-1$은 메르센 소수이므로, 1과 자기 자신을 제외한 인수가 존재하지 않습니다. 여기서는 [3단계]에서 오류가 발생했습니다. 오류를 정정하면 다음과 같습니다.

$$44 \mid (2^{89}-1)\text{이 아니라, } 89 \mid (2^{44}-1)\text{입니다.}$$

4.4.3 제르맹 소수

정의 4-19 제르맹 소수

q와 $p=2q+1$이 모두 소수이면, q는 **제르맹 소수**(Germain prime)입니다.

예를 들어 2는 소수이고 $(2\times2)+1=5$도 소수이므로, 2는 제르맹 소수입니다. 또한 $(2\times23)+1=47$이 소수이므로, 23도 제르맹 소수입니다. 하지만 $(2\times47)+1=95$는 합성수이므로, 47은 제르맹 소수가 아닙니다.

[그림 4-6] 소피 제르맹 (1776-1831)

소피 제르맹(Sophie Germain)은 1776년 프랑스 파리에서 태어났습니다. 13살 때 그녀는 위대한 그리스 수학자인 아르키메데스가 로마 군인의 칼에 맞아 죽임을 당했다는 이야기를 읽었습니다. 아르키메데스는 수학 분야의 첫 번째 순교자라 할 수 있습니다. 제르맹은 아르키메데스가 수학 문제를 풀기 위해 목숨을 바쳤다는 사실에 영향을 받았습니다.

제르맹은 최초의 과학 기술 대학인, 파리에 위치한 에콜 폴리테크닉(Ecole Polytechnique)에서 공부하고 싶었습니다. 그러나 18세기에 여성은 에콜 폴리테크닉을 비롯한 거의 모든 대학교에서 공부할 수 없었습니다(당시 여성들은 정규 교육을 받지 못했습니다).

그러나 제르맹은 M. 르블랑이라는 가명을 사용하여 에콜 폴리테크닉의 일부 과정에 대한 강의노트를 얻었으며, 라그랑주, 가우스와 서신을 주고받았습니다. 처음에 그들은 M. 르블랑이 여성인 줄 몰랐기에, 나중에 제르맹의 정체를 알고 매우 놀랐습니다.

제르맹 소수는 위대한 프랑스 수학자인 제르맹의 이름을 따서 명명하였습니다. 여담으로 소피 제르맹은 $x^5+y^5=z^5$이 0이 아닌 정수해를 갖는 경우(페르마의 마지막 정리에서 $n=5$인 특수한 경우), 정수 (x, y, z) 중 하나가 반드시 5로 나누어진다는 것을 증명했습니다.

지수 n이 소수라 해도 메르센 수 2^n-1이 소수임을 보장하지 않는다는 것을 떠올려봅시다. 이번에는 지수 q가 소수로 제한되는 합성수인 메르센 수 2^q-1의 소인수를 찾아보겠습니다(앞 절에서는 합성수인 지수를 다루었습니다).

따름정리 4-20

q와 $p=2q+1$이 모두 소수이면, 다음이 성립합니다. 이때 q는 제르맹 소수입니다.

(a) $q \equiv -1 \pmod 4$이면, $p \mid (2^q-1)$입니다.

(b) $q \equiv 1 \pmod 4$이면, $p \mid (2^q+1)$입니다.

먼저 (a)에 대한 수치적 예를 살펴봅시다. $q=11 \equiv 3 \equiv -1 \pmod 4$라 하면, $p=(2\times 11)+1=23$이고 $p=23$과 $q=11$은 모두 소수입니다. (a)의 경우, $p \mid (2^q-1)$이므로 $23 \mid (2^{11}-1)$입니다. 23이 $2^{11}-1=2047$의 인수임을 확인해보세요.

증명

다음의 [명제 4-18(a)]를 이용하여 (a)를 증명합니다.

$p=2n+1$이 소수일 때, $p \equiv \pm 1 \pmod 8$이면 $p \mid (2^n-1)$입니다.

$p=2q+1$이고, $q \equiv -1 \pmod 4$가 주어져 있습니다.

? $q \equiv -1 \pmod 4$는 무엇을 의미할까요?

합동식의 정의에 의해, 다음과 같이 q는 4의 배수보다 1만큼 작다는 뜻입니다.

$$\text{일부 정수 } k\text{에 대하여, } q=4k-1$$

$q=4k-1$을 $p=2q+1$에 대입해봅시다.

$$\begin{aligned} p = 2q+1 &= 2(4k-1)+1 \\ &= 8k-2+1 = 8k-1 \equiv -1 \pmod 8 \end{aligned}$$

$p \equiv -1 \pmod 8$이므로, [명제 4-18(a)]에서 $n=q$를 적용합니다.

$$p \mid (2^q-1)$$

(a)의 증명을 완료했습니다. (b)는 4.4절 [연습문제 09]에서 증명합니다. ■

예제 4-20 **합성수인 $M_{251} = 2^{251} - 1$의 소인수를 찾아보세요(지수 251은 소수입니다).**

풀이

$q = 251$일 때, $p = 2q+1$이면 $p = (2 \times 251) + 1 = 503$입니다. 503이 소수인지 확인해야 합니다. $q = 251$과 $p = 503$은 모두 소수입니다. 그러므로 251은 제르맹 소수입니다. 또한 다음을 알 수 있습니다.

$$q = 251 \equiv 3 \equiv -1 \pmod 4$$

다음과 같은 [따름정리 4-20(a)]를 적용해봅시다.

$$q \equiv -1 \pmod 4\text{이면, } p \mid (2^q - 1)\text{입니다.}$$

$q = 251 \equiv -1 \pmod 4$이고 $p = 503$이므로 다음과 같습니다.

$$503 \mid (2^{251} - 1)$$

503은 메르센 수 $M_{251} = 2^{251} - 1$의 소인수입니다.

$M_{251} = 2^{251} - 1$은 76자릿수이고, [예제 4-20]에서 이 76자릿수의 소인수 503을 찾았습니다. [따름정리 4-20]이 합성수인 메르센 수의 소인수를 찾는 데 매우 효과적이라는 사실을 인식해야 합니다.

? M_{251}이 합성수라고 주어지지 않았다면, M_{251}이 합성수인지 어떻게 알 수 있을까요?

[따름정리 4-20]으로부터 $p \mid (2^q - 1)$임을 알 수 있고, 다음 명제를 통해 더 형식적으로 알 수 있습니다.

> **명제 4-21**
>
> $q(\neq 3)$가 제르맹 소수이고 $q \equiv -1 \pmod 4$이면, 메르센 수 $M_q = 2^q - 1$은 합성수이고 $p = 2q+1$에 대하여 $p \mid (2^q - 1)$입니다.

증명

4.4절 [연습문제 10]에서 증명합니다. ■

11과 251이 제르맹 소수이므로, 메르센 수 $M_{11} = 2^{11} - 1$과 $M_{251} = 2^{251} - 1$은 모두 합성수입니다. 또 다른 예를 들어보겠습니다. $q = 83 \equiv 3 \equiv -1 \pmod{4}$이고 $p = 2 \times 83 + 1 = 167$이라 합시다. 83과 167이 모두 소수임을 확인할 수 있습니다. 즉, 83이 제르맹 소수입니다. [따름정리 4-20(a)]의 $p \mid (2^q - 1)$에 의해 $167 \mid (2^{83} - 1)$임을 알 수 있습니다. 따라서 $M_{83} = 2^{83} - 1$은 합성수이고 소인수로 167을 가집니다.

합성수인 메르센 수의 소인수를 찾는 방법을 간단히 하기 위한 또 다른 방법을 살펴보겠습니다.

명제 4-22

q가 홀수인 소수일 때, 합성수인 메르센 수 $M_q = 2^q - 1$의 임의의 소인수 p는 정수 k에 대하여 $p = 2kq + 1$ 형태입니다.

증명

4.4절 [연습문제 18]에서 증명합니다. ■

이 명제는 메르센 수 $M_q = 2^q - 1$의 소인수 p의 형태가 $p = 2kq + 1$로 제한됨을 의미합니다. 다른 형태의 소수는 M_q의 인수가 아닙니다.

예를 들어 $M_{29} = 2^{29} - 1$을 생각해봅시다. 컴퓨터의 대수 시스템을 사용하여 이 정수의 소인수를 찾아봅시다.

$$M_{29} = 2^{29} - 1 = 233 \times 1103 \times 2089$$

소인수 233, 1103, 2089를 각각 다음과 같은 형태로 나타낼 수 있습니다.

$$2kq + 1 = (2 \times 29 \times k) + 1 = 58k + 1$$

따라서 다음과 같습니다.

$$\begin{aligned} k = 4\text{일 때,}\quad & 233 = 58k + 1 \\ k = 19\text{일 때,}\quad & 1103 = 58k + 1 \\ k = 36\text{일 때,}\quad & 2089 = 58k + 1 \end{aligned}$$

$M_{29} = 2^{29} - 1$의 모든 소인수는 $58k + 1$ 형태입니다. 그러므로 $2^{29} - 1$을 소인수분해하기 위해서 모든 소수 2, 3, 5, ⋯ 를 확인할 필요는 없습니다. $58k + 1$ 또는 $p \equiv 1 \pmod{58}$의 형태만 확인하면 됩니다.

? $58k+1$ 형태의 수 중에서 소수가 존재한다는 것을 어떻게 알 수 있을까요?

다음과 같은 [정리 2-17]의 디리클레의 정리를 통해 알 수 있습니다.

a, b가 서로소인 양의 정수이면,
등차수열 $a, a+b, a+2b, a+3b, \cdots$ 은 무한하게 많은 소수를 포함합니다.

$58k+1$의 경우, 1에서 시작해서 한 번에 58씩 뛰므로 다음과 같습니다.

$1, 59, 117, 175, 233, \cdots$ 은 무한하게 많은 소수를 포함합니다.

다음 명제를 사용하면 이 과정이 훨씬 쉬워집니다.

명제 4-23

q가 홀수인 소수이면 $M_q = 2^q - 1$의 임의의 소인수 p는 다음과 같은 형태입니다.

$$p \equiv \pm 1 \pmod 8$$

증명

7.3절 [연습문제 14]에서 증명합니다. ■

$M_{29} = 2^{29} - 1$의 소인수는 다음을 만족합니다.

$$233 \equiv 2089 \equiv 1 \pmod 8, \quad 1103 \equiv -1 \pmod 8$$

$p = 2kq+1$에 대하여, $k = 1, 2, 3, \cdots$ 을 대입하면 p가 소수임을 확인해보세요. $k=1$일 때 p가 소수이면 $p = 2q+1$이므로, q는 제르맹 소수입니다.

예제 4-21 **합성수인 제르맹 수 $M_{37} = 2^{37} - 1$의 소인수를 구해보세요.**

풀이

p를 지수가 $q = 37$인 $M_{37} = 2^{37} - 1$의 소인수라고 합시다. 37은 소수입니다. [명제 4-22]에 의하면 소인수 p는 다음과 같은 형태입니다.

$$p = (2 \times k \times q) + 1 = (2 \times 37 \times k) + 1 = 74k + 1, \text{ 즉 } p \equiv 1 \pmod{74}$$

변수 k에 따라 $p = 74k+1$을 나열하면서 p가 소수이고 $p \equiv \pm 1 \pmod 8$을 만족하는지 확인합니다.

$$p = (74 \times 1) + 1 = 75 \quad \Rightarrow \quad p\text{는 소수가 아닙니다.}$$
$$p = (74 \times 2) + 1 = 149 \quad \Rightarrow \quad p\text{는 소수입니다(확인해보세요).}$$

소수 $p = 149$는 $p \equiv \pm 1 \pmod 8$도 만족해야 합니다. $p = 149 \equiv 5 \pmod 8$임을 알 수 있습니다. 이 p는 M_{37}의 소인수가 될 수 없습니다. 왜냐하면 $p \equiv 5 \not\equiv \pm 1 \pmod 8$이기 때문입니다.

다음으로 $k = 3$을 $p = 74k + 1$에 대입해봅시다.

$$p = (74 \times 3) + 1 = 223 \quad \Rightarrow \quad p\text{는 소수입니다.}$$

또한 $223 \equiv 7 \equiv -1 \pmod 8$입니다. $p = 223$은 두 조건 'p는 소수'와 '$p \equiv \pm 1 \pmod 8$'을 모두 만족하므로, 223은 합성수인 $M_{37} = 2^{37} - 1$의 소인수입니다(다른 소인수는 616318177이고, 따라서 $M_{37} = 2^{37} - 1 = 223 \times 616318177$입니다).

1640년 6월, 페르마는 메르센 신부에게 편지를 보내 $M_{37} = 2^{37} - 1$을 인수분해했음을 알렸습니다. 페르마는 2, 3, 5, ⋯ 와 같은 모든 소수를 거치지 않고 $p = 74k + 1 = 149, 233, \cdots$ 의 형태로만 이 메르센 수를 인수분해하였습니다.

메르센 소수와 마찬가지로 제르맹 소수가 무한하게 많은가에 대한 질문은 여전히 풀리지 않은 채로 남아 있습니다. 2016년 3월을 기준으로, 이때까지 알려진 가장 큰 제르맹 소수는 다음과 같습니다.

$$p = (2618163402417 \times 2^{1290000}) - 1$$

당시 알려진 가장 큰 제르맹 소수는 2005년에 개봉한 영화 『Proof』에서도 언급된 바 있습니다.

핵심요약

- 메르센 수 M_n은 $M_n = 2^n - 1$입니다. 이 절에서는 합성수인 메르센 수에 대하여 다음과 같은 인수분해 결과를 얻었습니다.

  $p \equiv 2n+1$ — $p \equiv \pm 1 \pmod 8$ — $p \mid M_n = (2^n - 1)$

  $p \equiv 2n+1$ — $p \equiv \pm 3 \pmod 8$ — $p \mid (2^n + 1)$

- $q(\neq 3)$를 제르맹 소수라 할 때, 다음이 성립합니다.

  $q \equiv -1 \pmod 4$ — $(2q+1) \mid (2^q - 1)$

- p와 q가 소수라 할 때, 다음이 성립합니다.

  $p \equiv 2kq+1$ — $M_q \equiv 2^q - 1$의 임의의 소인수 p는 $p \equiv \pm 1 \pmod 8$ 형태입니다.

4.4 연습문제

01. 다음 정수의 3보다 큰 소인수를 구해보세요.

(a) 2^6+1 (b) $2^{14}+1$

(c) $2^{15}-1$ (d) $2^{20}-1$

(e) $2^{114}+1$ (f) $2^{504}-1$

02. 다음과 같은 합성수인 메르센 수 M_q의 소인수를 구해보세요.

(a) M_{43} (b) M_{73}

? 이 메르센 수 중 제르맹 소수인 지수를 갖는 수는 무엇일까요?

03. 다음과 같은 메르센 수 M_q의 소인수를 구해보세요.

(a) M_{83} (b) M_{131}

(c) M_{179} (d) M_{191}

? 이 메르센 수 중 제르맹 소수인 지수를 갖는 수는 무엇일까요?

04. 합성수인 메르센 수 M_{79}의 소인수를 구해보세요(이 수의 인수를 찾으려면 끈기가 있어야 합니다).

05. 78511(소수)이 합성수인 메르센 수 $2^{2617}-1$의 인수임을 보이세요.

06. 다음 수가 소수임을 보이세요.

(a) $M_{13}=2^{13}-1$

(b) $M_{17}=2^{17}-1$

07. 다음 단계에서 첫 번째 오류를 찾고, 그렇게 생각한 이유를 적어보세요.

A단계 $2^{193}-1$의 소인수 q는 $q=(2\times 193\times k)+1=386k+1$ 형태입니다.

B단계 $q=386k+1$에 $k=1$을 대입하면, $q=387$이고 합성수입니다.

C단계 $q=386k+1$에 $k=2$를 대입하면, $q=773$이고 소수입니다.

D단계 그러므로 773이 $2^{193}-1$의 소인수입니다.

08. 다음 단계에서 첫 번째 오류를 찾고, 그렇게 생각한 이유를 적어보세요.

A단계 $2^{49}-1$의 소인수 q는 $q=(2\times 49\times k)+1=98k+1$ 형태입니다.

B단계 $q=98k+1$에 $k=1$을 대입하면, $q=99$이고 합성수입니다.

C단계 $q=98k+1$에 $k=2$을 대입하면, $q=197$이고 소수입니다.

D단계 그러므로 197이 $2^{49}-1$의 소인수입니다.

09. [따름정리 4-20(b)]를 증명해보세요.

10. [명제 4-21]을 증명해보세요.

11. 다음 정수의 소인수를 찾아 합성수임을 보이세요.

(a) $2^{41}+1$ (b) $2^{53}+1$

12. 다음 물음에 답해보세요.

(i) 239가 제르맹 소수임을 보이세요.

(ii) $2^{239}-1$이 합성수인 메르센 수임을 보이고, $2^{239}-1$의 소인수를 구해보세요.

(iii) $2^{239}-1$의 또 다른 소인수를 구해보세요.

13. 소수인 지수 1559에 대하여, $M_{1559}=2^{1559}-1$의 소인수를 구해보세요.

***14.** 다음 단계에서 첫 번째 오류를 찾고, 그렇게 생각한 이유를 적어보세요.

> A단계 $2^{61}-1$의 소인수 p는 $p=122k+1$ 형태입니다.
>
> B단계 $k=1$이면, $p=123$이고 합성수입니다.
>
> C단계 $k=2$이면, $p=245$이고 합성수입니다.
>
> D단계 $k=3$이면, $p=367$이고 소수입니다.
>
> E단계 $p=367\equiv -1 \pmod 8$입니다. 따라서 $p=367$은 $2^{61}-1$의 소인수입니다.

15. $n(>1)$이 2의 거듭제곱이 아니라면, 2^n+1이 합성수임을 증명해보세요. n이 2의 거듭제곱이면, 2^n+1은 페르마 수입니다.

힌트 n이 홀수이면,

$$x^n+1=(x+1)(x^{n-1}-x^{n-2}+x^{n-3}-x^{n-4}+\cdots-x+1)$$

16. 다음 물음에 답해보세요.

(a) $p\ge 1$에 대하여 $8p+7$이 소수이면, $2^{4p+3}-1$이 합성수임을 증명해보세요.

(b) $n>1$에 대하여 $q=4n-1$과 $p=8n-1$이 모두 소수이면, $p \mid (2^q-1)$임을 증명해보세요.

17. 41이 제르맹 소수임을 보이세요. 그리고 $(2\times 41)+1=83$이 $2^{41}-1$의 인수가 아닌 이유를 설명해보세요.

****18.** [명제 4-22]를 증명해보세요. 3장 [종합문제 3.15]에 제시된 다음 결과를 활용해보세요.

> $\gcd(a, n)=1$이고,
> k가 $a^k\equiv 1 \pmod n$을 만족하는
> 가장 작은 양의 정수라 하면,
> $a^h\equiv 1 \pmod n \iff k \mid h$

4.5 완전수와 시그마 함수

학습목표

- 주어진 메르센 수가 소수인지 아닌지를 판별할 수 있습니다.
- 완전수의 개념을 이해할 수 있습니다.
- 시그마 함수를 완전수, 소수와 연결지을 수 있습니다.

가장 유용한 소수는 메르센 소수입니다. 1970년대 후반까지만 해도 메르센 소수는 27개밖에 알려지지 않았지만, 그 후 2017년 말까지 50개가 발견되었습니다. 2019년 1월 기준으로 가장 큰 소수는 다음과 같은 메르센 소수 M_p입니다.

$$M_{82589933} = 2^{82589933} - 1 \quad \text{(지수 82589933은 소수)}$$

$M_{82589933} = 2^{82589933} - 1$은 2천4백만 자리가 넘습니다. 앞 절에서 언급한 GIMPS를 사용하여 이 소수를 발견했습니다.

? 어떻게 이 소수를 찾았을까요?

뤼카-레머 판별법(Lucas-Lehmer test)을 사용하여 찾았습니다.

> **정리 4-24 뤼카-레머 메르센 소수 판별법**
>
> 메르센 수 $M_p = 2^p - 1$이 소수입니다.
>
> $\Leftrightarrow$ 정수 $k \geq 1$에 대하여 S_k가 $S_0 = 4$와 $S_k \equiv S_{k-1}^2 - 2 \pmod{M_p}$를 만족하는 음이 아닌 최소의 잉여일 때, $S_{p-2} \equiv 0 \pmod{M_p}$입니다.

이 판별법은 정수론의 발전 분야인 계산 정수론의 일부입니다. 4.5절 [연습문제 01]에서 이 판별법을 $2^{13} - 1$에 적용해보세요.

전자 프런티어 재단(Electronic Frontier Foundation)은 큰 소수를 찾은 개인이나 그룹에게 다음과 같은 보상을 제공합니다.

- 최소 1억 자리의 소수를 맨 처음 발견하는 개인 또는 그룹에게 150,000달러를 제공합니다.
- 10억 자리 이상의 소수를 맨 처음 발견하는 개인 또는 그룹에게 250,000달러를 제공합니다.

이 절에서는 메르센 소수를 사용하여 (짝수) 완전수를 구성해보려고 합니다.

4.5.1 완전수

여기서는 완전수가 메르센 소수와 밀접한 관련이 있음을 보이려고 합니다. 완전수는 이미 2,000여년 전에 알려진 수이지만, 고대 그리스 시대 이후로 1500년대에 이르기까지 잊혀진 수였습니다. 1500년대 이후 카탈디, 페르마, 데카르트, 메르센이 완전수를 연구하면서 비로소 이 수가 세상에 드러났습니다.

완전수를 정의하기 전에 진약수(진인수)를 정의해야 합니다.

정의 4-25 진약수

임의의 수 n의 **진약수**(proper divisor)는 자기 자신인 n을 제외한 n의 모든 양의 약수입니다.

예를 들어 12의 진약수는 12를 제외한 1, 2, 3, 4, 6입니다.

? 30의 진약수는 무엇일까요?

1, 2, 3, 5, 6, 10, 15 (30은 제외)

? 6의 진약수는 무엇일까요?

6의 진약수는 1, 2, 3이고, 이를 모두 더하면 $1+2+3=6$입니다.

? 28의 진약수는 무엇일까요?

1, 2, 4, 7, 14입니다. 28의 진약수를 모두 더하면 $1+2+4+7+14=28$입니다.

? 마지막 두 예를 통해, 진약수의 합에 대해 무엇을 알 수 있나요?

6과 28의 경우, 진약수의 합은 각각 6, 28입니다. 6과 28은 완전수의 예에 해당합니다.

정의 4-26 완전수

자연수 n의 모든 진약수의 합이 n이면, 이 자연수 n을 **완전수**(perfect number)라고 합니다.

$d_1, d_2, d_3, \cdots, d_k$가 n의 모든 진약수이고 $d_1+d_2+d_3+\cdots+d_k=n$이면, n은 완전수입니다. 496도 완전수입니다. 496의 진약수는 다음과 같습니다.

$$1, 2, 4, 8, 16, 31, 62, 124, 248$$

이 모든 수를 더하면 다음과 같습니다.

$$1+2+4+8+16+31+62+124+248=496$$

? 왜 이런 수들을 완전수라고 부를까요?

12는 **과잉수**(abundant number)의 예입니다. 12의 진약수는 1, 2, 3, 4, 6이며 이들의 합은 12보다 크기 때문이죠.

$$1+2+3+4+6=16,\ \ 16>12$$

그리스인들은 한 손에 5개 이상의 손가락이 있는 동물에 과잉수를 비유했습니다. 10은 진약수 1, 2, 5의 합이 10보다 작으므로 **부족수**(deficient number)의 예입니다.

$$1+2+5=8,\ \ 8<10$$

그리스인들은 한 손에 5개 미만의 손가락이 있는 동물에 부족수를 비유했습니다.[6]

$d_1, d_2, d_3, \cdots, d_k$를 n의 진약수라 하면, 다음과 같습니다.

- $d_1+d_2+d_3+\cdots+d_k>n$이면, n은 과잉수입니다.
- $d_1+d_2+d_3+\cdots+d_k<n$이면, n은 부족수입니다.

6의 진약수의 합은 정확히 6입니다. 따라서 6을 완전수라고 합니다. 이제 자연스럽게 다음과 같은 질문으로 이어집니다.

? 완전수를 어떻게 찾을 수 있을까요? 이 수를 찾을 수 있는 공식이 있을까요? 아니면 진약수를 더하는 방식으로 각각의 수를 확인해봐야 할까요?

이제 설명하겠지만, 짝수인 완전수를 찾는 공식이 있습니다.

그리스 수학자인 유클리드(Euclid, B.C. 300)는 다음 결과를 언급하고 이를 증명하였습니다.

정리 4-27

p가 소수이고 메르센 수 2^p-1이 소수라면, 다음과 같습니다.

$$N=2^{p-1}\underbrace{(2^p-1)}_{\text{소수}}\text{은 완전수입니다.}$$

이 정리를 증명하기 전에, 몇 가지 완전수 N을 살펴봅시다.

소수 $p=2$에 대하여, $2^{2-1}(2^2-1)=6$
소수 $p=3$에 대하여, $2^{3-1}(2^3-1)=28$
소수 $p=5$에 대하여, $2^{5-1}(2^5-1)=496$
소수 $p=7$에 대하여, $2^{7-1}(2^7-1)=8128$
소수 $p=13$에 대하여, $2^{13-1}(2^{13}-1)=33550336$

6 http://www-history.mcs.st-and.ac.uk/HistTopics/Perfect_numbers.html

역사상 가장 위대한 수학자 중 한 명인 유클리드 이후 2,000년이 지나서 오일러(Euler)는 [정리 4-27]의 역도 참임을 증명했습니다.

정리 4-29

짝수인 모든 완전수는 다음과 같은 형태입니다.

$$N = 2^{p-1}(2^p - 1)$$

이때 $(2^p - 1)$은 소수입니다.

증명

4.5절 [연습문제 09]에서 증명합니다. ■

[정리 4-29]를 통해 자연스럽게 다음 질문이 떠오릅니다.

? 홀수인 완전수가 존재할까요?

모릅니다. 아무도 찾지 못했지만, 이 말이 곧 홀수인 완전수가 없다는 의미는 아닙니다. 이는 수학에서 가장 오래된 추정 중 하나입니다. 직관적으로는 존재하지 않는다고 봅니다. 이 절의 뒷 부분에 있는 [예제 4-24]를 참고하세요.

4.5.2 시그마 함수

이제 시그마 함수를 소개하면서 이 함수가 완전수, 소수와 관련이 있음을 이야기하려고 합니다.

정의 4-30 시그마 함수

자연수 n의 **시그마 함수**(sigma function) $\sigma(n)$은 n의 모든 양의 약수의 합입니다. n의 모든 약수를 $d_1, d_2, \cdots, d_k$라 하면 다음과 같습니다.

$$\sigma(n) = d_1 + d_2 + \cdots + d_k$$

시그마 함수 $\sigma(n)$은 때로 **약수의 합 함수**(sum-of-divisors function)로 부르기도 합니다. 2.1절 [연습문제 12]에서 이 내용을 약식으로 다룬 바 있습니다.

예제 4-22 다음을 구해보세요.

(a) $\sigma(10)$ (b) $\sigma(12)$ (c) $\sigma(28)$ (d) $\sigma(31)$

풀이

(a) 10의 양의 약수는 1, 2, 5, 10입니다. 이 약수를 모두 합하면 다음과 같습니다.

$$\sigma(10) = 1 + 2 + 5 + 10 = 18$$

(b) 12의 양의 약수는 1, 2, 3, 4, 6, 12입니다. 이 약수를 모두 합하면 다음과 같습니다.

$$\sigma(12) = 1 + 2 + 3 + 4 + 6 + 12 = 28$$

(c) 28의 양의 약수는 1, 2, 4, 7, 14, 28입니다. 이 약수를 모두 합하면 다음과 같습니다.

$$\sigma(28) = 1 + 2 + 4 + 7 + 14 + 28 = 56$$

(d) 31은 소수이므로 약수는 1과 31뿐입니다. 이 두 수를 더하면 다음과 같습니다.

$$\sigma(31) = 1 + 31 = 32$$

4.5.3 시그마 함수의 성질

[예제 4-22]에서 살펴본 $\sigma(31) = 32$를 주목합시다.

? 소수의 시그마 함수는 어떤 형태일까요?

소수 p의 약수는 1과 p뿐입니다. 그러므로 다음과 같습니다.

$$\sigma(p) = p + 1$$

명제 4-31 소수의 시그마 함수

p는 소수입니다. $\Leftrightarrow$ $\sigma(p) = p + 1$

증명

4.5절 [연습문제 10]에서 증명합니다. ■

[예제 4-22(c)]에서 $\sigma(28) = 56 = 2 \times 28$입니다. 앞에서 28이 완전수의 정의를 만족했음을 기억해봅시다.

? 완전수 n의 시그마 함수는 어떤 형태일까요?

$\sigma(n) = 2n$입니다.

명제 4-32 완전수의 시그마 함수

n이 완전수이면, $\sigma(n) = 2n$입니다.

증명

주어진 n의 진약수를 $d_1, d_2, \cdots, d_{k-1}$이라 합시다. n 또한 n의 약수입니다. n이 완전수라고 하였으므로 다음과 같습니다.

$$\sigma(n) = \underbrace{d_1 + d_1 + \cdots + d_k}_{= n\ (n\text{이 완전수이므로})} + n = n + n = 2n \qquad \blacksquare$$

그렇다면 6과 496도 완전수이므로 $\sigma(6) = 2 \times 6 = 12$, $\sigma(496) = 2 \times 496 = 992$입니다.

? $\sigma(561)$은 어떻게 계산할까요?

561은 소수도 아니고 완전수도 아닙니다. $\sigma(561)$을 계산하려면 승법적 성질을 사용해야 합니다. 시그마 함수는 승법적입니다.

? '승법적'이 의미하는 것은 무엇일까요?

정의 4-33 승법적

양의 정수 $n = a \times b$에 대하여 일반적인 함수 $f(n)$가 다음을 만족하면 **승법적**(multiplicative)이라고 합니다.

$$\gcd(a, b) = 1\text{일 때, } f(a \times b) = f(a) \times f(b)\text{입니다.}$$

4.5.4절에서 함수 $\sigma(n)$이 승법적임을 증명합니다. 즉, 시그마 함수의 다음 성질을 확인합니다.

$p_i (1 \le i \le m)$가 서로 다른 소수일 때, $n = p_1^{k_1} \times p_2^{k_2} \times p_3^{k_3} \times \cdots \times p_m^{k_m}$이면 다음이 성립합니다.

$$\sigma(n) = \sigma(p_1^{k_1} \times p_2^{k_2} \times p_3^{k_3} \times \cdots \times p_m^{k_m}) = \sigma(p_1^{k_1}) \times \sigma(p_2^{k_2}) \times \sigma(p_3^{k_3}) \times \cdots \times \sigma(p_m^{k_m})$$

? $\sigma(561)$을 계산하는 데 승법적이라는 성질이 어떻게 도움이 될까요?

561의 모든 약수를 구하지 않아도 됩니다.

예제 4-23 $\sigma(561)$을 구해보세요.

풀이

먼저 561을 소인수분해합니다(561이 3, 11로 나누어진다는 것은 적절한 판별법을 활용하여 쉽게 알 수 있습니다).

$$561 = 3 \times 11 \times 17$$

3, 11, 17은 명백하게 다른 소수입니다. $\sigma(n)$이 승법적이라고 가정하면 다음과 같습니다.

$$\begin{aligned}\sigma(561) &= \sigma(3 \times 11 \times 17) = \sigma(3) \times \sigma(11) \times \sigma(17) \\ &= 4 \times 12 \times 18 = 864 \quad (\sigma(p) = p + 1\text{이므로})\end{aligned}$$

$\sigma(561) = 864$는 무엇을 의미할까요?

561의 모든 양의 약수를 더하면 864가 된다는 의미입니다. 즉, 561의 진약수의 합은 303이므로 561은 부족수입니다. 부족수 n에 대하여 $\sigma(n) < 2n$입니다. 4.5절 [연습문제 03]을 참고하세요.

[예제 4-23]에서 561의 모든 약수를 나열하여 더하지 않고도, $\sigma(561)$을 쉽게 구하였습니다. 하지만 n을 소인수분해할 수는 있어야 합니다.

이제 p가 소수이고 k가 양의 정수일 때, $\sigma(p^k)$을 구하려고 합니다.

명제 4-34

p가 소수이고 k가 양의 정수일 때, 다음과 같습니다.

$$\sigma(p^k) = \frac{p^{k+1} - 1}{p - 1}$$

소수 p에 대하여, p^k의 모든 양의 약수를 나열하면 다음과 같습니다.

$$1, p, p^2, \cdots, p^{k-1}, p^k$$

이 약수들을 모두 더하면 $\sigma(p^k)$입니다.

$$\sigma(p^k) = 1 + p + p^2 + \cdots + p^k = \frac{1(1 - p^{k+1})}{1 - p} \quad \left(a + ar + ar^2 + \cdots + ar^{n-1} = \frac{a(1 - r^n)}{1 - r}\text{에서 } a = 1,\ r = p,\ n = k + 1\right)$$

$$= \frac{p^{k+1} - 1}{p - 1} \quad (\text{분모, 분자에 모두 } -1\text{을 곱함})$$

$\sigma(p^k) = \dfrac{p^{k+1}-1}{p-1}$ 임을 보였으므로 증명을 완료했습니다. ■

예제 4-24 $\sigma(945)$를 구해보세요.

풀이

$945 = 5 \times 189 = 5 \times 9 \times 21 = 5 \times 3^2 \times 3 \times 7 = 3^3 \times 5 \times 7$로 소인수분해합니다. 이 소수들은 모두 다르므로 시그마 함수의 승법적 성질을 사용합니다.

$$\begin{aligned}\sigma(945) &= \sigma(3^3 \times 5 \times 7) = \sigma(3^3) \times \sigma(5) \times \sigma(7) \\ &= \left(\frac{3^{3+1}-1}{3-1}\right) \times 6 \times 8 = (40) \times 48 = 1920\end{aligned}$$

따라서 $\sigma(945) = 1920$입니다. 즉, 945의 모든 양의 약수를 더하면 1920이므로, 945는 과잉수입니다. 직관적으로는 홀수인 945가 자기 자신의 절반 크기인 약수를 가질 수 없으므로, 홀수는 과잉수가 될 수 없다고 생각할 수 있습니다. 그러나 945는 1000 미만의 수 중 유일한 과잉수인 홀수입니다.

과잉수 n에 대하여 $\sigma(n) > 2n$임을 4.5절 [연습문제 03]을 통해 알 수 있습니다.

4.5.4 시그마 함수의 승법적 성질

여기서는 시그마 함수 $\sigma(n)$이 승법적임을 증명하겠습니다.

명제 4-35

서로 다른 소수 p, q에 대하여 $n = p^k \times q^m$이라 하면, 다음과 같습니다.

$$\sigma(n) = \sigma(p^k \times q^m) = \sigma(p^k) \times \sigma(q^m)$$

증명

p, q가 서로 다른 소수이므로 2.1절 [연습문제 05(ii)]에 의해 다음과 같습니다.

$$\gcd(p^k, q^m) = 1$$

서로 다른 소수 p, q에 대하여 $n = p^k \times q^m$의 인수를 나열해보고, 등비수열 합 공식 (4-28)을 사용하여 이들을 더합니다.

인수	인수들의 나열	인수들의 합
p^k의 인수	$1, p, p^2, \cdots, p^{k-1}, p^k$	$\dfrac{p^{k+1}-1}{p-1}$
q^m의 인수	$q, q^2, \cdots, q^{m-1}, q^m$	$q\left(\dfrac{q^m-1}{q-1}\right)$
$p\times q^m$의 인수	$pq, pq^2, \cdots, pq^{m-1}, pq^m$	$pq\left(\dfrac{q^m-1}{q-1}\right)$
$p^2\times q^m$의 인수	$p^2q, p^2q^2, \cdots, p^2q^{m-1}, p^2q^m$	$p^2q\left(\dfrac{q^m-1}{q-1}\right)$
⋮	⋮	⋮
$p^k\times q^m$의 인수	$p^kq, p^kq^2, \cdots, p^kq^{m-1}, p^kq^m$	$p^kq\left(\dfrac{q^m-1}{q-1}\right)$

위의 표에서 회색 음영 처리된 부분의 수들을 더해봅시다.

$$
\begin{aligned}
q\left(\frac{q^m-1}{q-1}\right)+pq\left(\frac{q^m-1}{q-1}\right)+p^2q\left(\frac{q^m-1}{q-1}\right)+\cdots+p^kq\left(\frac{q^m-1}{q-1}\right)&\\
=q\left(\frac{q^m-1}{q-1}\right)\underbrace{[1+p+p^2+\cdots+p^k]}_{=\frac{p^{k+1}-1}{p-1}} & \quad \left(q\left(\frac{q^m-1}{q-1}\right)\text{로 묶기}\right)\\
=q\left(\frac{q^m-1}{q-1}\right)\left(\frac{p^{k+1}-1}{p-1}\right) & \quad (*)
\end{aligned}
$$

위 표에서 인수들의 합의 첫 번째 항인 $\dfrac{p^{k+1}-1}{p-1}$을 합 $(*)$에 더합니다.

$$
\begin{aligned}
\sigma(p^k\times q^m)&=q\left(\frac{q^m-1}{q-1}\right)\left(\frac{p^{k+1}-1}{p-1}\right)+\left(\frac{p^{k+1}-1}{p-1}\right)\\
&=\left(\frac{p^{k+1}-1}{p-1}\right)\left[q\left(\frac{q^m-1}{q-1}\right)+1\right] \quad \left(\left(\frac{p^{k+1}-1}{p-1}\right)\text{로 묶기}\right)\\
&=\left(\frac{p^{k+1}-1}{p-1}\right)\left(\frac{q^{m+1}-q+q-1}{q-1}\right)\\
&=\left(\frac{p^{k+1}-1}{p-1}\right)\left(\frac{q^{m+1}-1}{q-1}\right)
\end{aligned}
$$

[명제 4-34]를 사용하여 $\sigma(p^k)$, $\sigma(q^m)$을 구하면 다음과 같습니다.

$$\sigma(p^k)=\frac{p^{k+1}-1}{p-1},\quad \sigma(q^m)=\frac{q^{m+1}-1}{q-1}$$

$\sigma(p^k) = \dfrac{p^{k+1}-1}{p-1}$, $\sigma(q^m) = \dfrac{q^{m+1}-1}{q-1}$을 앞에서 살펴본 $\sigma(p^k \times q^m)$의 계산식에 대입합니다.

$$\sigma(p^k \times q^m) = \left(\frac{p^{k+1}-1}{p-1}\right) \times \left(\frac{q^{m+1}-1}{q-1}\right) = \sigma(p^k) \times \sigma(q^m)$$ ■

명제 4-36

서로 다른 소수 p_j에 대하여 자연수 n의 소인수분해를 $n = p_1^{k_1} \times p_2^{k_2} \times p_3^{k_3} \times \cdots \times p_m^{k_m}$이라 하면 다음과 같습니다.

$$\sigma(n) = \sigma(p_1^{k_1} \times p_2^{k_2} \times p_3^{k_3} \times \cdots \times p_m^{k_m}) = \sigma(p_1^{k_1}) \times \sigma(p_2^{k_2}) \times \sigma(p_3^{k_3}) \times \cdots \times \sigma(p_m^{k_m})$$

즉, 시그마 함수 $\sigma(n)$은 승법적입니다.

증명

4.5절 [연습문제 11]에서 증명합니다. ■

핵심요약

- 자연수 n의 진약수의 합이 n과 같을 때, n을 완전수라고 합니다. 메르센 소수를 사용하여 짝수인 완전수를 만들 수 있습니다.
- 시그마 함수 $\sigma(n)$의 승법적 성질을 사용하여 n의 약수들의 합을 알려주는 $\sigma(n)$을 계산할 수 있습니다. 또한 $\sigma(n)$은 n이 소수인지, 완전수인지, 과잉수인지, 부족수인지 알려줍니다.
- 서로 다른 소수 p, q에 대하여 $n = p \times q$라면, $\sigma(n) = \sigma(p) \times \sigma(q)$입니다.

4.5 연습문제

01. 뤼카-레머의 메르센 소수 판별법을 사용하여 다음 수가 소수인지 판별해보세요.

$$M_{13} = 2^{13} - 1$$

02. 다음을 구해보세요.

(a) $\sigma(15)$ (b) $\sigma(77)$

(c) $\sigma(171)$ (d) $\sigma(200)$

03. 다음을 증명해보세요. 그리고 이 결과를 이용하여 [연습문제 02]의 수들이 완전수인지, 과잉수인지, 부족수인지 판단하여 분류해보세요.

(a) n이 과잉수입니다. $\Leftrightarrow$ $\sigma(n) > 2n$

(b) n이 부족수입니다. $\Leftrightarrow$ $\sigma(n) < 2n$

(c) n이 완전수입니다. $\Leftrightarrow$ $\sigma(n) = 2n$

04. $\sigma(500)$을 구해보세요.

05. 소수는 부족수임을 증명해보세요.

06. 다음 내용이 거짓임을 증명해보세요.

> 짝수는 과잉수입니다.

07. 다음 내용이 거짓임을 증명해보세요.

> 각 자릿수에 대한 완전수가
> 하나는 있습니다.

08. 다음 물음에 답해보세요.

(a) $\sigma(2^n) = 2^{n+1} - 1$임을 증명해보세요.

(b) 소수 p에 대하여 $\sigma(p^n) = p^{n+1} - 1$임을 증명해보세요.

****09.** [정리 4-29]를 증명해보세요.

10. [명제 4-31]을 증명해보세요.

11. [명제 4-36]을 증명해보세요.

12. 다음 물음에 답해보세요.

(a) p가 소수일 때, $\sigma(p^3) = (p^2+1)(p+1)$임을 증명해보세요.

(b) p가 소수일 때, $\sigma(p^5) = (p^2-p+1)(p^2+p+1)(p+1)$임을 증명해보세요.

13. 다음 물음에 답해보세요.

(i) 2^{2k}의 마지막 자릿수가 4 또는 6임을 증명해보세요.

*(ii) 짝수인 모든 완전수의 마지막 자릿수는 6 또는 8임을 증명해보세요.

14. p가 홀수인 소수라면, $2^{p-1}(2^p-1) \equiv 1 \pmod 9$임을 증명해보세요.

***15.** 다음 주장에서 오류를 찾아보세요.

> N을 완전수라고 합시다.
> 2^p-1이 소수일 때
> $N = 2^{p-1}(2^p-1)$이므로,
> 모든 완전수는 짝수입니다.

16. N이 완전수일 때, 다음을 증명해보세요.

(a) $m > 1$일 때, $m \times N$은 과잉수입니다.

(b) d가 N의 자명하지 않은 인수이면, $\frac{N}{d}$은 부족수입니다.

4장 종합문제

4.1 다음 합동 산술에 대하여 곱셈에 대한 역원을 음이 아닌 최소 잉여로 구해보세요.

(a) $10 \pmod{101}$

(b) $125 \pmod{127}$

(c) $540! \pmod{541}$

4.2 다음 물음에 답해보세요.

(i) 다음을 만족하는 음이 아닌 최소의 잉여 $x \pmod{29}$를 구해보세요.

$$x \equiv 10^{27} \pmod{29}$$

(ii) 다음 선형합동식의 해를 구해보세요.

$$10x \equiv 9 \pmod{29}$$

4.3 다음을 만족하는 음이 아닌 최소의 잉여 $x \pmod{11}$을 구해보세요.

$$7^{1000003} \equiv x \pmod{11}$$

4.4 다음 물음에 답해보세요.

(i) $30 \pmod{31}$의 곱셈에 대한 역원을 구해보세요.

(ii) 다음을 만족하는 음이 아닌 최소의 잉여 $x \pmod{31}$을 구해보세요.

$$5(29!) \equiv x \pmod{31}$$

4.5 $11! \pmod{13}$의 곱셈에 대한 역원을 구해보세요.

4.6 p가 소수일 때 $(p-3)! \pmod{p}$의 곱셈에 대한 역원은 $(p-2) \pmod{p}$임을 증명해보세요.

4.7 다음 정수들을 소인수분해해보세요.

(a) $2^{14}-1$

(b) $2^{15}-1$

(c) $2^{16}-1$

4.8 다음 물음에 답해보세요.

(a) 31이 $2^{5n}-1$의 인수임을 보이세요.

(b) 2047이 $2^{1100001111}-1$의 인수임을 보이세요. 그리고 이 수의 또 다른 인수를 구해보세요.

4.9 m, n, a를 1보다 큰 양의 정수라고 합시다. $m \mid n$이면, 다음이 성립함을 증명해보세요.

$$(a^m-1) \mid (a^n-1)$$

힌트 $a^{rs}-1=(a^r-1)(a^{r(s-1)}+a^{r(s-2)}+a^{r(s-3)}+\cdots+a^r+1)$

4.10 다음 물음에 답해보세요.

(a) 계산기를 사용하지 않고, $5^{11}-1$이 $5^{55}-1$의 인수임을 보이세요.

(b) $5^{10}-1$을 소인수분해해보세요.

4.11 $10^5+1=100001$을 인수분해해보세요.

힌트 n이 홀수이면,

$$x^n+1=(x+1)(x^{n-1}-x^{n-2}+x^{n-3}-x^{n-4}+\cdots-x+1)$$

*__4.12__ 합성수 1111111111의 인수를 3개 이상 구해보세요.

4.13 e가 짝수인 정수일 때, $\frac{1}{9}(10^e-1)$이 11로 나누어 떨어짐을 보이세요.

4.14 $10^{2n} \equiv 1 \pmod{99}$임을 보이세요.

4.15 유사소수와 카마이클 수의 차이를 설명해보세요. 그리고 4369가 유사소수임을 보이세요.

4.16 1105가 카마이클 수임을 보이세요.

4.17 p와 q가 서로 다른 소수일 때, $p^{q-1}+q^{p-1} \equiv 1 \pmod{pq}$임을 증명해보세요.

4.18 p가 홀수인 소수일 때, $p \mid (2^{p-1}-1)$임을 증명해보세요.

4.19 다음 물음에 답해보세요.

*(i) $1 \le r \le n$일 때, ${}_n\mathrm{C}_r = \frac{n!}{r!(n-r)!}$입니다. 소수 p에 대하여 $1 \le k < p$일 때, ${}_p\mathrm{C}_k \equiv 0 \pmod{p}$임을 증명해보세요.

(ii) 소수 p에 대하여, $(a+b)^p \equiv a^p+b^p \pmod{p}$임을 증명해보세요.

(iii) 소수 p에 대하여, $(a_1+a_2+\cdots+a_n)^p \equiv a_1^p+a_2^p+\cdots+a_n^p \pmod{p}$임을 증명해보세요.

****4.20** 소수 p에 대하여 $a \equiv b \pmod{p}$이면, $a^p \equiv b^p \pmod{p^2}$임을 증명해보세요.

4.21 다음 결과가 거짓임을 증명해보세요.

$$x^n \equiv x \pmod{n}$$

4.22 다음 결과가 성립함을 증명해보세요.

> 합성수인 정수 n에 대하여 $P_{n-m}(x)$가 $n-m$차 다항식이고 $m>1$이면, $x^n-1=(x^m-1)P_{n-m}(x)$입니다.

4.23 다음 물음에 답해보세요.

(i) $n \nmid a$ 이고 $a^{\frac{n-1}{2}} \not\equiv 1 \pmod{n}$이면, n이 합성수임을 증명해보세요.

(ii) $12^{\frac{1729-1}{2}} \equiv 1 \pmod{1729}$이지만, 1729가 합성수인 이유를 설명해보세요.

4.24 다음 결과가 거짓임을 증명해보세요.

> 2^n-1이 합성수이면, n은 합성수입니다.

***4.25** $n \ge 2$인 모든 n에 대하여, $n \nmid (2^n-1)$임을 증명해보세요.

4.26 다음과 같이 친화수를 정의한다고 할 때, 220과 284가 친화수임을 보이세요.

> 서로 다른 두 정수 m, n이 **친화수**(amicable number)입니다.
> $\Leftrightarrow$ m의 진약수의 합이 n이고, n의 진약수의 합이 m입니다.

4.27 p가 홀수인 소수이면, $[(p-1)!]^{p^n} \equiv -1 \pmod{p}$임을 증명해보세요.

***4.28** p가 홀수인 소수이면,
$$(p-1)! \equiv (-1)^{\frac{p-1}{2}}\left[\left(\frac{p-1}{2}\right)!\right]^2 \pmod{p}$$
임을 증명해보세요.

5.1 오일러 피 함수

학습목표

- 임의의 자연수에 대하여 오일러 피 함수를 계산할 수 있습니다.
- 오일러 피 함수의 성질을 증명할 수 있습니다.

11^{205}의 마지막 두 자릿수는 무엇일까요?

5.2절의 [예제 5-12]에서 합성수인 100에 대한 합동 산술을 통해 이 질문에 답합니다. 다음과 같은 [정리 4-1]의 페르마의 소정리는 법 소수에 대해서만 유효하므로 이 질문에는 사용할 수 없습니다.

$$p\text{가 소수이고 } p \nmid a\text{일 때, } a^{p-1} \equiv 1 \pmod{p}$$

이 결과를 $a^{(\text{지수})} \equiv 1 \pmod{n}$과 같이 임의의 법 n으로 일반화할 수 있을까요?

네, 일반화할 수 있습니다. 결과는 동일하지만 다음과 같이 지수가 $\phi(n)$입니다.

$$a^{\phi(n)} \equiv 1 \pmod{n}$$

$\phi(n)$이란 무엇일까요?

$\phi(n)$은 **오일러 피 함수**(Euler's totient function) 또는 **오일러 파이 함수**라고 합니다. 기호 ϕ는 'fees'에서와 같이 'fee(피)'로 발음되는 그리스 문자 'phi'입니다. 가우스는 기호 $\phi(n)$을, 오일러는 $\phi(N)$에 대한 기호로 πN을 사용했습니다.

$a^{\phi(n)} \equiv 1 \pmod{n}$에 관심을 가져야 하는 이유는 무엇일까요?

RSA 암호 시스템(3.5절에서 다룸)의 응용 분야에서는 큰 거듭제곱으로 인해 수가 커지는 것과 나머지에 관심이 있습니다. 나머지와 큰 지수에 관심이 있으므로 합동 산술로 계산합니다. 계산 결과가 $1 \pmod{n}$이 되는 어떤 값을 이용하면 다음과 같은 이유로 계산이 쉬워집니다.

$$1^{(\text{지수})} \equiv 1 \pmod{n}$$

RSA 암호 시스템 없이는 신용카드 번호 같은 기밀 정보를 인터넷에서 안전하게 전송할 수 없습니다.[1] 예를 들어 RSA 암호 시스템은 큰 소수인 p, q에 대하여 $n = p \times q$가 되는 법 n에 대해

1 https://blogs.ams.org/mathgradblog/2014/03/30/rsa/

작업합니다. 복호화할 때는 오일러 피 함수 $\phi(n)$의 계산에 의존하는데, 나중에 보면 알겠지만 n의 소인수분해를 모른다면 $\phi(n)$을 계산하기는 어렵습니다. 쉽지 않겠지만, 이 절에서 n을 인수분해할 수 있다면 $\phi(n)$을 어렵지 않게 찾을 수 있을 것입니다.

? 이렇게 하면 암호 시스템이 쉽게 깨지지 않을까요?

그렇지 않습니다. 왜냐하면 암호화할 때 타인이 알 수 없는 소인수분해 결과인 $n = p \times q$를 선택하기 때문입니다. 즉, n의 소인수분해를 미리 알지 못한다면 시스템이 깨지기 어렵습니다(아무리 성능 좋은 컴퓨터일지라도 인수분해는 엄청나게 어렵습니다).

$\phi(n)$의 또 다른 응용은 $\dfrac{\phi(n)}{n}$이 1과 n 사이에서 선택한 수가 n과 서로소일 확률(probability)을 제공한다는 것입니다.

5.1.1 오일러 피 함수의 정의

? 법 n에 대하여 역원을 갖는 합동이 아닌 잉여는 몇 개일까요?

$\gcd(a, n) = 1$이 되는 모든 잉여 $a \pmod n$이 여기에 해당됩니다. 함수 $\phi(n)$은 법 n에 대하여 역원을 갖는 합동이 아닌 잉여의 개수를 계산합니다.

$(\bmod\, n)$에 대하여 역원을 갖는 합동이 아닌 잉여의 개수를 세야 합니다. 이 계산을 할 때는 입문 장에서 정의한 **크기**(cardinality) 개념을 사용합니다.

card로 표기하는 크기는 집합에 속한 원소의 개수를 의미합니다. 예를 들면 다음과 같습니다.

$$\mathrm{card}\{2, 4, 5\} = 3, \quad \mathrm{card}\{a, b, c, d, e, f, g, h\} = 8$$

정의 5-1 오일러 피 함수

n을 자연수라 할 때, **오일러 피 함수**(Euler's totient function) $\phi(n)$을 다음과 같이 정의합니다.

$$\phi(n) = \mathrm{card}\{a : \gcd(a, n) = 1,\ 1 \le a \le n\}$$

? [정의 5-1]의 표기는 무엇을 의미할까요?

$\gcd(a, n) = 1$은 a와 n이 서로소라는 의미입니다. 기호를 해석해봅시다.

$$\underbrace{\mathrm{card}}_{\text{'세다'}}\{\ a \underbrace{\ :\ }_{\text{'다음을 만족하는'}} \underbrace{\gcd(a, n) = 1}_{\text{'}a\text{와 }n\text{이 서로소'}},\ \underbrace{1 \le a \le n}_{\text{'1과 }n\text{ 사이'}}\}$$

수 $\phi(n)$은 1과 n 사이에 n과 서로소인 정수가 얼마나 존재하는지 알려줍니다. 따라서 $\phi(n)$은 법 n에 대하여 역원을 갖는 합동이 아닌 잉여의 개수를 의미합니다.

예제 5-1 **다음을 계산해보세요.**

(a) $\phi(6)$ (b) $\phi(10)$ (c) $\phi(5)$ (d) $\phi(11)$

풀이

(a) $\phi(6)$은 1과 6 사이에서 6과 서로소인 정수의 개수를 의미합니다. 따라서 1에서 6까지의 정수와 6의 최대공약수를 계산합니다.

$$\boxed{\gcd(1, 6) = 1},\ \gcd(2, 6) = 2,\ \gcd(3, 6) = 3$$
$$\gcd(4, 6) = 2,\ \boxed{\gcd(5, 6) = 1},\ \gcd(6, 6) = 6$$

6과 서로소인 수는 1과 5뿐입니다. 따라서 다음과 같습니다.

$$\begin{aligned}\phi(6) &= \text{card}\{a : \gcd(a, 6) = 1,\ 1 \leq a \leq 6\} \\ &= \text{card}\{1, 5\} = 2 \quad \text{(집합 \{1, 5\}의 원소 개수는 2개이므로)}\end{aligned}$$

(b) 마찬가지로 $\phi(10)$은 1과 10 사이에서 10과 공약수가 1뿐인 정수의 개수를 의미합니다.

$$\begin{aligned}\phi(10) &= \text{card}\{a : \gcd(a, 10) = 1,\ 1 \leq a \leq 10\} \\ &= \text{card}\{1, 3, 7, 9\} = 4\end{aligned}$$

(c) $\phi(5)$에서 5는 소수입니다. 1과 4 사이의 모든 정수는 5와 서로소입니다.

$$\begin{aligned}\phi(5) &= \text{card}\{a : \gcd(a, 5) = 1,\ 1 \leq a \leq 5\} \\ &= \text{card}\{1, 2, 3, 4\} = 4\end{aligned}$$

(d) 11도 소수이므로 다음과 같습니다.

$$\phi(11) = \text{card}\{1, 2, 3, 4, 5, 6, 7, 8, 9, 10\} = 10$$

5.1.2 소수에 대한 오일러 피 함수

오일러 피 함수에 대한 값을 다음과 같이 표로 만들 수 있습니다.

[표 5-1] 오일러 피 함수의 값

n	1	2	3	4	5	6	7	8	9	10	11	12	13	14	15	16	17	18	19	20
$\phi(n)$	1	1	2	2	4	2	6	4	6	4	10	4	12	6	8	8	16	6	18	8

[그림 5-1] 레온하르트 오일러 (1707–1783)

레온하르트 오일러(Leonhard Euler)는 스위스 바젤에서 태어났습니다. 오일러는 역사상 가장 광범위한 연구 업적을 남긴 수학자입니다. 상트 페테르부르크 아카데미는 오일러가 죽고 나서 48년 동안 그의 논문을 출간하였습니다. 그는 정수론, 실해석학, 복소해석학 분야에 크게 기여했습니다.

오일러는 복소수를 자연스러우면서도 훌륭하게 정의한 최초의 인물입니다. 또한 그는 기호 $f(x)$, $\sin x$, Σ, e^x을 만들었습니다. 푸리에 급수, 베셀 함수, 벤 다이어그램은 오일러가 처음 발견했으므로 각각 오일러 급수, 오일러 함수, 오일러 다이어그램이라고 부를 수 있습니다. 그는 역사상 위대한 수학자 중 한 명으로, 18세기 수학은 오일러의 수학 시대라고 말해도 과언이 아닙니다.

오일러는 13명의 자녀를 두었지만 안타깝게도 5명만 살아남았습니다. 그는 생애의 마지막 17년 동안 시각 장애인으로 살아야 했음에도 불구하고 1783년에 사망할 때까지 계속 수학을 연구했습니다.

? [표 5-1]에서 회색 음영 처리된 부분을 통해 무엇을 알 수 있나요?

각각의 n 값은 소수이고, 이에 대한 오일러 피 함수 $\phi(n)$ 값은 n 값보다 1만큼 작습니다.

명제 5-2

n이 소수입니다. $\Rightarrow$ $\phi(n) = n - 1$

증명

n이 소수이면 모든 정수 $1, 2, 3, 4, \cdots, n-1$은 소수 n과의 공약수가 오직 1 하나뿐입니다. card는 집합에 속한 원소의 개수를 의미함을 기억합시다.

$$\begin{aligned}\phi(n) &= \text{card}\{a : \gcd(a, n) = 1,\ 1 \le a \le n\} \\ &= \text{card}\{1, 2, 3, 4, \cdots, n-1\} = n - 1\end{aligned}$$ ■

명제 5-3

자연수 n에 대하여 다음이 성립합니다.

$$\phi(n) = n - 1 \quad \Leftrightarrow \quad n\text{이 소수입니다.}$$

이 명제를 어떻게 증명해야 할까요?

⇔가 있으므로, 양방향의 결과를 증명해야 합니다.

증명

(⇒) $\phi(n) = n-1$이라고 가정하면, $\phi(n)$의 정의에 의해 다음이 성립합니다.

$$\phi(n) = \text{card}\{a : \gcd(a, n) = 1,\ 1 \le a \le n\} = n-1 \qquad (*)$$

(*)는 1과 n 사이에 n과 서로소인 수가 $(n-1)$개 있음을 의미합니다. $a = 1, 2, \cdots, n-1$에 대하여 다음과 같습니다.

$$\gcd(a, n) = 1$$

$a = 1, 2, \cdots, n-1$ 중에서 1을 제외하고는 n의 인수가 아닙니다. 따라서 n이 소수임에 틀림없습니다.

(⇐) [명제 5-2]에서 증명했습니다. ■

[명제 5-3]은 소수 법 n에 대하여 역원을 갖는 합동이 아닌 잉여가 $n-1$개 존재함을 의미합니다.

'$\phi(n) = n-1$ ⇔ n이 소수'를 소수 판별법으로 사용할 수 있을까요?

n을 소인수분해해야 $\phi(n)$을 계산할 수 있으므로, n이 크면 그다지 실용적이지 않습니다.

$\phi(n)$을 계산할 때, n보다 작거나 같으면서 n과 서로소인 자연수를 찾을 필요는 없지만 이런 수가 몇 개인지 알아야 합니다. $\phi(n)$을 계산하는 훨씬 더 효율적인 방법을 찾아야 하는데, 이에 대해서는 나중에 설명하겠습니다. 먼저 소수의 거듭제곱에 대해 살펴봅시다.

5.1.3 소수의 거듭제곱에 대한 오일러 피 함수

자연수 k에 대하여 $\phi(p^k)$을 계산할 때 p^k 값이 매우 급격하게 증가하므로 계산 역시 급속도로 어려워질 것입니다. 다음에 제시하는 [명제 5-4]는 이러한 계산을 줄이는 방법입니다.

명제 5-4

p가 소수, k가 자연수라 할 때, 다음이 성립합니다.

$$\phi(p^k) = p^k - p^{k-1} = p^{k-1}(p-1)$$

이 명제를 증명하기 전에, 먼저 이 명제를 적용한 예제 2개를 살펴봅시다.

예제 5-2 $\phi(16)$을 계산해봅시다.

풀이

$\phi(16)$은 1과 16 사이에 있는 16과 서로소인 수의 개수입니다. 1과 16 사이의 자연수 중 16과의 공약수가 1보다 큰 수는 다음과 같은 짝수입니다.

$$S = \{2, 4, 6, 8, 10, 12, 14, 16\}$$

이 집합을 다음과 같이 다시 쓸 수 있습니다.

$$S = \{1 \cdot 2, 2 \cdot 2, 3 \cdot 2, 4 \cdot 2, 5 \cdot 2, 6 \cdot 2, 7 \cdot 2, 8 \cdot 2\}$$

이 집합의 원소는 8개입니다. 남아 있는 자연수(홀수)의 개수는 $\phi(16)$입니다. 이는 $16 - 8 = 8$개의 정수(16까지의 자연수 중에서 모든 홀수)가 16과 서로소임을 의미합니다.

$$\phi(16) = 16 - 8 = 8$$

이를 직접 확인하여 다음과 같이 집합으로 나열할 수 있습니다.

$$\phi(16) = \mathrm{card}\{1, 3, 5, 7, 9, 11, 13, 15\} = 8$$

이 대신 $16 = 2^4$임을 이용하여 [명제 5-4]를 사용할 수도 있습니다.

$$\phi(2^4) = 2^4 - 2^3 = 16 - 8 = 8$$

다음은 [명제 5-4]의 개념을 더욱 확고히 정리하는 데 도움이 되는 예제입니다.

예제 5-3 $\phi(27)$을 계산해보세요.

풀이

[예제 5-2]처럼 $27 = 3^3$과의 공약수가 1보다 큰 원소들을 모은 집합을 S라 합시다(이들은 법 27에 대하여 역원을 갖지 않는 합동이 아닌 잉여입니다).

$$S = \{3, 6, 9, 12, 15, 18, 21, 24, 27\}$$

집합 S의 원소들을 다음과 같이 3의 배수 형태로 써봅시다.

$$S = \{1 \cdot 3, 2 \cdot 3, 3 \cdot 3, 4 \cdot 3, 5 \cdot 3, 6 \cdot 3, 7 \cdot 3, 8 \cdot 3, 9 \cdot 3\}$$

따라서 $\phi(27) = 27 - 9 = 18$입니다. 집합 S에 속한 9개의 정수는 27과 서로소가 아니기 때문입니다. 27과 서로소인 정수들을 직접 나열하여 이를 확인할 수 있습니다.

$$\phi(27) = \text{card}\underbrace{\{1, 2, 4, 5, 7, 8, 10, 11, 13, 14, 16, 17, 19, 20, 22, 23, 25, 26\}}_{\text{이 집합에는 18개의 원소가 있음(3의 배수 제외)}} = 18$$

이 18개의 정수들은 법 27에 대하여 역원을 가집니다. [명제 5-4]에 $27 = 3^3$을 대입하면 예상한 대로 다음 결과를 얻을 수 있습니다.

$$\phi(27) = \phi(3^3) = 3^3 - 3^2 = 27 - 9 = 18$$

위의 두 예제에서 알 수 있듯이, p^k과의 공약수가 1보다 큰 수들의 집합을 다음과 같이 나타낼 수 있습니다.

$$S = \{p, 2p, 3p, 4p, \cdots, p^{k-1}p\}$$

그리고 두 예제 모두에서 집합의 크기는 $\text{card}\{S\} = p^{k-1}$이었습니다. 그래서 두 예제에 대하여 다음이 성립했습니다.

$$\phi(p^k) = p^k - p^{k-1}$$

이제 [명제 5-4]를 증명하기 좋은 상황이 마련되었습니다. p가 소수, k가 자연수이면 $\phi(p^k) = p^k - p^{k-1}$입니다. 이는 법 p^k에 대하여 역원을 갖는 합동이 아닌 잉여가 $(p^k - p^{k-1})$개 있음을 의미합니다. [예제 5-2]와 [예제 5-3]을 기반으로 한 추론인, 다음 [명제 5-4]의 증명을 주의 깊게 따라오세요.

증명

1과 p^k 사이에서 p^k과의 공약수가 1보다 큰 수들의 집합은 다음과 같습니다.

$$S = \{p, 2p, 3p, 4p, \cdots, p^{k-1}p\}$$

? 왜 그럴까요?

$\gcd(p^k, np) \geq p > 1$이기 때문입니다.

? 집합 S에 얼마나 많은 원소가 있을까요?

이 집합의 원소 개수는 다음과 같습니다.

$$\text{card}\{S\} = \text{card}\{p, 2p, 3p, 4p, 5p, \cdots, p^{k-1}p\} = p^{k-1}$$

p^k보다 작은 모든 정수들은 집합 S의 원소를 제외하고는 p^k과 서로소입니다.

? $\phi(p^k)$은 무엇과 같을까요?

$\phi(p^k)$은 다음과 같이 p^k에서 집합 S에 속한 정수들의 개수인 p^{k-1}을 뺀 것과 같습니다.

$$\phi(p^k) = \underbrace{(1\text{과 } p^k \text{ 사이의 자연수 개수})}_{=p^k} - \underbrace{(p^k\text{보다 작거나 같은 자연수 중 공약수가 1보다 큰 수의 개수})}_{=p^{k-1}}$$

$$= p^k - p^{k-1}$$

[명제 5-4]의 증명을 완료했습니다. ■

예제 5-4 **다음을 계산해보세요.**

(a) $\phi(13^4)$ (b) $\phi(5^{10})$ (c) $\phi(121)$

풀이

[명제 5-4]의 공식 $\phi(p^k) = p^k - p^{k-1}$을 적용해봅시다.

(a) 이 공식에 $p = 13$, $k = 4$를 적용해봅시다.

$$\phi(13^4) = 13^4 - 13^{4-1} = 13^4 - 13^3 = 26364$$

26364가 의미하는 것은 무엇일까요? $13^4 = 28561$보다 작은 수 중에 13^4과의 공약수가 오직 1뿐인 자연수가 26364개라는 의미입니다. 26364는 1과 28561 사이에 있는 모든 정수에서 13의 배수를 제외한 개수입니다.

(b) 마찬가지로 [명제 5-4]의 공식에 $p = 5$, $k = 10$을 적용해봅시다.

$$\phi(5^{10}) = 5^{10} - 5^9 = 7812500$$

이 답은 5^{10}보다 작은 수 중에서 7812500개, 즉 거의 8백만 개에 이르는 자연수가 5^{10}과의 공약수가 1뿐임을 의미합니다. 5^{10}과의 공약수가 1보다 큰 자연수는 몇 개일까요? 다음과 같습니다.

$$5^{10} - 7812500 = 1953125$$

1953125개, 즉 거의 2백만 개에 이르는 자연수가 5^{10}과의 공약수가 1보다 큽니다. 두 수 7812500과 1953125를 더하면 $5^{10} = 9765625$입니다. 왜냐하면 5^{10}보다 작은 자연수들은 5^{10}과 서로소이거나 서로소가 아니기 때문입니다.

(c) $\phi(121)$을 어떻게 구할까요? $121 = 11^2$입니다. 따라서 다음과 같습니다.

$$\phi(121) = \phi(11^2) = 11^2 - 11^1 = 121 - 11 = 110$$

즉, 121과 서로소인 수가 110개 존재합니다. $\phi(121)$은 1과 121 사이에 있는 모든 수에서 11, 22, 33, 44, … , 110, 121(11의 배수)을 제외한 수를 세는 것입니다. 따라서 $121 - 11$입니다.

p^k과 서로소인 수를 전부 찾을 필요가 없음에 주목하세요. [예제 5-4]의 각 n에 대하여 $\phi(n)$ 값들은 n의 절반을 훨씬 초과합니다.

왜 그럴까요?

이 수들은 각각 단 하나의 소인수(> 2)만 가지기 때문입니다. 즉, 소수의 배수들만 제외하면 됩니다.

공식 $\phi(p^k) = p^k - p^{k-1}$에 제한이 있나요?

이 공식은 소수의 거듭제곱에 대해서만 유효합니다. 그렇다면 n이 임의의 자연수일 때 $\phi(n)$의 공식은 어떻게 될지 생각해봅시다.

5.1.4 임의의 자연수에 대한 오일러 피 함수

'승법적'인 것은 무엇을 의미할까요?

4장의 [정의 4-33]에 의해, 다음이 성립하면 함수 f가 승법적이라고 합니다.

$$\gcd(m, n) = 1 \text{일 때}, \ f(m \times n) = f(m) \times f(n)$$

정리 5-5

m과 n이 자연수일 때, 오일러 피 함수 $\phi(m \times n)$은 다음과 같이 승법적입니다.

$$\gcd(m, n) = 1 \text{일 때}, \ \phi(m \times n) = \phi(m) \times \phi(n)$$

증명

5.1절 [연습문제 25]에서 증명합니다.

예제 5-5 $\phi(111)$을 계산해보세요.

풀이

111을 소인수분해하면, $111 = 3 \times 37$입니다. $\gcd(3, 37) = 1$이므로 $\phi(n)$의 승법적 성질을 사용할 수 있습니다.

$$\begin{aligned}\phi(111) &= \phi(3 \times 37) \\ &= \phi(3) \times \phi(37) && (\phi(m \times n) = \phi(m) \times \phi(n)\text{이므로}) \\ &= (3-1)(37-1) = 72 && (\text{[명제 5-2] } \phi(p) = p-1\text{에 의해})\end{aligned}$$

72는 무엇을 의미할까요? 1과 111 사이에 있는 72개의 수가 3 또는 37의 배수가 아니라는 의미입니다. 따라서 72개의 합동이 아닌 잉여가 법 111에 대하여 역원을 가집니다. 그중 일부는 다음과 같습니다.

$$\phi(111) = \text{card}\underbrace{\{1, 2, 4, 5, 7, \cdots, 35, 38, 40, \cdots, 73, 76, 77, 79, 80, \cdots, 110\}}_{\text{3의 배수와 37의 배수를 제거}} = 72$$

따름정리 5-6

정수 m_j들이 쌍마다 서로소이면, 다음과 같습니다.

$$\phi(m_1 \times m_2 \times \cdots \times m_k) = \phi(m_1) \times \phi(m_2) \times \cdots \times \phi(m_k)$$

3.4절에서 쌍마다 서로소인 수를 다음과 같이 정의한 바 있습니다.

$$i \neq j,\ 1 \leq i, j \leq k\text{에 대하여, } \gcd(m_i, m_j) = 1$$

증명

5.1절 [연습문제 21]에서 증명합니다. ■

또한 다음 결과를 얻을 수 있습니다.

보조정리 5-7

$p_1, p_2, \cdots, p_r$이 서로 다른 소수이고, $k_1, k_2, \cdots, k_r$이 자연수라 하면 다음과 같습니다.

$$\phi(p_1^{k_1} \times p_2^{k_2} \times \cdots \times p_r^{k_r}) = \phi(p_1^{k_1}) \times \phi(p_2^{k_2}) \times \cdots \times \phi(p_r^{k_r})$$

증명

2.1절 [연습문제 05(ii)]의 다음 결과를 활용합니다.

> p와 q가 서로 다른 소수이면, $\gcd(p^n, q^m) = 1$입니다.

$m_1 = p_1^{k_1}, \cdots, m_r = p_r^{k_r}$에 대하여, 위 결과와 [따름정리 5-6]을 사용하면 증명하고자 하는 결과를 얻을 수 있습니다. ■

? 1보다 큰 임의의 자연수 n에 대하여 $\phi(n)$을 찾기 위해 [보조정리 5-7]을 어떻게 사용할 수 있을까요?

다음과 같은 [정리 2-5]의 산술의 기본 정리를 이용합니다.

> 1보다 큰 모든 정수는 ① 소수이거나 ② 소수들의 곱으로 나타낼 수 있습니다
> (곱하는 순서를 무시하면 소수들의 곱 형태는 유일합니다).

예를 들면 다음과 같습니다.

$$5 = 5,\ 10 = 2 \times 5,\ 24 = 2^3 \times 3,\ 100 = 2^2 \times 5^2,\ \cdots$$

[보조정리 5-7]과 ϕ가 승법적이라는 결과를 이용하여 다음 명제를 증명합니다.

명제 5-8

$n > 1$일 때 n을 소인수분해하면 다음과 같습니다.

$$p_i\text{들이 서로 다른 소수일 때, } n = p_1^{k_1} \times p_2^{k_2} \times p_3^{k_3} \times \cdots \times p_r^{k_r}$$

그러면 $\phi(n)$은 다음과 같습니다.

$$\phi(n) = (p_1^{k_1} - p_1^{k_1 - 1}) \times (p_2^{k_2} - p_2^{k_2 - 1}) \times (p_3^{k_3} - p_3^{k_3 - 1}) \times \cdots \times (p_r^{k_r} - p_r^{k_r - 1})$$

이 공식은 지루해 보이지만, n의 소인수가 많지 않다면 이 공식을 적용하기가 쉬울 겁니다. 먼저 이 명제의 결과를 증명해봅시다.

? 어떻게 증명할 수 있을까요?

[보조정리 5-7]과 [명제 5-4]를 적용합니다.

증명

$n = p_1^{k_1} \times p_2^{k_2} \times p_3^{k_3} \times \cdots \times p_r^{k_r}$이라고 할 때, 다음이 성립합니다.

$$\begin{aligned}\phi(n) &= \phi(p_1^{k_1} \times p_2^{k_2} \times p_3^{k_3} \times \cdots \times p_r^{k_r}) \\ &= \phi(p_1^{k_1}) \times \phi(p_2^{k_2}) \times \phi(p_3^{k_3}) \times \cdots \times \phi(p_r^{k_r}) \quad \text{([보조정리 5-7]에 의해)} \\ &= (p_1^{k_1} - p_1^{k_1-1}) \times (p_2^{k_2} - p_2^{k_2-1}) \times (p_3^{k_3} - p_3^{k_3-1}) \times \cdots \times (p_r^{k_r} - p_r^{k_r-1})\end{aligned}$$

([명제 5-4] $\phi(p^k) = p^k - p^{k-1}$에 의해) ■

위 결과를 조금 쉽게 쓸 수 있는 방법은 다음과 같습니다.

명제 5-9 오일러 피 함수 공식

$n = p_1^{k_1} \times p_2^{k_2} \times p_3^{k_3} \times \cdots \times p_r^{k_r}$일 때, 다음 결과가 성립합니다.

$$\phi(n) = n\left(1 - \frac{1}{p_1}\right)\left(1 - \frac{1}{p_2}\right) \cdots \left(1 - \frac{1}{p_r}\right)$$

증명

5.1절 [연습문제 22]에서 증명합니다. ■

$\phi(n)$을 계산할 때 [명제 5-8]보다 [명제 5-9]가 사용하기 더 쉽습니다.

예제 5-6 다음을 계산해보세요.

(a) $\phi(100)$ (b) $\phi(101)$ (c) $\phi(144)$ (d) $\phi(2010)$

풀이

각각에 대하여 [명제 5-9]의 공식을 적용할 수 있습니다.

(a) 먼저 100을 소인수분해합시다.

$$100 = 10^2 = (2 \times 5)^2 = 2^2 \times 5^2$$

[명제 5-9]에 $p_1 = 2$, $p_2 = 5$, $n = 100$을 적용합니다.

$$\phi(100) = 100\left(1 - \frac{1}{2}\right)\left(1 - \frac{1}{5}\right) = 100\left(\frac{1}{2}\right)\left(\frac{4}{5}\right) = 40$$

답으로 얻은 40은 무엇을 의미할까요? 100보다 작은 자연수 중에서 100과 서로소인 수가 40개 존재한다는 의미입니다. 그게 어떤 수인지는 알 필요가 없습니다. 이 공식이 어떻게 작동하는지 살펴봅시다.

100까지의 자연수 중 절반(홀수)은 100과 서로소일 수 있습니다. 100 이하인 이 50개의 홀수는 $100 \times \frac{1}{2} = 50$으로 계산된 것입니다. 이 50개의 홀수 중 $\frac{1}{5}$은 5의 배수입니다. 남은 $\frac{4}{5}$는 100과 서로소이며 $50 \times \frac{4}{5} = 40$개입니다.

100과 서로소인 정수를 일부 나열하면 다음과 같습니다.

$$\text{card}\underbrace{\{1, 3, 7, 11, 13, 17, \cdots, 97, 99\}}_{\text{2와 5의 배수를 제거}} = 40 = \phi(100)$$

(b) 101은 소수입니다. 어떻게 $\phi(101)$을 구할 수 있을까요? 다음과 같은 [명제 5-2]를 사용해봅시다.

> p가 소수이면, $\phi(p) = p - 1$입니다.

그러므로 $\phi(101) = 101 - 1 = 100$입니다. 이는 101과 서로소인 자연수가 100개 존재한다는 의미입니다. 서로소인 자연수가 40개인 100과 비교해봅시다.

$$\phi(100) = 40, \ \phi(101) = 100$$

정수가 1만큼 커졌을 뿐인데, ϕ 함수는 40에서 100으로 점프했습니다.

(c) 마찬가지로 144를 소인수분해해봅시다.

$$144 = 12^2 = (2^2 \times 3)^2 = 2^4 \times 3^2$$

[명제 5-9]에 $p_1 = 2, p_2 = 3, n = 144$를 적용합니다.

$$\phi(144) = 144\left(1 - \frac{1}{2}\right)\left(1 - \frac{1}{3}\right) = 144\left(\frac{1}{2}\right)\left(\frac{2}{3}\right) = 48$$

이는 법 144에 대하여 역원을 가지는 합동이 아닌 잉여가 48개 존재함을 의미합니다. 144를 만드는 데 필요한 소수는 2와 3뿐이므로, $\phi(144)$는 144보다 작은 수 중에서 2의 배수와 3의 배수를 제외한 수의 개수를 세면 됩니다.

$$\phi(144) = \text{card}\underbrace{\{1, 5, 7, 11, 13, 17, \cdots, 143\}}_{\text{이 집합에 2의 배수와 3의 배수는 없음}} = 48$$

(d) 2010을 소인수분해하면 어떻게 될까요?

$$\begin{aligned} 2010 &= 201 \times 10 \\ &= (67 \times 3) \times (5 \times 2) = 2 \times 3 \times 5 \times 67 \end{aligned}$$

[명제 5-9]를 적용합시다.

$$\phi(2010) = 2010\left(1-\frac{1}{2}\right)\left(1-\frac{1}{3}\right)\left(1-\frac{1}{5}\right)\left(1-\frac{1}{67}\right)$$
$$= 2010\left(\frac{1}{2}\right)\left(\frac{2}{3}\right)\left(\frac{4}{5}\right)\left(\frac{66}{67}\right) = 528$$

1과 2010 사이에 2010과의 최대공약수가 1인 정수가 528개 존재합니다. 즉, 2010 이하의 정수 중 2의 배수 또는 3의 배수 또는 5의 배수 또는 67의 배수가 아닌 자연수가 528개 존재합니다.

$\phi(n)$은 오직 자연수에 대해서만 정의된다는 것을 기억합시다.

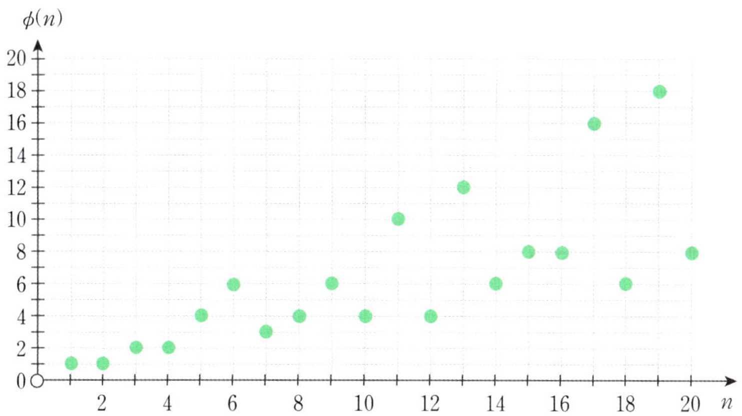

[그림 5-2] 자연수 n에 대한 $\phi(n)$의 그래프

n이 커질수록 $\phi(n)$도 커질 거라고 예상할 수 있습니다. 하지만 [그림 5-2]의 그래프에서 볼 수 있듯이, 이 예상은 틀렸습니다. 예를 들어 $\phi(59) = 58$이지만 $\phi(60) = 16$입니다. 물론 [표 5-2]에서 보면 알 수 있듯이, 일반적인 경향은 n이 커지면 $\phi(n)$도 커집니다.

[표 5-2] 여러 가지 n 값에 대한 $\phi(n)$

n	99	999	9999	99999	999999	9999999
$\phi(n)$	60	648	6000	64800	466560	6637344

[표 5-2]를 보면, 모든 n에 대하여 $\phi(n)$은 짝수입니다. 이는 우연이 아니며, 다음의 [명제 5-10]과 같은 일반적인 결과로 나타낼 수 있습니다.

16. 자연수 m, n에 대하여, $\phi(m+n)=\phi(m)+\phi(n)$이 성립하지 않음을 증명해보세요.

17. p가 소수이고, $k \geq 2$일 때, 다음을 증명해보세요.

$$\phi(\phi(p^k))=p^{k-2}\phi[p(p-1)]$$

*18. d를 n의 양의 약수라 합시다. 즉, $d \mid n$입니다. $\phi(d) \mid \phi(n)$임을 증명해보세요.

힌트 d와 n의 소인수분해를 생각해보세요.

19. 자연수 k, l에 대하여, $\phi(2^{2k+1})=l^2$임을 증명해보세요.

20. 서로 다른 소수 p, q에 대하여, 다음을 증명해보세요.

$$\phi(p^kq^k)=p^{k-1}q^{k-1}\phi(p)\phi(q)$$

21. [따름정리 5-6]을 증명해보세요.

22. [명제 5-9]를 증명해보세요.

*23. $\gcd(m, n)=2$일 때, 다음을 증명해보세요.

$$\phi(mn)=2\phi(m)\phi(n)$$

24. 2^n-1이 소수이고 $n \geq 2$일 때, 짝수인 완전수를 $m=2^{n-1}(2^n-1)$이라 합시다. 다음을 증명해보세요.

$$\phi(m)=2^{n-1}(2^{n-1}-1)$$

25. 다음을 증명해보세요.

**(ⅰ) $\gcd(m, n)=g$일 때, 다음을 증명해보세요.

$$\phi(m \times n)=\frac{\phi(m)\times\phi(n)\times g}{\phi(g)}$$

(ⅱ) [정리 5-5]를 증명해보세요.

**26. 자연수 a, b에 대하여, 다음을 증명해보세요.

$[a, b]=\text{lcm}(a, b)$에 대하여, $\phi([a, b])\times\phi(\gcd(a, b))=\phi(a)\times\phi(b)$

27. 다음을 증명해보세요.

*(ⅰ) 소수 p에 대하여, $\sum_{d \mid p^k}\phi(d)=p^k$임을 증명해보세요.

***(ⅱ) 서로 다른 소수 p, q에 대하여,

$$\sum_{d \mid p^kq^m}\phi(d)=\sum_{d \mid p^k}\phi(d)\sum_{d' \mid q^m}\phi(d')=p^kq^m$$

임을 증명해보세요.

(ⅲ) 임의의 자연수 n에 대하여, $\sum_{d \mid n}\phi(d)=n$이 성립함을 증명해보세요. (ⅲ)은 가우스가 증명한 놀라운 결과로, **가우스 정리**(Gauss's theorem)라고 합니다.

5.2 오일러 정리

학습목표

- 기약 잉여계의 의미를 이해할 수 있습니다.
- 오일러 정리를 증명할 수 있습니다.

앞 절에서 $\phi(n)$을 1과 n 사이의 정수 중에서 n과 서로소인 정수들의 개수라고 정의했습니다. 이 절에서는 n과 서로소인 정수(법 n에 대하여 합동이 아닌 잉여)들을 찾아봅니다.

5.2.1 소개

4장에서 다음과 같은 [정리 4-1] 페르마의 소정리를 소개했습니다.

정수 a와 소수 p에 대하여 p가 a를 나누지 않으면 다음이 성립합니다.

$$a^{p-1} \equiv 1 \pmod{p}$$

4장에서 법 p에 대하여 a의 거듭제곱을 계산할 때 위 결과가 얼마나 유용한지 살펴보았습니다. 하지만 이 결과는 법 소수에 대해서만 유용하다는 한계가 있습니다.

? 페르마의 소정리를 '자연수 n에 대하여, $a^x \equiv 1 \pmod{n}$'으로 확장할 수 있을까요?

확장할 수 있습니다. 예를 들어 다음의 수치 결과들을 살펴봅시다.

$$3^4 \equiv 1 \pmod{10}$$
$$9^8 \equiv 1 \pmod{16}$$
$$57^{400} \equiv 1 \pmod{1000}$$

마지막 결과인 $57^{400} \equiv 1 \pmod{1000}$은 57^{400}의 마지막 세 자릿수가 001임을 의미합니다.

법 n에 대하여 잉여의 거듭제곱을 계산할 때, $a^x \equiv 1 \pmod{n}$은 연산을 줄여주므로 유용한 결과임을 기억합시다.

위의 예에서 법 10, 16, 1000은 합성수이고, 지수들이 각각 법 10, 16, 1000보다 (법 소수일 때처럼) 1만큼 작지는 않습니다.

이러한 값에 대해서 합동식이 성립하는 이유는 무엇일까요?

이 절에서는 어떤 조건에서 $a^x \equiv 1 \pmod{n}$이 성립하며, x와 n이 어떻게 관련이 있는지에 대해 알아보고자 합니다.

예제 5-7 **다음 물음에 답해보세요.**

(i) 오일러 피 함수 ϕ에 대하여 $\phi(10)$을 구해보세요.

(ii) 법 10에 대하여 합동이 아닌 어떤 잉여가 역원을 가질까요?

풀이

(i) $\phi(10) = \phi(2 \times 5) = \phi(2) \times \phi(5) = 1 \times 4 = 4$입니다. 이 답은 무엇을 의미할까요? 10 이하의 자연수 중에서 10과 서로소인 자연수가 4개 있다는 의미입니다.

(ii) $\phi(10) = 4$는 역원을 갖는 4개의 합동이 아닌 잉여가 무엇인지에 대해서는 알려주지 않습니다. 하지만 10처럼 작은 수에 대해서는 잉여를 나열할 수 있죠. 10과 서로소인 정수는 1, 3, 7, 9로 4개입니다. 그 이유는 다음과 같습니다.

$$\gcd(1, 10) = \gcd(3, 10) = \gcd(7, 10) = \gcd(9, 10) = 1$$

예제 5-8 **$r_1 = 1, r_2 = 3, r_3 = 7, r_4 = 9, a = 3$일 때, 다음을 만족하는 최소의 양수 잉여 x_1, x_2, x_3, x_4를 구해보세요.**

$$ar_1 \equiv x_1 \pmod{10}, \quad ar_2 \equiv x_2 \pmod{10}, \quad ar_3 \equiv x_3 \pmod{10}, \quad ar_4 \equiv x_4 \pmod{10}$$

풀이

$r_1 = 1, r_2 = 3, r_3 = 7, r_4 = 9, a = 3$을 대입해봅시다.

$$\begin{aligned} ar_1 &\equiv 3 \times 1 \equiv 3 \pmod{10} \\ ar_2 &\equiv 3 \times 3 \equiv 9 \pmod{10} \\ ar_3 &\equiv 3 \times 7 \equiv 21 \equiv 1 \pmod{10} \\ ar_4 &\equiv 3 \times 9 \equiv 27 \equiv 7 \pmod{10} \end{aligned}$$

이 결과로 무엇을 알 수 있을까요? ar_1, ar_2, ar_3, ar_4는 각각 법 10에 대하여 $r_2 = 3, r_4 = 9, r_1 = 1, r_3 = 7$과 합동입니다. 즉, 다음과 같습니다.

$$ar_1 \equiv r_2, \quad ar_2 \equiv r_4, \quad ar_3 \equiv r_1, \quad ar_4 \equiv r_3 \pmod{10}$$

주어진 r_j 값들이 각 결과와 합동이라는 것은 우연이 아닙니다. 이런 결과가 나온 이유는 [예제 5-7(ii)]에서 찾은 것처럼 r_j 값들이 10과 서로소이기 때문입니다([예제 5-8]에서 r_j로 주어진 값들인 1, 3, 7, 9를 [예제 5-7(ii)]에서 찾았습니다).

이 성질은 $n=10$에 대해서만 성립하는 게 아니라, $n>1$인 모든 자연수 n에 대하여 성립합니다. 다음 예제에서 법 $n=9$에 대해 살펴봅시다.

예제 5-9 **$r_1=1, r_2=2, r_3=4, r_4=5, r_5=7, r_6=8, a=2$일 때, $j=1, 2, 3, \cdots, 6$에 대하여 다음을 만족하는 최소의 양수 잉여 x_j를 구해보세요.**

$$ar_j \equiv x_j \pmod 9 \qquad (*)$$

풀이

$r_1=1, r_2=2, r_3=4, r_4=5, r_5=7, r_6=8, a=2$를 (*)에 대입해봅시다.

$$ar_1 \equiv 2\times 1 \equiv 2 \equiv r_2 \pmod 9$$
$$ar_2 \equiv 2\times 2 \equiv 4 \equiv r_3 \pmod 9$$
$$ar_3 \equiv 2\times 4 \equiv 8 \equiv r_6 \pmod 9$$
$$ar_4 \equiv 2\times 5 \equiv 1 \equiv r_1 \pmod 9$$
$$ar_5 \equiv 2\times 7 \equiv 5 \equiv r_4 \pmod 9$$
$$ar_6 \equiv 2\times 8 \equiv 7 \equiv r_5 \pmod 9$$

이 결과를 요약하면 다음과 같습니다.

$$ar_1 \equiv r_2,\ ar_2 \equiv r_3,\ ar_3 \equiv r_6,\ ar_4 \equiv r_1,\ ar_5 \equiv r_4,\ ar_6 \equiv r_5 \pmod 9$$

이 결과를 표로 만들어봅시다.

[표 5-3] r_j에 대한 $2r_j \pmod 9$

r_j	r_1	r_2	r_3	r_4	r_5	r_6
$2r_j \pmod 9$	r_2	r_3	r_6	r_1	r_4	r_5

다시, $1\le j\le 6$과 $1\le k\le 6$에 대하여 $2r_j \equiv r_k \pmod 9$임을 알 수 있습니다. $\phi(9)=6$이므로, 자연수 r_j들은 6개가 존재한다는 것을 기억해둡시다.

위 예제에서 자연수 r_j들의 집합을 다음과 같이 법 9에 대한 기약 잉여계라고 합니다.

$S=\{1, 2, 4, 5, 7, 8\}$은 법 9에 대한 기약 잉여계입니다.

법 n의 기약 잉여계란 무엇을 의미할까요?

법 n에 대하여 역원을 가지는 합동이 아닌 잉여들을 말합니다. 그러므로 잉여들의 집합 $\{r_1, r_2, \cdots, r_{\phi(n)}\}$의 원소들은 n과의 공약수가 1뿐이며, 임의의 서로 다른 두 원소 r_i와 r_j는 법 n에 대해 합동이 아닙니다.

$$r_i \not\equiv r_j \pmod{n} \quad \text{(합동이 아님)}$$

정의 5-11 법 n에 대한 기약 잉여계

법 n에 대한 기약 잉여계(reduced residue system modulo n)는 다음을 만족하는 정수들의 집합 $\{r_1, r_2, \cdots, r_{\phi(n)}\}$입니다.

(i) $i = 1, 2, 3, \cdots, \phi(n)$에 대하여, $\gcd(r_i, n) = 1$입니다.

(ii) $i \neq j$에 대하여, $r_i \not\equiv r_j \pmod{n}$입니다.

법 12에 대해서 기약 잉여계는 무엇일까요?

다음과 같습니다.

$$\{1, 5, 7, 11\} \tag{†}$$

이 잉여들은 다음과 같이 12와 서로소입니다.

$$\gcd(1, 12) = \gcd(5, 12) = \gcd(7, 12) = \gcd(11, 12) = 1$$

집합 (†)만 법 12에 대한 기약 잉여계는 아닙니다. 또 다른 예는 $\{1, -7, 19, -1\}$입니다.

완전 잉여계와 기약 잉여계의 차이는 무엇일까요?

법 12에 대한 완전 잉여계는 다음과 같습니다.

$$\{0, 1, 2, 3, 4, 5, 6, 7, 8, 9, 10, 11\}$$

법 12에 대한 기약 잉여계는 (†)와 같이 완전 잉여계의 원소 중에서 n과 서로소인 것만 들어갑니다.

$\phi(n)$과 법 n에 대한 기약 잉여계의 차이를 기억해둡시다. $\phi(n)$은 n과 서로소이면서 합동이 아닌 잉여들의 개수를 말합니다. 법 n에 대한 기약 잉여계는 n과 서로소이면서 합동이 아닌 잉여들의 집합을 말합니다. 물론 이 집합의 원소 개수는 $\phi(n)$입니다.

5.2.2 오일러 정리의 증명

나중에 [정리 5-14]의 오일러 정리를 증명하려면 몇 가지 보조정리를 먼저 알아야 합니다.

보조정리 5-12

$\gcd(a, n_1) = \gcd(a, n_2) = \cdots = \gcd(a, n_k) = 1$이면 다음이 성립합니다.

$$\gcd(a, n_1 \times n_2 \times \cdots \times n_k) = 1$$

증명

1.3절 [연습문제 15(ii)]를 참고합니다. ■

예제 5-10 [예제 5-9]의 결과를 사용하여 $2^6 \equiv 1 \pmod 9$임을 보이세요.

풀이

[예제 5-9]에 의해 다음 표를 만들 수 있습니다.

[표 5-4] r_j에 대한 $2r_j \pmod 9$

r_j	1	2	4	5	7	8
$2r_j \pmod 9$	2	4	8	1	5	7

r_j들은 법 9에 대한 기약 잉여계를 나타냅니다. 그리고 위 표를 통해 다음을 알 수 있습니다.

$$2r_j \equiv r_k \pmod 9$$

각 $j = 1, 2, 3, \cdots, 6$에 대하여 $2r_j$를 각각 곱해봅시다.

$$(2\times1)(2\times2)(2\times4)(2\times5)(2\times7)(2\times8) \equiv 2\times4\times8\times1\times5\times7 \pmod 9$$

$$\underbrace{(2\times2\times2\times2\times2\times2)}_{=2^6}[1\times2\times4\times5\times7\times8] \equiv 1\times2\times4\times5\times7\times8 \pmod 9 \quad \text{(재배열)}$$

$$2^6[1\times2\times4\times5\times7\times8] \equiv [1\times2\times4\times5\times7\times8]\times1 \pmod 9 \quad (*)$$

이때 $\gcd(9, 1) = \gcd(9, 2) = \gcd(9, 4) = \gcd(9, 5) = \gcd(9, 7) = \gcd(9, 8) = 1$입니다. [보조정리 5-12]를 적용하면 다음과 같습니다.

$$\gcd(9, 1\times2\times4\times5\times7\times8) = 1$$

(*)에 다음과 같은 [정리 3-11]의 소거법칙을 적용해봅시다.

$ac \equiv bc \pmod{n}$이고 $\gcd(c, n) = 1$이면, $a \equiv b \pmod{n}$입니다.

그러면 다음 결과를 얻을 수 있습니다.

$$2^6 \equiv 1 \pmod{9}$$

$\phi(9) = 6$은 $2^{\phi(9)} \equiv 1 \pmod{9}$를 의미한다는 것을 알아둡시다.

보조정리 5-13

$n > 1$이고 $\gcd(a, n) = 1$일 때, $\{r_1, r_2, r_3, \cdots, r_{\phi(n)}\}$이 법 n에 대한 기약 잉여계라면 다음 집합도 기약 잉여계입니다.

$$S = \{ar_1, ar_2, ar_3, \cdots, ar_{\phi(n)}\}$$

? 이 보조정리를 어떻게 증명할까요?

다음 두 가지를 증명해야 합니다.

(1) S의 임의의 두 원소는 법 n에 대하여 서로 합동이 아닙니다.

(2) $\gcd(ar_i, n) = 1$

증명

(1) S의 임의의 두 원소는 법 n에 대하여 서로 합동이 아닙니다.

다음과 같이 두 잉여가 법 n에 대하여 합동이라고 합시다.

$$1 \le j, k \le \phi(n)\text{에 대하여 } r_j \not\equiv r_k \pmod{n}\text{일 때, } ar_j \equiv ar_k \pmod{n}$$

$\gcd(a, n) = 1$이 주어져 있으므로, [정리 3-11]의 소거법칙을 $ar_j \equiv ar_k \pmod{n}$에 적용하면 다음과 같습니다.

$$r_j \equiv r_k \pmod{n}$$

이 결과는 모순입니다. 따라서 ar_j들은 법 n에 대하여 서로 합동이 아닙니다.

(2) S의 모든 원소는 n과 서로소입니다($\gcd(ar_i, n) = 1$).

$\gcd(r_i, n) = 1$이고 $\gcd(a, n) = 1$이므로 다음과 같은 [보조정리 5-12]를 적용해봅시다.

$$\gcd(a, n_1) = \gcd(a, n_2) = \cdots = \gcd(a, n_k) = 1\text{이면,}$$
$$\gcd(a, n_1 \times n_2 \times \cdots \times n_k) = 1$$

그러면 다음과 같습니다.

$$\gcd(r_i, n) = 1\text{이고 } \gcd(a, n) = 1\text{이면, } \gcd(a \times r_i, n) = 1$$

$\gcd(a \times r_i, n) = 1$은 ar_i와 n이 서로소임을 의미합니다. 즉, 다음과 같이 ar_i가 법 n에 대한 기약 잉여계의 원소임에 틀림없습니다.

$$ar_i \equiv r_k \pmod n$$

따라서 $S = \{ar_1, ar_2, ar_3, \cdots, ar_{\phi(n)}\}$은 법 n에 대한 기약 잉여계입니다. ■

위 증명을 통해 $S = \{ar_1, ar_2, ar_3, \cdots, ar_{\phi(n)}\}$ 역시 기약 잉여계이므로, 이 집합에 속한 잉여들은 각각 $\{r_1, r_2, r_3, \cdots, r_{\phi(n)}\}$의 한 잉여와 합동입니다.

정리 5-14 오일러 정리(Euler's theorem)

n이 1보다 큰 정수이고 $\gcd(a, n) = 1$이면 다음이 성립합니다.

$$a^{\phi(n)} \equiv 1 \pmod n$$

증명

$\{r_1, r_2, r_3, \cdots, r_{\phi(n)}\}$을 법 n에 대한 기약 잉여계라고 합시다. 그러면 [보조정리 5-13]에 의해 다음과 같이 쓸 수 있습니다.

$$\{ar_1, ar_2, ar_3, \cdots, ar_{\phi(n)}\}\text{도 법 } n\text{에 대한 기약 잉여계입니다.}$$

이 잉여들을 곱해봅시다.

$$ar_1 \times ar_2 \times ar_3 \times \cdots \times ar_{\phi(n)} \equiv r_1 \times r_2 \times r_3 \times \cdots \times r_{\phi(n)} \pmod n$$
$$a^{\phi(n)}[r_1 \times r_2 \times \cdots \times r_{\phi(n)}] \equiv [r_1 \times r_2 \times \cdots \times r_{\phi(n)}] \pmod n$$

(a를 $\phi(n)$번 곱했으므로)

각 r_j들이 n과 서로소입니다. 즉, $j = 1, \cdots, \phi(n)$에 대하여 $\gcd(r_j, n) = 1$입니다.

다음과 같은 [보조정리 5-12]를 사용합시다.

$$\gcd(a, n_1) = \gcd(a, n_2) = \cdots = \gcd(a, n_k) = 1\text{이면,}$$
$$\gcd(a, n_1 \times n_2 \times \cdots \times n_k) = 1$$

그렇다면 $\gcd(r_1, n) = \gcd(r_2, n) = \cdots = \gcd(r_{\phi(n)}, n) = 1$이므로 다음과 같습니다.

$$\gcd(r_1 \times r_2 \times \cdots \times r_{\phi(n)}, n) = 1$$

다음과 같은 [정리 3-11]의 소거법칙을 적용해봅시다.

$$yx \equiv zx \pmod n\text{이고 } \gcd(x, n) = 1\text{이면, } y \equiv z \pmod n\text{입니다.}$$

소거법칙을 적용하면 위 결과에 대해 다음과 같이 쓸 수 있습니다.

$$a^{\phi(n)}[r_1 \times r_2 \times \cdots \times r_{\phi(n)}] \equiv [r_1 \times r_2 \times \cdots \times r_{\phi(n)}] \times 1 \pmod n$$
$$a^{\phi(n)} \equiv 1 \pmod n$$ ■

페르마의 소정리처럼, 오일러 정리도 정수론의 기본 정리에 해당합니다.

예제 5-11 다음 합동식을 만족하는 음이 아닌 최소의 잉여 x를 구해보세요.

$$3^{170} \equiv x \pmod{200}$$

풀이

200은 합성수이고 $\gcd(3, 200) = 1$이므로, x를 구하기 위해 오일러 정리를 사용할 수 있습니다. 먼저 $\phi(200)$을 구해봅시다. 어떻게 하면 될까요? 다음과 같은 [명제 5-9]를 사용합시다.

$$\phi(n) = n\left(1 - \frac{1}{p_1}\right)\left(1 - \frac{1}{p_2}\right) \cdots \left(1 - \frac{1}{p_r}\right)$$

200을 소인수분해하면 어떻게 나올까요?

$$200 = 2 \times 100 = 2 \times (4 \times 25) = 2 \times (2^2 \times 5^2) = 2^3 \times 5^2$$

[명제 5-9]에 $n = 200$, $p_1 = 2$, $p_2 = 5$를 대입합니다.

$$\phi(200) = 200\left(1 - \frac{1}{2}\right)\left(1 - \frac{1}{5}\right) = 80$$

다음과 같은 [정리 5-14]의 오일러 정리를 적용해봅시다.

$$a^{\phi(n)} \equiv 1 \pmod{n}$$

$a = 3,\ n = 200,\ \phi(200) = 80$을 오일러 정리에 대입합니다.

$$3^{\phi(200)} \equiv 3^{80} \equiv 1 \pmod{200} \qquad (\dagger)$$

$3^{170} \equiv x \pmod{200}$을 계산하는 게 우리의 목표입니다. 나눗셈 알고리즘을 사용해 지수 170을 80의 배수와 나머지의 합으로 나타내봅시다.

$$170 = (2 \times 80) + 10$$

그러므로 다음과 같습니다.

$$3^{170} \equiv 3^{(2\times 80)+10} \underbrace{\equiv}_{\text{지수법칙}} (3^{80})^2 \times 3^{10} \equiv \underbrace{(1)^2}_{(\dagger)\text{에 의해}} \times 3^{10} \equiv 3^{10} \pmod{200} \qquad (*)$$

3^{10}을 계산해봅시다.

$$3^{10} \equiv (3^5)^2 \equiv (243)^2 \equiv 43^2 \equiv 1849 \equiv 49 \pmod{200}$$

$3^{10} \equiv 49 \pmod{200}$을 $(*)$에 대입합니다.

$$3^{170} \equiv 3^{10} \equiv 49 \pmod{200}$$

이 결과는 큰 수인 3^{170}을 200으로 나누었을 때 나머지가 49임을 의미합니다. 이 답을 찾기 위해 3^{170}을 십진수로 나타내지 않아도 됩니다.

예제 5-12 11^{205}의 마지막 두 자릿수를 구해보세요.

풀이

11^{205}은 213자릿수이지만, 이 문제는 모든 자리의 수가 아니라 마지막 두 자릿수만 찾으면 됩니다. 그렇다면 법 100에 대한 11^{205}의 음이 아닌 최소의 잉여를 구해야 합니다(100으로 나눈 나머지가 마지막 두 자릿수입니다).

[예제 5-6(a)]를 통해 $\phi(100) = 40$임을 알고 있습니다. 이제 다음과 같은 오일러 정리를 사용할 수 있습니다.

$$a^{\phi(n)} \equiv 1 \pmod{n}$$

$\gcd(11, 100) = 1$이므로 오일러 정리에 $a = 11$, $n = 100$을 대입합니다.

$$11^{\phi(100)} \equiv 11^{40} \equiv 1 \pmod{100} \qquad (**)$$

나눗셈 알고리즘을 사용하여 주어진 지수 205를 40의 배수와 나머지로 나타내봅시다.

$$205 = (5 \times 40) + 5$$

이제 다음과 같이 쓸 수 있습니다.

$$11^{205} \equiv 11^{(5 \times 40) + 5} \equiv (11^{40})^5 \times 11^5 \equiv \underbrace{(1)^5}_{(**)\text{에 의해}} \times 11^5 \equiv 11^5 \pmod{100}$$

법 100에 대해 11^5을 계산하면 다음과 같습니다.

$$\begin{aligned} 11^5 &\equiv (11^2)^2 \times 11 \equiv (121)^2 \times 11 \\ &\equiv (21)^2 \times 11 \equiv 441 \times 11 \equiv 41 \times 11 \equiv 451 \equiv 51 \pmod{100} \end{aligned}$$

따라서 11^{205}의 마지막 두 자릿수는 각각 5와 1입니다.

다음으로 (4장에서 증명했던) 페르마의 소정리를 오일러 정리를 사용하여 증명해보겠습니다.

정리 5-15 페르마의 소정리

정수 a와 소수 p에 대하여 p가 a를 나누지 않으면 다음이 성립합니다.

$$a^{p-1} \equiv 1 \pmod{p}$$

증명

조건 $p \nmid a$에 따르면 $\gcd(a, p) = 1$입니다. $n = p$로 두고 다음과 같은 오일러 정리를 사용할 수 있습니다.

$$a^{\phi(n)} \equiv 1 \pmod{n}$$

소수 p에 대하여 $\phi(p) = p - 1$임을 기억합시다. 그러므로 다음과 같습니다.

$$a^{\phi(p)} \equiv a^{p-1} \equiv 1 \pmod{p}$$

■

핵심요약

- 기약 잉여계는 역원을 가지는 합동이 아닌 잉여들만 포함합니다.
- 임의의 법 n에 대하여 잉여의 거듭제곱을 계산하기 위해 오일러 정리를 사용할 수 있습니다.
- 1보다 큰 정수 n에 대하여 $\gcd(a, n) = 1$이라 하면 다음이 성립합니다.

$$a^{\phi(n)} \equiv 1 \pmod{n}$$

5.2 연습문제

01. $r_1 = 1, r_2 = 3, r_3 = 5, r_4 = 7, a = 3$일 때, $j = 1, 2, 3, 4$에 대하여 다음을 만족하는 음이 아닌 최소의 잉여 x_j를 구해보세요.

$$ar_j \equiv x_j \pmod{8}$$

? 이 결과에서 무엇을 알 수 있나요?

02. 법 8에 대한 2개의 기약 잉여계를 구해보세요.

03. 7^{2014}의 마지막 자릿수를 구해보세요.

04. 13^{1000}의 마지막 두 자릿수를 구해보세요.

05. $11^{1767} \equiv x \pmod{301}$에서 최소의 음이 아닌 잉여 x를 구해보세요.

06. $27^{1000000}$의 마지막 세 자릿수를 구해보세요.

07. 오일러 정리를 사용하여 다음 선형합동식을 풀어보세요.

(a) $7x \equiv 33 \pmod{50}$

(b) $13x \equiv 51 \pmod{100}$

(c) $13x \equiv 52 \pmod{100}$

08. $b_j = 5, 7, 9, 11, 13$에 대하여 다음 선형합동식을 풀어보세요.

$$15x_j \equiv b_j \pmod{32}$$

힌트 [연습문제 12]를 참고하세요.

09. 양의 정수 n이 $\gcd(n, 10) = 1$을 만족한다고 합시다. $99\cdots99$에 9가 $\phi(n)$개 있을 때, $n \mid 99\cdots99$임을 보이세요.

10. 양의 정수 a와 소수 p에 대하여 $p \nmid a$일 때, 다음을 증명해보세요.

$$a^{p^n - p^{n-1}} \equiv 1 \pmod{p^n}$$

11. 다음을 증명하거나 반례를 들어보세요.

$\gcd(a, n) = 1$이면, $a^{\phi(\phi(n))} \equiv 1 \pmod{n}$

12. 다음 물음에 답해보세요.

(a) $\gcd(a, n)=1$일 때 다음을 증명해보세요.

$$a^{-1} \equiv a^{\phi(n)-1} \pmod{n}$$

(b) $\gcd(a, n)=1$일 때, 선형합동식 $ax \equiv b \pmod{n}$의 해가 $x \equiv ba^{\phi(n)-1} \pmod{n}$임을 증명해보세요.

13. 소수 $p=3$, $q=23$과 $n=p\times q$에 대하여, 다음 물음에 답해보세요.

(i) $\phi(n)$을 구해보세요.

(ii) $3^{-1} \pmod{\phi(n)}$을 구해보세요.

*14. $\gcd(m, n)=1$일 때, 다음을 증명해보세요.

$$m^{\phi(n)}+n^{\phi(m)} \equiv 1 \pmod{mn}$$

힌트 중국인의 나머지 정리를 사용해보세요.

15. p와 q가 서로 다른 소수일 때, $p^{q-1}+q^{p-1} \equiv 1 \pmod{pq}$임을 증명해보세요.

16. $\gcd(a, 16)=1$을 만족하는 자연수 a에 대하여, 법 16에 대한 a^3의 곱셈에 대한 역원을 a의 거듭제곱으로 구해보세요.

17. $\{r_1, r_2, r_3, \cdots, r_{\phi(n)}\}$을 법 n에 대한 기약 잉여계라고 할 때, $1 \le j, k \le \phi(n)$에 대하여 $r_j^{-1} \equiv r_k \pmod{n}$임을 증명해보세요(기약 잉여계에서 임의의 잉여의 역원도 이 잉여계 안에 있습니다).

18. 다음 물음에 답해보세요.

*(i) $\{r_1, r_2, r_3, \cdots, r_{\phi(n)}\}$을 법 n에 대한 기약 잉여계라고 할 때, 다음을 보이세요.

$$r_1 \times r_2 \times r_3 \times \cdots \times r_{\phi(n)} \equiv \pm 1 \pmod{n}$$

(ii) 윌슨의 정리를 증명해보세요.

**19. 다음 수의 마지막 세 자릿수를 구해보세요.

$$2019^{2019^{2019}}$$

힌트 지수법칙 $a^{m^n}=a^{(m^n)}$을 사용해보세요.

5장 종합문제

5.1 다음 물음에 답해보세요.

(i) ϕ가 오일러 피 함수일 때, $\phi(100)$을 구해보세요.

(ii) 2013^{2013}의 마지막 두 자릿수를 구해보세요.

**(iii) $2013^{2013^{2013}}$의 마지막 두 자릿수를 구해보세요.

힌트 지수법칙 $a^{m^n}=a^{(m^n)}$을 사용해보세요.

(iv) 다음 합동식의 최소의 양수 잉여 $x \pmod{100}$을 구하려고 할 때, 오일러 정리 $a^{\phi(n)} \equiv 1 \pmod{n}$을 왜 사용할 수 없는지 설명해보세요.

$$2014^{2014} \equiv x \pmod{100}$$

5.2 다음 정수에 대하여 $\phi(n)$을 구해보세요.

(a) 1000

(b) 10000

(c) 100000

(d) 1000000

이 결과에서 무엇을 알 수 있을까요?

5.3 다음 값을 구해보세요.

(a) $\phi(2014)$

(b) $\phi(2015)$

(c) $\phi(2016)$

(d) $\phi(2017)$

힌트 2017은 소수입니다.

5.4 $\phi(n)=\frac{4n}{5}$을 만족하는 자연수 n을 구해보세요.

5.5 2011^{2011}의 마지막 세 자릿수를 구해보세요.

5.6 n이 홀수일 때, 자연수 m에 대하여 공식 $\phi(2^m n)$을 정리해보세요.

5.7 $23x\equiv 5\pmod{100}$을 풀어보세요.

5.8 $n=2^m 3^k$일 때, $\phi(n)=\frac{n}{3}$임을 보이세요. 또한 $\phi(n)=\frac{n}{3}$이 무엇을 의미하는지 설명해보세요.

5.9 다음 물음에 답해보세요.

(i) $\phi(n)=\frac{n}{2}$이 무엇을 의미하는지 설명해보세요.

(ii) $\phi(n)=\frac{n}{2}$이면, $n=2^m$이 성립함을 증명해보세요.

5.10 다음 물음에 답해보세요.

(i) 다음 합동식의 음이 아닌 최소의 잉여 $x\pmod 4$를 구해보세요.

$$3^4+3^2+2\times 3\equiv x\pmod 4$$

(ii) 임의의 정수 a에 대하여 다음이 성립함을 증명해보세요.

$$a^4+a^2+2a\equiv 0\pmod 4$$

5.11 RSA 암호 시스템에서 복호화는 서로 다른 큰 소수 p, q에 대하여 $n=pq$일 때, 오일러 피 함수 $\phi(n)$의 계산에 의존합니다. 물론 n의 소인수분해를 안다면, $\phi(n)$을 쉽게 계산할 수 있습니다. 다음 소수의 곱에 대하여 각각의 $\phi(n)$을 계산해보세요.

(a) $n=1299709\times 15485863$

(b) $n=1726943\times 179424673$

5.12 다음 물음에 답해보세요.

(i) $\phi(561)$을 계산하고, 이 답이 무엇을 의미하는지 설명해보세요.

(ii) 실제 값을 계산하여 $2^{\phi(561)}\equiv 1\pmod{561}$임을 보이세요.

힌트 $\phi(561)$의 인수를 조사해보세요.

(iii) $2^\lambda\equiv 1\pmod{561}$을 만족하는 최소의 양의 정수 λ를 구해보세요.

(iv) λ와 $\phi(561)$ 사이의 관계를 찾아보세요.

5.13 다음 물음에 답해보세요.

(i) $\phi(111)$을 계산해보세요.

(ii) 법 111에 대하여 곱셈에 대한 역원을 갖지 않고 합동이 아닌 잉여가 몇 개인가요?

5.14 $\phi(10^{n^2})=4\times 10^{n^2-1}$임을 증명해보세요.

6.1 법 n에 대한 정수의 위수

학습목표

- $a\ (\bmod n)$의 위수를 구할 수 있습니다.
- 위수의 성질을 증명할 수 있습니다.

이 장에서는 오일러 정리를 사용하여 $a^m \equiv x\ (\bmod n)$을 만족하는 최소의 양수 잉여 x를 계산할 때의 한계점을 살펴볼 것입니다. $a^k \equiv 1\ (\bmod n)$을 만족하는 첫 번째 양의 지수 k를 찾아보겠습니다.

지금까지는 선형합동식 $ax \equiv b\ (\bmod n)$만 다루었습니다. 이 장에서는 $ax^k \equiv b\ (\bmod n)$과 같은 비선형합동식(non-linear congruence) 문제를 살펴보겠습니다. 비선형합동식 문제를 다룰 때는 선형으로 변환하여 풀고 3장의 결과를 사용하여 해결합니다.

6.1.1 위수의 정의

? 7^{311}의 마지막 세 자릿수는 어떻게 구할 수 있을까요?

마지막 세 자릿수를 구하는 것이므로 법 1000에 대해 계산해야 합니다. $\gcd(7, 1000) = 1$임을 알고 있으므로, 다음과 같은 [정리 5-14]의 오일러 정리를 사용할 수 있습니다.

$$a^{\phi(n)} \equiv 1\ (\bmod n)$$

$\phi(1000) = 1000\left(1 - \frac{1}{2}\right)\left(1 - \frac{1}{5}\right) = 400$입니다. 그러므로 오일러 정리에 $a = 7$, $n = 1000$을 적용하면, $7^{400} \equiv 1\ (\bmod 1000)$입니다. 이제 다음을 만족하는 최소의 양수 잉여 x를 찾아야 합니다.

$$7^{311} \equiv x\ (\bmod 1000) \qquad (*)$$

지수가 $311 < 400$이므로 $7^{400} \equiv 1\ (\bmod 1000)$은 답을 구하는 데 도움이 되지 않습니다. 이는 오일러 정리가 합동식 (*)를 푸는 데 유용하지 않다는 뜻입니다. 이 절에서는 이 계산 과정을 어떻게 줄일 수 있는지 살펴볼 것입니다. 이 장의 후반부인 [예제 6-6]에서 다음을 만족하는 가장 작은 지수 k를 구하여 마지막 세 자릿수를 찾겠습니다.

$$7^k \equiv 1\ (\bmod 1000)$$

먼저 좀 더 간단한 예제로 생각해봅시다.

예제 6-1 $4^k \equiv 1 \pmod{13}$을 만족하는 최소의 양의 정수 k를 구해보세요.

풀이

밑이 4인 여러 가지 지수에 대하여 $1 \pmod{13}$이 될 때까지 계산해봅시다.

$$\begin{aligned}
4^1 &\equiv 4 \not\equiv 1 \pmod{13} \\
4^2 &\equiv 16 \equiv 3 \not\equiv 1 \pmod{13} \\
4^3 &\equiv 64 \equiv 12 \not\equiv 1 \pmod{13} \\
4^4 &\equiv (4^2)^2 \equiv 3^2 \equiv 9 \not\equiv 1 \pmod{13} \\
4^5 &\equiv 4^4 \times 4 \equiv 9 \times 4 \equiv 36 \equiv 10 \not\equiv 1 \pmod{13} \\
4^6 &\equiv 4^5 \times 4 \equiv 10 \times 4 \equiv 40 \equiv 1 \pmod{13}
\end{aligned}$$

$k=6$일 때 $4^k \equiv 1 \pmod{13}$이 성립합니다.

법 13에 대하여 4의 거듭제곱 값이 1이 되도록 하는 첫 번째 양의 지수는 6입니다. 법 12에 대하여 5의 거듭제곱과 관련된 또 다른 예를 들어보겠습니다.

$$5^1 \equiv 5 \not\equiv 1 \pmod{12},\ \ 5^2 \equiv 25 \equiv 1 \pmod{12}$$

법 12에 대하여 5의 거듭제곱 값이 1이 되도록 하는 첫 번째 양의 지수는 2입니다.

? 왜 법 n에 대하여 1과 합동인 정수에 관심이 둘까요?

$1^m \equiv 1 \pmod{n}$이므로, 이는 지수 연산을 훨씬 쉽게 해줍니다.

? 그러한 지수가 존재하는지 어떻게 알 수 있을까요?

다음과 같은 오일러 정리를 통해 알 수 있습니다.

$$\gcd(a, n) = 1\text{이면, } a^{\phi(n)} \equiv 1 \pmod{n}$$

법 n에 대해 1이 되게 하는 첫 번째 정수 지수를 위수라 하며, 형식적 정의는 다음과 같습니다.

정의 6-1 위수

$n > 1$이고 $\gcd(a, n) = 1$일 때, 법 n에 대하여 a의 **위수**(order)는 $a^k \equiv 1 \pmod{n}$을 만족하는 가장 작은 양의 정수 k입니다.

[예제 6-1]을 통해, $4 \pmod{13}$의 위수는 6이고 $5 \pmod{12}$의 위수는 2임을 알 수 있습니다.

예제 6-2 다음의 위수를 구해보세요.

(a) $5 \pmod{6}$　　　　(b) $2 \pmod{13}$

풀이

(a) 법 6에 대하여 5의 거듭제곱을 계산해봅시다.

$$5^1 \equiv 5 \not\equiv 1 \pmod{6},\ 5^2 \equiv 25 \equiv 1 \pmod{6}$$

따라서 법 6에 대하여 5의 위수는 2입니다.

(b) 법 13에 대하여 2의 거듭제곱을 계산해봅시다.

$$2^1 \equiv 2,\ 2^2 \equiv 4,\ \cdots,\ 2^{11} \equiv 7,\ 2^{12} \equiv 1 \pmod{13}$$

따라서 법 13에 대하여 2의 위수는 12입니다.

6.1.2 위수의 성질

이제 위수의 성질 몇 가지를 알아보겠습니다.

명제 6-2

$a \equiv b \pmod{n}$이면, $\bmod n$에 대하여 a와 b의 위수는 같습니다.

증명

k를 법 n에 대한 a의 위수라고 하면 다음과 같습니다.

$$a^k \equiv 1 \pmod{n}$$

다음과 같은 3장의 [명제 3-8]을 이용해봅시다.

$a \equiv b \pmod{n}$이면, $a^k \equiv b^k \pmod{n}$입니다.

따라서 $a^k \equiv b^k \equiv 1 \pmod{n}$이므로, k는 다음을 만족하는 b의 가장 작은 양의 지수여야 합니다.

$$b^k \equiv 1 \pmod{n}$$

? 왜 그럴까요?

더 작은 정수 $m(<k)$이 존재하여, $a^m \equiv b^m \equiv 1 \pmod{n}$을 만족한다면, m은 법 n에 대하여 a의 위수입니다. 그러므로 k가 법 n에 대하여 b의 위수입니다. ■

? [정의 6-1]에서 a와 n은 서로소, 즉 $\gcd(a, n) = 1$입니다. 이 조건이 왜 필요할까요?

다음 예제를 통해, a와 n이 서로소가 아닌 경우에는 어떤 일이 발생하는지 살펴보겠습니다. $\gcd(a, n) > 1$인 경우를 생각해봅시다.

예제 6-3 **다음을 만족하는 음이 아닌 최소의 잉여 b를 구해보세요.**

$$k = 1, 2, 3, 4, 5\text{에 대하여, } 2^k \equiv b \pmod{6}$$

풀이

$k = 1, 2, 3, 4, 5$를 $2^k \equiv b \pmod{6}$에 대입해봅시다.

$$2^1 \equiv 2,\ 2^2 \equiv 4,\ 2^3 \equiv 2,\ 2^4 \equiv 4,\ 2^5 \equiv 2 \pmod{6}$$

이 결과에 나타나는 규칙을 살펴보면, 잉여가 2 또는 $4 \pmod{6}$입니다. 왜 양수인 최소의 잉여가 2 또는 4만 있을까요?

$2^k \equiv 2(2^{k-1}) \equiv b \pmod{6}$과 같이 쓸 수 있습니다. $\gcd(2, 6) = 2$는 $2(2^{k-1}) \equiv b \pmod{6}$이 $2 \mid b$인 경우에만 참임을 의미합니다. 왜 그럴까요? 다음과 같은 3장의 [명제 3-15]에 의해 성립합니다.

$$ax \equiv b \pmod{n}\text{의 해가 존재합니다.} \Leftrightarrow g = \gcd(a, n)\text{에 대하여 } g \mid b\text{입니다.}$$

2^k은 항상 짝수인 잉여일 것입니다. 실제로 임의의 양의 정수 k에 대하여 $2^k \not\equiv 1 \pmod{6}$입니다.

이 결과는 [예제 6-3]에만 국한되는 내용이 아니므로, 다음과 같이 일반화할 수 있습니다.

> **명제 6-3**
>
> $\gcd(a, n) > 1$이면, 임의의 양의 정수 k에 대하여 $a^k \not\equiv 1 \pmod{n}$입니다.

[명제 6-3]을 어떻게 증명할까요?

귀류법으로 증명합니다.

증명

$g = \gcd(a, n) > 1$이고, 다음을 만족하는 양의 정수 k가 존재한다고 합시다.

$$a^k \equiv 1 \pmod{n} \quad (*)$$

지수법칙을 사용하여 $a^k = aa^{k-1}$이라고 다시 쓸 수 있습니다. 이를 이용하여 (*)를 다시 나타내봅시다.

$$a^k \equiv a(a^{k-1}) \equiv 1 \pmod{n}$$

$g = \gcd(a, n) > 1$이므로, 이 합동식이 성립하기 위해서는 $g \mid 1$이어야 합니다.

왜 그럴까요?

다음과 같은 [명제 3-15]에 의해 성립합니다.

$ax \equiv b \pmod{n}$의 해가 존재합니다. $\Leftrightarrow$ $g = \gcd(a, n)$에 대하여 $g \mid b$입니다.

[명제 3-15]를 $a(a^{k-1}) \equiv 1 \pmod{n}$에 적용하면 $g \mid 1$입니다. 그런데 가정에서 $g > 1$이라고 했으므로 모순이 발생합니다. 즉, 가정이 틀렸습니다. 그러므로 $a^k \equiv 1 \pmod{n}$을 만족하는 정수 k가 존재하지 않습니다. 증명을 완료했습니다. ■

$\gcd(a, n) > 1$이면 $a \pmod{n}$의 위수는 없습니다. 또는 위수가 존재하지 않는다고 표현합니다.

6.1.3 위수의 또 다른 성질

지수가 얼마일 때 법 n에 대해서 1이 될까요?

법 7에 대하여 2의 지수를 예로 들면 다음과 같습니다.

$$2^3 \equiv 1 \pmod{7},\ 2^6 \equiv 1 \pmod{7},\ 2^9 \equiv 1 \pmod{7},\ 2^{12} \equiv 1 \pmod{7}$$

법 7에 대하여 2의 위수는 3입니다. 이 경우, 지수가 3의 배수일 때는 법 7에 대하여 1과 합동입니다. 즉, $2^{3m} \equiv 1 \pmod{7}$입니다.

마찬가지로, 법 13에 대하여 2의 위수는 12입니다([예제 6-2(b)] 참고).

$$2^{12} \equiv 1 \pmod{13},\ 2^{24} \equiv 1 \pmod{13},\ 2^{36} \equiv 1 \pmod{13},\ 2^{48} \equiv 1 \pmod{13}$$

이 경우, 2의 지수가 12의 배수일 때는 법 13에 대하여 1과 합동입니다.

예제 6-4 다음 물음에 답해보세요.

(i) 법 8에 대하여 3의 위수 k를 구해보세요.

(ii) m이 자연수일 때, 법 8에 대하여 $3^{2k}, 3^{3k}, 3^{4k}, \cdots, 3^{mk}$을 구해보세요.

풀이

(i) $3^2 \equiv 9 \equiv 1 \pmod 8$입니다. 법 8에 대하여 첫 번째로 1이 되도록 하는 지수는 2입니다. 따라서 위수는 $k=2$이고 $3^k \equiv 1 \pmod 8$입니다.

(ii) 3^{2k}을 계산해봅시다.

$$3^{2k} \underbrace{\equiv}_{\text{지수법칙}} (3^2)^k \underbrace{\equiv}_{\text{(i)에 의해}} (1)^k \equiv 1 \pmod 8$$

마찬가지로 계산하면, $3^{3k} \equiv 3^{4k} \equiv \cdots \equiv 3^{mk} \equiv 1 \pmod 8$입니다.

? 위수 2의 배수가 아니면서 법 8에 대하여 1과 합동인 3의 지수가 있을까요?

없습니다. 다음 증명에서 귀류법을 사용하여 그 이유를 설명합니다. $a^h \equiv 1 \pmod n$은 h가 위수 k의 배수라는 것과 필요충분조건임을 증명하겠습니다.

명제 6-4

법 n에 대하여 a의 위수가 k이면, 다음과 같습니다.

$$a^h \equiv 1 \pmod n \quad \Leftrightarrow \quad k \mid h$$

명제에 $\Leftrightarrow$가 있으므로 양방향으로 증명합니다.

증명

법 n에 대하여 a의 위수가 k이면 다음이 성립합니다.

$$a^k \equiv 1 \pmod n \qquad (*)$$

($\Leftarrow$) $k \mid h$라고 가정합니다. 그러면 $k \times m = h$를 만족하는 정수 m이 존재합니다.

$$a^h \equiv a^{k \times m} \equiv \underbrace{(a^k)^m}_{\text{지수법칙}} \equiv \underbrace{(1)^m}_{(*)\text{에 의해}} \equiv 1 \pmod{n}$$

즉, $a^h \equiv 1 \pmod{n}$입니다.

($\Rightarrow$) $a^h \equiv 1 \pmod{n}$이라고 가정합니다. 이제 귀류법을 이용하여 증명하겠습니다. 위수 k가 h를 나누지 않는다고 합시다. 즉, $k \nmid h$입니다. 나눗셈 알고리즘에 의해 정수 q와 나머지 r이 존재하여 다음을 만족합니다.

$$h = kq + r, \quad 0 < r < k$$

이 경우에 $k \nmid h$이므로 0이 아닌 나머지 $r(>0)$이 존재함을 알 수 있습니다. $a^h \equiv 1 \pmod{n}$을 계산하기 위해 $h = kq + r$을 대입해봅시다.

$$\begin{aligned} a^h \equiv a^{kq+r} &\equiv (a^k)^q \times a^r && \text{(지수법칙)} \\ &\equiv \underbrace{(1)^q}_{(*)\text{에 의해}} \times a^r \equiv a^r \equiv 1 \pmod{n} && (a^h \equiv 1 \pmod{n}\text{이므로}) \end{aligned}$$

k가 법 n에 대하여 a의 위수이고 r이 k보다 작으므로($0 < r < k$), $a^r \equiv 1 \pmod{n}$은 될 수 없습니다. 다음과 같은 [정의 6-1]을 떠올려봅시다.

> 법 n에 대해 a의 위수는 $a^k \equiv 1 \pmod{n}$을 만족하는 가장 작은 양의 정수 k입니다.

따라서 k가 h를 나누지 않는다는 가정은 틀렸습니다. 즉, $k \mid h$입니다. ■

지금까지 학습한 과정을 통해 알 수 있듯이, 정수론은 이전에 배운 결과를 기반으로 합니다. 다음의 따름정리에서는 5장에서 설명한 오일러 피 함수와 법 n(정수)에 대한 정수의 위수 사이의 연결 관계를 살펴봅니다.

따름정리 6-5

법 n에 대하여 a의 위수를 k라고 하면, $k \mid \phi(n)$입니다.

증명

k를 법 n에 대한 a의 위수라고 하면, $a \pmod{n}$의 위수는 $\gcd(a, n) = 1$인 경우에만 존재합니다. [정리 5-14]의 오일러 정리에 의해 다음을 알 수 있습니다.

$$a^{\phi(n)} \equiv 1 \pmod{n}$$

[명제 6-4]에 $h = \phi(n)$을 대입하면 $k \mid \phi(n)$입니다. ■

[따름정리 6-5]는 무엇을 의미할까요?

법 n에 대하여 a의 위수를 구할 때 $\phi(n)$의 양의 인수들만 확인해보면 된다는 의미입니다. 즉, 법 n에 대하여 $a^1, a^2, \cdots, a^{\phi(n)}$을 일일이 다 계산하여 확인할 필요가 없습니다. 결국 위수 계산이 훨씬 간단해집니다.

예제 6-5 법 17에 대하여 2의 위수를 구해보세요.

풀이

2와 17은 서로소이므로 $2 \pmod{17}$의 위수가 존재합니다. 17은 소수입니다. 그렇다면 $\phi(17)$은 무엇일까요? p가 소수일 때 $\phi(p) = p - 1$이므로 이를 적용합시다.

$$\phi(17) = 17 - 1 = 16$$

16의 양의 인수는 무엇일까요? 1, 2, 4, 8, 16입니다. 밑 2에 대한 지수 계산을 할 때 1, 2, 4, 8, 16에 대해서만 확인하면 됩니다.

$$2^1 \equiv 2,\ \ 2^2 \equiv 4,\ \ 2^4 \equiv 16 \equiv -1,\ \ 2^8 \equiv (2^4)^2 \equiv (-1)^2 \equiv 1 \pmod{17}$$

따라서 법 17에 대하여 2의 위수는 8입니다. 위수는 $1 \pmod{17}$이 되도록 하는 2의 가장 작은 양의 지수입니다.

이제 이 장을 시작하며 언급한 문제를 해결해봅시다. 이 문제는 오일러 정리를 바로 적용할 수는 없지만, 지금까지 배운 내용을 이용하여 풀 수 있습니다.

예제 6-6 7^{311}의 마지막 세 자릿수를 구해보세요.

풀이

이 장의 시작 부분에서 다룬 내용을 통해, 다음을 만족하는 최소의 양수 잉여 x를 찾아야 함을 알 수 있습니다.

$$7^{311} \equiv x \pmod{1000}$$

$\phi(1000) = 400$이고 $400 = 2^4 \times 5^2$으로 소인수분해할 수 있습니다. 400의 양의 인수는 1, 2, 4, 5, 8, 10, 16, 20, 25, 40, 50, 80, 100, 200, 400입니다. $1 \pmod{1000}$이 될 때까지 이 인수에 해당하는 수에 대해서만 7의 지수를 확인하면 됩니다.

$$7^1 \equiv 7,\ 7^2 \equiv 49,\ 7^4 \equiv 401,\ 7^5 \equiv 807,\ 7^8 \equiv 801,$$

$$7^{10} \equiv 249,\ 7^{16} \equiv 601,\ 7^{20} \equiv 1 \pmod{1000} \qquad (*)$$

따라서 $7 \pmod{1000}$의 위수는 20입니다. 지수 311을 20의 배수와 나머지로 나타내면 $311 = (15 \times 20) + 11$입니다. 그러므로 지수법칙과 (*)의 결과를 사용하면 다음과 같습니다.

$$7^{311} \equiv 7^{(15\times 20)+11} \equiv (7^{20})^{15} \times 7^{11} \equiv \underbrace{1}_{(*)\text{에 의해}} \times 7^{11}$$

$$\equiv 7^{10} \times 7 \underbrace{\equiv}_{(*)\text{에 의해}} 249 \times 7 \equiv 1743 \equiv 743 \pmod{1000}$$

따라서 7^{311}의 마지막 세 자릿수는 743입니다.

$7 \pmod{1000}$의 위수를 사용할 때 계산이 훨씬 더 쉬워질 수 있음을 기억합시다.

6.1.4 지수 간의 관계

이번에는 다음과 같은 질문에 답해봅니다.

? $a^i \equiv a^j \pmod{n}$이면 지수 i와 j 사이에 어떤 관계가 있을까요?

예제 6-7 양의 정수 m에 대하여 $2^{8m+5} \equiv 2^5 \pmod{17}$임을 보이세요.

풀이

[예제 6-5]에 의해 법 17에 대하여 2의 위수가 8임을 알 수 있습니다.

$$2^8 \equiv 1 \pmod{17} \qquad (*)$$

이를 이용하면 다음과 같습니다.

$$2^{8m+5} \equiv (2^8)^m \times 2^5 \quad (\text{지수법칙})$$

$$\equiv \underbrace{(1)^m}_{(*)\text{에 의해}} \times 2^5 \equiv 2^5 \pmod{17}$$

임의의 정수 m에 대하여 $8m+5 \equiv 5 \pmod 8$이고 [예제 6-7]에 의해 다음과 같습니다.

$$2^{8m+5} \equiv 2^5 \pmod{17}$$

예제 6-8 양의 정수 m, r에 대하여, $2^{12m+r} \equiv 2^r \pmod{13}$임을 보이세요.

풀이

[예제 6-2(b)]에 의해 법 13에 대한 2의 위수는 12임을 알 수 있습니다. 그러므로 다음과 같습니다.

$$2^{12} \equiv 1 \pmod{13} \qquad (\dagger)$$

이어서 다음과 같이 계산합니다.

$$\underbrace{2^{12m+r} \equiv (2^{12})^m}_{\text{지수법칙}} \times 2^r \equiv \underbrace{(1)^2}_{(\dagger)\text{에 의해}} \times 2^r \equiv 2^r \pmod{13}$$

$12m + r \equiv r \pmod{12}$이고 $2^{12m+r} \equiv 2^r \pmod{13}$임을 알 수 있습니다.

왜 $2^{12m+r} \equiv 2^r \pmod{13}$이 유용한 결과일까요?

$2^{1000} \equiv x \pmod{13}$을 만족하는 음이 아닌 최소의 잉여 x를 구할 때, 지수 1000을 12(법 13에 대한 2의 위수)의 배수와 나머지로 쪼개서 $1000 = (83 \times 12) + 4$로 나타낼 수 있습니다. 그러므로 다음과 같습니다.

$$2^{1000} \equiv 2^{(83 \times 12)+4} \equiv 2^4 \equiv 16 \equiv 3 \pmod{13}$$

법 13에 대하여 2^{1000}보다 2^4을 계산하는 것이 훨씬 더 쉽습니다.

앞에서 살펴본 두 가지 예제의 결과를 일반화하면 다음과 같습니다.

> **명제 6-6**
>
> 법 n에 대하여 a의 위수를 k라고 하면, 양의 정수 j, m에 대하여 다음이 성립합니다.
>
> $$a^j \equiv a^m \pmod{n} \quad \Leftrightarrow \quad j \equiv m \pmod{k}$$

증명

법 n에 대하여 a의 위수가 k로 주어져 있습니다. 그렇다면 다음과 같습니다.

$$a^k \equiv 1 \pmod{n} \qquad (**)$$

($\Leftarrow$) $a^j \equiv a^m \pmod{n}$이 성립함을 증명해야 합니다. $j \equiv m \pmod{k}$라고 가정하면, 합동의 정의에 의해 다음이 성립합니다.

$$\text{정수 } s\text{에 대하여, } j - m = ks$$

$j = m + ks$로 다시 쓸 수 있습니다. 법 n에 대하여 a의 지수 j를 생각해봅시다.

$$\begin{aligned} a^j &\equiv a^{m+ks} \\ &\equiv a^m \times (a^k)^s \quad \text{(지수법칙)} \\ &\equiv a^m \times \underbrace{(1)^s}_{\text{(**)에 의해}} \equiv a^m \pmod{n} \end{aligned}$$

따라서 $a^j \equiv a^m \pmod{n}$입니다.

($\Rightarrow$) $a^j \equiv a^m \pmod{n}$이라고 가정할 때, $j \equiv m \pmod{k}$를 증명해야 합니다.

? 어떻게 증명할까요?

귀류법으로 증명합니다. $j \not\equiv m \pmod{k}$라 가정합니다. 즉, $j - m \neq kq$라 가정합니다.

$j - m \neq kq$이므로 나머지 $r(>0)$이 존재하여 다음을 만족합니다.

$$j - m = kq + r, \quad 0 < r < k$$

즉, $j = m + kq + r$, $0 < r < k$입니다. 지수 j를 $j = m + kq + r$로 써봅시다.

$$\begin{aligned} a^j \equiv a^{m+kq+r} &\equiv a^m \times (a^k)^q \times a^r \quad \text{(지수법칙)} \\ &\equiv a^m \times \underbrace{(1)^q}_{\text{(**)에 의해}} \times a^r \\ &\equiv a^m \times a^r \pmod{n} \end{aligned}$$

따라서 $a^m \times a^r \equiv a^j \pmod{n}$임을 알 수 있고, 가정 $a^j \equiv a^m \pmod{n}$에 의해 다음과 같습니다.

$$a^m \times a^r \equiv a^j \equiv a^m \equiv a^m \times (1) \pmod{n}$$

$\gcd(a, n) = 1$이므로 $\gcd(a^m, n) = 1$입니다. 이제 다음과 같은 [정리 3-11]의 소거법칙을 적용해봅시다.

> $a \times c \equiv b \times c \pmod{n}$이고 $\gcd(c, n) = 1$이면, $a \equiv b \pmod{n}$입니다.

$a^m \times a^r \equiv a^m \times (1) \pmod{n}$이므로 $a^r \equiv 1 \pmod{n}$입니다.

하지만 $0 < r < k$, 즉 r이 0보다 크고 k보다 작기 때문에 $a^r \not\equiv 1 \pmod{n}$입니다. k가 법 n에 대하여 a의 위수임을 기억합시다. 따라서 모순이 발생하므로 $j \not\equiv m \pmod{k}$는 틀립니다. 그래서 $j \equiv m \pmod{k}$입니다. 원하는 결과를 얻었습니다. ■

큰 지수에 대한 계산을 수행할 때는 [명제 6-6]이 유용함을 기억합시다.

왜 그럴까요?

다음이 성립하기 때문입니다.

$$a^j \equiv a^m \pmod{n} \quad \Leftrightarrow \quad j \equiv m \pmod{k}$$

j가 m보다 큰 지수이고 $j \equiv m \pmod{k}$이면, 법 n에 대하여 a^j을 계산할 때 a^m을 계산하면 됩니다. 다음 예제를 살펴봅시다.

예제 6-9 $6^{1000004} \equiv x \pmod{17}$을 만족하는 음이 아닌 최소의 잉여 x를 구해보세요.

풀이

$\gcd(6, 17) = 1$이므로, $6 \pmod{17}$은 위수를 가집니다. 17이 소수이므로 $\phi(17) = 16$입니다. 16의 양의 인수는 1, 2, 4, 8, 16이므로 다음을 계산해야 합니다.

$$6^1, 6^2, 6^4, 6^8, 6^{16} \pmod{17}$$

$6^1 \equiv 6 \pmod{17}$이고, 오일러 정리에 의해 $6^{16} \equiv 1 \pmod{17}$임을 알고 있으므로 $6^2, 6^4, 6^8 \equiv ? \pmod{17}$만 계산하면 됩니다. 밑 6에 대하여 지수 2, 4, 8을 계산하면 다음과 같습니다.

$$6^2 \equiv 36 \equiv 2, \ 6^4 \equiv 2^2 \equiv 4, \ 6^8 \equiv (6^4)^2 \equiv 4^2 \equiv 16 \equiv -1 \pmod{17} \qquad (\dagger)$$

법 17에 대하여 이들 중 1과 합동인 것은 없습니다. 따라서 법 17에 대하여 5의 위수는 16입니다. k를 법 17에 대한 6의 위수라고 하면 $k = 16$입니다.

$6^{1000004} \equiv x \pmod{17}$을 계산하기 위해 다음과 같은 [명제 6-6]을 사용합시다.

$$a^j \equiv a^m \pmod{n} \quad \Leftrightarrow \quad j \equiv m \pmod{k}$$

$k = 16$을 이 명제에 적용하면 다음과 같습니다.

$$1000004 \equiv 4 \pmod{16}$$

[명제 6-6]에 의해 다음이 성립합니다.

$$6^{1000004} \equiv 6^4 \equiv 4 \pmod{17} \quad ((\dagger)\text{에 의해})$$

다음 결과를 통해 [명제 6-6]이 얼마나 계산을 쉽게 만드는지 살펴보세요.

$$6^{1000004} \equiv 6^4 \equiv 4 \pmod{17}$$

핵심요약

- 법 n에 대하여 정수 a의 위수는 $a^k \equiv 1 \pmod{n}$을 만족하는 최소의 양의 지수 k입니다.
- n에 대하여 정수 a의 위수 k는 다음의 [따름정리 6-5]를 활용하면 찾을 수 있습니다.

"법 n에 대하여 정수 a의 위수를 k라 하면 $k \mid \phi(n)$입니다.
즉, 위수는 $\phi(n)$의 인수입니다."

6.1 연습문제

01. 다음에 대하여 2의 위수를 구해보세요.

(a) 법 7

(b) 법 11

(c) 법 17

(d) 법 23

02. 다음의 위수를 구해보세요.

(a) $3 \pmod{10}$

(b) $7 \pmod{12}$

(c) $9 \pmod{16}$

(d) $11 \pmod{25}$

(e) $3 \pmod{13}$

03. 법 13에 대하여 5의 위수가 4로 주어질 때, $5^{101} \equiv x \pmod{13}$을 만족하는 음이 아닌 최소의 잉여 x를 구해보세요.

04. 법 100에 대하여 3의 위수를 구해보세요. 이 결과를 활용하거나 다른 방법을 사용하여 3^{1001}의 마지막 두 자릿수를 구해보세요.

05. 법 60에 대하여 7의 위수를 구해보세요. 또한 법 60에 대한 7의 역원을 구하고 다음 선형합동식의 해를 구해보세요.

$$7x \equiv 59 \pmod{60}$$

06. 법 21에 대하여 5의 위수를 구해보세요. 이 결과를 활용하거나 다른 방법을 사용하여 다음을 풀어보세요.

$$5x \equiv 16 \pmod{21}$$

07. 다음 경우에 대하여, 각각을 만족하는 음이 아닌 최소의 잉여 x를 구해보세요.

(a) $3^{1000} \equiv x \pmod{17}$

(b) $3^{970} \equiv x \pmod{98}$

***08.** 3^{311}의 마지막 세 자릿수를 구해보세요.

09. 법 n에 대하여 a의 위수를 k라고 할 때, 법 n에 대한 a의 역원이 다음과 같음을 증명해보세요.

$$a^{k-1} \pmod{n}$$

10. m, k가 양의 정수일 때, 법 n에 대하여 a의 위수가 mk이면 a^m의 위수가 k임을 증명해보세요.

11. a가 홀수이면 $a \pmod 2$의 위수가 1이 되는 이유를 설명해보세요.

12. p가 소수일 때, 법 p에 대하여 a의 위수가 k이면 다음이 성립함을 증명해보세요.

$$k \mid (p-1)$$

13. p가 홀수일 때, 법 p에 대하여 a의 위수가 $2k$이면 다음이 성립함을 증명해보세요.

$$a^k \equiv -1 \pmod p$$

14. p가 홀수인 소수이고 $a \not\equiv 1 \pmod p$일 때, 법 p^m에 대한 a의 위수가 $p^m - p^{m-1}$을 나눔을 증명해보세요.

15. km이 법 n에 대한 a의 위수일 때, $k \mid \phi(n)$임을 증명해보세요.

16. 법 n에 대하여 a의 위수가 k이면, 법 n에 대한 a의 역원의 위수가 k임을 증명해보세요.

17. p가 홀수인 소수일 때, $2 \pmod p$의 위수가 rs이고 $s > 1$이라고 합시다. $2^r \not\equiv 1 \pmod p$이면, $2^{r(s-1)} + 2^{r(s-2)} + 2^{r(s-3)} + \cdots + 2^r + 1 \equiv 0 \pmod p$임을 증명해보세요.

힌트 $2^{rs} - 1 = (2^r - 1)(2^{r(s-1)} + 2^{r(s-2)} + 2^{r(s-3)} + \cdots + 2^r + 1)$

18. $a \not\equiv 1 \pmod p$이고 $a \pmod p$의 위수가 k라고 합시다. p가 소수일 때, $a^{k-1} + a^{k-2} + a^{k-3} + \cdots + 1 \equiv 0 \pmod p$임을 보이세요.

*19. 법 p(소수)에 대하여 a의 위수가 4라고 할 때, $(a+1)^4 \equiv -4 \pmod p$임을 보이세요.

6.2 지수

학습목표

- $a^m \pmod n$의 위수를 구할 수 있습니다.
- 법 n에 대하여 정수의 위수를 구할 수 있습니다.

6.2.1 법 n에 대한 정수의 지수

지금까지 2, 3, 6, …과 같이 매우 작은 정수의 위수를 구하였습니다. a^k을 구하려면 귀찮은 계산을 해야 하기 때문이죠. 이 절에서는 법 n에 대한 a의 위수를 훨씬 간단하게 찾는 방법을 알아보겠습니다.

예제 6-10 **다음 물음에 답해보세요.**

(i) 법 7에 대하여 3의 위수 k를 구해보세요.

(ii) 법 7에 대하여 $3^1, 3^2, \cdots, 3^6$을 구해보세요.

풀이

(i) 3과 7은 서로소이므로 법 7에 대하여 3의 위수가 존재합니다. 6.1절에서 $a \pmod{n}$의 위수 k는 $k \mid \phi(n)$을 만족함을 알았고, 5장에서 p가 소수이면 $\phi(p)=p-1$임을 알았습니다. 7이 소수이므로 $\phi(7)=7-1=6$입니다. 그러므로 법 7에 대한 3의 위수 k는 6의 양의 인수입니다. 즉, k는 1, 2, 3, 6 중 하나입니다.

$$3^1 \equiv 3,\ \ 3^2 \equiv 9 \equiv 2,\ \ 3^3 \equiv 27 \equiv 6,\ \ 3^6 \equiv 1 \pmod{7}$$

따라서 $3 \pmod{7}$의 위수는 $k=6$입니다.

(ii) 다음과 같습니다.

$$3^1 \equiv 3,\ \ 3^2 \equiv 2,\ \ 3^3 \equiv 6,\ \ 3^4 \equiv 81 \equiv 4,\ \ 3^5 \equiv 3^4 \times 3 \equiv 4 \times 3 \equiv 5,\ \ 3^6 \equiv 1 \pmod{7}$$

(ii)의 결과에서 잉여를 오름차순으로 정렬해봅시다.

$$3^6 \equiv 1,\ \ 3^2 \equiv 2,\ \ 3^1 \equiv 3,\ \ 3^4 \equiv 4,\ \ 3^5 \equiv 5,\ \ 3^3 \equiv 6 \pmod{7}$$

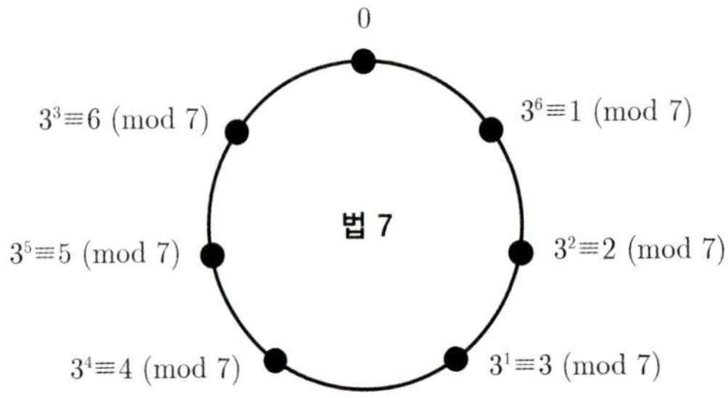

[그림 6-1] 법 7 시계에서 정수 3^k

[그림 6-1]은 법 7에 대한 기약 잉여계를 다음과 같이 쓸 수 있음을 보여줍니다.

$$r=1, 2, 3, 4, 5, 6\text{에 대하여},\ \ 3^x \equiv r \pmod{7}$$

$3^x \pmod{7}$이 기약 잉여계의 모든 잉여를 만들었음에 주목합시다. 모든 수 $3^1, 3^2, \cdots, 3^k$은 법 7에 대하여 서로 합동이 아닙니다(이들 중 어느 2개도 서로 합동이 아닙니다). 그리고 다음의 [명제 6-7]과 같이 일반적인 경우에도 참입니다.

명제 6-7

$a \pmod{n}$의 위수를 k라고 할 때, 정수 $a, a^2, \cdots, a^k$은 법 n에 대하여 서로 합동이 아닙니다.

증명

$j, m \in \{1, 2, 3, 4, \cdots, k\}$에 대하여 $a^j \equiv a^m \pmod{n}$이라고 가정합시다. $j = m$임을 증명해야 합니다. 다음과 같은 [명제 6-6]에 의하여, $j \equiv m \pmod{k}$임을 알 수 있습니다.

$$a^j \equiv a^m \pmod{n} \Leftrightarrow j \equiv m \pmod{k}$$

$j, m \in \{1, 2, 3, 4, \cdots, k\}$이므로, $j = m$입니다. 따라서 정수 $a, a^2, \cdots, a^k$은 법 n에 대하여 서로 합동이 아닙니다. ■

예제 6-11 **2 (mod 13)의 위수가 12로 주어질 때, 법 13에 대하여 다음의 위수를 구해보세요.**

(i) 4　　(ii) 8　　(iii) 3　　(iv) 11

풀이

법 13에 대하여 2의 위수가 12이므로 다음이 성립합니다.

$$2^{12} \equiv 1 \pmod{13}$$

주어진 수들의 위수를 찾는 데 이 결과를 사용합니다.

(i) $4 = 2^2$이므로, 지수 12를 다음과 같이 다시 쓸 수 있습니다.

$$2^{12} \equiv (2^2)^6 \equiv 4^6 \equiv 1 \pmod{13}$$

$4^6 \equiv 1 \pmod{13}$이므로 법 13에 대하여 4의 위수는 6입니다. 지수 6이 가장 작은 수임을 어떻게 알 수 있나요? 만약 더 작은 지수가 있다면, 2 (mod 13)의 위수가 12보다 더 작아야 합니다.

(ii) 마찬가지로 $8 = 2^3$이므로 지수 12를 3에 대하여 다음과 같이 쓸 수 있습니다.

$$2^{12} \equiv (2^3)^4 \equiv 8^4 \equiv 1 \pmod{13}$$

$8^4 \equiv 1 \pmod{13}$이므로, 법 13에 대하여 8의 위수는 4입니다.

(iii) 법 13에 대하여 3의 위수는 어떻게 구할 수 있을까요? 3은 2의 거듭제곱이 아닙니다. 다음과 같은 [명제 6-7]을 사용해보겠습니다.

$a \pmod{n}$의 위수를 k라고 할 때,

정수 $a, a^2, \cdots, a^k$은 법 n에 대하여 서로 합동이 아닙니다.

$a=2$일 때 위수는 12입니다. [명제 6-7]을 적용하면 다음과 같습니다.

$$2, 2^2, 2^3, \cdots, 2^{12} \qquad (*)$$

이들은 법 13에 대하여 서로 합동이 아닙니다(정확히는 법 13에 대한 기약 잉여계입니다). (*)에 있는 수들 중 하나는 법 13에 대하여 3과 합동입니다. 왜냐하면 3은 법 13의 기약 잉여계 중 하나이기 때문입니다. 어떤 수일까요? 차례로 계산해보면 다음을 알 수 있습니다.

$$2^4 \equiv 16 \equiv 3 \pmod{13} \qquad (\dagger)$$

즉, 법 13에 대한 3의 위수가 법 13에 대한 2^4의 위수와 같습니다. $2^{12} \equiv 1 \pmod{13}$이 주어져 있으므로, 다음과 같이 지수 12를 4의 배수로 나타낼 수 있습니다.

$$2^{12} \equiv (2^4)^3 \underbrace{\equiv}_{(\dagger)\text{에 의해}} (3)^3 \equiv 1 \pmod{13}$$

따라서 법 13에 대하여 3의 위수는 3입니다.

(iv) 11 역시 2의 거듭제곱이 아니므로, 하나씩 계산하여 2의 거듭제곱 중 다음과 같이 $11 \pmod{13}$이 되는 것을 찾아야 합니다.

$$2^7 \equiv 128 \equiv 11 \pmod{13}$$

지수는 7이고, 7과 12의 공약수는 1뿐입니다. 즉, $\gcd(7, 12)=1$이므로 12를 7의 배수로 쓸 수가 없습니다.

그렇다면 법 13에 대하여 11의 위수를 어떻게 찾을 수 있을까요? $2^{12} \equiv 1 \pmod{13}$이 주어져 있으므로, 지수법칙을 사용하여 다음과 같이 나타낼 수 있습니다.

$$(2^7)^{12} \equiv (2^{12})^7 \equiv (1)^7 \equiv 1 \pmod{13}$$

2^7의 위수는 12입니다. 법 13에 대하여 1이 되도록 하는 더 작은 지수를 찾을 수 없습니다. $2^7 \equiv 11 \pmod{13}$이므로, 법 13에 대하여 11의 위수는 12입니다.

나중에 [따름정리 6-9]에서 a의 위수 k에 대하여 $\gcd(s, k)=1$, 즉 s와 k가 서로소라면 a^s의 위수도 k임을 증명할 것입니다.

예제 6-12 $3 \pmod{50}$의 위수를 구해보세요. 또한 31^{1002}을 50으로 나누었을 때의 나머지를 구해보세요.

풀이

$\gcd(3, 50) = 1$이므로, $3 \pmod{50}$의 위수는 $\phi(50)$의 양의 인수입니다.

$$\phi(50) = \phi(2 \times 5^2) = \phi(2) \times \phi(5^2) = 1 \times (5^2 - 5) = 20$$

20의 양의 인수는 1, 2, 4, 5, 10, 20입니다. 밑이 3일 때 이 지수들(20 제외)에 대해 계산하면 다음과 같습니다.

$$3^1 \equiv 3,\ 3^2 \equiv 9,\ 3^4 \equiv 81 \equiv 31,\ 3^5 \equiv 31 \times 3 \equiv 43,\ 3^{10} \equiv 43^2 \equiv 49 \pmod{50} \qquad (*)$$

$3^{\phi(50)} \equiv 3^{20} \equiv 1 \pmod{50}$이므로, 법 50에 대하여 3의 위수는 20입니다.

나머지 r을 $31^{1002} \equiv r \pmod{50}$에서 최소의 잉여라 합시다. $(*)$에서 $3^4 \equiv 31 \pmod{50}$이므로 다음이 성립합니다.

$$r \equiv 31^{1002} \equiv (3^4)^{1002} \equiv 3^{4008} \equiv 3^{(200 \times 20)+8} \equiv (\underbrace{3^{20}}_{\equiv 1 \pmod{50}})^{200} \times 3^8 \equiv 3^8 \equiv 11 \pmod{50}$$

$3 \pmod{50}$의 위수를 사용함으로써 계산이 얼마나 쉬워졌는지 확인해보세요. $31^{1002} \equiv 11 \pmod{50}$은 31^{1002}을 50으로 나누었을 때의 나머지가 11임을 의미합니다.

다음 명제는 위 예제의 결과를 요약하고, a^s의 위수를 계산하는 더 간단한 기술을 알려줍니다.

> **정리 6-8 위수 공식(order formula)**
> 법 n에 대하여 a의 위수를 k라고 하면, 양의 정수 s에 대하여 $a^s \pmod{n}$의 위수는 $\dfrac{k}{\gcd(s, k)}$입니다.

증명

법 n에 대하여 a의 위수가 k로 주어져 있으므로, 다음과 같습니다.

$$a^k \equiv 1 \pmod{n} \qquad (\dagger)$$

$g = \gcd(s, k)$라 하면 정수 x, y가 존재하여 $\gcd(x, y) = 1$이면서 다음을 만족합니다.

$$gx = s,\ gy = k \qquad (*)$$

$(a^s)^y$을 계산해봅시다.

$$\begin{aligned}(a^s)^y &\equiv (a^{gx})^{k/g} && \text{((*)에 의해)}\\ &\equiv (a^x)^k && \text{(지수법칙)}\\ &\equiv (a^k)^x \equiv \underbrace{(\ 1\ )}_{(\dagger)\text{에 의해}}{}^x \equiv 1 \pmod{n}\end{aligned}$$

a^s의 위수를 r이라고 하면, $r = y$임을 증명해야 합니다. 왜냐하면 (*)에서 다음을 알 수 있기 때문입니다.

$$y = \frac{k}{g} = \frac{k}{\gcd(s,\ k)}$$

? $r = y$임을 어떻게 증명할 수 있을까요?

$r \mid y$이고 $y \mid r$임을 증명한다면 $y = r$이라고 결론지을 수 있습니다.

(i) $r \mid y$임을 증명해봅시다. a^s의 위수가 r이므로 다음을 알 수 있습니다.

$$(a^s)^r \equiv 1 \pmod{n}$$

$(a^s)^y \equiv 1 \pmod{n}$이므로, 다음과 같은 [명제 6-4]에 의해 $r \mid y$입니다.

> 법 n에 대하여 a의 위수가 m이면, $a^h \equiv 1 \pmod{n} \Leftrightarrow m \mid h$입니다.

(ii) $y \mid r$임을 증명해봅시다. a^s의 위수가 r이므로 $(a^s)^r \equiv 1 \pmod{n}$이고, (†)에 의해 $a^k \equiv 1 \pmod{n}$입니다. 따라서 다음과 같습니다.

$$(a^s)^r \equiv a^{sr} \equiv a^k \equiv 1 \pmod{n}$$

그러므로 [명제 6-4]에 의해 $k \mid sr$입니다. (*)의 $gx = s$, $gy = k$를 $k \mid sr$에 대입하면 다음과 같습니다.

$$gy \mid gxr \quad \Rightarrow \quad y \mid xr \quad (g\text{를 소거})$$

앞에서 $\gcd(x,\ y) = 1$이라고 했으므로, 다음과 같은 [보조정리 1-13]의 유클리드의 보조정리를 적용해봅시다.

> $\gcd(a,\ b) = 1$일 때, $a \mid bc$라면 $a \mid c$입니다.

$y \mid xr$이고 $\gcd(x,\ y) = 1$이므로, $y \mid r$입니다.

$r \mid y$이고 $y \mid r$이므로, 다음과 같은 [명제 1-2(d)]에 의해, $y = \pm r$입니다.

$$a \mid b \text{ 이고 } b \mid a\text{이면, } a = \pm b\text{입니다.}$$

$gy = k$이고 k가 법 n에 대하여 a의 위수이므로 y는 음수일 수 없습니다. 따라서 a^s의 위수인 $y = r$은 $y = \dfrac{k}{g} = \dfrac{k}{\gcd(s, k)}$입니다. 원하는 결과를 얻었습니다. ■

따름정리 6-9

법 n에 대하여 a의 위수를 k라고 할 때, $\gcd(s, k) = 1$이면 양의 정수 s에 대하여 a^s의 위수는 k입니다.

? 이 따름정리는 무엇을 의미할까요?

a와 a^s의 위수는 같다는 의미입니다.

증명

$\gcd(s, k) = 1$일 때, [정리 6-8]의 위수 공식을 적용합니다. ■

[예제 6-11(ⅳ)]에서 다음과 같은 이유로 2^7의 위수가 12임을 알았습니다.

$$\gcd(7, 12) = 1 \quad \text{(7과 12는 서로소)}$$

따라서 2와 2^7의 위수는 모두 12입니다.

예제 6-13 **밑이 2인 지수들을 계산하여 법 11에 대한 정수의 위수인 다음 표를 완성해보세요.**

[표 6-1] 법 11에 대한 정수의 위수

정수 j	1	2	3	4	5	6	7	8	9	10
$j \pmod{11}$의 위수										

풀이

$j = 1$이면, 1의 위수는 명백하게 1입니다. $1^1 \equiv 1 \pmod{11}$이기 때문입니다. 남아 있는 정수들의 위수를 나타내는 표를 완성하기 위해 다음과 같은 [정리 6-8]의 위수 공식을 적용합니다.

$$a\text{의 위수가 } k\text{일 때, } a^s\text{의 위수는 } \frac{k}{\gcd(s, k)}\text{입니다.}$$

이때 $a=2$의 거듭제곱을 사용할 수 있습니다(밑을 2로 두는 이유는 다음 절에서 설명합니다). 정수 2부터 10까지 전부 법 11에 대한 $2^{(지수)}$으로 나타낼 수 있습니다. 예를 들어 $2 \equiv 2^1 \equiv 2 \pmod{11}$입니다. 또한 오일러 정리에 의해 $2^{\phi(11)} \equiv 2^{10} \equiv 1 \pmod{11}$입니다. [그림 6-2]는 지금까지 설명한 내용을 법 11 시계로 표현한 것입니다.

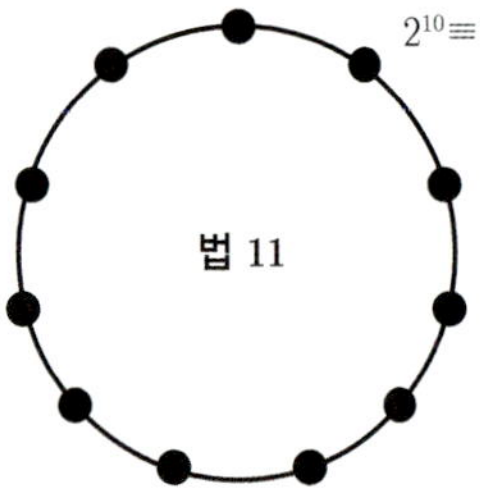

[그림 6-2] 법 11 시계에서 정수 2^k

남아 있는 정수들의 법 11에 대한 위수를 구하기 위해 밑 $a=2$, $k=10$으로 [정리 6-8]의 위수 공식을 적용해봅시다.

$2^2 \equiv 4 \pmod{11}$의 위수는 다음과 같습니다.

$$\frac{10}{\gcd(2, 10)} = \frac{10}{2} = 5 \quad (s=2,\ k=10\text{으로 위수 공식을 적용})$$

$2^3 \equiv 8 \pmod{11}$의 위수는 다음과 같습니다.

$$\frac{10}{\gcd(3, 10)} = \frac{10}{1} = 10 \quad (s=3,\ k=10\text{으로 위수 공식을 적용})$$

$2^4 \equiv 16 \equiv 5 \pmod{11}$의 위수는 다음과 같습니다.

$$\frac{10}{\gcd(4, 10)} = \frac{10}{2} = 5 \quad (s=4,\ k=10\text{으로 위수 공식을 적용})$$

$2^5 \equiv 32 \equiv 10 \pmod{11}$의 위수는 다음과 같습니다.

$$\frac{10}{\gcd(5, 10)} = \frac{10}{5} = 2 \quad (s=5,\ k=10\text{으로 위수 공식을 적용})$$

$2^6 \equiv 64 \equiv 9 \pmod{11}$의 위수는 다음과 같습니다.

$$\frac{10}{\gcd(6, 10)} = \frac{10}{2} = 5 \quad (s=6,\ k=10\text{으로 위수 공식을 적용})$$

$2^7 \equiv 128 \equiv 7 \pmod{11}$의 위수는 다음과 같습니다.

$$\frac{10}{\gcd(7,\ 10)} = \frac{10}{1} = 10 \quad (s = 7,\ k = 10\text{으로 위수 공식을 적용})$$

$2^8 \equiv 3 \pmod{11}$의 위수는 다음과 같습니다.

$$\frac{10}{\gcd(8,\ 10)} = \frac{10}{2} = 5 \quad (s = 8,\ k = 10\text{으로 위수 공식을 적용})$$

$2^9 \equiv 6 \pmod{11}$의 위수는 다음과 같습니다.

$$\frac{10}{\gcd(9,\ 10)} = \frac{10}{1} = 10 \quad (s = 9,\ k = 10\text{으로 위수 공식을 적용})$$

위의 결과들을 정리하면 [표 6-2]와 같습니다.

[표 6-2] 법 11에 대한 정수의 위수

정수 j	1	2	3	4	5	6	7	8	9	10
$j \pmod{11}$의 위수	1	10	5	5	5	10	10	10	5	2

[표 6-2]의 '$j \pmod{11}$의 위수' 행은 $\phi(11) = 10$의 양의 인수임을 알 수 있습니다.

이 예제에서는 [표 6-2]에 주어진 정수 모두를 생성하기 위해 밑이 2인 지수를 사용합니다.

왜 밑이 2인 지수를 사용할까요?

법 11에 대하여 2의 위수는 $\phi(11) = 10$입니다. 다음 절에서 $r \pmod{n}$의 위수가 $\phi(n)$이면, 법 n에 대한 기약 잉여계는 다음과 같음을 증명할 것입니다([명제 6-11]에서 증명).

$$\{r,\ r^2,\ r^3,\ \cdots,\ r^{\phi(n)}\}$$

이러한 r을 n의 원시근이라고 합니다. 원시근에 대해서는 다음 절에서 살펴보겠습니다.

핵심요약

- 법 n에 대하여 a의 위수를 k라고 하면, 양의 정수 s에 대하여 정수 a^s의 위수는 $\dfrac{k}{\gcd(s,\ k)}$입니다.

6.2 연습문제

01. 다음의 위수를 구해보세요.

(a) $1 \pmod 5$

(b) $2 \pmod 5$

(c) $3 \pmod 5$

(d) $4 \pmod 5$

02. 다음의 위수를 구해보세요.

(a) $2 \pmod{11}$

(b) $3 \pmod{11}$

(c) $5 \pmod{11}$

(d) $7 \pmod{11}$

03. 법 2520에 대하여 다음 정수의 위수를 구해보세요.

$$1, 2, 3, 4, 5, 6, 7, 8, 9, 10 \pmod{2520}$$

04. 다음을 구해보세요.

$$3^1, 3^2, 3^3, \cdots, 3^{\phi(17)} \pmod{17}$$

? 위 결과에 나타난 잉여에 대하여 무엇을 알게 되었나요?

05. 다음 표를 완성해보세요.

(i) $7^1, 7^2, 7^3, \cdots, 7^{\phi(11)} \pmod{11}$이 법 11에 대한 기약 잉여계를 만든다는 것을 보이고, 다음 표를 완성해보세요.

정수 a	1	2	3	4	5
$7^s \equiv a \pmod{11}$을 만족하는 s					

정수 a	6	7	8	9	10
$7^s \equiv a \pmod{11}$을 만족하는 s					

(ii) (i)의 결과를 사용하여 다음 표를 완성해보세요.

정수 a	1	2	3	4	5
$a \pmod{11}$의 위수					

정수 a	6	7	8	9	10
$a \pmod{11}$의 위수					

06. 법 13에 대한 정수의 위수를 나타내는 다음 표를 완성해보세요.

정수 a	1	2	3	4	5	6
$a \pmod{13}$의 위수						

정수 a	7	8	9	10	11	12
$a \pmod{13}$의 위수						

07. 법 12에 대한 완전 잉여계의 위수를 구해보세요.

? 위 결과를 통해 무엇을 알게 되었나요?

08. 다음과 같은 법 n에 대하여 위수를 가지는 정수의 개수를 구해보세요.

(a) $n = 20$

(b) $n = 200$

(c) $n = 2000$

(d) $n = 20000$

09. 다음 물음에 답해보세요.

(a) $1 \pmod n$의 위수가 1임을 보이세요.

(b) $n > 2$에 대하여, $(n-1) \pmod n$의 위수가 2임을 보이세요.

10. 다음 물음에 답해보세요.

(a) p가 소수이고 $\gcd(a, p) = 1$일 때, $a \pmod{p}$의 위수가 k이고 k가 짝수이면 다음이 성립함을 증명해보세요.

$$a^{\frac{k}{2}} \equiv (p-1) \pmod{p}$$

(b) $n \geq 2$이고 $\gcd(a, n) = 1$일 때, $a \pmod{p}$의 위수가 k이고 k가 짝수이면 $a^{\frac{k}{2}} \equiv \pm 1 \pmod{p}$가 거짓임을 증명해보세요.

11. $n \geq 2$이고 $\gcd(a, n) = 1$일 때, 다음이 거짓임을 증명해보세요.

> $a^{\frac{\phi(n)}{2}} \not\equiv 1 \pmod{n}$이면,
> $a \pmod{n}$의 위수가 $\phi(n)$입니다.

12. $n \geq 2$이고 $\gcd(a, n) = 1$일 때, 다음을 증명해보세요.

> $1 \leq k \leq \frac{\phi(n)}{2}$에 대하여
> $a^k \not\equiv 1 \pmod{n}$이면,
> $a \pmod{n}$의 위수는 $\phi(n)$입니다.

13. $32 \pmod{89}$의 위수를 구해보세요.

14. 다음의 위수를 구해보세요.

(a) $81 \pmod{105}$

(b) $81 \pmod{106}$

15. $4^x - 1$이 83으로 나누어떨어지도록 하는 최소의 양의 지수 x를 구해보세요.

*16. $2 \pmod{1001}$의 위수를 구해보세요.

6.3 지표의 이론

학습목표

- 원시근의 개념을 이해할 수 있습니다.
- 지표의 성질을 사용할 수 있습니다.
- 비선형합동방정식을 풀 수 있습니다.

6.3.1 원시근

먼저 원시근의 개념부터 정의해봅시다.

정의 6-10 원시근

$a \pmod{n}$의 위수가 $\phi(n)$이면, a를 법 n에 대한 **원시근**(primitive root) 또는 n의 원시근이라고 합니다.

[정의 6-10]은 무엇을 의미할까요?

$a \not\equiv 1$($a = 1$이 아니라면), $a^2 \not\equiv 1$($\phi(n) = 2$가 아니라면), $a^{\phi(n)-1} \not\equiv 1$이지만, $a^{\phi(n)} \equiv 1 \pmod{n}$이라는 의미입니다.

$a^{(\text{지수})}$이 법 n에 대하여 1과 처음으로 합동인 경우는 지수가 $\phi(n)$일 때입니다. 예를 들어 다음과 같은 이유로 2는 11의 원시근입니다.

$$2^1 \equiv 2,\ 2^2 \equiv 4,\ 2^3 \equiv 8,\ 2^4 \equiv 5,\ \cdots,\ 2^9 \equiv 6,\ 2^{10} \equiv 1 \pmod{11}$$

$\phi(11) = 10$임을 기억합시다. 2의 거듭제곱 중 $1 \pmod{11}$과 합동인 경우는 지수가 10일 때입니다.

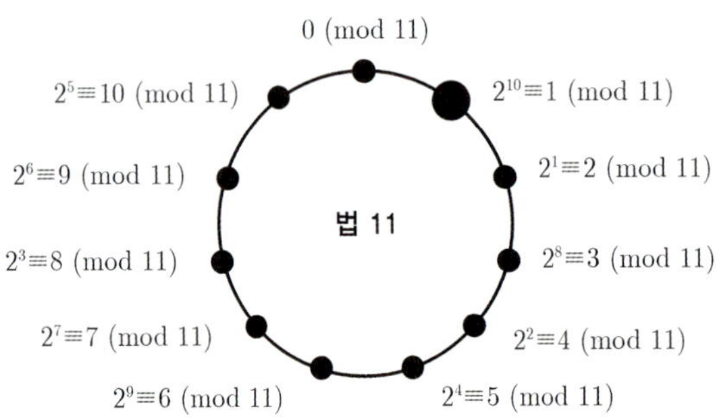

[그림 6-3] 법 11에서 정수 2^k

$2^1, 2^2, \cdots, 2^{\phi(11)}$이 어떤 순서에 따라 $(\bmod 11)$에 대한 기약 잉여계를 덮고 있음을 기억합시다.

또 다른 예를 들자면, 2는 소수 101의 원시근입니다. 이는 $\{2^1, 2^2, 2^3, \cdots, 2^{99}, 2^{100}\}$에 있는 100개의 수들이 $\{1, 2, 3, \cdots, 99, 100\}$과 어떤 순서에 따라 합동임을 의미합니다.

일반적인 경우에 원시근이 존재한다는 것을 어떻게 알 수 있을까요?

다음 절에서 모든 소수가 원시근을 가진다는 것을 증명하겠습니다.

6.5절[1]에서는 홀수인 소수 p에 대하여 정수 $n = 2, 4, p^k, 2p^k$이 원시근을 가짐을 증명할 것입니다.

예제 6-14 **3이 7의 원시근임을 보이세요.**

풀이

정수 7은 소수이므로 $\phi(7) = 7 - 1 = 6$입니다. 6의 양의 인수는 1, 2, 3, 6입니다. 밑을 3으로

1 6.5절은 별도 제공 자료로, 한빛출판네트워크 홈페이지(http://www.hanbit.co.kr) → [Support] → [자료실]에서 확인할 수 있습니다.

하고 지수에 이 수들을 넣어 계산하면 다음과 같습니다.

$$3^1 \equiv 3,\ 3^2 \equiv 2,\ 3^3 \equiv 6,\ 3^6 \equiv 1 \pmod 7$$

따라서 3은 7의 원시근입니다.

예제 6-15 **2가 7의 원시근이 아님을 보이세요.**

풀이

$2^3 \equiv 1 \pmod 7$이므로, 법 7에 대하여 2의 위수는 6이 아니라 3입니다. 즉, 2는 7의 원시근이 아닙니다.

명제 6-11

$\gcd(r, n) = 1$이고 $r_1, r_2, r_3, \cdots, r_{\phi(n)}$을 n과 서로소인 정수라 합시다. 만약 r이 n의 원시근이라면, $r, r^2, r^3, \cdots, r^{\phi(n)}$은 법 n에 대하여 $r_1, r_2, r_3, \cdots, r_{\phi(n)}$과 어떤 순서로 합동입니다.

증명

6.3절 [연습문제 20]에서 증명합니다. $1 \le j \le \phi(n)$인 r_j들은 법 n에 대한 기약 잉여계입니다. 왜냐하면 $\gcd(r_j, n) = 1$이기 때문입니다.

6.3.2 지표의 정리

r을 n의 원시근이라고 합시다. [명제 6-11]에 의해, r의 첫 번째부터 $\phi(n)$개의 거듭제곱이 다음과 같다면 이 수들은 기약 잉여계의 잉여들과 어떤 순서로 합동입니다.

$$r, r^2, r^3, \cdots, r^{\phi(n)}$$

[예제 6-14]에서 $r = 3$이 7의 원시근임을 알았습니다. 법 7에 대하여 3의 거듭제곱은 다음과 같습니다.

$$3^1 \equiv 3,\ 3^2 \equiv 2,\ 3^3 \equiv 6,\ 3^4 \equiv 4,\ 3^5 \equiv 5,\ 3^6 \equiv 1 \pmod 7 \qquad (\dagger)$$

집합 $\{1, 2, 3, 4, 5, 6\}$은 법 7에 대한 기약 잉여계입니다. 그리고 이 집합의 각 수들은 법 7에 대하여 $3^{(지수)}$과 합동입니다.

일반적으로 a가 기약 잉여계에 속한 임의의 잉여라면, 잉여 a는 다음과 같이 나타낼 수 있습니다.

$$a \equiv r^k \pmod{n}$$

이때 $1 \le k \le \phi(n)$인 지수 k에 대하여, r은 n의 원시근입니다.

예제 6-16 **3이 89의 원시근으로 주어질 때, $3^k \equiv 81 \pmod{89}$를 만족하는 k 값을 구해보세요.**

풀이

$3^4 \equiv 81 \pmod{89}$이므로 $k=4$입니다.

$k=4$를 3에 대한 81의 지표라고 하며, $\text{ind}_3(81)=4$로 나타냅니다. 지표를 다음과 같이 형식적으로 정의할 수 있습니다.

정의 6-12 지표

r이 법 n의 원시근일 때, $\gcd(a, n)=1$이면 다음을 만족하는 가장 작은 양의 지수 k를 r에 대한 a의 **지표**(index)라 합니다.

$$r^k \equiv a \pmod{n}$$

이때 k를 $\text{ind}_r(a)$ 또는 간단히 $\text{ind}(a)$로 나타냅니다.

이 정의는 수 a가 법 n의 기약 잉여계 안에 있고, n의 원시근의 거듭제곱으로 나타낼 수 있음을 의미합니다. r이 n의 원시근이므로, $1 \le \text{ind}_r(a) \le \phi(n)$입니다(6.3절 [연습문제 15] 참고). $k=\text{ind}_r(a)$이고, 앞의 정의에 의해 다음과 같이 쓸 수 있습니다.

$$r^{\text{ind}_r(a)} \equiv a \pmod{n} \tag{6-13}$$

다음 예제에서 이 공식을 사용해보겠습니다.

예제 6-17 **2가 5의 원시근임을 보이세요. 그리고 법 5에 대하여 다음을 구해보세요.**

(a) $\text{ind}_2(1)$　(b) $\text{ind}_2(2)$　(c) $\text{ind}_2(3)$

(d) $\text{ind}_2(4)$　(e) $\text{ind}_2(17)$

풀이

2의 거듭제곱을 계산하면 다음과 같습니다.

$$2^1 \equiv 2,\ 2^2 \equiv 4,\ 2^3 \equiv 3,\ 2^4 \equiv 1 \pmod{5}$$

따라서 2는 5의 원시근입니다. 이 결과를 사용하여 문제를 풀면 다음과 같습니다.

(a) $\text{ind}_2(1) = 4$ ($2^4 \equiv 1 \pmod 5$이므로)

(b) $\text{ind}_2(2) = 1$ ($2^1 \equiv 2 \pmod 5$이므로)

(c) $\text{ind}_2(3) = 3$ ($2^3 \equiv 3 \pmod 5$이므로)

(d) $\text{ind}_2(4) = 2$ ($2^2 \equiv 4 \pmod 5$이므로)

(e) 17은 2의 거듭제곱으로 나타낼 수 없습니다. $\text{ind}_2(17)$의 값을 어떻게 구할 수 있을까요? $17 \equiv 2 \pmod 5$이므로 (b)에 의해 $\text{ind}_2(2) = 1$입니다. 따라서 $\text{ind}_2(17) = 1$입니다. $\text{ind}_2(17) = 1$은 무엇을 의미할까요?

$$17 \equiv 2 \equiv 2^1 \pmod 5$$

[명제 6-15]에서 $a \equiv b \pmod n$이면 $\text{ind}_r(a) = \text{ind}_r(b)$임을 증명해보겠습니다.

예제 6-18 **3이 5의 원시근임을 보이세요. 그리고 법 5에 대하여 다음을 구해보세요.**

(a) $\text{ind}_3(1)$ (b) $\text{ind}_3(2)$ (c) $\text{ind}_3(3)$

(d) $\text{ind}_3(4)$ (e) $\text{ind}_3(18)$

풀이

3의 거듭제곱을 계산하면 다음과 같습니다.

$$3^1 \equiv 3,\ 3^2 \equiv 4,\ 3^3 \equiv 2,\ 3^4 \equiv 1 \pmod 5$$

그러므로 3이 5의 원시근입니다. 문제를 푸는 데 이 결과를 활용합시다.

(a) $\text{ind}_3(1) = 4$

(b) $\text{ind}_3(2) = 3$

(c) $\text{ind}_3(3) = 1$

(d) $\text{ind}_3(4) = 2$

(e) 3의 거듭제곱으로 나타낼 수 없으므로 다음과 같이 계산합니다.

$$18 \equiv 3 \pmod 5 \text{이므로, (c)에 의해 } \text{ind}_3(3) = 1 \text{입니다.}$$

따라서 $\text{ind}_3(18) = 1$입니다.

6.3.3 지표의 성질

여기서는 지표의 성질 중 일부를 증명해보겠습니다. 이를 통해 지표의 성질은 밑이 원시근이라는 점을 제외하면, 대수에서의 로그의 성질과 유사함을 알 수 있습니다. [예제 6-17]과 [예제

6-18]을 통해 다음을 알 수 있습니다.

$$\text{ind}_2(2) = 1,\ \text{ind}_3(3) = 1$$

$\text{ind}_r(r) = 1$로 일반화할 수 있을까요?

그렇습니다. 이를 증명해봅시다.

명제 6-14

r이 n의 원시근이면, $\text{ind}_r(r) = 1$입니다.

증명

$r^1 \equiv r \pmod{n}$입니다. 그러므로 $\text{ind}_r(r) = 1$입니다. ■

$\text{ind}_r(r) = 1$은 $\log_m m = 1$과 유사함을 기억해둡시다.

명제 6-15

r이 n의 원시근일 때 $a \equiv b \pmod{n}$이면 다음과 같습니다.

$$\text{ind}_r(a) = \text{ind}_r(b)$$

이 명제는 무엇을 의미할까요?

이미 [예제 6-17(e)]와 [예제 6-18(e)]에서 다음과 같이 확인했습니다.

$$17 \equiv 2 \pmod{5}\text{이고, } \text{ind}_2(17) = \text{ind}_2(2)$$
$$18 \equiv 3 \pmod{5}\text{이고, } \text{ind}_3(18) = \text{ind}_3(3)$$

증명

식 (6-13)에 주어진 지표의 정의 $r^{\text{ind}_r(a)} \equiv a \pmod{n}$을 적용하면 다음과 같습니다.

$$r^{\text{ind}_r(a)} \equiv a \pmod{n},\ r^{\text{ind}_r(b)} \equiv b \pmod{n}$$

$a \equiv b \pmod{n}$이 주어져 있으므로 다음이 성립합니다.

$$r^{\text{ind}_r(a)} \equiv r^{\text{ind}_r(b)} \pmod{n}$$

이제 다음과 같은 [명제 6-6]을 사용해봅시다.

법 n에 대한 r의 위수를 k라 하면, $r^j \equiv r^m \pmod n \Leftrightarrow j \equiv m \pmod k$입니다.

r이 n의 원시근이므로 r의 위수는 $\phi(n)$입니다. [명제 6-6]을 $r^{\mathrm{ind}_r(a)} \equiv r^{\mathrm{ind}_r(b)} \pmod n$에 적용하면 다음과 같습니다.

$$\mathrm{ind}_r(a) \equiv \mathrm{ind}_r(b) \pmod{\phi(n)}$$

지표의 정의에 의해 다음과 같습니다.

$$1 \le \mathrm{ind}_r(a) \le \phi(n),\ 1 \le \mathrm{ind}_r(b) \le \phi(n)$$

따라서 $\mathrm{ind}_r(a) = \mathrm{ind}_r(b)$입니다. ■

명제 6-16 지표의 성질(properties of index)

r이 n의 원시근이고, $\mathrm{ind}_r(a)$는 r에 대한 a의 지표라 합시다. 그러면 다음 결과를 알 수 있습니다.

(a) $\mathrm{ind}_r(ab) \equiv \mathrm{ind}_r(a) + \mathrm{ind}_r(b) \pmod{\phi(n)}$

(b) $\mathrm{ind}_r(a^k) \equiv k\,\mathrm{ind}_r(a) \pmod{\phi(n)}$

(c) $\mathrm{ind}_r(1) \equiv 0 \pmod{\phi(n)}$, $\mathrm{ind}_r(r) \equiv 1 \pmod{\phi(n)}$

이는 다음과 같은 로그(logarithm)의 성질과 유사합니다.

(a) $\log AB = \log A + \log B$

(b) $\log A^n = n \log A$

(c) $\log(1) = 0$, $\log_a(a) = 1$

? [명제 6-16]의 결과들을 어떻게 증명할 수 있을까요?

식 (6-13)에서 제시한 다음과 같은 지표의 정의를 사용합니다.

$$r^{\mathrm{ind}_r(a)} \equiv a \pmod n$$

증명

(a) 일반적인 지수법칙을 사용해봅시다.

$$r^{\mathrm{ind}_r(a)+\mathrm{ind}_r(b)} = r^{\mathrm{ind}_r(a)} r^{\mathrm{ind}_r(b)}$$

[정의 6-13]에 이를 적용합니다.

$$r^{\mathrm{ind}_r(a)} \equiv a \pmod{n}, \quad r^{\mathrm{ind}_r(b)} \equiv b \pmod{n}$$

이 두 결과를 곱하고, 지수법칙을 적용해봅시다.

$$r^{\mathrm{ind}_r(a)+\mathrm{ind}_r(b)} \equiv r^{\mathrm{ind}_r(a)} r^{\mathrm{ind}_r(b)} \equiv ab \pmod{n}$$

$\mathrm{ind}_r(ab)$에 [정의 6-13]을 적용하면 다음과 같습니다.

$$r^{\mathrm{ind}_r(ab)} \equiv ab \pmod{n}$$

두 결과 $r^{\mathrm{ind}_r(a)+\mathrm{ind}_r(b)} \equiv ab \pmod{n}$과 $r^{\mathrm{ind}_r(ab)} \equiv ab \pmod{n}$이 같다고 하면 다음과 같이 나타낼 수 있습니다.

$$r^{\mathrm{ind}_r(a)+\mathrm{ind}_r(b)} \equiv r^{\mathrm{ind}_r(ab)} \equiv ab \pmod{n}$$

다음과 같은 6.1절의 [명제 6-6]을 적용해봅시다.

> 법 n에 대하여 r의 위수를 k라 하면, $r^j \equiv r^m \pmod{n} \Leftrightarrow j \equiv m \pmod{k}$입니다.

위 결과 $r^{\mathrm{ind}_r(a)+\mathrm{ind}_r(b)} \equiv r^{\mathrm{ind}_r(ab)} \equiv ab \pmod{n}$에 이 명제를 적용하면 다음과 같습니다.

$$\mathrm{ind}_r(a) + \mathrm{ind}_r(b) \equiv \mathrm{ind}_r(ab) \pmod{\phi(n)}$$

r이 원시근임을 기억합시다. r의 위수는 $\phi(n)$입니다. 원하는 결과를 얻었습니다.

(b) $\mathrm{ind}_r(a^k) \equiv k\,\mathrm{ind}_r(a) \pmod{\phi(n)}$임을 증명해야 합니다. 식 (6-13)에서 제시한 지표의 정의 $r^{\mathrm{ind}_r(a)} \equiv a \pmod{n}$을 $\mathrm{ind}_r(a^k)$에 적용하면 다음과 같습니다.

$$r^{\mathrm{ind}_r(a^k)} \equiv a^k \pmod{n} \qquad (*)$$

$r^{\mathrm{ind}_r(a)} \equiv a \pmod{n}$임을 알고 있습니다. 이를 k번 거듭제곱해봅시다.

$$\left(r^{\mathrm{ind}_r(a)}\right)^k \equiv a^k \pmod{n}$$
$$r^{k\,\mathrm{ind}_r(a)} \equiv a^k \pmod{n} \qquad (**)$$

(*)와 (**)가 같다고 합시다.

$$r^{\mathrm{ind}_r(a^k)} \equiv r^{k\,\mathrm{ind}_r(a)} \pmod{n}$$

다음의 [명제 6-6]을 $r^{\mathrm{ind}_r(a^k)} \equiv r^{k\,\mathrm{ind}_r(a)} \pmod{n}$에 적용해봅시다.

$$r^j \equiv r^m \pmod{n} \Leftrightarrow j \equiv m \pmod{k}$$

그러면 다음과 같습니다.

$$\mathrm{ind}_r(a^k) \equiv k\,\mathrm{ind}_r(a) \pmod{\phi(n)}$$

(c) 6.3절 [연습문제 15]에서 증명합니다. ■

6.3.4 비선형 (디오판토스) 합동방정식 풀기

3장에서는 선형합동식을 풀었습니다. 여기서는 미지수의 지수가 1보다 큰 비선형합동식을 풀어보겠습니다. 다음과 같은 형태의 정수 지수가 $d(>1)$인 합동식을 풀려고 합니다.

$$x^d \equiv a \pmod{n} \qquad (\dagger)$$

이 합동식을 선형합동식으로 바꿔보겠습니다.

? 어떻게 바꿀 수 있을까요?

조금 전에 살펴본 지표의 성질을 적용합니다. 이 성질에 의하여 다음을 알 수 있습니다.

$$d\,\mathrm{ind}(x) \equiv \mathrm{ind}(a) \pmod{\phi(n)}$$

? 어떤 조건에서 선형합동식이 해를 가질까요?

다음과 같은 3장의 [명제 3-16]을 이용합니다.

> $cx \equiv b \pmod{n}$이 $g = \gcd(c, n)$에 대해서 $g \mid b$라면,
> 법 n에 대하여 정확히 g개의 합동이 아닌 해를 가집니다.

앞의 선형합동식 $d\,\mathrm{ind}(x) \equiv \mathrm{ind}(a) \pmod{\phi(n)}$에 [명제 3-16]을 적용해봅시다. $g = \gcd(d, \phi(n))$에 대해서 $g \mid \mathrm{ind}(a)$라면, g개의 합동이 아닌 해를 가집니다. g가 $\mathrm{ind}(a)$를 나누지 않는다면, 해를 갖지 않습니다. 즉, 최초의 합동방정식 (†)는 해를 갖지 않습니다. 이를 도식화하면 다음과 같습니다.

[그림 6-4] 비선형을 선형으로 변환

예제 6-19 $7x^6 \equiv 6 \pmod{13}$**의 해를 구해보세요.**

풀이

주어진 합동식의 해를 구하기 위해 작은 수의 밑을 사용하고자 합니다. 앞에서 살펴본 지표의 성질을 사용하려면 먼저 13의 원시근을 찾아야 합니다. 그러고 나서 2가 법 13에 대한 원시근임을 보입니다(이러한 계산들은 생략할 수 있지만, 주어진 합동방정식을 푸는 데 도움이 됩니다).

$$2^1 \equiv 2 \pmod{13},\ 2^2 \equiv 4 \pmod{13},\ 2^3 \equiv 8 \pmod{13}$$
$$2^4 \equiv 3 \pmod{13},\ 2^5 \equiv 2^4 \times 2 \equiv 3 \times 2 \equiv 6 \pmod{13}$$
$$2^6 \equiv 2^5 \times 2 \equiv 6 \times 2 \equiv 12 \pmod{13}$$
$$2^7 \equiv (-1) \times 2 \equiv -2 \equiv 11 \pmod{13}$$
$$2^8 \equiv (-2) \times 2 \equiv -4 \equiv 9 \pmod{13}$$
$$2^9 \equiv 9 \times 2 \equiv 18 \equiv 5 \pmod{13}$$
$$2^{10} \equiv 5 \times 2 \equiv 10 \pmod{13}$$
$$2^{11} \equiv 10 \times 2 \equiv 7 \pmod{13}$$
$$2^{12} \equiv 1 \pmod{13}$$

$\gcd(2, 13) = 1$, $\phi(13) = 12$이고, $1 \pmod{13}$이 되도록 하는 2의 첫 번째 지수가 12이므로, 2가 13의 원시근임을 확인할 수 있습니다. 이 결과를 [표 6-3]처럼 지표에 대한 표로 만들 수 있습니다.

[표 6-3] 원시근 2에 대한 지표 $\mathrm{ind}_2(a)$

a	1	2	3	4	5	6	7	8	9	10	11	12
$\mathrm{ind}_2(a)$	12	1	4	2	9	5	11	3	8	10	7	6

다음과 같은 [명제 6-15]를 적용해봅시다.

$$a \equiv b \pmod{n}\text{이면, } \operatorname{ind}_r(a) = \operatorname{ind}_r(b)\text{입니다.}$$

$r = 2$로 하여 $7x^6 \equiv 6 \pmod{13}$에 이 명제를 적용하면 다음과 같습니다.

$$\operatorname{ind}_2(7x^6) = \operatorname{ind}_2(6)$$

[명제 6-16]에 주어진 다음의 지표의 성질을 사용하여 x를 구해봅시다.

(a) $\operatorname{ind}_r(ab) \equiv \operatorname{ind}_r(a) + \operatorname{ind}_r(b) \pmod{\phi(n)}$
(b) $\operatorname{ind}_r(a^k) \equiv k\operatorname{ind}_r(a) \pmod{\phi(n)}$

13은 소수이므로 $\phi(13) = 12$입니다. (a)와 (b)를 $\operatorname{ind}_2(7x^6) = \operatorname{ind}_2(6)$에 적용해봅시다.

$$\operatorname{ind}_2(7) + \operatorname{ind}_2(x^6) \equiv \operatorname{ind}_2(6) \pmod{12}$$
$$\operatorname{ind}_2(7) + 6\operatorname{ind}_2(x) \equiv \operatorname{ind}_2(6) \pmod{12} \qquad (*)$$

[표 6-3]에서 윗줄의 6, 7에 대응하는 아랫줄의 값을 읽으면, $\operatorname{ind}_2(7) = 11$, $\operatorname{ind}_2(6) = 5$입니다. 이를 (*)에 대입해봅시다.

$$11 + 6\operatorname{ind}_2(x) \equiv 5 \pmod{12}$$
$$6\operatorname{ind}_2(x) \equiv -6 \equiv 6 \pmod{12}$$

$g = \gcd(6, 12) = 6$이라 하면, $6\operatorname{ind}_2(x) \equiv 6 \pmod{12}$를 다음과 같이 간단히 나타낼 수 있습니다.

$$\frac{6}{6}\operatorname{ind}_2(x) \equiv \frac{6}{6}\left(\mathrm{mod}\ \frac{12}{6}\right) \Rightarrow \operatorname{ind}_2(x) \equiv 1 \pmod{2}$$

$\operatorname{ind}_2(x) \equiv 1 \pmod{2}$라는 합동식은 $\operatorname{ind}_2(x)$가 2의 배수보다 1만큼 크다는 의미입니다. 따라서 정수 k에 대하여 $\operatorname{ind}_2(x) = 1 + 2k$입니다. $g = 6$이고 $6 \mid 6$이므로, 6개의 서로 합동이 아닌 해를 가집니다.

$k = 0, 1, 2, 3, 4, 5$를 $\operatorname{ind}_2(x) = 1 + 2k$에 대입해봅시다.

$$\operatorname{ind}_2(x) \equiv 1, 3, 5, 7, 9, 11 \pmod{12}$$

[표 6-3]의 아랫줄에 있는 이 잉여들에 대응하는 윗줄의 값은 다음과 같습니다.

$$x \equiv 2, 8, 6, 11, 5, 7 \pmod{13}$$

이 해들 $x \equiv 2, 8, 6, 11, 5, 7 \pmod{13}$은 각각 주어진 $7x^6 \equiv 6 \pmod{13}$을 만족합니다. $x \equiv 2 \pmod{13}$에 대하여 어떻게 작용하는지 확인해봅시다.

$$7 \times 2^6 \equiv 7 \times 64 \equiv 7 \times (-1) \equiv -7 \equiv 6 \pmod{13}$$

주어진 합동식 $7x^6 \equiv 6 \pmod{13}$은 $7x^6$이 13의 배수보다 6만큼 크다는 의미입니다. 즉, $7x^6 = 6 + 13y$입니다. 이러한 방정식을 **비선형 디오판토스 방정식**(non-linear Diophantine equation)이라고 합니다. 해 $x = 2$를 이 식에 대입하면 다음과 같습니다.

$$7 \times 2^6 = 448 = 6 + 13y \quad \Rightarrow \quad y = \frac{448 - 6}{13} = 34$$

따라서 $7x^6 = 6 + 13y$의 한 가지 해는 $x = 2$, $y = 34$입니다. 6.3절 [연습문제 16]에서 또 다른 해들을 구할 것입니다. 이때 13의 다른 원시근을 선택하더라도 같은 해를 구한다는 사실을 알 수 있습니다.

예제 6-20 법 13의 원시근이 2라는 점을 이용하여 다음을 풀어보세요.

$$8^x \equiv 5 \pmod{13}$$

풀이

$8^x \equiv 5 \pmod{13}$에 지표의 성질을 적용하면 다음과 같이 선형으로 나타낼 수 있습니다.

$$x \,\mathrm{ind}_2(8) \equiv \mathrm{ind}_2(5) \pmod{12}$$

[예제 6-19]에 나온 원시근과 법(modulo)을 동일하게 사용하고 있으므로, [표 6-3]을 사용하여 $\mathrm{ind}_2(8)$, $\mathrm{ind}_2(5)$의 값을 찾으면 다음과 같습니다.

$$x \times 3 \equiv 9 \pmod{12} \quad \Rightarrow \quad 3x \equiv 9 \pmod{12}$$

$\gcd(3, 12) = 3$, $3 \mid 9$이며, 이는 합동이 아닌 3개의 해를 가진다는 의미입니다. 합동방정식 $3x \equiv 9 \pmod{12}$를 간단히 정리하면 다음과 같습니다.

$$x \equiv 3 \pmod{4} \quad \Rightarrow \quad \text{정수 } k\text{에 대하여 } x = 3 + 4k$$

$k = 0, 1, 2$를 대입하면, $x \equiv 3, 7, 11 \pmod{12}$입니다. $x \equiv 3, 7, 11 \pmod{12}$가 각각 $8^x \equiv 5 \pmod{13}$의 해임을 확인할 수 있습니다.

6.3.5 $x^m \equiv a \pmod{n}$의 해 판별법

다음 명제를 적용하여 $x^m \equiv a \pmod{n}$이 해를 갖는지 판별할 수 있습니다.

명제 6-17

n이 원시근을 갖고, a와 n이 서로소라고 할 때 다음이 성립합니다.

$$\text{합동식 } x^m \equiv a \pmod{n}\text{은 해를 가집니다.}$$
$$\Leftrightarrow\ g = \gcd(m, \phi(n))\text{이라 할 때, } a^{\phi(n)/g} \equiv 1 \pmod{n}\text{입니다.}$$

또한 이 합동식은 합동이 아닌 g개의 해를 가집니다.

증명

6.3절 [연습문제 21]에서 증명합니다. ■

예제 6-21 $x^4 \equiv 12 \pmod{13}$의 해를 구해보세요.

풀이

먼저 $12 \equiv -1 \pmod{13}$임을 알 수 있습니다. $\phi(13) = 12$이고 $\gcd(4, 12) = 4$입니다. [명제 6-17]에 $a = -1$을 대입해봅시다.

$$12^{12/4} \equiv (-1)^{12/4} \equiv (-1)^3 \equiv -1 \pmod{13}$$

따라서 $12^{12/4} \equiv -1 \not\equiv 1 \pmod{13}$이므로, $x^4 \equiv 12 \pmod{13}$은 해를 갖지 않습니다.

[예제 6-19]의 [표 6-3]을 사용하여, 비선형합동식 $x^4 \equiv 12 \pmod{13}$이 해를 갖지 않음을 나타낼 수 있습니다.

$$4\,\mathrm{ind}_2(x) \equiv \mathrm{ind}_2(12) \pmod{12} \quad \Rightarrow \quad 4\,\mathrm{ind}_2(x) \equiv 6 \pmod{12}$$

$\gcd(4, 12) = 4$이고 $4 \nmid 6$이므로, $x^4 \equiv 12 \pmod{13}$은 해를 갖지 않습니다. 그런데 [명제 6-17]을 적용하면 이러한 표를 구성할 필요가 없습니다. 주어진 합동식이 해를 갖는지 여부를 처음부터 알 수 있기 때문입니다.

예제 6-22 $x^3 \equiv 12 \pmod{13}$의 해를 구해보세요.

풀이

[예제 6-21]을 통해 $12 \equiv -1 \pmod{13}$, $\phi(13) = 12$이고, $g = \gcd(3, 12) = 3$임을 알 수 있습니다. [명제 6-17]에 $a = -1$을 대입해봅시다.

$$(-1)^{12/3} \equiv (-1)^4 \equiv 1 \pmod{13}$$

주어진 합동방정식 $x^3 \equiv 12 \pmod{13}$은 해를 가집니다. 지표를 취하면 다음과 같습니다.

$$3\,\mathrm{ind}_2(x) \equiv \mathrm{ind}_2(12) \pmod{12} \quad \text{(선형 형태로 변환)}$$

[예제 6-19]의 [표 6-3]을 사용하여 $3\,\mathrm{ind}_2(x) \equiv \mathrm{ind}_2(12) \pmod{12}$를 계산합니다.

$$3\,\mathrm{ind}_2(x) \equiv 6 \pmod{12}$$

$\gcd(3, 12) = 3$이고 $3 \mid 6$이므로, 다음과 같이 합동이 아닌 3개의 해를 가집니다.

$$\mathrm{ind}_2(x) \equiv 2 \pmod 4 \text{이므로, } \mathrm{ind}_2(x) \equiv 2,\ 6,\ 10 \pmod{12}$$

[예제 6-19]의 [표 6-3]을 역방향(아랫줄에서 윗줄)으로 사용하면 다음과 같습니다.

$$x \equiv 4,\ 12,\ 10 \pmod{13}$$

주어진 합동식 $x^3 \equiv 12 \pmod{13}$은 x^3이 13의 배수보다 12만큼 크다는 의미입니다. 그러므로 $x^3 = 12 + 13y$라고 할 수 있습니다. 여기에 $x = 4$를 대입해봅시다.

$$4^3 = 64 = 12 + 13y \quad \Rightarrow \quad y = \frac{64-12}{13} = 4$$

디오판토스 방정식 $x^3 = 12 + 13y$의 한 가지 해는 $x = 4$, $y = 4$입니다. 물론 $x \equiv 4, 10, 12 \pmod{13}$이므로 무한하게 많은 해가 존재합니다. x에 또 다른 값을 대입해보면, $x = 10$, $y = 76$과 $x = 12$, $y = 132$와 같은 해를 얻을 수 있습니다.

핵심요약

- 비선형합동식을 풀기 위해 다음 지표의 성질을 사용합니다. 이 성질들은 주어진 비선형합동식을 선형합동식으로 바꿔줍니다.
  (a) $\mathrm{ind}_r(ab) \equiv \mathrm{ind}_r(a) + \mathrm{ind}_r(b) \pmod{\phi(n)}$
  (b) $\mathrm{ind}_r(a^k) \equiv k\,\mathrm{ind}_r(a) \pmod{\phi(n)}$
  (c) $\mathrm{ind}_r(1) \equiv 0 \pmod{\phi(n)}$, $\mathrm{ind}_r(r) \equiv 1 \pmod{\phi(n)}$

6.3 연습문제

01. 다음과 같은 수가 7의 원시근인지 판단해보세요.

(a) 3

(b) 5

02. 다음과 같은 수가 11의 원시근인지 판단해보세요.

(a) 3

(b) 5

(c) 7

03. 2가 법 9에 대하여 원시근임을 보이세요.

04. 5가 법 49에 대하여 원시근임을 보이세요.

05. 7이 법 19에 대하여 원시근이 아님을 보이세요.

06. 법 11에 대한 원시근을 구해보세요. 이 원시근을 사용하여 다음 합동방정식의 해를 구해보세요.

(a) $2x^4 \equiv 7 \pmod{11}$

(b) $3x^2 \equiv 5 \pmod{11}$

(c) $5x^5 \equiv 6 \pmod{11}$

07. 2가 법 19에 대한 원시근이라 할 때, 다음 합동방정식을 풀어보세요.

(a) $6x^5 \equiv 7 \pmod{19}$

(b) $4x^9 \equiv 4 \pmod{19}$

(c) $x^6 \equiv 7 \pmod{19}$

08. 3이 법 17에 대한 원시근임을 보이고, 다음 표를 완성해보세요.

a	1	2	3	4	5	6	7	8
$\text{ind}_3(a)$								

a	9	10	11	12	13	14	15	16
$\text{ind}_3(a)$								

다음 합동방정식을 풀어보세요.

(a) $x^4 \equiv 4 \pmod{17}$

(b) $12x^8 \equiv 5 \pmod{17}$

(c) $12x^8 \equiv 6 \pmod{17}$

(d) $5^x \equiv 3 \pmod{17}$

09. [연습문제 08]에서 만든 표를 사용하여 다음을 만족하는 음이 아닌 최소의 잉여 x를 구해보세요.

$$7^{100}6^{100} \equiv x \pmod{17}$$

10. 다음은 13의 원시근 2에 대한 표입니다. 이 표를 사용하여 아래 물음에 답해보세요.

a	1	2	3	4	5	6
$\text{ind}_2(a)$	12	1	4	2	9	5

a	7	8	9	10	11	12
$\text{ind}_2(a)$	11	3	8	10	7	6

(a) 다음 합동식을 풀어보세요.

$$7^x \equiv 3 \pmod{13}$$

(b) $5^{100} \times 7^{50} \times 9^{99}$을 13으로 나누었을 때, 음이 아닌 최소의 나머지를 구해보세요.

*(c) $x^a \equiv 9 \pmod{13}$이 해를 갖지 않도록 하고, $1 \le a \le 12$를 만족하는 정수 a를 구해보세요.

11. $ax^6 \equiv 8 \pmod{17}$이 해를 갖도록 하고 $1 \le a \le 16$을 만족하는 정수 a를 구해보세요.

12. 다음 중 어떤 합동식이 해를 갖는지 판단해보세요.

(a) $x^3 \equiv 89 \pmod{197}$

(b) $x^2 \equiv 89 \pmod{197}$

(c) $x^2 \equiv 197 \pmod{89}$

(d) $x^2 \equiv 218 \pmod{111}$

13. 다음 합동식의 합동이 아닌 해의 개수를 구해보세요.

(a) $x^3 \equiv 2 \pmod{29}$

(b) $x^{16} \equiv 25 \pmod{29}$

14. 다음 물음에 답해보세요.

(i) 3이 법 223에 대하여 원시근임을 보이세요(223은 소수).

*(ii) 다음 이차합동식의 해를 구해보세요.

$$x^2 \equiv 183 \pmod{223}$$

그리고 다음 디오판토스 방정식의 해를 구해보세요.

$$x^2 = 183 + 223y$$

*(iii) 삼차합동식 $x^3 \equiv -1 \pmod{223}$과 디오판토스 방정식 $x^3 + 1 = 223y$를 풀어보세요.

15. 다음 물음에 답해보세요.

(a) r은 법 n에 대한 원시근입니다. a와 n이 서로소라면, $1 \le \mathrm{ind}_r(a) \le \phi(n)$임을 증명해보세요.

(b) [명제 6-16(c)]를 증명해보세요.

16. 7이 원시근임을 보이고, 이를 사용하여 $7x^6 \equiv 6 \pmod{13}$을 풀어보세요. 또한 비선형 디오판토스 방정식 $7x^6 = 6 + 13y$의 해를 구해보세요.

17. 법 37의 원시근 2를 사용하여 $x^{14} \equiv 27 \pmod{37}$을 풀어보세요.

18. r이 홀수인 소수 p의 원시근일 때, 다음을 증명해보세요.

$$\mathrm{ind}_r(p-1) = \frac{p-1}{2}$$

19. p가 소수이고 $\gcd(a, p) = 1$일 때, 다음을 증명해보세요.

> $x^m \equiv a \pmod{p}$가 해를 가집니다.
> $\Leftrightarrow$ $g = \gcd(m, p-1)$에 대하여,
> $a^{\frac{p-1}{g}} \equiv 1 \pmod{p}$입니다.

20. [명제 6-11]을 증명해보세요.

*21. [명제 6-17]을 증명해보세요.

*22. p가 홀수인 소수이고 원시근을 갖는다고 할 때, 다음을 증명해보세요.

(a) $x^2 \equiv -1 \pmod{p}$가 해를 가집니다.
$\Leftrightarrow$ $p \equiv 1 \pmod{4}$

(b) $x^4 \equiv -1 \pmod{p}$가 해를 가집니다.
$\Leftrightarrow$ $p \equiv 1 \pmod{8}$

6.4 원시근을 갖는 정수

학습목표

- 법 소수에 대하여 합동이 아닌 모든 원시근을 구할 수 있습니다.
- 모든 법 소수에 대하여 원시근이 존재한다는 증명을 이해할 수 있습니다.

모든 정수가 원시근을 갖는 것은 아닙니다. 이 절에서는 어떤 정수가 원시근을 갖는지에 대해 알아보겠습니다.

6.4.1 소수의 원시근

먼저 임의의 법 소수에 대하여 원시근이 존재하는지 확인해보겠습니다.

예제 6-23 법 13에 대하여 합동이 아닌 모든 원시근을 구해보세요.

풀이

[예제 6-19]에서 2가 법 13에 대한 원시근임을 보였습니다. 어떻게 법 13에 대한 다른 원시근이 존재하는지 확인할 수 있을까요? 다음과 같은 [따름정리 6-9]로 확인할 수 있습니다.

$$\text{법 } n\text{에 대하여 } a\text{의 위수를 } k\text{라고 할 때,}$$
$$\text{양의 정수 } s\text{에 대하여 } a^s\text{의 위수는 } k \quad \Leftrightarrow \quad \gcd(s, k) = 1$$

2가 원시근이므로 법 13에 대하여 정수 2의 위수는 $k = \phi(13) = 12$입니다. $k = 12$와 서로소인 정수는 $s = 1, 5, 7, 11$입니다. [따름정리 6-9]에 의해 이 수들의 위수가 $k = 12$로 같으므로 원시근은 다음과 같이 2^s입니다.

$$2^1 \equiv 2,\ \ 2^5 \equiv 6,\ \ 2^7 \equiv 11,\ \ 2^{11} \equiv 7 \pmod{13}$$

따라서 법 13의 원시근은 2, 6, 7, 11입니다.

이 예제는 법 소수에 대하여 원시근을 1개 찾을 수 있다면, [따름정리 6-9]를 사용하여 다른 원시근도 찾을 수 있음을 보여줍니다. 이를 다음과 같이 일반화할 수 있습니다.

명제 6-18

소수 p에 대하여 r을 법 p에 대한 원시근이라 합시다. 이때 $\gcd(m, p-1)=1$이면 $r^m \pmod{p}$도 법 p에 대한 원시근입니다.

증명

6.4절 [연습문제 07]에서 증명합니다. ■

예제 6-24 법 19에 대하여 서로 합동이 아닌 모든 원시근을 구해보세요.

풀이

먼저 법 19에 대한 원시근을 하나 찾아야 합니다. 6.3절 [연습문제 07]에서 2가 법 19에 대한 원시근임을 알 수 있습니다. 19가 소수이므로 $\phi(19)=18$입니다. 그러므로 법 19에 대하여 2의 위수는 18입니다.

18까지의 자연수 중 어떤 수가 18과 서로소일까요? 이들 중에서 다음과 같은 $\phi(18)=\phi(2)\times\phi(9)=1\times(9-3)=6$개의 수가 18과 서로소일 것입니다.

$$1,\ 5,\ 7,\ 11,\ 13,\ 17$$

[명제 6-18]에 의해, 원시근인 2를 밑으로 하고 이 수들을 지수로 둡니다.

$$2^1 \equiv 2,\ \ 2^5 \equiv 13,\ \ 2^7 \equiv 14,\ \ 2^{11} \equiv 15,\ \ 2^{13} \equiv 3,\ \ 2^{17} \equiv 10 \pmod{19}$$

따라서 19의 원시근은 2, 3, 10, 13, 14, 15입니다.

7장에서는 정수론의 강력한 결과 중 하나인 이차 상호 법칙을 사용하여 소수의 원시근을 더 쉽게 찾을 수 있음을 살펴볼 것입니다.

6.4.2 해의 개수

다음 내용은 앞 절에서 살펴본 [명제 6-17]을 다른 조건에서 기술한 것입니다.

명제 6-19

p가 소수이고 $d \mid (p-1)$일 때, 다음 합동식은 정확하게 d개의 합동이 아닌 해를 가집니다.

$$x^d \equiv 1 \pmod{p}$$

증명

6.4절 [연습문제 18]에서 증명합니다. ■

$d = p-1$일 때, 페르마의 소정리 $x^{p-1} \equiv 1 \pmod{p}$의 해가 법 p에 대한 기약 잉여계를 만족함을 알 수 있습니다(6.4절 [연습문제 19] 참고).

예제 6-25 $x^5 \equiv 1 \pmod{11}$의 해를 구해보세요.

풀이

$x^5 \equiv 1 \pmod{11}$은 몇 개의 해를 가질까요? 다음과 같은 [명제 6-19]를 적용해봅시다.

> $d \mid (p-1)$일 때, 합동식 $x^d \equiv 1 \pmod{p}$는 정확히 d개의 합동이 아닌 해를 가집니다.

$\phi(11) = 11-1 = 10$이고 $5 \mid 10$이므로, 법 11에 대하여 5개의 합동이 아닌 해를 가집니다. 이제 이 5개의 해를 찾아야 합니다. 2가 법 11에 대한 원시근인지 확인하기 위해 법 11에 대한 2의 거듭제곱을 계산해봅시다.

$$2^1 \equiv 2,\ 2^2 \equiv 4,\ 2^3 \equiv 8,\ 2^4 \equiv 5,\ 2^5 \equiv 10,\ 2^6 \equiv 20 \equiv 9,$$
$$2^7 \equiv 18 \equiv 7,\ 2^8 \equiv 14 \equiv 3,\ 2^9 \equiv 6, 2^{10} \equiv 1 \pmod{11}$$

따라서 2는 법 11에 대한 원시근입니다. 원시근 2에 대한 표를 만들어봅시다.

[표 6-4] 원시근 2에 대한 지표 $\mathrm{ind}_2(a)$

정수 a	1	2	3	4	5	6	7	8	9	10
$\mathrm{ind}_2(a)$	10	1	8	2	4	9	7	3	6	5

지표의 성질을 사용하여, $x^5 \equiv 1 \pmod{11}$을 선형으로 바꿔봅시다.

$$\mathrm{ind}_2(x^5) \equiv \mathrm{ind}_2(1) \pmod{10}$$
$$5\,\mathrm{ind}_2(x) \equiv \mathrm{ind}_2(1) \pmod{10} \qquad (*)$$

[표 6-4]에서 $\mathrm{ind}_2(1) = 10$임을 알 수 있습니다. $\mathrm{ind}_2(1) = 10$을 (*)에 대입해봅시다.

$$5\,\mathrm{ind}_2(x) \equiv \mathrm{ind}_2(1) \pmod{10} \quad \Rightarrow \quad \mathrm{ind}_2(x) \equiv 2 \equiv 0 \pmod{2}$$

$\mathrm{ind}_2(x) \equiv 2 \equiv 0 \pmod{2}$를 통해 $\mathrm{ind}_2(x) = 0 + 2k = 2k$(짝수)임을 알 수 있습니다. 즉, 다음과 같습니다.

$$\mathrm{ind}_2(x) \equiv 2,\ 4,\ 6,\ 8,\ 10 \pmod{10}$$

[표 6-4]의 아랫줄에서 위의 정수(2, 4, 6, 8, 10)를 찾고, 이 수에 대응하는 윗줄의 수를 읽으면 다음을 얻을 수 있습니다.

$$x \equiv 4, 5, 9, 3, 1 \pmod{11}$$

이 5개의 합동이 아닌 해를 오름차순으로 나열합니다.

$$x \equiv 1, 3, 4, 5, 9 \pmod{11}$$

이 해들이 주어진 합동식 $x^5 \equiv 1 \pmod{11}$을 만족하는지 확인해보세요.

주어진 합동식 $x^5 \equiv 1 \pmod{11}$은 x^5이 11의 배수보다 1만큼 크다는 의미입니다. $x^5 = 1 + 11y$는 비선형 디오판토스 방정식입니다. [예제 6-25]에서 찾은 해 중 하나인 $x \equiv 3 \pmod{11}$로 확인해봅시다.

$$3^5 = 243 = 1 + (11 \times 22)$$

따라서 $x = 3$, $y = 22$는 디오판토스 방정식 $x^5 = 1 + 11y$의 해 중 하나입니다.

6.4.3 법 소수에 대한 원시근의 증명

여기서는 모든 소수가 원시근을 가진다는 것을 증명해보겠습니다. 이 증명은 꽤 어렵지만, 작은 단위로 나누어서 살펴보면 조금 쉽게 진행할 수 있습니다.

보조정리 6-20

p가 소수이고 d가 $p-1$의 양의 인수이면, 법 p에 대하여 위수가 d이면서 p보다 작은 양의 정수의 개수는 0 또는 $\phi(d)$입니다.

증명

$p-1$의 각 인수 d에 대하여 $1 \le a \le p-1$이며, 법 p에 대하여 위수가 d인 양의 정수 a의 개수를 $N(d)$라 합시다. 이제 다음의 두 가지 경우로 나누어 생각해봅시다.

(i) 위수가 d인 정수가 존재하지 않습니다.

(ii) 위수가 d인 정수가 존재합니다.

(i) 법 p에 대하여 위수가 d인 정수가 없다면, 명백하게 $N(d) = 0$입니다. $N(d) = 0$이므로 원하는 결과를 얻었습니다.

(ⅱ) 법 p에 대하여 위수가 d인 정수 a가 존재한다면 다음과 같습니다.

$$a^d \equiv 1 \pmod{p} \qquad (\dagger)$$

다음과 같은 [명제 6-7]을 살펴봅시다.

> $a \pmod{n}$의 위수를 k라 하면,
> 정수 $a, a^2, \cdots, a^k$은 법 n에 대하여 서로 합동이 아닙니다.

이 명제를 적용하면 $a, a^2, a^3, \cdots, a^d$은 법 p에 대하여 서로 합동이 아니며, 이 d개의 정수들은 $x^d \equiv 1 \pmod{p}$의 해입니다.

왜 그럴까요?

$1 \leq j \leq d$에 대하여 다음이 성립하기 때문입니다.

$$(a^j)^d \equiv (a^d)^j \underbrace{\equiv}_{(\dagger)\text{에 의해}} 1^j \equiv 1 \pmod{p}$$

이제 $a^j \pmod{p}$의 위수에 대해 알아봅시다. [따름정리 6-9]는 다음과 같습니다.

> 법 n에 대하여 a의 위수를 d라고 할 때,
> 양의 정수 s에 대하여 a^s의 위수는 d입니다. $\Leftrightarrow$ $\gcd(s, k) = 1$

이 정리를 적용하면 다음이 성립합니다.

$$a^j \text{ 의 위수는 } d\text{입니다.} \quad \Leftrightarrow \quad \gcd(j, d) = 1$$

오일러 피 함수의 정의에 의해 d와 서로소이며 $1 \leq j \leq d$인 양의 정수 j가 $\phi(d)$개 있습니다. 따라서 법 p에 대하여 위수가 d인 양의 정수 a^j이 정확히 $\phi(d)$개입니다. 즉, $N(d) = \phi(d)$입니다.

앞에서 증명한 두 경우 (ⅰ), (ⅱ)를 합치면, $N(d) = 0$이거나 $N(d) = \phi(d)$입니다. ■

예제 6-26 **다음은 [예제 6-13]에서 만든 [표 6-2](j를 a로 대체)로, 법 11에 대하여 주어진 정수와 그 정수의 위수를 정리한 것입니다.**

정수 a	1	2	3	4	5	6	7	8	9	10
$a \pmod{11}$의 위수	1	10	5	5	5	10	10	10	5	2

$d \mid (p-1)$인 경우에 $1 \le a \le \phi(11)$이면서 $a \pmod p$의 위수가 d인 양의 정수 a의 개수를 $N(d)$라 할 때, $N(d)$를 구해보세요. 또한 $\sum_{d \mid (p-1)} N(d)$를 구해보세요. 이 결과를 통해 무엇을 알 수 있을까요?

풀이

11이 소수이므로 $\phi(11) = 10$입니다. 또한 다음과 같은 [따름정리 6-5]를 사용할 수 있습니다.

> 법 n에 대하여 a의 위수를 k라 하면, $k \mid \phi(n)$입니다.

$a \pmod p$의 위수는 $\phi(11) = 10$의 양의 인수입니다(문항에 제시된 표에서 아랫줄을 보세요). 10의 양의 인수는 1, 2, 5, 10입니다. [표 6-2]의 아랫줄에서 다음을 알 수 있습니다.

$$N(1) = 1,\ \ N(2) = 1,\ \ N(5) = 4,\ \ N(10) = 4$$

이들을 더해봅시다.

$$\sum_{d \mid 10} N(d) = N(1) + N(2) + N(5) + N(10) = 1 + 1 + 4 + 4 = 10$$

$\sum_{d \mid 10} N(d) = 10 = \phi(11)$입니다. 이유는 다음과 같습니다.

$$N(1) = \phi(1) = 1,\ \ N(2) = \phi(2) = 1,\ \ N(5) = \phi(5) = 4,\ \ N(10) = \phi(10) = 4$$

결과 $\sum_{d \mid 10} N(d) = 10 = \phi(11)$은 우연이 아니라 다음과 같이 일반적인 결과입니다.

$$\text{소수 } p\text{에 대하여, } \sum_{d \mid (p-1)} N(d) = \phi(p)$$

정리 6-21

p를 소수, d를 $p-1$의 양의 인수라 하면, 법 p에 대하여 위수가 d인 서로 합동이 아닌 정수는 정확히 $\phi(d)$개 존재합니다.

증명

d는 $p-1$의 양의 인수이고, $N(d)$는 $1 \le a \le p-1$이며 법 p에 대하여 위수가 d인 정수 a의 개수를 나타낸다고 합시다. [따름정리 6-5]는 다음과 같습니다.

> 법 n에 대하여 a의 위수를 k라 하면, $k \mid \phi(n)$입니다.

이는 $1 \le a \le p-1$을 만족하는 모든 정수 a가 위수를 가지며, 그 위수가 $\phi(p)=p-1$의 양의 인수임을 의미합니다. 그러므로 각 a 값들의 위수 d는 $d \mid (p-1)$을 만족합니다. $p-1$의 양의 인수를 $d_1, d_2, \cdots, d_k$라 하면, [보조정리 6-20]에 의해 다음이 성립합니다.

$$\begin{aligned}\sum_{d \mid (p-1)} N(d) &= N(d_1)+N(d_2)+\cdots+N(d_k)\\ &= (0 \text{ 또는 } \phi(d_1))+(0 \text{ 또는 } \phi(d_2))+\cdots+(0 \text{ 또는 } \phi(d_k))\\ &= p-1 \qquad (*)\end{aligned}$$

또한 5.1절 [연습문제 27(iii)]에 제시된 가우스 정리 $\sum_{d \mid n} \phi(d)=n$을 적용하면 다음과 같습니다.

$$\sum_{d \mid (p-1)} \phi(d)=\phi(d_1)+\phi(d_2)+\cdots+\phi(d_k)=p-1 \qquad (**)$$

(*)와 (**)가 같다고 하면 다음과 같이 나타낼 수 있습니다.

$$\sum_{d \mid (p-1)} N(d)=\sum_{d \mid (p-1)} \phi(d)=p-1$$

이는 $1 \le j \le k$인 경우에 $N(d_j)=\phi(d_j)$임을 의미합니다.

? 왜 그럴까요?

$N(d_j)$가 $\phi(d_j)$이 아니라 0이라면, (*)와 (**)는 같을 수가 없기 때문입니다.

따라서 $p-1$의 일반적인 양의 인수 d에 대하여 $N(d)=\phi(d)$이므로, 법 p에 대하여 위수가 d인 합동이 아닌 정수는 정확히 $\phi(d)$개가 존재합니다. ■

정리 6-22 원시근 정리(primitive root theorem)

모든 소수 p는 원시근을 가지며, 합동이 아닌 원시근은 $\phi(p-1)$개 존재합니다.

증명

$(p-1) \mid (p-1)$이므로 [정리 6-21]에 $d=p-1$을 적용해봅시다. 그러면 법 p에 대하여 위수가 $p-1$인 합동이 아닌 정수는 $\phi(p-1)$개 존재합니다. 따라서 p의 원시근은 $\phi(p-1) \ge 1$개 존재합니다. 모든 소수는 원시근을 가지며, 이 원시근은 $\phi(p-1)$개 존재합니다. ■

[정리 4-4]의 윌슨의 정리와 같은 몇 가지 중요한 결과를 증명하는 데 법 소수에 대한 원시근을 사용할 수 있습니다(6.4절 [연습문제 20] 참고).

핵심요약

- 이 절에서는 법 소수에 대하여 합동이 아닌 모든 원시근을 찾았습니다. 또한 모든 소수는 원시근을 가진다는 것을 증명했습니다.

6.4 연습문제

01. 다음 소수에 대하여, 합동이 아닌 모든 원시근을 구해보세요.

(a) 7 (b) 11

(c) 17 (d) 23

02. 다음 합동식을 풀어보세요.

(a) $x^3 \equiv 1 \pmod 7$

(b) $x^4 \equiv 1 \pmod{13}$

(c) $x^{11} \equiv 1 \pmod{23}$

03. $\phi(19)$의 모든 양의 인수 d에 대하여, 합동식 $x^d - 1 \equiv 0 \pmod{19}$를 풀어보세요.

? $d = \phi(19)$일 때, 위 결과를 통해 무엇을 알 수 있나요?

04. 소수 p에 대하여 d가 짝수이면, $x^d - 1 \equiv 0 \pmod p$의 해가 $(p-1) \pmod p$임을 증명해보세요.

05. 다음에서 음이 아닌 최소의 잉여 x를 구해보세요.

(a) $x \equiv 1+2+2^2+2^3+2^4+2^5 \pmod 7$

(b) $x \equiv 1+3+3^2+3^3+3^4+3^5 \pmod 7$

(c) $x \equiv 1+3+3^2+3^3+3^4+3^5+3^6+3^7+3^8+3^9 \pmod{11}$

(d) $x \equiv 1+2+2^2+2^3+2^4+2^5+2^6+2^7+2^8+2^9+2^{10}+2^{11} \pmod{13}$

? 위 결과를 통해 무엇을 알 수 있나요?

***06.** p는 홀수인 소수입니다. $p \nmid r$이고 $rN \equiv 1 \pmod p$이면, $1+r+r^2+\cdots+r^{p-3}+r^{p-2} \equiv 0 \pmod p$임을 증명해보세요. 만약 $r \equiv 1 \pmod p$이면, $1+r+r^2+\cdots+r^{p-3}+r^{p-2} \equiv x \pmod p$에서 음이 아닌 최소의 잉여 x를 구해보세요.

07. [명제 6-18]을 증명해보세요.

08. 홀수인 소수 p에 대하여 법 p에 대한 서로 합동이 아닌 원시근을 r_1, r_2라 합시다. $r_1 \times r_2$가 법 p에 대하여 반드시 원시근이라고 할 수는 없음을 증명해보세요.

09. 법 19에 대하여 서로 합동이 아닌 원시근은 2, 3, 10, 13, 14, 15입니다. 다음의 위수를 구해보세요.

(a) $-2 \pmod{19}$

(b) $-3 \pmod{19}$

(c) $-10 \pmod{19}$

(d) $-13 \pmod{19}$

(e) $-14 \pmod{19}$

(f) $-15 \pmod{19}$

*10. p는 홀수인 소수이고, $p \equiv 3 \pmod 4$ 형태입니다. r이 법 p에 대한 원시근일 때, $-r$의 위수가 $\dfrac{p-1}{2}$임을 증명해보세요.

11. 법 17에 대하여 서로 합동이 아닌 원시근은 $3, 5, 6, 7, 10, 11, 12, 14$입니다. 다음의 위수를 구해보세요.

(a) $-3 \pmod{17}$

(b) $-5 \pmod{17}$

(c) $-6 \pmod{17}$

(d) $-7 \pmod{17}$

(e) $-10 \pmod{17}$

(f) $-11 \pmod{17}$

(g) $-12 \pmod{17}$

(h) $-14 \pmod{17}$

*12. p는 홀수인 소수이고 $p \equiv 1 \pmod 4$ 형태입니다. r이 법 p에 대한 원시근일 때, $-r$ 또한 법 p에 대한 원시근임을 증명해보세요.

13. 법 19에 대한 원시근이 $2, 3, 10, 13, 14, 15$입니다. 다음 곱셈에서 음이 아닌 최소의 잉여 x를 구해보세요.

$$x \equiv 2 \times 3 \times 10 \times 13 \times 14 \times 15 \pmod{19}$$

14. r이 법 p에 대한 원시근일 때, $r \pmod p$의 곱셈에 대한 역원도 법 p에 대한 원시근임을 증명해보세요.

*15. 소수 p에 대한 서로 합동이 아닌 모든 원시근의 곱은 $1 \pmod p$와 합동임을 증명해보세요.

16. 다음 물음에 답해보세요.

(i) 3이 법 $F_3 = 2^{2^3}+1$에 대한 원시근임을 보이세요(F_3는 페르마 소수).

(ii) 다음 이차합동식을 풀어보세요.

$$x^2 \equiv -1 \pmod{F_3}$$

($-1 \pmod{F_3}$의 제곱근)

17. 다음 물음에 답해보세요.

(i) 2가 법 243에 대한 원시근임을 보이세요.

(ii) 다음 이차합동식을 풀어보세요(단, 243은 합성수).

$$x^2 \equiv 82 \pmod{243}$$

**18. [명제 6-19]를 증명해보세요.

힌트 다음과 같은 라그랑주 정리를 사용하세요.

> $c_m \not\equiv 0 \pmod p$이고 p가 소수일 때, 정수 계수 다항식 $P(x) = c_m x^m + c_{m-1}x^{m-1} + \cdots + c_1 x + c_0$에 대하여 합동방정식 $P(x) \equiv 0 \pmod p$는 최대 m개의 합동이 아닌 해를 가집니다.

이 결과는 3장 [종합문제 3.23]에서 증명했습니다.

19. [정리 4-1]의 페르마의 소정리의 해 a가 다음과 같이 소수 p에 대하여 법 p의 기약 잉여계에 속함을 증명해보세요.

> $a^{p-1} \equiv 1 \pmod p$이면, $p \nmid a$

*20. 소수에 대한 원시근을 사용하여, 다음 [정리 4-4]의 윌슨의 정리를 증명해보세요.

> p가 소수이면, $(p-1)! \equiv -1 \pmod p$

21. 비선형 디오판토스 방정식 $x^6 = 1 + 13y$를 풀어보세요.

22. 다음 물음에 답해보세요.

(a) 2는 법 61에 대한 원시근입니다. 61의 원시근을 모두 구해보세요.

(b) r이 법 61에 대한 원시근일 때, 이차 디오판토스 방정식 $x^2 = r + 61y$가 해를 갖지 않음을 증명해보세요.

(c) p가 홀수인 소수이고 r이 원시근일 때, 이차 디오판토스 방정식 $x^2 = r + py$는 해를 갖지 않음을 증명해보세요.

6장 종합문제

6.1 다음에 대하여, 3의 위수를 구해보세요.

(a) 법 7

(b) 법 13

(c) 법 23

(d) 법 29

? 어떤 법 소수에 대하여 3이 원시근입니까?

6.2 다음 물음에 답해보세요.

(i) $5 \pmod{31}$의 위수를 구해보세요.

(ii) 다음을 만족하는 음이 아닌 최소의 잉여 $x \pmod{31}$을 구해보세요.

$$5^{1000} \equiv x \pmod{31}$$

6.3 법 100에 대하여 7의 위수를 구해보세요. 이 결과를 활용하거나 다른 방법으로 7^{1003}의 마지막 두 자릿수를 구해보세요.

6.4 $10 \pmod{37}$의 위수와 곱셈에 대한 역원을 구해보세요. 그리고 다음 합동식을 풀어보세요.

$$10x \equiv 21 \pmod{37}$$

6.5 법 13의 원시근 2에 대한 다음 표를 사용하여 주어진 물음에 답해보세요.

a	1	2	3	4	5	6
$\mathrm{ind}_2(a)$	12	1	4	2	9	5

a	7	8	9	10	11	12
$\mathrm{ind}_2(a)$	11	3	8	10	7	6

(i) 합동식 $5x^7 \equiv 1 \pmod{13}$을 풀어보세요.

(ii) $5 \pmod{13}$의 곱셈에 대한 역원을 구해보세요.

(iii) 합동식 $8x^7 \equiv 12 \pmod{13}$을 풀어보세요.

(iv) 합동식 $8x^6 \equiv 12 \pmod{13}$을 풀어보세요.

(v) 합동식 $8x^8 \equiv 12 \pmod{13}$을 풀어보세요.

6.6 5가 23의 원시근임을 보이세요. 그리고 다음 표를 완성해보세요.

a	1	2	3	4	5	6	7	8	9	10	11
$\mathrm{ind}_5(a)$											

a	12	13	14	15	16	17	18	19	20	21	22
$\mathrm{ind}_5(a)$											

다음 합동방정식을 풀어보세요.

(a) $x^{12} \equiv 4 \pmod{23}$

(b) $7x^{10} \equiv 2 \pmod{23}$

(c) $9x^{11} \equiv 14 \pmod{23}$

(d) $11^x \equiv 5 \pmod{23}$

6.7 [종합문제 6.6]에서 만든 표를 사용하여 다음의 각 경우를 만족하는 음이 아닌 최소의 잉여 $x \pmod{23}$을 구해보세요.

(a) $6^{69}7^{70} \equiv x \pmod{23}$

(b) $x \equiv 9^{666}11^{100}17^{1000} \pmod{23}$

6.8 정수 2는 소수 19의 가장 작은 원시근입니다.

a	1	2	3	4	5	6	7	8	9
$\mathrm{ind}_2(a)$	18	1	13	2	16	14	6	3	8

a	10	11	12	13	14	15	16	17	18
$\mathrm{ind}_2(a)$	17	12	15	5	7	11	4	10	9

이 표를 사용하거나 다른 방법을 사용하여, 다음 각 경우에 대하여 음이 아닌 최소의 잉여 $x \pmod{19}$를 구해보세요.

(a) $x \equiv 5^{100}7^{100}8^{100}9^{100} \pmod{19}$

(b) $x \equiv 11^{1000001}15^{1000003}18^{1000007} \pmod{19}$

(c) $x \equiv 5^{100^{100}} \pmod{19}$ ($5^{100^{100}} = 5^{(100^{100})}$임을 참고)

힌트 (c)를 풀 때 $10^n \equiv 10 \pmod{18}$을 활용해보세요.

6.9 소수 p에 대하여 a가 p의 원시근일 때, 다음을 증명해보세요.

$$1 \le k < p-1 \text{일 때, } a^k \not\equiv 1 \pmod{p}$$

6.10 $10 \pmod{18}$의 위수를 구해보세요.

6.11 37의 원시근 2를 사용하여 다음을 풀어보세요.

(a) $x^3 \equiv 2 \pmod{37}$

(b) $x^{16} \equiv 10 \pmod{37}$

6.12 $a \pmod{n}$, $b \pmod{n}$의 위수를 r이라 합시다. 다음에 대하여 $ab \pmod{n}$의 위수가 반드시 r과 같은 것은 아님을 보이세요.

(a) 법 9

(b) 법 19

*__6.13__ $a \pmod{a^n-1}$의 위수가 n임을 증명해보세요.

6.14 $n = 2^m$일 때, $a \pmod{n}$의 위수가 k이면, $k \mid 2^{m-1}$임을 보이세요.

6.15 법 n에 대하여 a의 위수가 k일 때, 다음을 증명해보세요.

$$a^m\text{의 위수가 } k \quad \Leftrightarrow \quad \gcd(k, m) = 1$$

6.16 r이 소수 p의 원시근일 때, 다음을 증명해보세요.

$r^m \pmod{p}$의 음이 아닌 최소의 잉여도 p의 원시근 $\Leftrightarrow$ $\gcd(m, p-1) = 1$

6.17 n이 원시근을 가진다면, 정확하게 $\phi(\phi(n))$개의 서로 합동이 아닌 원시근을 가짐을 증명해보세요.

6.18 $a > 1$일 때, a가 법 n에 대하여 위수가 $n-1$이면 n이 소수임을 증명해보세요.

7.1 이차 잉여 소개

학습목표

- 이차 잉여의 개념을 이해할 수 있습니다.
- 어떤 정수가 이차 잉여인지 알 수 있습니다.
- 이차합동식을 풀 수 있습니다.

7.1.1 소개

3장에서는 선형합동식 $ax \equiv b \pmod{n}$을 풀어보았습니다. 이 장에서는 홀수인 소수 p에 대하여 이차합동식 $x^2 \equiv a \pmod{p}$가 해를 갖는지 판별합니다. 해가 존재한다면, 합동식의 정의에 따라 $p \mid (x^2 - a)$가 성립합니다. 이 결과를 사용하여 x^2+1, x^2-2, x^2-3, $\cdots$과 같은 정수의 소인수분해를 찾아보겠습니다.

$x^2 \equiv a \pmod{p}$의 해 x가 존재하면 x를 법 p에 대한 a의 **제곱근**(square root)이라고 합니다. 이러한 형태의 방정식 $x^2 \equiv a \pmod{p}$를 **이차합동식**(quadratic congruence)이라고 하는데, 일반적으로는 이러한 방정식의 해를 찾기가 어렵습니다. 예를 들어 $x^2 \equiv 2 \pmod{127}$의 해는 정수 $1, 2, 3, \cdots, 126 \pmod{127}$일 수 있습니다. 이 절의 뒷부분에 나오는 [예제 7-5]에서 이 문제를 해결해보겠습니다. 먼저, 몇 가지 더 간단한 이차합동식을 풀어봅시다.

예제 7-1 법 11의 모든 최소의 양수 잉여에 대하여, x^2을 구해보세요.

풀이

$x = 1, 2, 3, \cdots, 10$일 때, $x^2 \pmod{11}$을 계산하고 다음과 같이 표로 나타내봅시다.

[표 7-1] 법 11에 대한 $x^2 \pmod{11}$

x	1	2	3	4	5	6	7	8	9	10
$x^2 \pmod{11}$	1	4	9	5	3	3	5	9	4	1

$x^2 \pmod{11}$이 모든 값 $1, 2, \cdots, 10 \pmod{11}$일 수는 없습니다. [그림 7-1]의 그래프에서 볼 수 있듯이, $x^2 \pmod{11}$은 법 11에 대하여 1, 3, 4, 5, 9가 될 수 있습니다.

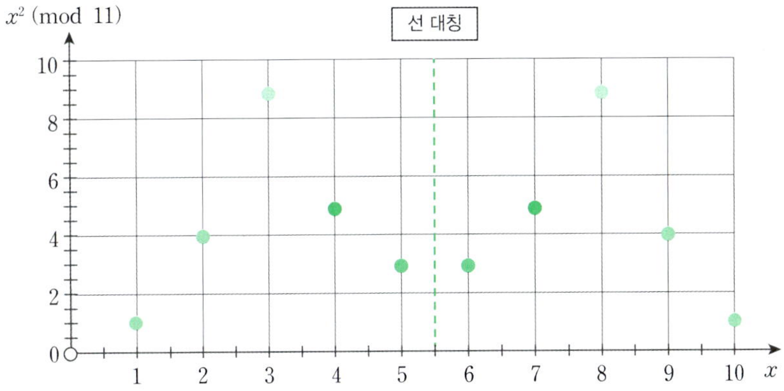

[그림 7-1] 법 11에 대한 $x^2 \pmod{11}$의 그래프 표현

법 11에 대한 시계를 그려보면, [그림 7-2]와 같이 $x^2 \pmod{11}$은 법 11에 대하여 1, 3, 4, 5, 9 지점에서만 멈춥니다.

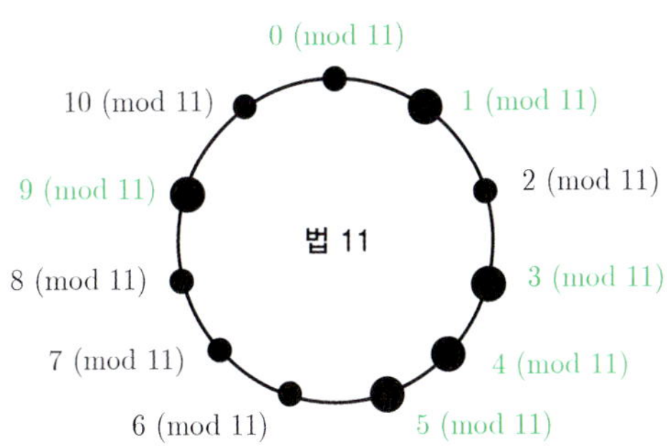

[그림 7-2] 법 11 시계

따라서 $x^2 \pmod{11}$은 법 11에 대하여 2, 6, 7, 8, 10 지점에서는 멈추지 않습니다.

? $x^2 \pmod{11}$이 법 11에 대하여 1, 3, 4, 5, 9 값만 갖는 이유는 무엇일까요?

$10 \equiv -1 \pmod{11}$이므로, $10^2 \equiv (-1)^2 \equiv 1 \pmod{11}$임을 기억하세요. 마찬가지로 다음이 성립함을 알 수 있습니다.

$$9 \equiv -2 \pmod{11}\text{이므로, } 9^2 \equiv (-2)^2 \equiv 4 \pmod{11}$$
$$8 \equiv -3 \pmod{11}\text{이므로, } 8^2 \equiv (-3)^2 \equiv 9 \pmod{11}$$
$$7 \equiv -4 \pmod{11}\text{이므로, } 7^2 \equiv (-4)^2 \equiv 16 \equiv 5 \pmod{11}$$
$$6 \equiv -5 \pmod{11}\text{이므로, } 6^2 \equiv (-5)^2 \equiv 25 \equiv 3 \pmod{11}$$

[그림 7-1]과 [표 7-1](아랫줄)의 대칭성(symmetrical nature)에 주목하세요.

1, 3, 4, 5, 9를 11에 대한 이차 잉여라 하고, 2, 6, 7, 8, 10을 11에 대한 이차 비잉여라고 합니다. a가 p에 대한 이차 비잉여이면, 방정식 $x^2 \equiv a \pmod{p}$는 해를 갖지 않습니다.

7.1.2 법 p에 대한 이차 잉여

이 장에서는 대체로 법 p를 홀수인 소수 p로 제한해 설명하겠습니다. 이차 잉여의 형식적 정의는 다음과 같습니다.

정의 7-1 이차 잉여와 이차 비잉여

p를 홀수인 소수라고 합시다. $p \nmid a$일 때 $x^2 \equiv a \pmod{p}$의 해가 존재한다면, 정수 a는 p에 대한 **이차 잉여**(quadratic residue)라고 합니다. 만약 $x^2 \equiv a \pmod{p}$의 해가 존재하지 않으면, 정수 a는 p에 대한 **이차 비잉여**(quadratic non-residue)라고 합니다.

예제 7-2 **다음에 대하여 합동식 $x^2 \equiv 2 \pmod{p}$의 해를 구해보세요.**

(i) $p=7$ (ii) $p=13$

풀이

(i) $x=1, 2, 3, \cdots, 6$일 때, $x^2 \pmod{7}$을 계산하고 다음과 같이 표로 나타내봅시다.

[표 7-2] 법 7에 대한 $x^2 \pmod{7}$

x	1	2	3	4	5	6
$x^2 \pmod{7}$	1	4	2	2	4	1

따라서 $x^2 \equiv 2 \pmod{7}$이면, $x \equiv 3$ 또는 $x \equiv 4 \pmod{7}$입니다. 즉, $2 \pmod{7}$의 제곱근이 3 또는 $4 \pmod{7}$입니다. 이 점들을 그래프로 나타내면 [그림 7-3]과 같습니다.

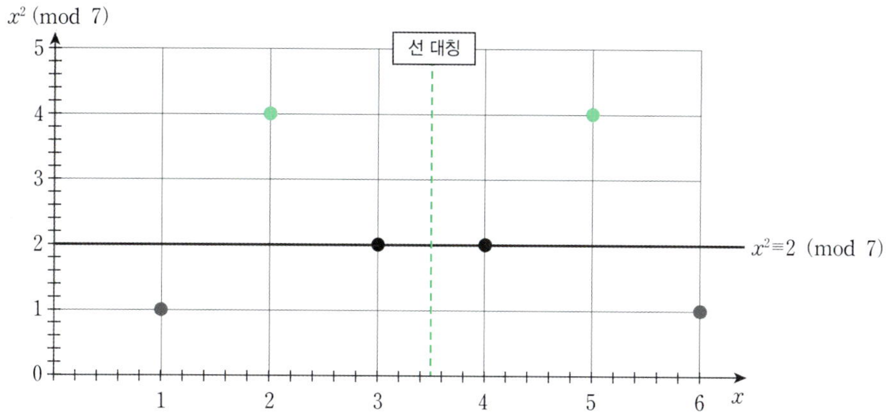

[그림 7-3] 법 7에 대한 $x^2 \equiv 2 \pmod{7}$의 그래프 표현

(ii) 마찬가지로 $x^2 \pmod{13}$을 계산하여 표로 만들면 다음과 같습니다.

[표 7-3] 법 13에 대한 $x^2 \pmod{13}$

x	1	2	3	4	5	6	7	8	9	10	11	12
$x^2 \pmod{13}$	1	4	9	3	12	10	10	12	3	9	4	1

[표 7-3]의 아랫줄을 보면 $x^2 \equiv 2 \pmod{13}$을 만족하는 x가 존재하지 않음을 알 수 있습니다. 따라서 $x^2 \equiv 2 \pmod{13}$은 해를 갖지 않습니다. 이는 $2 \pmod{13}$의 제곱근이 존재하지 않음을 의미합니다. 이 점들을 그래프로 나타내면 [그림 7-4]와 같습니다.

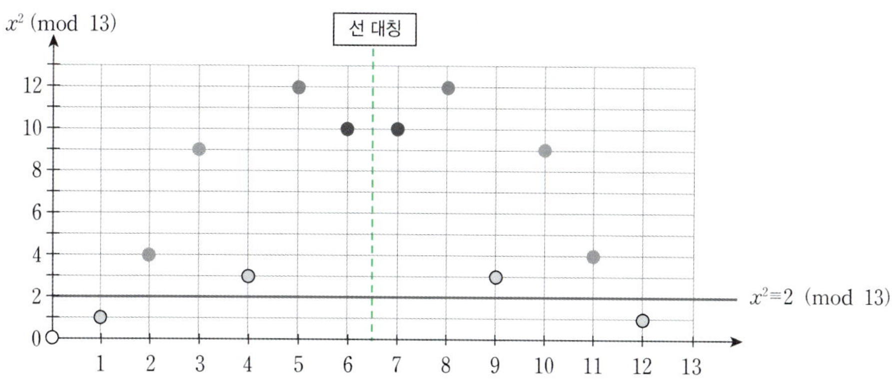

[그림 7-4] 법 13에 대한 $x^2 \equiv 2 \pmod{13}$의 그래프 표현

직선 $x^2 \equiv 2 \pmod{13}$에 교점이 없으므로 해가 존재하지 않습니다.

$p=7,\ 11,\ 13$일 때는 표를 만들기가 쉽습니다. 하지만 $p=29$인 경우를 생각하면 $x=1,\ 2,\ 3,\ \cdots,\ 28$에 대하여 $x^2 \pmod{29}$를 계산하고 싶진 않을 겁니다.

? 주어진 정수가 29에 대한 이차 잉여임을 판단하는 간단한 방법이 있을까요?

[예제 7-3]에서 그 방법을 확인할 수 있습니다. 먼저 아래에 제시된 모든 잉여를 계산할 필요가 없음을 알아둡시다.

$$1^2,\ 2^2,\ 3^2,\ \cdots,\ (p-1)^2 \pmod{p}$$

? 왜 그럴까요?

$(p-1)^2 \equiv (-1)^2 \equiv 1^2 \pmod{p}$, $(p-2)^2 \equiv (-2)^2 \equiv 2^2 \pmod{p}$, $\cdots$이기 때문입니다. 이에 따라 다음과 같은 일반적인 결과를 알 수 있습니다.

> **명제 7-2**
>
> p가 소수이면, $(p-a)^2 \equiv a^2 \pmod{p}$입니다.

증명

$(p-a)^2 \equiv (-a)^2 \equiv a^2 \pmod{p}$ ■

[명제 7-2]는 이차합동식 $x^2 \equiv a \pmod{p}$를 푸는 데 사용할 수 있습니다. 한 예로 합동식 $x^2 \equiv 4 \pmod{29}$를 생각해봅시다. 이 방정식의 해는 $x \equiv 2 \pmod{29}$임을 바로 알 수 있습니다. [명제 7-2]를 사용하여 또 다른 해도 다음과 같이 얻을 수 있습니다.

$$x \equiv -2 \equiv 29-2 \equiv 27 \pmod{29}$$

? 일반적인 이차합동식 $x^2 \equiv a \pmod{p}$는 몇 개의 해를 가질까요?

p가 홀수인 소수일 때 p가 a를 나누지 않는다면, 2개의 해를 갖거나 해가 존재하지 않습니다.

> **명제 7-3**
>
> p가 홀수인 소수이고 $p \nmid a$라 하면, 이차합동식 $x^2 \equiv a \pmod{p}$는 해를 갖지 않거나 정확히 2개의 서로 합동이 아닌 해를 가집니다.

증명

r을 p의 원시근이라 합시다(소수 p의 원시근은 항상 존재합니다. [정리 6-22]를 참고하세요). 주어진 합동식 $x^2 \equiv a \pmod{p}$의 양변에 ind_r을 취합니다.

$$\mathrm{ind}_r(x^2) \equiv \mathrm{ind}_r(a) \pmod{p-1} \quad (\phi(p) = p-1)$$

위 식을 선형으로 바꾸기 위해 6장의 지표에 대한 [명제 6-16(b)]를 사용합시다.

$$\mathrm{ind}_r(b^k) = k\,\mathrm{ind}_r(b) \pmod{\phi(n)}$$

이 결과를 위의 합동식 $\mathrm{ind}_r(x^2) \equiv \mathrm{ind}_r(a) \pmod{p-1}$에 적용합니다.

$$2\,\mathrm{ind}_r(x) \equiv \mathrm{ind}_r(a) \pmod{p-1} \qquad (*)$$

이 식은 3장에서 다룬 선형합동식입니다. 다음의 [명제 3-16]을 사용해봅시다.

$cx \equiv b \pmod{n}$이 $g = \gcd(c, n)$에 대해서 $g \mid b$라면,
법 n에 대하여 정확히 g개의 합동이 아닌 해를 가집니다.

p가 홀수인 소수이므로 (*)로부터 $g = \gcd(2, p-1) = 2$입니다. 그러므로 $p-1$은 짝수입니다. [명제 3-16]에 의해 선형합동식 (*)가 $2 \mid \mathrm{ind}_r(a)$인 경우에 해를 가집니다. 이 경우에 정확히 2개의 서로 합동이 아닌 해를 가집니다. 만약 $2 \nmid \mathrm{ind}_r(a)$라면 (*)는 해를 갖지 않습니다. 따라서 $x^2 \equiv a \pmod{p}$는 정확히 2개의 서로 합동이 아닌 해를 갖거나 해를 갖지 않습니다. ■

이 명제는 $a \pmod{p}$의 제곱근이 존재한다면 정확히 2개의 제곱근을 가진다는 것을 의미합니다. 이 결과는 법 합성수에 대해서는 적용되지 않고, 홀수 소수인 법 p에 대하여 성립합니다. 예를 들면 다음과 같습니다.

$$x^2 \equiv 4 \pmod{15} \quad \Rightarrow \quad x \equiv 2, 7, 8, 13 \pmod{15} \quad \text{(4개의 해)}$$

7.1.3 이차 잉여의 개수

? 홀수인 소수 p에 대하여 이차 잉여가 몇 개 존재할까요?

[예제 7-1]과 [예제 7-2]에서 [그림 7-5]와 같은 결과를 얻었습니다.

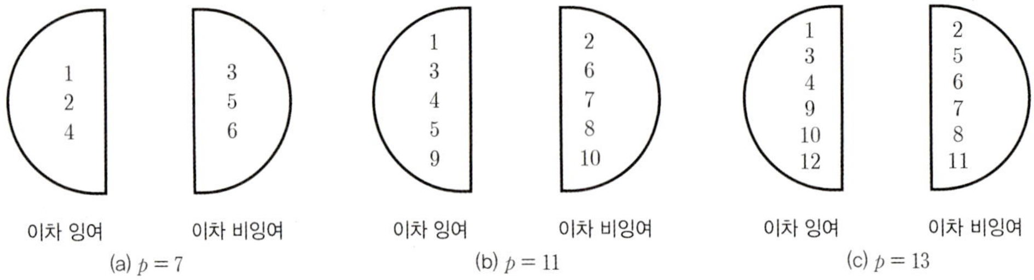

[그림 7-5] 홀수인 소수 p에 대한 이차 잉여와 이차 비잉여

? p에 대하여 이차 잉여와 이차 비잉여는 각각 몇 개인가요?

[그림 7-5]의 모든 예에서 p에 대한 이차 잉여와 이차 비잉여는 딱 절반으로 분할됩니다. 즉 이차 잉여가 $\frac{p-1}{2}$개 존재하고, 이차 비잉여가 동일하게 $\frac{p-1}{2}$개 존재합니다. 이는 절반에 대해서는 제곱근을 찾을 수 있고, 나머지 절반에 대해서는 제곱근을 찾을 수 없음을 의미합니다.

이 결과는 홀수인 소수에 대하여 항상 성립합니다. 이제 일반적인 결과를 살펴보고 증명해봅시다.

> **명제 7-4**
>
> 홀수인 소수 p에 대하여, 정확히 $\frac{p-1}{2}$개의 이차 잉여와 $\frac{p-1}{2}$개의 이차 비잉여가 존재합니다.

증명

이차합동식 $x^2 \equiv a \pmod{p}$를 생각해봅시다. r을 법 p에 대한 원시근이라 할 때, 6장에서 제시한 지표의 성질을 적용해봅시다.

$$2\,\mathrm{ind}_r(x) \equiv \mathrm{ind}_r(a) \pmod{p-1} \quad \text{(선형)}$$

그렇다면 [명제 7-3]의 증명에 의해 이 합동식 $2\,\mathrm{ind}_r(x) \equiv \mathrm{ind}_r(a) \pmod{p-1}$은 $2 \mid \mathrm{ind}_r(a)$인 경우에 해를 가집니다. 즉, $\mathrm{ind}_r(a)$가 짝수라면 해를 갖습니다. 6.3절 [연습문제 15(a)]에 의하면 다음과 같습니다.

$$1 \le \mathrm{ind}_r(a) \le \phi(n)$$

$\mathrm{ind}_r(a)$에 모든 정수 $1, 2, 3, \cdots, p-1$을 대입해봅시다. 정확하게 이 중 $\frac{p-1}{2}$개의 짝수가 있습니다. 그러므로 p에 대한 이차 잉여가 정확하게 $\frac{p-1}{2}$개 존재합니다.

마찬가지로 이 중 $\frac{p-1}{2}$개의 홀수가 있습니다. 그러므로 p에 대한 이차 비잉여가 $\frac{p-1}{2}$개 존재합니다. ■

예를 들어 소수 101에 대하여 $\frac{101-1}{2}=50$개의 이차 잉여가 존재하고, 소수 503에 대하여 $\frac{503-1}{2}=251$개의 이차 잉여가 존재합니다. 101과 503은 모두 소수임을 기억합시다.

7.1.4 이차 잉여의 판별법

[명제 7-4]를 적용하면 p에 대한 이차 잉여의 개수는 알 수 있지만 실제 잉여 자체가 무엇인지는 알 수 없습니다. 그렇다면 주어진 정수가 p에 대한 이차 잉여인지 확인하는 방법을 알아야 합니다. 다음 정리를 통해 주어진 정수가 p에 대한 이차 잉여인지 여부를 판별할 수 있습니다.

정리 7-5 오일러 판정법(Euler's criterion)

홀수인 소수 p에 대하여 $p \nmid a$일 때, 다음이 성립합니다.

$$a\text{는 } p\text{에 대한 이차 잉여입니다.} \quad \Leftrightarrow \quad a^{\frac{p-1}{2}} \equiv 1 \pmod{p}$$

증명

필요충분조건(⇔)이므로, 양방향으로 증명합니다.

(⇒) a가 p에 대한 이차 잉여일 때, $a^{\frac{p-1}{2}} \equiv 1 \pmod{p}$임을 증명해야 합니다. 이차 잉여의 정의에 의해, 다음 합동식을 만족하는 해 x가 존재합니다.

$$x^2 \equiv a \pmod{p}$$

이 합동식 $x^2 \equiv a \pmod{p}$에 지수 $\frac{p-1}{2}$을 취합니다.

$$(x^2)^{\frac{p-1}{2}} \underbrace{\equiv}_{\text{지수법칙}} x^{p-1} \equiv a^{\frac{p-1}{2}} \pmod{p} \qquad (*)$$

$p \nmid x$는 이미 알고 있습니다.

? 왜 그럴까요?

$p \mid x$라고 가정하면, $p \mid x^2$이므로 $x^2 \equiv 0 \pmod{p}$인데, 위 조건에 따라 x는 다음을 만족합니다.

$$x^2 \equiv a \equiv 0 \pmod{p} \quad \Rightarrow \quad p \mid a$$

$p \nmid a$가 주어져 있으므로 $p \mid x$는 모순입니다. 따라서 $p \nmid x$입니다.

다음과 같은 [정리 4-1]의 페르마의 소정리를 적용해봅시다.

소수 p에 대하여 $p \nmid n$이면, $n^{p-1} \equiv 1 \pmod{p}$입니다.

따라서 합동식 (*)를 다음과 같이 쓸 수 있습니다.

$$x^{p-1} \equiv 1 \equiv a^{\frac{p-1}{2}} \pmod{p}$$

즉, $a^{\frac{p-1}{2}} \equiv 1 \pmod{p}$입니다.

($\Leftarrow$) $a^{\frac{p-1}{2}} \equiv 1 \pmod{p}$일 때, a가 p에 대한 이차 잉여임을 증명해야 합니다. 즉, $x^2 \equiv a \pmod{p}$를 만족하는 x를 찾아야 합니다.

r을 p의 원시근이라 합시다. r이 원시근이므로 다음을 만족하는 정수 k가 존재합니다.

$$r^k \equiv a \pmod{p} \qquad (\dagger)$$

이 합동식에 지수 $\frac{p-1}{2}$을 취해봅시다.

$$(r^k)^{\frac{p-1}{2}} \underbrace{\equiv}_{\text{지수법칙}} r^{\frac{k(p-1)}{2}} \equiv a^{\frac{p-1}{2}} \equiv 1 \pmod{p}$$

r이 원시근이므로 r의 위수는 $p-1$입니다. 다음과 같은 [명제 6-4]를 사용해봅시다.

법 n에 대한 a의 위수를 k라고 하면, $a^h \equiv 1 \pmod{n} \Leftrightarrow k \mid h$

$r^{\frac{k(p-1)}{2}} \equiv 1 \pmod{p}$이므로, 여기에 [명제 6-4]를 적용하면 $(p-1) \mid \frac{k(p-1)}{2}$입니다. 따라서 정수 m에 대하여 $(p-1)m = \frac{k(p-1)}{2}$입니다. 이 식을 k에 대해 나타내면 $k = 2m$입니다. $k = 2m$을 ($\dagger$)에 대입해봅시다.

$$r^k \equiv r^{2m} \underbrace{\equiv}_{\text{지수법칙}} (r^m)^2 \equiv a \pmod{p}$$

$x = r^m$이라고 하면, $x^2 \equiv r^{2m} \equiv a \pmod{p}$입니다. 따라서 a는 p에 대한 이차 잉여입니다. ■

이제 [정리 7-5]의 오일러 판정법을 사용하여 다양한 정수들이 29에 대한 이차 잉여인지 아닌지 판별해봅시다.

예제 7-3 **다음 정수들이 소수 29에 대한 이차 잉여인지 판별해보세요.**

(a) 2 (b) 5 (c) 28 (d) 11

풀이

다음과 같은 [정리 7-5]의 오일러 판정법을 $p=29$에 대해 적용해봅시다.

$$a\text{가 } p\text{에 대한 이차 잉여} \iff a^{\frac{p-1}{2}} \equiv 1 \pmod{p}$$

$\frac{p-1}{2} = \frac{29-1}{2} = 14$입니다.

(a) $a=2$일 때, $2^{\frac{29-1}{2}} \equiv 2^{14} \equiv x \pmod{29}$를 만족하는 x를 찾습니다. 2의 거듭제곱을 계산해봅시다.

$$2^5 \equiv 32 \equiv 3 \pmod{29}$$

2^{14}을 계산하기 위해 위 식을 사용해봅시다. 지수 14를 5의 배수와 나머지로 쓰면 $14=(2\times 5)+4$입니다.

$$\begin{aligned} 2^{14} &\equiv 2^{(2\times 5)+4} \equiv (2^5)^2 \times 2^4 \quad \text{(지수법칙)} \\ &\equiv \underbrace{3^2}_{\text{위 결과 } 2^5 \equiv 3 \pmod{29}\text{에 의해}} \times 16 \equiv 144 \equiv 28 \equiv -1 \pmod{29} \end{aligned}$$

$2^{14} \equiv -1 \not\equiv 1 \pmod{29}$이므로, 2는 29에 대한 이차 비잉여입니다.

(b) $a=5$일 때, 법 29에 대하여 5^{14}의 최소인 양수 잉여를 구해야 합니다. 다음과 같은 합동식이 성립함을 알고 있습니다.

$$5^2 \equiv 25 \equiv -4 \pmod{29},\ (-4)^3 \equiv -64 \equiv -6 \pmod{29}$$

이 둘을 결합해봅시다.

$$5^6 \equiv (5^2)^3 \equiv (-4)^3 \equiv -6 \pmod{29}$$

이 합동식을 사용해 법 29에 대하여 5^{14}을 계산해봅시다.

$$5^{14} \equiv 5^{(2\times6)+2} \equiv 5^{2\times6}\times5^2 \quad \text{(지수법칙)}$$
$$\equiv (5^6)^2\times5^2 \equiv (-6)^2\times(-4) \quad \text{(위 결과 } 5^6 \equiv -6 \pmod{29}\text{에 의해)}$$
$$\equiv 36\times(-4) \equiv 7\times(-4) \equiv -28 \equiv 1 \pmod{29}$$

$5^{14} \equiv 1 \pmod{29}$이므로, 5는 29에 대한 이차 잉여입니다.

(c) $28 \equiv -1 \pmod{29}$는 다음을 의미합니다.

$$28^{14} \equiv (-1)^{14} \equiv 1 \pmod{29}$$

따라서 28은 29에 대한 이차 잉여입니다.

(d) 11이 29에 대한 이차 잉여인지 판별하려면 법 29에 대하여 11^{14}의 최소인 양수 잉여를 구해야 합니다. 11^2을 계산해봅시다.

$$11^2 \equiv 121 \equiv 5 \pmod{29}$$

(b)에서 $5^6 \equiv -6 \pmod{29}$임을 알았습니다. 따라서 다음과 같습니다.

$$11^{12} \equiv (11^2)^6 \equiv 5^6 \equiv -6 \pmod{29}$$

$11^{14} \equiv 11^{12}\times11^2 \equiv (-6)\times5 \equiv -30 \equiv -1 \pmod{29}$입니다. 따라서 $11^{14} \equiv -1 \not\equiv 1 \pmod{29}$이므로, 11은 29에 대한 이차 비잉여입니다.

이 예제에서 5와 28이 29에 대한 이차 잉여임을 알았습니다.

? 이 결과는 무엇을 의미할까요?

이차합동식 $x^2 \equiv 5, 28 \pmod{29}$가 해를 가짐을 의미합니다. 다시 말해 5, 28 (mod 29)의 제곱근이 존재합니다.

또한 이 예제에서 2와 11은 29에 대한 이차 비잉여임을 알았습니다.

? 이 결과는 무엇을 의미할까요?

이차합동식 $x^2 \equiv 2 \pmod{29}$, $x^2 \equiv 11 \pmod{29}$의 해가 존재하지 않음을 의미합니다. 즉, 2 (mod 29)와 11 (mod 29)의 제곱근이 존재하지 않습니다.

[예제 7-3]을 통해 $a^{\frac{p-1}{2}} \equiv 1$ 또는 $-1 \pmod{p}$이 성립함을 눈치챘을 겁니다. 이 결과는 다음과 같이 항상 성립합니다.

명제 7-6

a를 임의의 정수, p를 홀수인 소수라고 하면 다음이 성립합니다.

$$p \nmid a\text{일 때, } a^{\frac{p-1}{2}} \equiv \pm 1 \pmod{p}\text{입니다.}$$

증명

7.1절 [연습문제 09]에서 증명합니다. ■

[정리 7-5]의 오일러 판정법은 제곱근을 알려주지는 않지만, 어떤 잉여들이 제곱근을 갖는지 알려줍니다. 작은 수의 합동 산술이 아닌 경우에는 제곱근을 찾기란 쉽지 않습니다. 이는 [예제 7-4]를 통해 살펴보겠습니다.

7.1.5 합동 산술에서 제곱근 구하기

여기서는 $p \nmid a$일 때 $x^2 \equiv a \pmod{p}$ 형태의 방정식을 풀어보겠습니다.

예제 7-4 다음 이차합동식을 풀어보세요.

(a) $x^2 \equiv 12 \pmod{13}$

(b) $x^2 \equiv 2 \pmod{13}$

(c) $x^2 + 4x + 5 \equiv 0 \pmod{13}$

풀이

(a) 먼저 다음과 같은 [정리 7-5]의 오일러 판정법을 사용하여 12가 이차 잉여인지 판별해봅시다.

$$a\text{는 } p\text{에 대한 이차 잉여입니다.} \quad \Leftrightarrow \quad a^{\frac{p-1}{2}} \equiv 1 \pmod{p}$$

이 경우 $p = 13$, $a = 12$입니다. 그러므로 다음과 같습니다.

$$12^{\frac{13-1}{2}} \equiv 12^6 \equiv (-1)^6 \equiv 1 \pmod{13} \quad (12 \equiv -1 \pmod{13}\text{이므로})$$

오일러 판정법에 의해 12는 13에 대한 이차 잉여입니다. 따라서 해를 가집니다. 방정식 $x^2 \equiv 12 \pmod{13}$은 몇 개의 해를 가질까요? 서로 합동이 아닌 2개의 해를 가집니다. 초깃값 $x = 1, 2, 3, 4$를 제곱하면 12를 만들지 못합니다. 하지만 $x = 5$일 때는 다음과 같습니다.

$$5^2 \equiv 25 \equiv 12 \pmod{13}$$

그러므로 하나의 해는 $x \equiv 5 \pmod{13}$입니다. 이제 $5 \pmod{13}$과 합동이 아닌 다른 해를 찾아야 합니다. 서로 합동이 아닌 2개의 해를 가지기 때문이죠. 다음과 같은 [명제 3-14(b)]를 살펴봅시다.

$$a^2 \equiv b^2 \pmod{p} \quad \Leftrightarrow \quad a \equiv \pm b \pmod{p}$$

따라서 다른 해는 다음과 같습니다.

$$x \equiv -5 \equiv 8 \pmod{13}$$

두 해는 $x \equiv 5 \pmod{13}$, $x \equiv 8 \pmod{13}$(또는 $x \equiv \pm 5 \pmod{13}$)입니다.

(b) $x^2 \equiv 2 \pmod{13}$을 풀어봅시다. 이 합동식의 해가 존재하는지 판별하려면 2가 13에 대한 이차 잉여인지 판별해야 합니다. 오일러 판정법에 $a = 2$, $p = 13$을 대입해봅시다.

$$2^{\frac{13-2}{2}} \equiv 2^6 \equiv 64 \equiv -1 \pmod{13}$$

$2^6 \equiv -1 \not\equiv 1 \pmod{13}$이므로, 2는 13에 대한 이차 비잉여입니다. 따라서 주어진 이차 합동식 $x^2 \equiv 2 \pmod{13}$은 해를 갖지 않습니다([예제 7-2(ⅱ)]에서는 각 잉여에 대해 계산하여 이 합동식이 해를 갖지 않음을 나타냈습니다. 오일러 판정법을 사용하는 것이 훨씬 쉽다는 것을 알 수 있습니다).

(c) $x^2 + 4x + 5 \equiv 0 \pmod{13}$을 풀어봅시다. 어떻게 하면 될까요? 먼저 이차식에서 완전제곱식을 만듭니다(완전제곱식을 만드는 방법은 입문 장을 참고하세요).

$$x^2 + 4x + 5 = \underbrace{x^2 + 4x + 4}_{=(x+2)^2} + 1 = (x+2)^2 + 1 \equiv 0 \pmod{13}$$

양변에서 1을 빼면 $(x+2)^2 \equiv -1 \pmod{13}$입니다. $y = x + 2$라고 하면, 방정식 $y^2 \equiv -1 \pmod{13}$을 얻을 수 있습니다. $-1 \equiv 12 \pmod{13}$임을 기억합시다. (a)의 해를 이용하면 $y \equiv 5 \pmod{13}$, $y \equiv 8 \pmod{13}$입니다.

$$y = x + 2 \equiv 5 \pmod{13} \quad \Rightarrow \quad x \equiv 3 \pmod{13}$$
$$y = x + 2 \equiv 8 \pmod{13} \quad \Rightarrow \quad x \equiv 6 \pmod{13}$$

따라서 해는 $x \equiv 3, 6 \pmod{13}$입니다.

7.1절 [연습문제 08]에서 다음을 증명할 것입니다.

> $p \nmid a$일 때, $ax^2 + bx + c \equiv 0 \pmod{p}$를 $y^2 \equiv m \pmod{p}$와 같이 나타낼 수 있습니다.

위 예제에서 $x^2 \equiv -1 \pmod{13}$은 풀 수 있지만 $x^2 \equiv 2 \pmod{13}$은 풀 수 없습니다. 즉, $-1 \pmod{13}$의 제곱근은 $5, 8 \pmod{13}$입니다. 그러나 $2 \pmod{13}$의 제곱근은 존재하지 않습니다. 이 결과를 실수와 비교해보세요. 실수에서 2의 제곱근은 찾을 수 있지만 -1의 제곱근은 찾을 수 없습니다.

$a \pmod{p}$의 제곱근을 찾는다고 할 때, 1에서 $\frac{p-1}{2}$까지의 모든 정수를 대입하는 것은 비현실적이므로 더 큰 계수에 대해 제곱근을 찾기란 어려운 일입니다. 이차합동식을 풀기 위해 6장에서는 원시근을 사용했습니다(6.3절 [연습문제 14]와 6.4절 [연습문제 17] 참고). 7.1절 [연습문제 12]에서는 이미 알고 있는 다음의 결과를 증명합니다.

> a가 $p \equiv 3 \pmod{4}$인 p에 대한 이차 잉여이면, 이차합동식 $x^2 \equiv a \pmod{p}$는 다음과 같은 해를 가집니다.
>
> $$x \equiv \pm a^{\frac{p+1}{4}} \pmod{p}$$

$p \equiv 1 \pmod{4}$일 때 $a \pmod{p}$의 제곱근은 원시근을 사용하여 풀거나 **토넬리 생크 알고리즘**(Tonelli–Shanks algorithm)[1]을 사용할 수 있습니다.[2]

이제 이 장을 시작할 때 언급했던 다음의 이차합동식을 풀어봅시다.

$$x^2 \equiv 2 \pmod{127}$$

1 https://en.wikipedia.org/wiki/Tonelli%E2%80%93Shanks_algorithm

2 사무엘 와그스태프(Samuel Wagstaff)의 『The Joy of Factoring』의 45쪽을 참고하세요.

예제 7-5 소수 127에 대하여, $2 \pmod{127}$의 제곱근을 구해보세요.

풀이

$2 \pmod{127}$의 제곱근을 구하려면 $x^2 \equiv 2 \pmod{127}$을 풀어야 합니다. 법 127이고 1부터 $\frac{127-1}{2} = 63$까지의 모든 정수를 대입하는 것은 실용적이지 않으므로 이 문제를 해결하는 것은 좀 더 어렵습니다. 먼저 $127 \equiv 3 \pmod 4$이므로 앞의 공식($x \equiv \pm a^{\frac{p+1}{4}} \pmod p$)을 사용할 수 있음에 주목합시다.

[정리 7-5]의 오일러 판정법을 사용하여 2가 127에 대한 이차 잉여임을 나타낼 수 있으므로, $x^2 \equiv 2 \pmod{127}$이 해를 가집니다. 앞의 공식 $x \equiv \pm a^{\frac{p+1}{4}} \pmod p$에 $a = 2$를 대입하면 다음을 얻습니다.

$$x \equiv \pm 2^{\frac{127+1}{4}} \equiv \pm 2^{32} \pmod{127}$$

$2^7 \equiv 128 \equiv 1 \pmod{127}$입니다. 이 결과를 사용하여 지수 32를 다음과 같이 써봅시다.

$$x \equiv \pm 2^{32} \underbrace{\equiv}_{\text{지수법칙}} \pm [2^{7 \times 4} \times 2^4] \equiv \pm [(2^7)^4 \times 16] \underbrace{\equiv}_{2^7 \equiv 1 \pmod{127}} \pm [1^4 \times 16] \equiv \pm 16 \pmod{127}$$

그러므로 $x^2 \equiv 2 \pmod{127}$의 해는 $x \equiv 16, -16 \equiv 16, 111 \pmod{127}$입니다.

$x^2 \equiv 2 \pmod{127}$은 이차 디오판토스 방정식(quadratic Diophantine equation) $x^2 = 2 + 127y$를 의미합니다. 이 방정식의 해는 $x = 16, 111$입니다. 이 식을 정리하여 y를 구하면 다음과 같습니다.

$$y = \frac{x^2 - 2}{127} = \frac{16^2 - 2}{127}, \frac{111^2 - 2}{127} = 2, 97$$

그러므로 $x^2 - 127y = 2$의 두 해는 $x = 16, y = 2$와 $x = 111, y = 97$입니다.

핵심요약

- $x^2 \equiv a \pmod p$의 해가 존재하면 정수 a는 p에 대한 이차 잉여입니다. 그렇지 않으면 a는 p에 대한 이차 비잉여입니다. 이차방정식 $x^2 \equiv a \pmod p$는 $\{1, 2, \cdots, p-1\}$ 안의 정수 a 중 절반에 대해서만 해가 존재합니다.
- 정수가 이차 잉여인지 아닌지를 판별하기 위해 오일러 판정법을 사용합니다.

7.1 연습문제

01. 다음과 같은 최소의 양수 잉여에 대하여 $x^2 \pmod p$를 구해보세요. 각 경우에 대하여 $x^2 \pmod p$에 대한 x의 그래프를 그려보세요. 그리고 각 소수 p에 대하여 $x^2 \equiv 2 \pmod p$와 동등한 이차 디오판토스 방정식 $x^2 = 2 + py$를 풀어보세요.

(a) $p=5$ (b) $p=17$

(c) $p=19$

02. 다음 소수에 대한 이차 잉여의 개수를 구해보세요.

(a) 1223

(b) 3571

(c) 104729

(d) 179424673

03. 다음 수가 소수 37에 대한 이차 잉여인지 판별해보세요.

(a) 6

(b) 2

(c) 12

(d) 5

04. 다음 수의 제곱근을 구해보세요.

(a) $2 \pmod{17}$

(b) $16 \pmod{17}$

(c) $5 \pmod{17}$

05. 다음 이차합동방정식을 풀어보세요.

(a) $x^2+2x+2 \equiv 0 \pmod{23}$

(b) $x^2+4x+2 \equiv 0 \pmod{23}$

(c) $x^2+6x+5 \equiv 0 \pmod{23}$

06. 다음을 증명해보세요.

-1이 홀수인 소수 p에 대한 이차 잉여 $\Leftrightarrow \quad p \equiv 1 \pmod 4$

07. 홀수인 소수 p에 대하여 다음을 증명해보세요.

(a) a가 이차 잉여이면, $p-a$가 이차 잉여입니다. $\Leftrightarrow$ $p \equiv 1 \pmod 4$

(b) a가 이차 잉여이면, $p-a$가 이차 비잉여입니다. $\Leftrightarrow$ $p \equiv 3 \pmod 4$

08. 다음 물음에 답해보세요.

(i) $p \nmid a$일 때, 이차합동방정식 $ax^2+bx+c \equiv 0 \pmod p$는 $y^2 \equiv m \pmod p$와 같이 나타낼 수 있음을 증명해보세요.

(ii) 다음과 같이 법 소수에 대한 이차합동방정식을 풀어보세요.

(a) $2x^2+2x+1 \equiv 0 \pmod{29}$

*(b) $5x^2+9x+4 \equiv 0 \pmod{101}$

(c) $7x^2+9x+3 \equiv 0 \pmod{41}$

(d) $2x^2+20x+49 \equiv 0 \pmod{61}$

09. [명제 7-6]을 증명해보세요.

10. a가 소수 p에 대한 이차 잉여이면, a는 p의 원시근이 아님을 증명해보세요.

11. 홀수인 소수 p에 대하여 다음 결과를 증명해보세요.

(a) p에 대한 이차 비잉여 2개의 곱은 p에 대한 이차 잉여입니다.

(b) p에 대한 이차 잉여와 이차 비잉여의 곱은 p에 대한 이차 비잉여입니다.

(c) p에 대한 이차 잉여 2개의 곱은 p에 대한 이차 잉여입니다.

12. 다음 물음에 답해보세요.

*(i) a가 $p \equiv 3 \pmod 4$인 p에 대한 이차 잉여이면, 이차합동식 $x^2 \equiv a \pmod p$는 해 $x \equiv \pm a^{\frac{p+1}{4}} \pmod p$를 가진다는 것을 증명해보세요.

(ii) 다음과 같은 법 소수에 대한 이차합동방정식을 풀어보세요.

(a) $x^2 \equiv 3 \pmod{83}$

*(b) $x^2 \equiv 2 \pmod{(2^{13}-1)}$

(c) $x^2 \equiv 5 \pmod{127}$

13. p에 대한 이차 잉여의 곱셈에 대한 역원도 p에 대한 이차 잉여임을 증명해보세요.

7.2 르장드르 기호

학습목표

- 르장드르 기호를 계산할 수 있습니다.
- 정수가 이차 잉여인지 판별하기 위해 르장드르 기호의 성질을 사용할 수 있습니다.

7.2.1 르장드르 기호

[그림 7-6] 아드리앵 마리 르장드르 (1752-1833)

아드리앵 마리 르장드르(Adrien-Marie Legendre)는 프랑스 수학자로, 파리의 부유한 가정에서 태어났습니다. 그는 1775년부터 1780년까지 파리에 있는 군사 대학인 에콜 밀리테르(École Militaire)에서 수학을 가르쳤고, 응용수학 문제를 해결한 공로로 1782년에 베를린 아카데미상을 수상했습니다. 그 결과, 그는 '프랑스 과학 아카데미'의 준회원이 되었습니다.

르장드르는 '르장드르 다항식(Legendre polynomial)'으로 가장 잘 알려져 있습니다. 이 다항식을 사용하여 다른 방법으로는 계산할 수 없는 어려운 함수에서 최대치의 근삿값을 구할 수 있습니다. 그는 정수론도 연구하였는데, 디리클레와 소피 제르맹의 작업을 기반으로 $n=5$일 때의 '페르마의 마지막 정리'를 증명했습니다.

이차합동식 $x^2 \equiv 48 \pmod{79}$의 해가 존재하는지 여부를 어떻게 판별할 수 있을까요?

다음과 같은 [정리 7-5]의 오일러 판정법을 적용하면 됩니다.

$$a\text{는 } p\text{에 대한 이차 잉여} \iff a^{\frac{p-1}{2}} \equiv 1 \pmod{p}$$

따라서 $48^{\frac{79-1}{2}} \equiv 48^{39} \pmod{79}$가 $1 \pmod{79}$와 합동인지 아닌지를 판별하면 됩니다. 이때 48^{39}을 계산해야 하므로 쉬운 작업은 아닙니다. 이차합동식 $x^2 \equiv 48 \pmod{79}$의 해가 존재하는지 판별할 수 있는 더 간단한 방법을 찾아봅시다([예제 7-6(b)] 참고).

오일러 판정법을 사용하는 것보다 훨씬 더 효율적인 방법은 다음에서 정의할 르장드르 기호의 성질을 이용하는 것입니다.

정의 7-7 르장드르 기호

p가 홀수인 소수이고 a는 $p \nmid a$, 즉 p로 나누어지지 않는 임의의 정수라 합시다. $\left(\frac{a}{p}\right)$ 또는 (a/p)로 표현되는 **르장드르 기호**(Legendre symbol)는 다음과 같습니다.

$$\left(\frac{a}{p}\right) = \begin{cases} 1, & a\text{가 } p\text{에 대한 이차 잉여인 경우} \\ -1, & a\text{가 } p\text{에 대한 이차 비잉여인 경우} \end{cases}$$

이 표기법은 약식으로, 주의할 점이 있습니다. 르장드르 기호는 'p로 나누는 것'이 아니라 $a \pmod{p}$의 제곱근이 있는지 여부를 빠르게 나타내는 방법입니다. 제곱근이 존재하는 경우 $\left(\frac{a}{p}\right) = 1$로 나타내고, 제곱근이 존재하지 않는 경우 $\left(\frac{a}{p}\right) = -1$로 나타냅니다.

앞 절의 [그림 7-5]에서 소수 $p = 7, 11, 13$에 대해 살펴본 결과를 르장드르 기호를 사용해 [그림 7-7]과 같이 나타낼 수 있습니다.

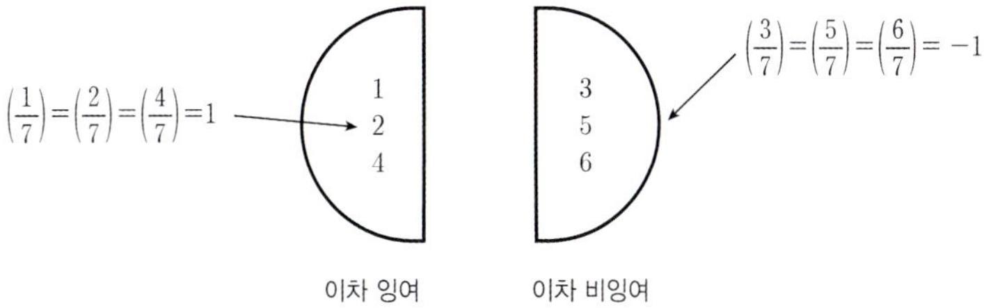

(a) $p = 7$인 경우

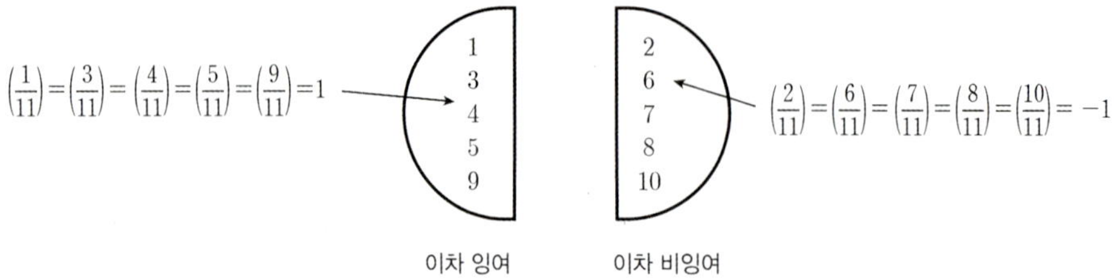

(b) $p=11$인 경우

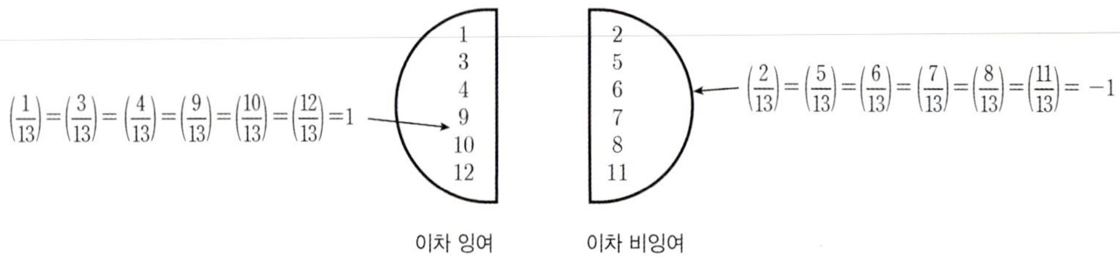

(c) $p=13$인 경우

[그림 7-7] 르장드르 기호를 사용한 표기

만약 $p \mid a$라면, 르장드르 기호는 정의되지 않습니다.

7.2.2 르장드르 기호의 성질

르장드르 기호와 관련하여 다음 결과를 얻을 수 있습니다.

> **명제 7-8**
>
> p가 홀수인 소수이고, a가 $p \nmid a$를 만족하는 정수이면 다음이 성립합니다.
>
> $$\left(\frac{a}{p}\right) \equiv a^{\frac{p-1}{2}} \pmod{p}$$

증명

오일러 판정법에 의해 "a는 p에 대한 이차 잉여 $\Leftrightarrow a^{\frac{p-1}{2}} \equiv 1 \pmod{p}$"임을 알고 있습니다. 따라서 르장드르 기호에 대한 [정의 7-7]에 의해 이차 잉여인 정수 a에 대하여 다음과 같이 쓸 수 있습니다.

$$\left(\frac{a}{p}\right) = 1 \equiv 1 \equiv a^{\frac{p-1}{2}} \pmod{p}$$

마찬가지로 a가 이차 비잉여이면, $\left(\frac{a}{p}\right) = -1 \equiv a^{\frac{p-1}{2}} \pmod{p}$입니다. ■

이제 다음으로 살펴볼 르장드르 기호의 성질이 주어진 정수가 홀수인 소수의 이차 잉여인지 여부를 결정하는 데 필요한 계산을 얼마나 줄이는지 확인해보겠습니다.

명제 7-9

p가 홀수인 소수이고, a, b는 $p \nmid a$, $p \nmid b$를 만족하는 정수라 할 때 다음이 성립합니다.

(a) $a \equiv b \pmod{p}$이면, $\left(\frac{a}{p}\right) = \left(\frac{b}{p}\right)$입니다.

(b) $\left(\frac{a^2}{p}\right) = 1$

(c) $\left(\frac{a \times b}{p}\right) = \left(\frac{a}{p}\right) \times \left(\frac{b}{p}\right)$ (승법적 성질)

증명

먼저 (a)에 대한 수치적인 예를 들어보겠습니다. $23 \equiv 2 \pmod{7}$입니다. [그림 7-7(a)]에서 2는 7에 대한 이차 잉여임을 알 수 있습니다. 그러므로 23도 7에 대한 이차 잉여입니다. $x^2 \equiv 2 \equiv 23 \pmod{7}$이 해를 가지기 때문입니다. 즉, $2 \pmod{7}$과 $23 \pmod{7}$의 제곱근이 모두 존재합니다. 따라서 르장드르 기호 $(2/7) = (23/7) = 1$입니다. 마찬가지로 $10 \equiv 3 \pmod{7}$이지만, [그림 7-7(b)]에 의해 3이 7에 대한 이차 비잉여이고 10도 7에 대한 이차 비잉여입니다. 따라서 $(3/7) = (10/7) = -1$입니다.

(a) $a \equiv b \pmod{p}$가 주어져 있으므로, '$x^2 \equiv a \pmod{p}$의 해가 존재 $\Leftrightarrow$ $x^2 \equiv b \pmod{p}$의 해가 존재'가 성립합니다. $x^2 \equiv a \equiv b \pmod{p}$이기 때문입니다. 그러므로 르장드르 기호는 $\left(\frac{a}{p}\right) = \left(\frac{b}{p}\right)$입니다($a \pmod{p}$와 $b \pmod{p}$의 제곱근이 모두 존재하거나 모두 존재하지 않습니다).

다음으로 (b)의 수치적인 예를 들어보겠습니다. $2^2 \equiv 4 \pmod{7}$이므로 $\left(\frac{4}{7}\right) = 1$입니다. $4 \pmod{7}$의 제곱근은 $\pm 2 \pmod{7}$입니다.

(b) $\left(\frac{a^2}{p}\right) = 1$임을 증명해야 합니다. 즉, $x^2 \equiv a^2 \pmod{p}$의 해가 존재함을 증명해야 합니다. 다음과 같은 [명제 3-14(b)]를 이용해봅시다.

$$a^2 \equiv b^2 \pmod{p} \quad \Leftrightarrow \quad a \equiv \pm b \pmod{p}$$

$x^2 \equiv a^2 \pmod{p}$의 해는 $x \equiv \pm a \pmod{p}$이므로 a^2은 p에 대한 이차 잉여입니다. 이는 르장드르 기호 $\left(\frac{a^2}{p}\right) = 1$을 의미합니다.

(c)의 수치적인 예는 다음과 같습니다(101은 소수).

$$\left(\frac{55}{101}\right) = \left(\frac{5\times 11}{101}\right) = \left(\frac{5}{101}\right)\times\left(\frac{11}{101}\right)$$

(c) 이번에는 $\left(\frac{a\times b}{p}\right) = \left(\frac{a}{p}\right)\times\left(\frac{b}{p}\right)$를 증명해야 합니다. [명제 7-8]에 의해 다음이 성립합니다.

$$\left(\frac{a\times b}{p}\right) \equiv (a\times b)^{\frac{p-1}{2}} \underbrace{\equiv}_{\text{지수법칙}} a^{\frac{p-1}{2}}\times b^{\frac{p-1}{2}} \equiv \left(\frac{a}{p}\right)\times\left(\frac{b}{p}\right) \pmod p$$

르장드르 기호의 [정의 7-7]에 의해 다음이 성립합니다.

$$\left(\frac{a\times b}{p}\right) \equiv \pm 1 \pmod p,\quad \left(\frac{a}{p}\right)\times\left(\frac{b}{p}\right) \equiv (\pm 1)\times(\pm 1) \equiv \pm 1 \pmod p$$

p가 홀수인 소수이므로, $\left(\frac{a\times b}{p}\right) = \left(\frac{a}{p}\right)\times\left(\frac{b}{p}\right)$입니다. ■

[명제 7-9]를 사용하여 주어진 정수가 홀수인 소수 p에 대한 이차 잉여인지 여부를 판별할 수 있습니다.

예제 7-6 다음의 정수가 주어진 소수에 대한 이차 잉여인지 판별해보세요.

(a) 소수 89에 대한 177

(b) 소수 79에 대한 48

풀이

(a) $177 \equiv 88 \equiv -1 \pmod{89}$입니다. 다음과 같은 [명제 7-9(a)]를 적용해봅시다.

> $a \equiv b \pmod p$이면, $\left(\frac{a}{p}\right) = \left(\frac{b}{p}\right)$입니다.

$a = 177,\ b = -1,\ p = 89$이므로, $\left(\frac{177}{89}\right) = \left(\frac{-1}{89}\right)$을 얻습니다. 이제 -1이 89에 대한 이차 잉여인지를 판별해야 합니다. -1을 판별하면 다음과 같습니다.

$$\begin{aligned}\left(\frac{-1}{89}\right) &\equiv (-1)^{\frac{89-1}{2}} \quad \left([\text{명제 7-8}]\text{에 의해, } \left(\frac{a}{p}\right) \equiv a^{\frac{p-1}{2}} \pmod p\right)\\ &\equiv (-1)^{44} \equiv 1 \pmod{89}\end{aligned}$$

$\left(\frac{-1}{89}\right) \equiv 1 \pmod{89}$이므로 -1은 89에 대한 이차 잉여입니다. 따라서 177 또한 89에 대한 이차 잉여입니다. 그러므로 $177 \pmod{89}$의 제곱근을 찾을 수 있습니다.

(b) 이 절을 시작할 때 $x^2 \equiv 48 \pmod{79}$를 풀 수 있을까에 대한 질문을 했습니다. 이제 이 물음에 답하고자 합니다. 정수 48은 $16 \times 3 = 4^2 \times 3 = 48$이므로 합성수입니다. 이번에는 승법적 성질인 다음의 [명제 7-8(c)]를 사용하겠습니다.

$$\left(\frac{a \times b}{p}\right) = \left(\frac{a}{p}\right) \times \left(\frac{b}{p}\right)$$

$a = 4^2$, $b = 3$, $p = 79$이므로 다음과 같이 계산할 수 있습니다.

$$\left(\frac{48}{79}\right) = \left(\frac{4^2 \times 3}{79}\right) = \left(\frac{4^2}{79}\right) \times \left(\frac{3}{79}\right) = \underbrace{1}_{\text{[명제 7-9(b)]}} \times \left(\frac{3}{79}\right) = \left(\frac{3}{79}\right) \qquad (*)$$

오일러 판정법을 사용하면 다음과 같습니다.

$$\left(\frac{3}{79}\right) \equiv 3^{\frac{79-1}{2}} \equiv 3^{39} \pmod{79}$$

작은 지수에 대해 3의 거듭제곱을 계산해봅시다.

$$3^4 \equiv 81 \equiv 2 \pmod{79}$$

$3^{39} \pmod{79}$의 최소의 양수 잉여를 구하기 위해 $3^4 \equiv 2 \pmod{79}$를 사용해봅시다.

$$\begin{aligned} 3^{39} &\equiv 3^{(4 \times 9) + 3} \equiv (3^4)^9 \times 3^3 && \text{(지수법칙)} \\ &\equiv 2^9 \times 27 && (3^4 \equiv 2 \pmod{79}\text{이므로}) \\ &\equiv 512 \times 27 \\ &\equiv 38 \times 27 \\ &\equiv 1026 \equiv 78 \equiv -1 \pmod{79} \end{aligned}$$

$3^{39} \equiv -1 \pmod{79}$이므로, 3은 79에 대한 이차 비잉여입니다. 그래서 $(3/79) = -1$입니다. 이 결과를 (*)에 대입해봅시다.

$$\left(\frac{48}{79}\right) = \left(\frac{3}{79}\right) = -1$$

르장드르 기호가 $(48/79) = -1$이므로, 48은 79에 대한 이차 비잉여입니다. [명제 7-9]가 $48^{\frac{79-1}{2}} \equiv 48^{39}$의 계산을 얼마나 더 쉽게 만들었는지 알 수 있습니다.

7.2.3 이차 잉여의 조합

QR을 이차 잉여, NR을 이차 비잉여라 합시다.

? 다음 곱에 대하여 무엇을 말할 수 있을까요?

$$QR \times QR,\ QR \times NR,\ NR \times NR$$

7.1절 [연습문제 11]에 의해 다음이 성립합니다.

$$QR \times QR = QR,\ QR \times NR = NR,\ NR \times NR = QR$$

르장드르 기호를 사용하여 이를 증명할 수 있습니다.

$$\begin{aligned} QR \times QR &= 1 \times 1 = 1 = QR \\ QR \times NR &= 1 \times (-1) = -1 = NR \\ NR \times NR &= (-1) \times (-1) = 1 = QR \end{aligned}$$

$p=7$에 대하여 $NR \times NR = QR$을 [그림 7-8]과 같이 나타낼 수 있습니다.

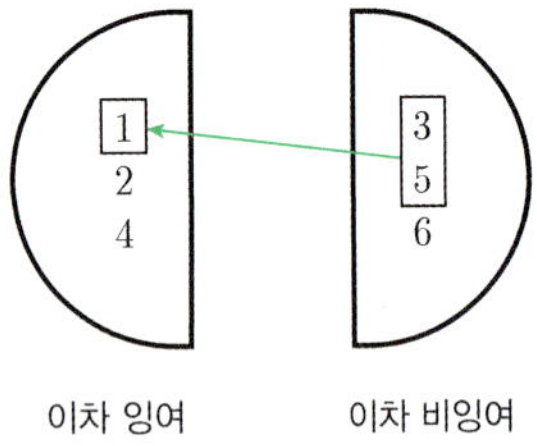

[그림 7-8] $p=7$에 대한 $NR \times NR = QR$

3과 5는 소수 7에 대한 이차 비잉여이지만, $3 \times 5 \equiv 15 \equiv 1 \pmod 7$이고 1은 7에 대한 이차 잉여입니다. 즉, $NR \times NR = QR$ 입니다.

7.2.4 $-1 \pmod p$의 제곱근

명백하게 1은 항상 홀수인 소수 p에 대한 이차 잉여입니다. 이는 $1 \pmod p$의 제곱근이 항상 존재함을 의미합니다.

명제 7-10

홀수인 소수 p에 대하여 $\left(\frac{1}{p}\right) = 1$입니다.

증명

'$x^2 \equiv 1 \Leftrightarrow x \equiv \pm 1 \pmod{p}$'이므로 $\left(\frac{1}{p}\right) = 1$입니다. ■

$-1 \pmod{p}$의 제곱근이 항상 존재할까요?

그렇지 않습니다. 다음 예제를 통해 이 결과는 소수 p에 따라 달라짐을 알 수 있습니다.

예제 7-7 -1이 다음의 소수에 대한 이차 잉여인지 판별해보세요.

(a) 89　　　　(b) 31

풀이

(a) [예제 7-6(a)]에서 $\left(\frac{-1}{89}\right) \equiv 1 \pmod{89}$임을 나타냈습니다. 그러므로 -1은 89에 대한 이차 잉여입니다.

(b) 르장드르 기호 $\left(\frac{-1}{31}\right)$을 계산해야 합니다. 어떻게 해야 할까요? 다음과 같은 [정리 7-5]의 오일러 판정법을 적용합니다.

$$a\text{는 } p\text{에 대한 이차 잉여} \Leftrightarrow a^{\frac{p-1}{2}} \equiv 1 \pmod{p}$$

$p = 31$, $a = -1$을 대입해봅시다.

$$a^{\frac{p-1}{2}} \equiv (-1)^{\frac{31-1}{2}} \equiv (-1)^{15} \equiv -1 \pmod{31}$$

그러므로 -1은 소수 31에 대한 이차 비잉여입니다.

따라서 $-1 \pmod{89}$의 제곱근은 있지만, $-1 \pmod{31}$의 제곱근은 없습니다. 즉, -1이 소수 p에 대한 이차 잉여일 수도 있고 아닐 수도 있습니다.

어떤 소수에 대하여 -1이 이차 잉여인지를 어떻게 판별할 수 있을까요?

7.1절 [연습문제 07]을 통해 다음 결과를 알 수 있습니다.

(a) a가 이차 잉여이면, $p-a$가 이차 잉여입니다. $\Leftrightarrow p \equiv 1 \pmod{4}$

(b) a가 이차 잉여이면, $p-a$가 이차 비잉여입니다. $\Leftrightarrow p \equiv 3 \pmod{4}$

$a=1$을 대입하면, $p-a \equiv p-1 \equiv -1 \pmod{p}$입니다. 따라서 다음이 성립합니다.

$$-1\text{이 } p\text{에 대한 이차 잉여} \iff p \equiv 1 \pmod{4}$$ (7.1절 [연습문제 06])

명제 7-11

p가 홀수인 소수일 때 다음이 성립합니다.

$$\left(\frac{-1}{p}\right) = \begin{cases} 1, & p \equiv 1 \pmod{4}\text{인 경우} \\ -1, & p \equiv 3 \pmod{4}\text{인 경우} \end{cases}$$

-1이 홀수인 소수 p에 대한 이차 잉여이려면 $\frac{p-1}{2}$이 짝수여야 합니다. 왜냐하면 $(-1)^{\frac{p-1}{2}}$은 1이 되어야 하기 때문입니다. $p \equiv 1 \pmod{4}$는 $p-1=4k$를 의미하므로 $\frac{p-1}{2} = \frac{4k}{2} = 2k$입니다. 따라서 $\frac{p-1}{2}$은 짝수입니다.

증명

7.1절 [연습문제 07]의 결과에 $a=1$을 대입합니다. ■

[명제 7-11]은 -1이 $p \equiv 1 \pmod{4}$ 형태의 소수 p에 대해서는 이차 잉여이지만, $p \equiv 3 \pmod{4}$에 대해서는 이차 잉여가 아님을 의미합니다.

예제 7-8 **-1이 다음 소수에 대한 이차 잉여인지 판별해보세요.**

(a) 1000000000061 (b) 1000000000063

풀이

각 경우에 대하여 [명제 7-11]의 결과를 적용합니다.

(a) $1000000000061 \equiv 1 \pmod{4}$이므로, 르장드르 기호는 다음과 같습니다.

$$\left(\frac{-1}{1000000000061}\right) = 1$$

그러므로 -1은 1000000000061에 대한 이차 잉여입니다.

(b) $1000000000063 \equiv 3 \pmod{4}$이므로, 르장드르 기호는 다음과 같습니다.

$$\left(\frac{-1}{1000000000063}\right) = -1$$

그러므로 -1은 1000000000063에 대한 이차 비잉여입니다.

7.2.5 인수분해

[명제 7-11]의 식은 무엇을 의미할까요?

이차합동식 $x^2 \equiv -1 \pmod{p}$가 해를 가질 필요충분조건은 홀수인 소수 p가 $p \equiv 1 \pmod{4}$를 만족하는 것임을 의미합니다. 합동식의 정의를 사용하면 다음과 같습니다.

$$x^2 \equiv -1 \pmod{p} \quad \Leftrightarrow \quad \text{정수 } m\text{에 대하여, } x^2+1 = mp$$

이 장의 시작 부분에서 이야기한 바와 같이, 이 개념을 사용하여 x^2+1 형태의 수를 인수분해할 수 있습니다. 몇몇 x^2+1 형태의 수에 대하여 인수분해를 해보겠습니다.

x	x^2+1	x^2+1의 인수분해	x^2+1의 홀수 소인수 p
1	2	2	없음
2	5	5	5
3	10	2×5	5
4	17	17	17
5	26	2×13	13
6	37	37	37
7	50	2×5^2	5
8	65	5×13	5, 13
9	82	2×41	41
10	101	101	101
11	122	2×61	61
12	145	5×29	5, 29
13	170	$2\times5\times17$	5, 17
14	197	197	197
15	226	2×113	113

마지막 열에서 x^2+1의 모든 홀수 소인수는 $p \equiv 1 \pmod{4}$를 만족합니다.

$$5 \equiv 13 \equiv 17 \equiv 29 \equiv 37 \equiv 41 \equiv 61 \equiv 101 \equiv 113 \equiv 197 \equiv 1 \pmod{4}$$

$x^2+1 \equiv 0 \pmod{p}$를 만족하는 해 x가 존재하는 경우, 즉 $p \mid x^2+1$이면 $p \equiv 1 \pmod{4}$입니다. 따라서 x^2+1과 같은 형태의 정수를 인수분해할 경우, x^2+1의 홀수 소인수 p는 $p \equiv 1 \pmod{4}$를 만족합니다. 예를 들어 $26^2+1=677$을 인수분해하면 $26^2+1=677$의 모든 홀수 소인수 p가 $p \equiv 1 \pmod{4}$를 만족함을 알고 있습니다. 실제로 677은 소수이고 $677 \equiv 1 \pmod{4}$입니다.

예제 7-9 $46^2+1=2117$을 인수분해해보세요.

풀이

앞에서 살펴본 내용에 따라 $46^2+1=2117$의 홀수 소인수 p는 $p \equiv 1 \pmod 4$를 만족합니다. 먼저 홀수인 소수 몇 개로 시도해봅시다. 명백하게 5는 2117의 인수가 아닙니다. 7, 11에 대해서는 시도할 필요가 없습니다. 왜냐하면 $7 \not\equiv 1 \pmod 4$, $11 \not\equiv 1 \pmod 4$이기 때문입니다.

$13 \equiv 1 \pmod 4$입니다. 그렇다면 소수 13은 어떨까요?

$$\frac{2117}{13} = 162.846\cdots$$

따라서 13은 2117의 인수가 아닙니다. 이어서 $p \equiv 1 \pmod 4$를 만족하는 소수인 17, 29, 37, 41을 선택하여 계산하면 다음을 알 수 있습니다.

$$\frac{2117}{29} = 73$$

73도 소수이고 $73 \equiv 1 \pmod 4$이므로 $2117 = 29 \times 73$입니다.

$\lfloor \sqrt{46^2+1} \rfloor = 46$보다 작은 소수는 14개 있습니다. 하지만 46 이하의 $1 \pmod 4$와 합동인 소수는 6개뿐이므로, $46^2+1=2117$의 인수를 찾는다면 이 6개의 소수에 대해서만 확인하면 됩니다. [예제 7-9]를 통해, x^2+1과 같은 형태의 정수인 소인수를 찾는다면 $p \equiv 1 \pmod 4$를 만족하는 홀수인 소수 p에 대해서만 시도하면 된다는 것을 알 수 있습니다.

7.2.6 공식의 적용

예제 7-10 63이 13에 대한 이차 잉여인지 판별해보세요.

풀이

$63 \equiv -2 \pmod{13}$임을 알고 있습니다. 따라서 다음과 같은 [명제 7-9(a)]를 적용할 수 있습니다.

> $a \equiv b \pmod p$이면, $\left(\frac{a}{p}\right) = \left(\frac{b}{p}\right)$입니다.

즉, $\left(\frac{63}{13}\right) = \left(\frac{-2}{13}\right)$입니다. -2를 $(-1) \times 2$로 나타낼 수 있으므로, 승법적 성질인 [명제 7-9(c)]에 의해 다음과 같이 쓸 수 있습니다.

$$\left(\frac{63}{13}\right)=\left(\frac{-2}{13}\right)=\left(\frac{-1}{13}\right)\times\left(\frac{2}{13}\right) \qquad (\dagger)$$

[그림 7-7(c)]에 의해, 르장드르 기호는 $\left(\frac{2}{13}\right) = -1$입니다. 2가 13에 대한 이차 비잉여이기 때문입니다. $13 \equiv 1 \pmod 4$이므로 다음과 같은 [명제 7-11]을 적용할 수 있습니다.

$$\left(\frac{-1}{p}\right)=\begin{cases} 1, & p \equiv 1 \pmod 4 \text{인 경우} \\ -1, & p \equiv 3 \pmod 4 \text{인 경우} \end{cases}$$

즉, $\left(\frac{-1}{13}\right) = 1$입니다. $\left(\frac{-1}{13}\right) = 1$, $\left(\frac{2}{13}\right) = -1$을 (†)에 대입해봅시다.

$$\left(\frac{63}{13}\right)=\left(\frac{-2}{13}\right)=\left(\frac{-1}{13}\right)\times\left(\frac{2}{13}\right)=1\times(-1)=-1$$

따라서 63은 13에 대한 이차 비잉여입니다($63 \pmod{13}$의 제곱근은 존재하지 않습니다).

핵심요약

- 르장드르 기호의 정의는 다음과 같습니다.

$$\left(\frac{a}{p}\right)=\begin{cases} 1, & a\text{가 } p\text{에 대한 이차 잉여인 경우} \\ -1, & a\text{가 } p\text{에 대한 이차 비잉여인 경우} \end{cases}$$

- 주어진 정수가 홀수인 소수에 대한 이차 잉여인지 여부를 판별하기 위해 르장드르 기호의 정의와 성질을 이용합니다.

7.2 연습문제

01. 다음 정수가 31에 대한 이차 잉여임을 보이세요.

(a) 35 (b) 71

(c) 56 (d) 94

(e) 47

02. 다음 정수가 47에 대한 이차 잉여인지 판별해 보세요.

(a) 46 (b) 95

(c) 90 (d) 58

(e) 90×58

03. 다음 정수를 인수분해해보세요.

(a) $18^2+1=325$

(b) $30^2+1=901$

(c) $53^2+1=2810$

(d) $60^2+1=3601$

(e) $24^2+1=577$

(f) $104^2+1=10817$

(g) $302^2+1=91205$

(h) $1014^2+1=1028197$

04. $p \nmid a$일 때 a^{2n}(n은 자연수)이 소수 p에 대한 이차 잉여임을 보이세요.

05. 홀수인 소수 p에 대하여, p가 정수 $a_1, a_2, a_3, \cdots, a_n$을 나누지 않는다고 할 때 다음을 증명해보세요. 이때 $\left(\frac{a}{p}\right)$는 르장드르 기호입니다.

$$\left(\frac{a_1}{p}\right)\times\left(\frac{a_2}{p}\right)\times\cdots\times\left(\frac{a_n}{p}\right)=\left(\frac{a_1\times a_2\times\cdots\times a_n}{p}\right)$$

06. a의 소인수분해를 $a=p_1^{k_1}\times p_2^{k_2}\times\cdots\times p_n^{k_n}$이라 하고 p를 $p\nmid a$인 소수라 할 때, 다음을 증명해보세요. 이때 $\left(\frac{m}{p}\right)$은 르장드르 기호입니다.

$$\left(\frac{a}{p}\right)=\left(\frac{p_1}{p}\right)^{k_1}\times\left(\frac{p_2}{p}\right)^{k_2}\times\cdots\times\left(\frac{p_n}{p}\right)^{k_n}$$

07. $p\equiv 1 \pmod 4$일 때, $\gcd(a,p)=1$이면 $a^{\frac{p-1}{2}}$은 p에 대한 이차 잉여임을 보이세요.

08. 홀수인 소수 p에 대하여 르장드르 기호 $\left(\frac{-1}{p}\right)=(-1)^{\frac{p-1}{2}}$임을 증명해보세요.

09. 다음 물음에 답해보세요.

(i) $p \mid (x^2+1)$이면, $p\equiv 1 \pmod 4$임을 증명해보세요.

(ii) 디리클레의 정리를 사용하지 않고 $4n+1$과 같은 형태의 소수가 무한하게 많이 존재함을 증명해보세요(2.3절 [연습문제 01(a)]에서 디리클레의 정리를 사용하여 증명한 문제입니다).

10. $\gcd(a,p)=\gcd(b,p)=1$일 때, 르장드르 기호 $\left(\frac{ab^2}{p}\right)=\left(\frac{a}{p}\right)$임을 증명해보세요.

11. p가 홀수인 소수이고 $\left(\frac{a}{p}\right)$가 르장드르 기호일 때, $\sum_{a=1}^{p-1}\left(\frac{a}{p}\right)=0$임을 증명해보세요.

12. r이 홀수인 소수 p의 원시근일 때, 다음 물음에 답해보세요.

(a) r^{2n}이 p에 대한 이차 잉여임을 보이세요.

(b) r^{2n+1}이 p에 대한 이차 비잉여임을 보이세요.

*(c) 원시근 r을 사용하여 $\frac{p-1}{2}$개의 이차 잉여와 $\frac{p-1}{2}$개의 이차 비잉여가 존재함을 보이세요.

13. 법 17의 원시근 3을 사용하여 소수 $p=17$에 대한 이차 잉여를 구해보세요. 그리고 이 결과를 활용하거나 다른 방법을 사용하여 $13 \pmod{17}$의 제곱근을 구해보세요.

***14.** 2가 소수 101의 원시근일 때, $14 \pmod{101}$의 제곱근을 구해보세요.

7.3 이차 상호

학습목표

- 가우스의 보조정리를 이해하고 사용할 수 있습니다.
- 임의의 소수에 대하여 2가 이차 잉여인지 판별할 수 있습니다.
- 정수가 이차 잉여인지 판별하기 위해 이차 상호 법칙을 사용할 수 있습니다.

이차합동식 $x^2 \equiv 713 \pmod{4831}$의 해가 존재하는지 여부를 어떻게 판별할 수 있을까요?

르장드르 기호 $\left(\frac{713}{4831}\right) \equiv 713^{\frac{4831-1}{2}} \equiv 713^{2415} \pmod{4831}$을 계산해야 합니다. 이 계산은 르장드르 기호의 성질을 사용해도 상당히 지루할 겁니다. [예제 7-18]에서 정수론의 강력한 결과 중 하나인 이차 상호 법칙(LQR)을 사용해 이 르장드르 기호를 계산하겠습니다.

7.3.1 가우스의 보조정리

가우스의 보조정리를 형식적으로 설명하는 대신 직관적인 이해를 돕기 위해 몇 가지 예를 들어보겠습니다. 가우스의 보조정리는 음수 잉여를 계산하여 주어진 정수가 홀수인 소수에 대한 이차 잉여인지를 결정하는 데 도움을 줍니다. [예제 7-11]을 살펴봅시다.

예제 7-11 7이 11에 대한 이차 잉여인지 판별해보세요.

풀이

작은 수들이라 7이 11에 대한 이차 잉여인지 판별하는 것은 어렵지 않습니다. 다음과 같은 [정리 7-5]의 오일러 판정법을 사용해봅시다.

$$a\text{는 } p\text{에 대한 이차 잉여} \iff a^{\frac{p-1}{2}} \equiv 1 \pmod{p}$$

$a=7,\ p=11$이라 하면, 다음 식에서 최소의 양수 잉여 x를 찾아야 합니다.

$$7^{\frac{11-1}{2}} \equiv 7^5 \equiv x \pmod{11}$$

일반적으로 오일러 판정법의 난도는 $7^5 \pmod{11}$을 계산하는 정도입니다. 5는 큰 지수가 아니므로 어렵지 않습니다. 그러나 일반적으로는 x를 찾는 쉬운 방법이 없기 때문에, 이 문제를 다른 방법으로 다뤄보겠습니다.

$a=7$이고 b는 $\frac{11-1}{2}=5$개의 최소의 양의 정수 1, 2, 3, 4, 5라고 합시다. 각 b에 7을 곱하면 다음과 같습니다.

b	1	2	3	4	5
$7\times b\,(\bmod 11)$	7	$14\equiv 3$	$21\equiv 10$	$28\equiv 6$	$35\equiv 2$

$\frac{p-1}{2}=\frac{11-1}{2}=5$보다 큰 최소의 양수 잉여의 곱들은 음수 잉여로 다음과 같이 나타낼 수 있습니다.

$7\times b\,(\bmod 11)$	$7\equiv -4$	3	$10\equiv -1$	$6\equiv -5$	2

이들의 곱을 써봅시다.

$$(7\cdot 1)\cdot(7\cdot 2)\cdot(7\cdot 3)\cdot(7\cdot 4)\cdot(7\cdot 5)\equiv(-4)\cdot 3\cdot(-1)\cdot(-5)\cdot 2$$

$$7^5\cdot\underbrace{(1\cdot 2\cdot 3\cdot 4\cdot 5)}_{=5!}\equiv(-1)^3\underbrace{(1\cdot 2\cdot 3\cdot 4\cdot 5)}_{=5!}$$ (마이너스 부호가 3개이므로)

$$7^5\equiv(-1)^3\,(\bmod 11)$$ ($11\nmid 5!$이므로 $5!$을 소거)

$7^5\equiv(-1)^3\equiv -1\,(\bmod 11)$입니다. 오일러 판정법에 의해 7이 11에 대한 이차 비잉여임을 알 수 있습니다.

이 예제는 7이 11에 대한 이차 잉여인지 확인하려면, 11에 대한 최소의 양수 잉여의 앞부분 절반과 7을 곱한 결과의 잉여를 계산하면 된다는 것을 보여줍니다. 곱 $7\times b$ 중에서 음수 잉여의 개수에 따라 이차 잉여인지 여부가 결정됩니다.

? 이 곱에서 음수의 개수를 어떻게 계산할까요?

절반인 $\frac{11-1}{2}=5$보다 크면서, 0이 아닌 최소의 잉여는 6, 7, 8, 9, 10 $(\bmod 11)$입니다. 이들을 다음과 같이 각각 음수 잉여로 나타낼 수 있습니다.

$$6\equiv -5,\ 7\equiv -4,\ 8\equiv -3,\ 9\equiv -2,\ 10\equiv -1\,(\bmod 11)$$

[예제 7-11]에서 $(p-1)/2$보다 큰 곱의 잉여를 음수 잉여로 나타냈습니다.

? $p=17$에 대하여 $(p-1)/2$보다 큰 0이 아닌 잉여는 몇 개일까요?

$(17-1)/2=8$개입니다. 이를 다음과 같이 음수 잉여로 나타낼 수 있습니다.

$$9\equiv -8,\quad 10\equiv -7,\quad 11\equiv -6,\quad 12\equiv -5,\quad 13\equiv -4,$$
$$14\equiv -3,\quad 15\equiv -2,\quad 16\equiv -1\pmod{17}$$

일반적으로 [그림 7-9]와 같이 나타낼 수 있습니다.

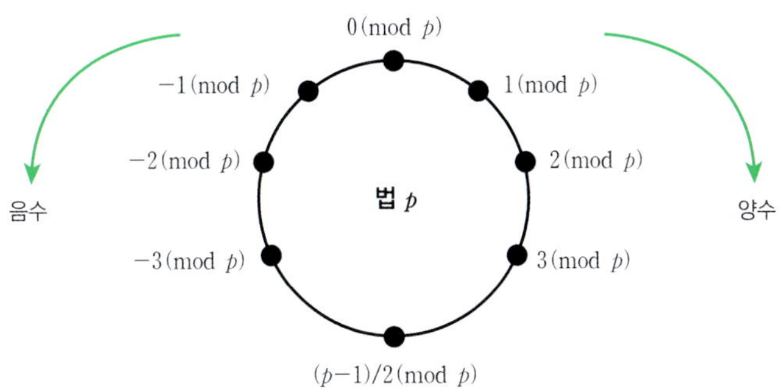

[그림 7-9] 법 p 시계

[예제 7-11]에서 $7^{\frac{11-1}{2}}\pmod{11}$에 대한 계산을 의미하는 오일러 판정법을 사용했습니다. 이것이 1에서 10까지의 전체가 아닌, 1에서 $\frac{1}{2}(11-1)=5$까지의 수에 7을 곱한 것을 찾은 이유입니다. 최소의 양수 잉여의 앞부분 절반만 사용했습니다. 따라서 곱에 대한 음수 잉여의 개수를 구하기 위해 절반인 $\frac{p-1}{2}$보다 큰 잉여들을 음수 잉여로 나타냅니다.

다음 [예제 7-12]는 이 개념을 명확히 정리하는 데 도움이 됩니다.

예제 7-12 2가 17에 대한 이차 잉여인지 판별해보세요.

풀이

잉여의 앞부분 절반인 1에서 $\frac{17-1}{2}=8$까지, 즉 1, 2, 3, 4, 5, 6, 7, 8로 시작합니다. 이 값들을 다음과 같이 표로 나타낼 수 있습니다.

b	1	2	3	4	5	6	7	8
$2\times b\pmod{17}$	2	4	6	8	$10\equiv -7$	$12\equiv -5$	$14\equiv -3$	$16\equiv -1$

8보다 큰 곱의 잉여는 모두 음수 잉여로 나타낼 수 있습니다.

$2\times b$들을 곱하면 다음과 같습니다.

$$\begin{aligned}(2\times1)\times(2\times2)\times(2\times3)\times(2\times4)\times(2\times5)\times(2\times6)\times(2\times7)\times(2\times8)&\\ \equiv 2\times4\times6\times8\times(-7)\times(-5)\times(-3)\times(-1)&\\ 2^8(1\times2\times3\times4\times5\times6\times7\times8)\equiv(-1)^4(1\times2\times3\times4\times5\times6\times7\times8)&\\ 2^8 8!\equiv(-1)^4 8!&\\ 2^8\equiv(-1)^4 \pmod{17}&\end{aligned}$$

$2^8\equiv(-1)^4\equiv1\pmod{17}$입니다. 따라서 오일러 판정법에 의해 2는 17에 대한 이차 잉여입니다.

[예제 7-11]과 [예제 7-12]를 보면, 곱의 결과가 음수 잉여의 개수인 g에 대하여 $(-1)^g$였습니다. 이는 우연이 아닙니다. g가 짝수이면 정수는 이차 잉여가 될 것이라 추론할 수 있고, 홀수이면 이차 비잉여가 될 것이라 추론할 수 있습니다. 가우스의 보조정리를 증명하려면 다음과 같은 보조정리가 필요합니다.

보조정리 7-12

p가 홀수인 소수이고 a가 $p\nmid a$인 정수일 때, 다음 잉여들은 서로 합동이 아닙니다.

$$a,\ 2a,\ 3a,\ \cdots,\ \left(\frac{p-1}{2}\right)a \pmod p$$

증명

주어진 목록에서 두 잉여가 다음과 같이 서로 합동이라고 가정해봅시다.

$$k,\ m\in\left\{1,\ 2,\ 3,\ \cdots,\ \frac{p-1}{2}\right\}\text{에 대하여, } ka\equiv ma\pmod p$$

$k=m$임을 증명해야 합니다. $k=m$이 ka와 ma가 같은 잉여임을 의미하기 때문입니다. $(k-m)a\equiv0\pmod p$입니다. 다음과 같은 [명제 3-14(a)]를 적용해봅시다.

$$xy\equiv0\pmod p \quad\Rightarrow\quad x\equiv0\pmod p \text{ 또는 } y\equiv0\pmod p$$

이를 $(k-m)a\equiv0\pmod p$에 적용하면, $(k-m)\equiv0\pmod p$ 또는 $a\equiv0\pmod p$입니다. 하지만 $p\nmid a$가 주어져 있어 $a\not\equiv0\pmod p$이므로 $(k-m)\equiv0\pmod p$입니다. $k,\ m\in k$, $m\in\left\{1,\ 2,\ 3,\ \cdots,\ \frac{p-1}{2}\right\}$이므로 $k-m=0$입니다. 즉, $k=m$입니다. 따라서 주어진 목록의 잉여들은 법 p에 대하여 서로 합동이 아닙니다. ■

보조정리 7-13

p가 홀수인 소수이고 a가 $p \nmid a$인 정수일 때, 다음이 성립합니다.

$$a,\ 2a,\ 3a,\ \cdots,\ \left(\frac{p-1}{2}\right)a \not\equiv 0 \pmod{p}$$

이 보조정리는 무엇을 의미할까요?

주어진 잉여들 중 어떤 것도 법 p에 대하여 0과 합동이 아니라는 의미입니다.

증명

7.3절 [연습문제 04]에서 증명합니다. ■

가우스의 보조정리는 정수론에서 중요한 결과입니다. 일반적으로 보조정리는 더 중요한 결과를 증명하기 위한 디딤돌로 사용되지만, 유클리드 및 가우스의 보조정리와 같은 일부 보조정리는 그 자체로 중요합니다.

보조정리 7-14 가우스의 보조정리(Gauss's lemma)

p가 홀수인 소수이고 a가 $p \nmid a$인 정수일 때, p에 대한 최소의 양수 잉여의 앞부분 절반과 a의 곱에 대한 집합을 생각해봅시다.

$$S = \left\{a,\ 2a,\ 3a,\ \cdots,\ \left(\frac{p-1}{2}\right)a\right\}$$

g를 이 목록에 있는 음수 잉여의 개수라고 합시다. 음수 잉여들은 $\frac{p-1}{2}$보다 큰 수들입니다. 이때 르장드르 기호 $\left(\frac{a}{p}\right) = (-1)^g$이 성립합니다.

증명

법 p에 대하여 다음과 같은 최소의 양수 잉여 $p-1$개를 생각해봅시다.

$$1,\ 2,\ 3,\ \cdots,\ \underbrace{p-3}_{\equiv -3 \pmod{p}},\ \underbrace{p-2}_{\equiv -2 \pmod{p}},\ \underbrace{p-1}_{\equiv -1 \pmod{p}}$$

이를 절반씩 두 부분으로 나눌 수 있습니다.

$$\underbrace{1,\ 2,\ 3,\ \cdots,\ \frac{p-1}{2}}_{\text{앞부분 } \frac{p-1}{2} \text{개의 잉여}},\ \underbrace{\frac{p-1}{2}+1 = \frac{p+1}{2},\ \cdots,\ -3,\ -2,\ -1}_{\text{뒷부분 } \frac{p-1}{2} \text{개의 잉여}} \qquad (*)$$

(*)에서 정수 $\frac{p+1}{2}$을 다음과 같이 음수 잉여로 나타낼 수 있습니다.

$$\frac{p+1}{2} \equiv p - \frac{p-1}{2} \equiv -\frac{p-1}{2} \pmod{p}$$

(*)에서 뒷부분 절반은 음수 잉여로, 다음과 같습니다.

$$\underbrace{1,\ 2,\ 3,\ \cdots,\ \frac{p-1}{2}}_{\text{앞부분 } \frac{p-1}{2} \text{개의 잉여}},\ \underbrace{-\frac{p-1}{2},\ \cdots,\ -3,\ -2,\ -1}_{\text{뒷부분 } \frac{p-1}{2} \text{개의 잉여}} \qquad (**)$$

이를 법 p 시계에 나타내면 다음과 같습니다.

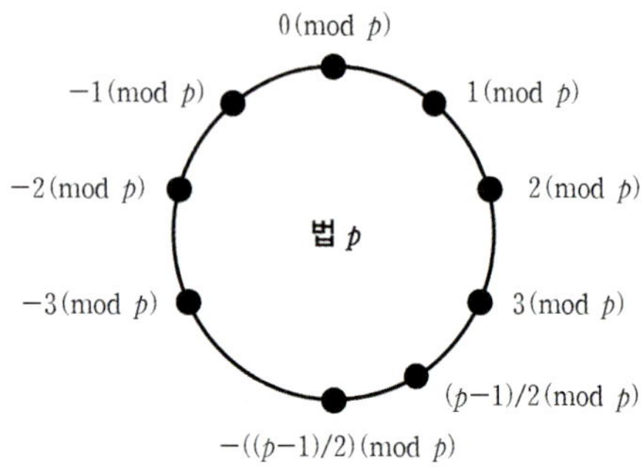

0 (mod$p$)는 목록 (**) 안에 없음을 기억합시다.

[그림 7-10] 법 p 시계

[보조정리 7-12]에 의해, 다음과 같이 주어진 집합의 잉여들은 서로 합동이 아닙니다.

$$S = \left\{a,\ 2a,\ 3a,\ \cdots,\ \left(\frac{p-1}{2}\right)a\right\} \pmod{p}$$

즉, S에 있는 잉여들 각각이 [그림 7-10]에 제시된 0이 아닌 잉여와 일대일로 합동입니다.

? 왜 그럴까요?

목록 (**)는 법 p에 대하여 0이 아닌 모든 잉여를 포함합니다. ka가 집합 S 안의 정수라면, (**)에 있는 정수로 나타낼 수 있으며 다음 집합의 원소로 쓸 수 있습니다.

$$\left\{-\frac{p-1}{2},\ \cdots,\ -3,\ -2,\ -1,\ 1,\ 2,\ 3,\ \cdots,\ \frac{p-1}{2}\right\}$$

$S = \left\{a,\ 2a,\ 3a,\ \cdots,\ \left(\frac{p-1}{2}\right)a\right\}$에 있는 $\frac{p-1}{2}$개의 잉여들을 모두 곱해봅시다.

$$(a\times 1)\times(a\times 2)\times(a\times 3)\times \cdots \times\left(a\times\frac{p-1}{2}\right)\equiv(-1)^g\left(1\times 2\times 3\times \cdots \times\frac{p-1}{2}\right)$$

(S에 음수 잉여가 g개 있음)

$$a^{\frac{p-1}{2}}\left(\frac{p-1}{2}\right)!\equiv(-1)^g\left(\frac{p-1}{2}\right)!$$

$$a^{\frac{p-1}{2}}\equiv(-1)^g \pmod{p} \qquad (\dagger)$$

다음과 같은 [명제 7-8]을 생각해봅시다.

$$\left(\frac{a}{p}\right)\equiv a^{\frac{p-1}{2}} \pmod{p}$$

($\dagger$)에 의해 다음과 같습니다.

$$\left(\frac{a}{p}\right)\equiv a^{\frac{p-1}{2}}\equiv(-1)^g \pmod{p}$$

p는 홀수인 소수이고 $(-1)^g$은 $+1$ 또는 -1이므로 $\left(\frac{a}{p}\right)=(-1)^g$입니다. 원하는 결과를 얻었습니다. ■

예제 7-13 가우스의 보조정리를 사용하여 $\left(\frac{2}{19}\right)$를 판별해보세요.

풀이

다음과 같은 가우스의 보조정리를 생각해봅시다.

$$\left(\frac{a}{p}\right)=(-1)^g,\ g\text{는 음수 잉여의 개수}$$

법 19에 대한 최소의 양수 잉여 중에서 앞부분 절반과 2를 곱하면 다음과 같습니다.

$$S=\left\{2\times 1,\ 2\times 2,\ 2\times 3,\ \cdots,\ 2\times\left(\frac{19-1}{2}\right)\right\}=\{2,\ 4,\ 6,\ 8,\ 10,\ 12,\ 14,\ 16,\ 18\} \pmod{19}$$

$\frac{p-1}{2}=\frac{19-1}{2}=9$보다 큰 잉여들을 음수 잉여로 작성하여, 집합 S를 동일한 개수의 절반으로 나눕니다. 그러면 집합 S를 다음과 같이 나타낼 수 있습니다.

$$S=\{2,\ 4,\ 6,\ 8,\ 10,\ 12,\ 14,\ 16,\ 18\}=\{2,\ 4,\ 6,\ 8,\ -9,\ -7,\ -5,\ -3,\ -1\} \pmod{19}$$

집합 S에는 5개의 음수 잉여가 존재합니다. 따라서 가우스의 보조정리에 의해 $\left(\frac{2}{19}\right) = (-1)^5 = -1$입니다. 르장드르 기호가 -1과 같으므로, 2는 법 19에 대한 이차 비잉여입니다.

[예제 7-13]에서 집합 S에는 $\frac{p-1}{2} = \frac{19-1}{2} = 9$개의 잉여가 있으며, 이들 중 5개가 음수, 4개가 양수였습니다. 가우스의 보조정리를 사용할 때는 양수 잉여의 개수는 신경 쓸 필요가 없습니다. 음수 잉여의 개수만 알면 됩니다.

예제 7-14 **가우스의 보조정리를 사용하여 $\left(\frac{2}{41}\right)$를 판별해보세요.**

풀이

2와 최소의 양수 잉여의 곱을 동일하게 절반으로 나눕니다. $\frac{p-1}{2} = \frac{41-1}{2} = 20$이 절반씩 나눌 때의 기준입니다. 이제 소수 41에 대하여 다음과 같이 쓸 수 있습니다.

$$\begin{aligned} S &= \{2, 4, 6, \cdots, 18, 20, 22, \cdots, 36, 38, 40\} \\ &= \{\underbrace{2, 4, 6, \cdots, 20,}_{\text{양수 잉여가 10개}} \underbrace{-19, -17, \cdots, -5, -3, -1}_{\text{음수 잉여가 10개}}\} \pmod{41} \end{aligned}$$

음수 잉여가 10개 존재하므로, 가우스의 보조정리에 의해 $\left(\frac{2}{41}\right) = (-1)^{10} = 1$입니다. 그러므로 2는 41에 대한 이차 잉여입니다. 즉, $2 \pmod{41}$은 제곱근을 가집니다.

7.3.2 2가 이차 잉여인지 확인하기

여기서는 정수 2가 법 소수에 대한 이차 잉여인지 확인해봅니다. 즉, $2 \pmod{p}$의 제곱근이 존재하도록 하는 소수를 찾아야 합니다.

명제 7-15

p가 홀수인 소수이면 다음이 성립합니다.

$$\left(\frac{2}{p}\right) = \begin{cases} 1, & p \equiv \pm 1 \pmod{8}\text{인 경우} \\ -1, & p \equiv \pm 3 \pmod{8}\text{인 경우} \end{cases}$$

? 이 명제는 무엇을 의미할까요?

$p\equiv\ \pm1\pmod 8$이면 2는 p에 대한 이차 잉여입니다. 이차합동식 $x^2\equiv 2\pmod p$가 해를 가질 필요충분조건은 홀수인 소수 p가 $p\equiv\ \pm1\pmod 8$을 만족하는 경우입니다. 합동식의 정의를 사용하면 다음과 같습니다.

$$x^2\equiv 2\pmod p \quad\Leftrightarrow\quad \text{정수 } m\text{에 대하여, } x^2-2=mp$$

이 결과는 정수 x^2-2의 어떤 홀수 소인수 p가 $p\equiv\ \pm1\pmod 8$을 만족함을 의미합니다. 이 개념을 사용하여 x^2-2 형태의 수를 인수분해할 수 있습니다. 몇몇 x^2-2 형태의 수에 대하여 인수분해를 해보겠습니다.

x	x^2-2	x^2-2의 인수분해	x^2-2의 홀수 소인수 p
1	-1	-1	없음
2	2	2	없음
3	7	7	7
4	14	2×7	7
5	23	23	23
6	34	2×17	17
7	47	47	47
8	62	2×31	31
9	79	79	79
10	98	2×7^2	7
11	119	7×17	7, 17
12	142	2×71	71
13	167	167	167
14	194	2×97	97
15	223	223	223

마지막 열에서 x^2-2의 모든 홀수 소인수는 다음과 같이 $p\equiv\ \pm1\pmod 8$을 만족합니다.

$$17\equiv97\equiv1\pmod 8,\ 7\equiv23\equiv31\equiv47\equiv71\equiv79\equiv167\equiv223\equiv\ -1\pmod 8$$

따라서 x^2-2 형태의 정수를 인수분해하고 싶다면, x^2-2의 홀수 소인수 p가 $p\equiv\ \pm1\pmod 8$을 만족한다는 점을 활용하면 됩니다. 예를 들어 $65^2-2=4223$을 인수분해할 때 $65^2-2=4223$의 모든 소인수 p가 $p\equiv\ \pm1\pmod 8$을 만족함을 알 수 있습니다. 다음 예제에서 이 수를 인수분해해보겠습니다.

예제 7-15 $65^2 - 2 = 4223$을 인수분해해보세요.

풀이

앞의 설명에 따르면 4223의 소인수 p는 $p \equiv \pm 1 \pmod 8$을 만족합니다. 이를 만족하는 처음 몇 개의 소수는 7, 17, 23, 31, 41, 47입니다. $\lfloor \sqrt{4223} \rfloor = 64$이므로 다른 소수에 대하여 확인할 필요가 없습니다.

7, 17, 23, 31, 41, 47은 $p \equiv \pm 1 \pmod 8$을 만족하는 64 미만의 소수입니다. 64보다 작은 소수는 18개이지만, 그중에서 이 6개만 확인하면 됩니다.

$\frac{4223}{41} = 103$이므로, 소수 41은 4223을 나눕니다. 즉, $4223 = 41 \times 103$입니다. 두 소수 41, 103은 법 8에 대하여 각각 1, -1과 합동입니다.

[명제 7-15]를 어떻게 증명할까요?

가우스의 보조정리를 적용하고, 다음을 만족하는 4개의 홀수인 소수 p를 생각해봅시다.

$$p \equiv \pm 1,\ \pm 3 \pmod 8$$

증명

[명제 7-15]를 증명해봅시다. p에 대한 최소 양수 잉여의 앞부분 절반과 2를 곱한 결과로 이루어진 집합을 생각해봅시다.

$$S = \left\{ 2 \times 1,\ 2 \times 2,\ 2 \times 3,\ \cdots,\ 2 \times \left(\frac{p-1}{2} \right) \right\} \pmod p$$

음수 잉여의 개수 g는 $\frac{p-1}{2}$보다 큰 수들의 개수입니다. 이를 정리하면 다음과 같습니다.

$$\begin{aligned} g &= (S \text{ 안의 잉여의 개수}) - (S \text{ 안의 양수 잉여의 개수}) \\ &= \frac{p-1}{2} - \left(2r < \frac{p}{2} \text{를 만족하는 잉여 } r \text{의 개수} \right) \\ &= \frac{p-1}{2} - \left(r < \frac{p}{4} \text{를 만족하는 잉여 } r \text{의 개수} \right) = \frac{p-1}{2} - \left\lfloor \frac{p}{4} \right\rfloor \end{aligned}$$

(⌊ ⌋는 바닥함수)

그러므로 $g = \frac{p-1}{2} - \left\lfloor \frac{p}{4} \right\rfloor$는 집합 S의 음수 잉여의 개수입니다. 가우스의 보조정리에 의해 $\left(\frac{2}{p} \right) = (-1)^g$입니다.

(ⅰ) $p \equiv 1 \pmod 8$이면, p는 8의 배수보다 1만큼 큽니다. 따라서 양의 정수 k에 대하여 $p = 8k+1$입니다. 이 결과를 위의 g에 대입하면 다음과 같습니다.

$$g = \frac{p-1}{2} - \left\lfloor \frac{p}{4} \right\rfloor = \frac{8k+1-1}{2} - \left\lfloor \frac{8k+1}{4} \right\rfloor$$
$$= \frac{8k}{2} - \left\lfloor 2k + \frac{1}{4} \right\rfloor = 4k - 2k = 2k$$

(ⅱ) $p \equiv -1 \pmod 8$이면, $p = 8k-1$입니다. 이를 위의 g에 대입하면 다음과 같습니다.

$$g = \frac{p-1}{2} - \left\lfloor \frac{p}{4} \right\rfloor = \frac{8k-1-1}{2} - \left\lfloor \frac{8k-1}{4} \right\rfloor$$
$$= \frac{8k}{2} - \frac{2}{2} - \left\lfloor 2k - \frac{1}{4} \right\rfloor = 4k - 1 - (2k-1) = 2k$$

(ⅰ)과 (ⅱ)의 경우를 합치면 $p \equiv \pm 1 \pmod 8$일 때 $g = 2k$, 즉 짝수입니다. 그러므로 $\left(\frac{2}{p}\right) = (-1)^g = (-1)^{2k} = 1$입니다. 따라서 2는 $p \equiv \pm 1 \pmod 8$인 경우에 이차 잉여입니다.

(ⅲ) $p \equiv 3 \pmod 8$이면 $p = 8k+3$입니다. 이를 위의 g에 대입하면 다음과 같습니다.

$$g = \frac{p-1}{2} - \left\lfloor \frac{p}{4} \right\rfloor = \frac{8k+3-1}{2} - \left\lfloor \frac{8k+3}{4} \right\rfloor$$
$$= \frac{8k}{2} + \frac{2}{2} - \left\lfloor 2k + \frac{3}{4} \right\rfloor = 4k + 1 - (2k) = 2k+1$$

(ⅳ) $p \equiv -3 \pmod 8$이면 $p = 8k-3$입니다. 이를 위의 g에 대입하면 다음과 같습니다.

$$g = \frac{p-1}{2} - \left\lfloor \frac{p}{4} \right\rfloor = \frac{8k-3-1}{2} - \left\lfloor \frac{8k-3}{4} \right\rfloor$$
$$= \frac{8k}{2} - \frac{4}{2} - \left\lfloor 2k - \frac{3}{4} \right\rfloor = 4k - 2 - (2k-1) = 2k-1$$

(ⅲ)과 (ⅳ)의 경우를 합치면 $p \equiv \pm 3 \pmod 8$일 때 $g = 2k \pm 1$이므로 홀수입니다. 그러므로 $\left(\frac{2}{p}\right) = (-1)^g = (-1)^{2k \pm 1} = -1$입니다. 따라서 2는 $p \equiv \pm 3 \pmod 8$인 경우에 이차 비잉여입니다. ■

7.3.3 이차 상호 법칙

이번에 다룰 주제는 정수론에서 매우 중요하고 강력한 결과 중 하나입니다. 이 결과에 대한 증명은 다음 절에서 진행합니다.

정리 7-16 이차 상호 법칙(LQR ; Law of Quadratic Reciprocity)

p, q를 서로 다른 홀수인 소수라 하면 다음이 성립합니다.

$$\left(\frac{p}{q}\right)\times\left(\frac{q}{p}\right)=(-1)^{\left(\frac{p-1}{2}\right)\times\left(\frac{q-1}{2}\right)}$$

증명

다음 절에서 증명합니다. ■

이차 상호 법칙을 사용하여 다음과 같은 유용한 결과를 얻을 수 있습니다.

따름정리 7-17

p, q를 서로 다른 홀수인 소수라 하면 다음이 성립합니다.

$$\left(\frac{p}{q}\right)=\begin{cases}(q/p), & p\equiv 1\pmod 4 \text{ 또는 } q\equiv 1\pmod 4\text{인 경우}\\ -(q/p), & p\equiv 3\pmod 4\text{이고 } q\equiv 3\pmod 4\text{인 경우}\end{cases}$$

증명

다음 절에서 증명합니다. ■

주어진 정수가 홀수인 소수 p에 대한 이차 잉여인지 확인하기 위해 이 결과를 사용합니다. 예를 들어 다음과 같습니다.

$$\left(\frac{5}{31}\right)=\left(\frac{31}{5}\right) \quad (5\equiv 1\pmod 4\text{이므로})$$

$$\left(\frac{7}{31}\right)=-\left(\frac{31}{7}\right) \quad (7\equiv 31\equiv 3\pmod 4\text{이므로})$$

이 따름정리는 보통 다음과 같은 [명제 7-9]의 르장드르 기호의 성질과 함께 사용됩니다.

(a) $a\equiv b\pmod p$이면, $\left(\frac{a}{p}\right)=\left(\frac{b}{p}\right)$입니다.

(b) $\left(\frac{a^2}{p}\right)=1$

(c) $\left(\frac{a\times b}{p}\right)=\left(\frac{a}{p}\right)\times\left(\frac{b}{p}\right)$

예제 7-16 소수 61에 대하여 $\left(\frac{101}{61}\right)$을 판별해보세요.

풀이

오일러 판정법을 사용한다면, 다음을 계산해야 합니다.

$$101^{\frac{61-1}{2}} \equiv 101^{30} \pmod{61}$$

$101^{30} \equiv \pm 1 \pmod{61}$인지 확인하는 것은 상당히 힘든 작업입니다. [따름정리 7-17]과 르장드르 기호의 성질을 사용하는 것이 훨씬 쉽습니다.

$101 \equiv 40 \pmod{61}$이고 $40 = 2^3 \times 5$이므로 [명제 7-9]에 의해 다음과 같이 쓸 수 있습니다.

$$\left(\frac{101}{61}\right) = \left(\frac{40}{61}\right) = \left(\frac{2^3 \times 5}{61}\right) = \left(\frac{2^2 \times 2 \times 5}{61}\right)$$

$$= \underbrace{\left(\frac{2^2}{61}\right)}_{=1\ (2^2\text{이 이차 잉여이므로})} \times \left(\frac{2}{61}\right) \times \left(\frac{5}{61}\right) = \left(\frac{2}{61}\right) \times \left(\frac{5}{61}\right) \qquad (\dagger)$$

$\left(\frac{2}{61}\right)$를 계산하기 위해 다음과 같은 [명제 7-15]를 사용합니다.

$$\left(\frac{2}{p}\right) = \begin{cases} 1, & p \equiv \pm 1 \pmod 8\text{인 경우} \\ -1, & p \equiv \pm 3 \pmod 8\text{인 경우} \end{cases}$$

$p = 61 \equiv 5 \equiv -3 \pmod 8$이므로 $\left(\frac{2}{61}\right) = -1$입니다.

(†) 안의 다른 르장드르 기호인 $\left(\frac{5}{61}\right)$를 계산하기 위해 [따름정리 7-17]을 사용하면 다음과 같습니다.

$$\left(\frac{5}{61}\right) = \left(\frac{61}{5}\right) = \left(\frac{1}{5}\right) = 1$$

(p 또는 $q \equiv 1 \pmod 4$이면 $(p/q) = (q/p)$이고, $61 \equiv 1 \pmod 5$이므로)

$\left(\frac{2}{61}\right) = -1$, $\left(\frac{5}{61}\right) = 1$을 (†)에 대입합시다.

$$\left(\frac{101}{61}\right) = \left(\frac{2}{61}\right) \times \left(\frac{5}{61}\right) = (-1) \times 1 = -1$$

$\left(\frac{101}{61}\right) = -1$이므로 101은 61에 대한 이차 비잉여입니다. 따라서 $101 \pmod{61}$의 제곱근은 존재하지 않습니다.

예제 7-17 15가 소수 173에 대한 이차 잉여임을 보이세요.

풀이

르장드르 기호가 $\left(\frac{15}{173}\right)=1$임을 보여야 합니다. $15=3\times5$이므로 다음과 같이 쓸 수 있습니다.

$$\left(\frac{3\times5}{173}\right)=\left(\frac{3}{173}\right)\times\left(\frac{5}{173}\right) \qquad (*)$$

먼저 르장드르 기호 $\left(\frac{15}{173}\right)$를 계산해봅시다. $5\equiv1\pmod 4$이므로 이번에도 [따름정리 7-17]의 공식을 적용합니다.

$$\begin{aligned}\left(\frac{5}{173}\right)=\left(\frac{173}{5}\right)&=\left(\frac{3}{5}\right) && (p \text{ 또는 } q\equiv1\ (\text{mod}4)\text{이면 } (p/q)=(q/p)\text{이고, } 173\equiv3\ (\text{mod}5)\text{이므로})\\ &=\left(\frac{5}{3}\right) && (5\equiv1\ (\text{mod}4)\text{이므로})\\ &=\left(\frac{2}{3}\right) && (5\equiv2\ (\text{mod}3)\text{이므로})\end{aligned}$$

이제 다음과 같은 [명제 7-15]를 적용해봅시다.

$$\left(\frac{2}{p}\right)=\begin{cases}1, & p\equiv\ \pm1\pmod 8\text{인 경우}\\ -1, & p\equiv\ \pm3\pmod 8\text{인 경우}\end{cases}$$

$3\equiv3\pmod 8$이므로 $\left(\frac{2}{3}\right)=\ -1$입니다. 즉, $\left(\frac{5}{173}\right)=\left(\frac{2}{3}\right)=\ -1$입니다.

(*) 안의 $\left(\frac{3}{173}\right)$도 계산해야 합니다.

$$\begin{aligned}\left(\frac{3}{173}\right)=\left(\frac{173}{3}\right)=\left(\frac{2}{3}\right)& && (p \text{ 또는 } q\equiv1\ (\text{mod}4)\text{이면 } (p/q)=(q/p)\text{이고, } 173\equiv1\ (\text{mod}4),\ 173\equiv2\ (\text{mod}3)\text{이므로})\\ =\ -1& && (\text{앞의 결과로부터})\end{aligned}$$

계산 결과인 $\left(\frac{5}{173}\right)=\ -1,\left(\frac{3}{173}\right)=\ -1$을 (*)에 대입해봅시다.

$$\left(\frac{15}{173}\right)=\left(\frac{3}{173}\right)\times\left(\frac{5}{173}\right)=(-1)\times(-1)=1$$

그러므로 15는 173에 대한 이차 잉여입니다(이때 5와 3은 173에 대한 이차 비잉여임을 기억합시다).

이제 이 장의 초반부에서 언급했던 $x^2\equiv713\pmod{4831}$이 해를 갖는지 판별해봅시다.

예제 7-18 소수 4831에 대하여 르장드르 기호 $\left(\frac{713}{4831}\right)$을 판별해보세요.

힌트 $713 = 23 \times 31$

풀이

주어진 힌트와 르장드르 기호의 승법적 성질에 의해 다음과 같이 쓸 수 있습니다.

$$\left(\frac{713}{4831}\right) = \left(\frac{23 \times 31}{4831}\right) = \left(\frac{23}{4831}\right) \times \left(\frac{31}{4831}\right) \qquad (*)$$

우변의 르장드르 기호를 각각 계산해봅시다. 먼저 $\left(\frac{23}{4831}\right)$을 계산해보겠습니다.

$$\begin{aligned} \left(\frac{23}{4831}\right) &= -\left(\frac{4831}{23}\right) && \text{([따름정리 7-17] 적용 : } 23 \equiv 4831 \equiv 3 \pmod 4 \text{이므로, } p \equiv q \equiv 3 \pmod 4 \text{이면 } \left(\tfrac{p}{q}\right) = -\left(\tfrac{q}{p}\right) \text{가 성립)} \\ &= -\left(\frac{1}{23}\right) && (4831 \equiv 1 \pmod{23} \text{이므로}) \\ &= -1 && \text{(1은 항상 이차 잉여이므로)} \end{aligned}$$

다른 르장드르 기호 $\left(\frac{31}{4831}\right)$을 계산해보겠습니다.

$$\begin{aligned} \left(\frac{31}{4831}\right) &= -\left(\frac{4831}{31}\right) && \text{([따름정리 7-17] 적용 : } 31 \equiv 4831 \equiv 3 \pmod 4 \text{이므로, } p \equiv q \equiv 3 \pmod 4 \text{이면 } \left(\tfrac{p}{q}\right) = -\left(\tfrac{q}{p}\right) \text{가 성립)} \\ &= -\left(\frac{26}{31}\right) && (4831 \equiv 26 \pmod{31} \text{이므로}) \\ &= -\left(\frac{2 \times 13}{31}\right) = -\left(\frac{2}{31}\right) \times \left(\frac{13}{31}\right) && (\dagger) \end{aligned}$$

$p = 31 \equiv -1 \pmod 8$이므로 다음과 같은 [명제 7-15]를 적용할 수 있습니다.

$$\left(\frac{2}{p}\right) = \begin{cases} 1, & p \equiv \pm 1 \pmod 8 \text{인 경우} \\ -1, & p \equiv \pm 3 \pmod 8 \text{인 경우} \end{cases}$$

따라서 $\left(\frac{2}{31}\right) = 1$임을 알 수 있습니다. ($\dagger$)의 우변에 있는 다른 르장드르 기호를 계산해봅시다.

$$\begin{aligned} \left(\frac{13}{31}\right) &= \left(\frac{31}{13}\right) && \text{([따름정리 7-17] 적용 : } p \text{ 또는 } q \equiv 1 \pmod 4 \text{이면 } (p/q) = (q/p) \text{이고, } 13 \equiv 1 \pmod 4 \text{이므로)} \\ &= \left(\frac{5}{13}\right) && (31 \equiv 5 \pmod{13} \text{이므로}) \\ &= \left(\frac{13}{5}\right) && \text{([따름정리 7-17]에 의해)} \end{aligned}$$

$$= \left(\frac{3}{5}\right) \quad (13 \equiv 3 \pmod 5)\text{이므로})$$

$$= \left(\frac{5}{3}\right) \quad ([\text{따름정리 7-17}]\text{에 의해})$$

$$= \left(\frac{2}{3}\right) \quad (5 \equiv 2 \pmod 3)\text{이므로})$$

$$= -1 \quad ([\text{명제 7-15}]\text{와 } 3 \equiv 3 \pmod 8)\text{에 의해})$$

$\left(\frac{2}{31}\right) = 1$과 $\left(\frac{13}{31}\right) = \left(\frac{2}{3}\right) = -1$을 (†)에 대입해봅시다.

$$\left(\frac{31}{4831}\right) = -\left(\frac{2}{31}\right) \times \left(\frac{13}{31}\right) = -(1) \times (-1) = 1$$

$\left(\frac{31}{4831}\right) = 1$, $\left(\frac{23}{4831}\right) = -1$을 (*)에 대입해봅시다.

$$\left(\frac{713}{4831}\right) = \left(\frac{23}{4831}\right) \times \left(\frac{31}{4831}\right) = (-1) \times 1 = -1 \qquad (‡)$$

$\left(\frac{713}{4831}\right) = -1$이므로 713은 홀수인 소수 4831에 대한 이차 비잉여입니다. 이는 $x^2 \equiv 713 \pmod{4831}$이 해를 갖지 않음을 의미합니다. (‡)를 보면, 소수 4831에 대하여 23은 이차 비잉여이고 31은 이차 잉여입니다.

또한 이차 상호 법칙을 사용해 법 소수에 대하여 원시근을 찾고 $a \pmod p$의 제곱근을 찾을 수 있습니다(7.3절 [연습문제 15 참고).

보통 이차 상호 법칙을 사용함으로써 -1 또는 2가 이차 잉여인지를 판별하는 것으로 마무리합니다. 임의의 소수에 대하여 이 두 정수(-1과 2)가 이차 잉여인지 살펴보는 것은 시간을 투자할 만한 가치가 있습니다. 이차 잉여 또는 이차 비잉여에 대하여 홀수인 소수 p와 관련된 공식을 다시 확인해보겠습니다.

[명제 7-11] $\left(\frac{-1}{p}\right) = \begin{cases} 1, & p \equiv 1 \pmod 4 \text{인 경우} \\ -1, & p \equiv 3 \pmod 4 \text{인 경우} \end{cases}$

[명제 7-15] $\left(\frac{2}{p}\right) = \begin{cases} 1, & p \equiv \pm 1 \pmod 8 \text{인 경우} \\ -1, & p \equiv \pm 3 \pmod 8 \text{인 경우} \end{cases}$

[따름정리 7-18]은 2가 이차 잉여인지 판단하는 또 다른 방법입니다.

따름정리 7-18

홀수인 소수 p에 대하여, $\left(\frac{2}{p}\right) = (-1)^{\frac{p^2-1}{8}}$ 입니다.

증명

7.3절 [연습문제 05]에서 증명합니다. ■

핵심요약

- 이차 상호 법칙(LQR)에 관한 따름정리를 이용하여 르장드르 기호의 계산을 간단하게 할 수 있습니다.
- 가우스의 보조정리를 이용하여 2가 어떤 소수에 대하여 이차 잉여인지 확인할 수 있습니다.

7.3 연습문제

01. 소수 p에 대하여, 다음의 각 경우에 대한 르장드르 기호 $\left(\frac{a}{p}\right)$를 판별해보세요.

(a) $\left(\frac{12}{71}\right)$ (b) $\left(\frac{15}{101}\right)$

(c) $\left(\frac{28}{163}\right)$ (d) $\left(\frac{75}{541}\right)$

(e) $\left(\frac{360}{1223}\right)$ (f) $\left(\frac{115}{1987}\right)$

(g) $\left(\frac{700}{3571}\right)$ (h) $\left(\frac{703}{4409}\right)$

힌트 $703 = 19 \times 37$

02. 다음 정수들이 소수 131에 대한 이차 잉여인지 판별해보세요.

(a) 14 (b) 12

(c) 15 (d) 65

03. 다음 물음에 답해보세요.

(i) '2는 소수 p에 대한 이차 잉여 $\Leftrightarrow$ $p \equiv \pm 1 \pmod 8$'임을 증명해보세요.

(ii) 다음 정수를 인수분해해보세요.

(a) $18^2 - 2 = 322$

(b) $23^2 - 2 = 527$

(c) $51^2 - 2 = 2599$

(d) $27^2 - 2 = 727$

(e) $105^2 - 2 = 11023$

(f) $47^2 - 2 = 2207$

(g) $195^2 - 2 = 38023$

04. [보조정리 7-13]을 증명해보세요.

05. [따름정리 7-18]을 증명해보세요.

06. 소수 1223에 대하여 $1223 \mid (2^{611}-1)$이 성립함을 보이세요.

힌트 오일러 판정법을 사용해보세요.

07. 소수 541에 대하여 $2^{271} \equiv x \pmod{541}$의 최소의 양수 잉여 x를 구해보세요.

08. 다음의 각 경우에 대하여 최소의 양수 잉여 x를 구해보세요(1987은 소수).

(a) $25^{995} \equiv x \pmod{1987}$

(b) $26^{995} \equiv x \pmod{1987}$

09. 다음 물음에 답해보세요.

(i) 홀수인 소수 p에 대하여 다음을 보이세요.

$$\left(\frac{-2}{p}\right) = \begin{cases} 1, & p \equiv 1 \text{ 또는 } 3 \pmod 8 \\ -1, & p \equiv -1 \text{ 또는 } -3 \pmod 8 \end{cases}$$

(ii) 홀수인 소수 p가 $p \mid (x^2+2)$를 만족한다면, $p \equiv 1, 3 \pmod 8$임을 보이세요.

(iii) 다음 정수를 인수분해해보세요([연습문제 03]의 -2를 $+2$로 대체했습니다).

(a) $18^2+2=326$

(b) $23^2+2=531$

(c) $51^2+2=2603$

(d) $27^2+2=731$

(e) $105^2+2=11027$

(f) $47^2+2=2211$

(g) $195^2+2=38027$

10. 가우스의 보조정리를 사용하여 다음의 르장드르 기호를 판별해보세요.

(a) $\left(\frac{3}{13}\right)$ (b) $\left(\frac{3}{17}\right)$

(c) $\left(\frac{3}{19}\right)$ (d) $\left(\frac{3}{23}\right)$

11. 다음 물음에 답해보세요.

*(i) 소수 $p>3$에 대하여 다음을 보이세요.

$$\left(\frac{3}{p}\right) = \begin{cases} 1, & p \equiv 1 \text{ 또는 } 11 \pmod{12} \\ -1, & p \equiv 5 \text{ 또는 } 7 \pmod{12} \end{cases}$$

(ii) 다음을 증명해보세요.

> 3이 p에 대한 이차 잉여
> $\Leftrightarrow \quad p \equiv 1, 11 \pmod{12}$

(iii) 다음 정수를 인수분해해보세요.

(a) $62^2-3=3841$

(b) $104^2-3=10813$

(c) $200^2-3=39997$

(d) $364^2-3=132493$

(e) $568^2-3=322621$

12. 다음 물음에 답해보세요.

(a) $n=1, 2, 3, 4$일 때, 페르마 소수 $F_n = 2^{2^n}+1$에 대하여 $x^2 \equiv 3 \pmod{F_n}$임을 증명해보세요.

*(b) 임의의 정수 n에 대하여, $F_n = 2^{2^n}+1 \equiv 5 \pmod{12}$임을 증명해보세요.

13. 4장의 [명제 4-18]을 증명해보세요.

***14.** 4장의 [명제 4-23]을 증명해보세요.

****15.** 이차 상호 법칙을 사용하여 법 223(소수)의 첫 번째 원시근을 찾아보세요. 이 원시근을 사용하여 $32 \pmod{223}$의 제곱근을 찾아보세요.

7.4 이차 상호 법칙(LQR)

학습목표

- 이차 상호 법칙의 응용을 이해할 수 있습니다.
- 이차 상호 법칙을 증명할 수 있습니다.

7.4.1 이차 상호 법칙의 가치

앞 절에서 다룬 [정리 7-16]의 이차 상호 법칙을 다시 살펴보겠습니다.

> **정리 7-16 이차 상호 법칙(LQR)**
>
> p, q를 서로 다른 홀수인 소수라 하면 다음이 성립합니다.
>
> $$\left(\frac{p}{q}\right)\times\left(\frac{q}{p}\right)=(-1)^{\left(\frac{p-1}{2}\right)\times\left(\frac{q-1}{2}\right)}$$

? 이 법칙이 왜 유용할까요?

앞서 몇 개의 절에서 주어진 소수를 보고 이 소수가 각각 법 4, 8과 어떤 관련이 있는지 확인함으로써 정수 -1과 2를 판별하는 규칙을 만들었습니다.

? -1과 2가 아닌 정수에 대해서는 어떻게 할까요?

소수 $p>100$에 대하여 르장드르 기호 $\left(\frac{10}{p}\right)$을 찾기를 원한다고 합시다. $10=2\times 5$입니다.

$$\left(\frac{10}{p}\right)=\left(\frac{2}{p}\right)\times\left(\frac{5}{p}\right)$$

[명제 7-15]를 사용하여 다음과 같이 $\left(\frac{2}{p}\right)$를 계산할 수 있습니다.

$$\left(\frac{2}{p}\right)=\begin{cases}1, & p\equiv \pm 1 \pmod 8 \text{인 경우}\\ -1, & p\equiv \pm 3 \pmod 8 \text{인 경우}\end{cases}$$

그렇다면 $\left(\frac{5}{p}\right)$는 어떻게 계산할까요?

5와 p가 서로 다른 홀수인 소수라면, [정리 7-16]의 이차 상호 법칙과 [따름정리 7-17]을 사용할 수 있습니다.

일반적으로 정수 a가 홀수인 소수 p에 대한 이차 잉여인지 판별하려면, a를 소인수분해한 다음 [따름정리 7-17]을 적용해야 합니다.

예를 들어 소수 q_i들에 대하여 $a = q_1 \times q_2 \times \cdots \times q_m$이면, 르장드르 기호는 다음과 같습니다.

$$\left(\frac{a}{p}\right) = \left(\frac{q_1 \times q_2 \times \cdots \times q_m}{p}\right) = \left(\frac{q_1}{p}\right) \times \left(\frac{q_2}{p}\right) \times \cdots \times \left(\frac{q_m}{p}\right)$$

따라서 a가 법 p에 대한 이차 잉여인지를 알려주는 르장드르 기호 (a/p)를 찾기 위해 이차 상호 법칙 또는 그 결과를 사용할 수 있습니다.

[정리 7-16]의 이차 상호 법칙을 증명하기 전에 몇 가지 결과를 만들어야 합니다. 다음 예제를 살펴봅시다.

예제 7-19 **다음에 대하여 $(-1)^{\left(\frac{p-1}{2}\right)\times\left(\frac{q-1}{2}\right)}$을 구해보세요.**

(a) $p \equiv q \equiv 1 \pmod 4$
(b) $p \equiv q \equiv 3 \pmod 4$
(c) $p \equiv 1 \pmod 4$, $q \equiv 3 \pmod 4$
(d) $p \equiv 3 \pmod 4$, $q \equiv 1 \pmod 4$

풀이

(a) $p \equiv q \equiv 1 \pmod 4$이므로, 양의 정수 k, m이 존재하여 다음을 만족합니다.

$$p = 4k+1, \quad q = 4m+1$$

$p = 4k+1$, $q = 4m+1$을 지수 $\left(\frac{p-1}{2}\right) \times \left(\frac{q-1}{2}\right)$에 대입합니다.

$$\left(\frac{p-1}{2}\right) \times \left(\frac{q-1}{2}\right) = \left(\frac{4k+1-1}{2}\right) \times \left(\frac{4m+1-1}{2}\right) = 2k \times 2m \quad \text{(짝수인 정수)}$$

지수가 짝수이므로, $(-1)^{\left(\frac{p-1}{2}\right)\times\left(\frac{q-1}{2}\right)} = (-1)^{2k \times 2m} = 1$입니다.

(b) 마찬가지로 $p \equiv q \equiv 3 \pmod 4$이므로, 양의 정수 k, m이 존재하여 다음을 만족합니다.

$$p = 4k+3, \quad q = 4m+3$$

$p=4k+3$, $q=4m+3$을 지수 $\left(\frac{p-1}{2}\right)\times\left(\frac{q-1}{2}\right)$에 대입합니다.

$$\left(\frac{p-1}{2}\right)\times\left(\frac{q-1}{2}\right)=\left(\frac{4k+3-1}{2}\right)\times\left(\frac{4m+3-1}{2}\right)$$
$$=(2k+1)\times(2m+1)=4km+2k+2m+1 \quad \text{(홀수인 정수)}$$

지수가 홀수이므로, $(-1)^{\left(\frac{p-1}{2}\right)\times\left(\frac{q-1}{2}\right)}=(-1)^{4km+2k+2m+1}=-1$입니다.

(c), (d)는 7.4절 [연습문제 02]에서 풀어봅시다. (c), (d)의 답이 1임을 확인할 수 있습니다.

? [예제 7-19]의 결과를 통해 $\left(\frac{p}{q}\right)\times\left(\frac{q}{p}\right)=(-1)^{\left(\frac{p-1}{2}\right)\times\left(\frac{q-1}{2}\right)}$에 대하여 어떤 결론을 내릴 수 있나요?

$p\equiv q\equiv 3 \pmod 4$인 경우를 제외하면 다음과 같습니다.

$$\left(\frac{p}{q}\right)\times\left(\frac{q}{p}\right)=(-1)^{\left(\frac{p-1}{2}\right)\times\left(\frac{q-1}{2}\right)}=1$$

? 이 식은 무엇을 의미할까요?

$\left(\frac{p}{q}\right)=\left(\frac{q}{p}\right)=1$ 또는 $\left(\frac{p}{q}\right)=\left(\frac{q}{p}\right)=-1$을 의미합니다. $\left(\frac{p}{q}\right)=\left(\frac{q}{p}\right)=1$은 p가 법 q에 대한 이차 잉여이고, q가 법 p에 대한 이차 잉여임을 의미합니다. 또한 $\left(\frac{p}{q}\right)=\left(\frac{q}{p}\right)=-1$은 p가 법 q에 대한 이차 비잉여이고, q가 법 p에 대한 이차 비잉여임을 의미합니다. 모두 이차 잉여이거나 모두 이차 비잉여입니다. 하지만 $p\equiv q\equiv 3 \pmod 4$라면 [예제 7-19(b)]에 의해 다음과 같습니다.

$$\left(\frac{p}{q}\right)\times\left(\frac{q}{p}\right)=(-1)^{\left(\frac{p-1}{2}\right)\times\left(\frac{q-1}{2}\right)}=-1$$

? 이 식은 무엇을 의미할까요?

$\left(\frac{p}{q}\right)=1$, $\left(\frac{q}{p}\right)=-1$ 또는 $\left(\frac{p}{q}\right)=-1$, $\left(\frac{q}{p}\right)=1$임을 의미합니다. 이 경우에 르장드르 기호는 달라집니다. p는 법 q에 대한 이차 잉여이지만 q는 p에 대한 이차 비잉여입니다. 또는 q는 법 p에 대한 이차 잉여이지만 p는 q에 대한 이차 비잉여입니다.

7.4.2 아이젠슈타인의 보조정리

이 절의 뒷부분에서 살펴볼 이차 상호 법칙의 증명은 고트홀트 아이젠슈타인(Gotthold Eisenstein)이 하였습니다.

[그림 7-11] 아이젠슈타인(1823-1852)

아이젠슈타인은 유대인 가정에서 태어났습니다. 하지만 아이젠슈타인이 태어나기 전에 그의 부모는 기독교로 개종했습니다. 아이젠슈타인에게는 형제가 5명 있었는데 안타깝게도 모두 어려서 죽었습니다.

아이젠슈타인은 어려서부터 수학과 음악에 큰 관심을 보였습니다. 학교에서는 수학 과목에서 뛰어난 실력을 보였으며, 17살 때 베를린대학교에 입학하여 강의를 들었습니다.

아이젠슈타인은 자서전에서 수학을 사랑한 이유를 이렇게 말했습니다. "오래된 것들로부터 새로운 진리를 추론하고 발견하는 이 방법은 나에게 거부할 수 없는 매력으로 다가왔다." 아이젠슈타인은 29살의 젊은 나이에 결핵으로 사망했습니다.

아이젠슈타인은 1844년에 괴팅겐대학교에서 가우스를 만났고, 가우스는 이차 상호 법칙에 대한 아이젠슈타인의 증명에 깊은 인상을 받았습니다.

이차 상호 법칙을 증명하려면 아이젠슈타인의 보조정리를 알아야 합니다. 먼저 보조정리의 수치 예제를 살펴봅시다.

예제 7-20 **바닥함수 $\lfloor\ \rfloor$에 대하여 $p=11$, $q=13$일 때, $\sum_{k=1}^{(q-1)/2}\left\lfloor \frac{p\times k}{q}\right\rfloor + \sum_{k=1}^{(p-1)/2}\left\lfloor \frac{q\times k}{p}\right\rfloor$ 를 구해보세요. 그리고 $\left(\frac{p-1}{2}\right)\times\left(\frac{q-1}{2}\right)$을 계산해보세요. 이 결과를 통해 무엇을 알 수 있나요?**

풀이

$p=11,\ q=13$을 대입하여 첫 번째 항을 계산해봅시다.

$$\begin{aligned}\sum_{k=1}^{(q-1)/2}\left\lfloor \frac{p\times k}{q}\right\rfloor &= \sum_{k=1}^{(13-1)/2}\left\lfloor \frac{11\times k}{13}\right\rfloor \\ &= \sum_{k=1}^{6}\left\lfloor \frac{11\times k}{13}\right\rfloor \\ &= \left\lfloor \frac{11\times 1}{13}\right\rfloor + \left\lfloor \frac{11\times 2}{13}\right\rfloor + \left\lfloor \frac{11\times 3}{13}\right\rfloor \\ &\quad + \left\lfloor \frac{11\times 4}{13}\right\rfloor + \left\lfloor \frac{11\times 5}{13}\right\rfloor + \left\lfloor \frac{11\times 6}{13}\right\rfloor \\ &= \left\lfloor \frac{11}{13}\right\rfloor + \left\lfloor \frac{22}{13}\right\rfloor + \left\lfloor \frac{33}{13}\right\rfloor \\ &\quad + \left\lfloor \frac{44}{13}\right\rfloor + \left\lfloor \frac{55}{13}\right\rfloor + \left\lfloor \frac{66}{13}\right\rfloor \\ &= 0+1+2+3+4+5=15 \quad (\lfloor\ \rfloor \text{는 바닥함수})\end{aligned}$$

마찬가지로 두 번째 항을 계산해봅시다.

$$\begin{aligned}\sum_{k=1}^{(p-1)/2}\left\lfloor \frac{q\times k}{p}\right\rfloor &= \sum_{k=1}^{(11-1)/2}\left\lfloor \frac{13\times k}{11}\right\rfloor \\ &= \sum_{k=1}^{5}\left\lfloor \frac{13\times k}{11}\right\rfloor \\ &= \left\lfloor \frac{13\times 1}{11}\right\rfloor + \left\lfloor \frac{13\times 2}{11}\right\rfloor + \left\lfloor \frac{13\times 3}{11}\right\rfloor \\ &\quad + \left\lfloor \frac{13\times 4}{11}\right\rfloor + \left\lfloor \frac{13\times 5}{11}\right\rfloor \\ &= \left\lfloor \frac{13}{11}\right\rfloor + \left\lfloor \frac{26}{11}\right\rfloor + \left\lfloor \frac{39}{11}\right\rfloor + \left\lfloor \frac{52}{11}\right\rfloor + \left\lfloor \frac{65}{11}\right\rfloor \\ &= 1+2+3+4+5=15\end{aligned}$$

두 결과를 더해봅시다.

$$\sum_{k=1}^{(q-1)/2}\left\lfloor \frac{p\times k}{q}\right\rfloor + \sum_{k=1}^{(p-1)/2}\left\lfloor \frac{q\times k}{p}\right\rfloor = 15+15=30$$

$\left(\frac{p-1}{2}\right)\times\left(\frac{q-1}{2}\right)$에 $p=11,\ q=13$을 대입해봅시다.

$$\left(\frac{11-1}{2}\right)\times\left(\frac{13-1}{2}\right)=5\times 6=30$$

따라서 이 경우에 $\sum_{k=1}^{(q-1)/2}\left\lfloor \frac{p\times k}{q}\right\rfloor + \sum_{k=1}^{(p-1)/2}\left\lfloor \frac{q\times k}{p}\right\rfloor = \left(\frac{p-1}{2}\right)\times\left(\frac{q-1}{2}\right)$입니다.

직선 $y=\frac{q}{p}x$ 또는 $x=\frac{p}{q}y$를 그리고, 이 직선 위와 아래에 있는 정수(격자)점 수를 계산하여 이 예제를 [그림 7-12]와 같이 나타낼 수 있습니다.

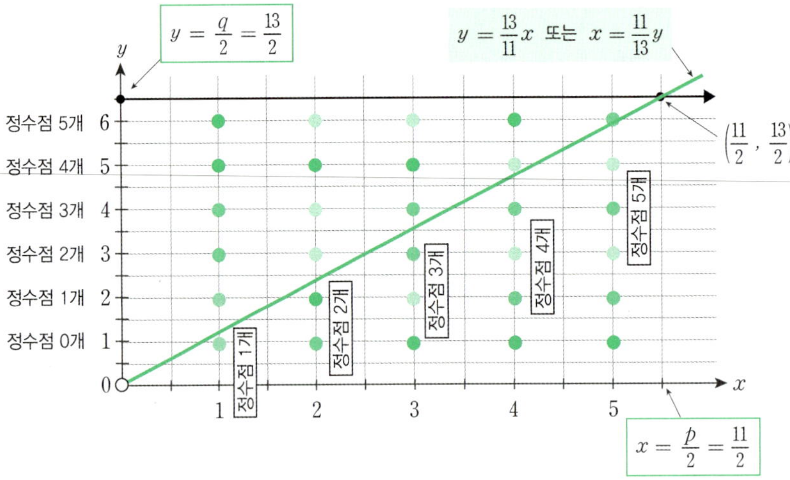

[그림 7-12] 정수 좌표

격자점(lattice point)이란 x, y 좌표가 모두 정수인 점을 의미합니다. [그림 7-12]에서 수직선 $x=1, 2, 3, 4, 5$에 있으면서 대각선 $y=\frac{13}{11}x$ 아래에 있는 각 격자점을 셈으로써, 직선 $y=\frac{13}{11}x$ 아래의 격자점 수를 셀 수 있습니다. 격자점 수는 [예제 7-20]에서 계산한 합계와 같습니다.

$$\sum_{k=1}^{5}\left\lfloor \frac{13\times k}{11} \right\rfloor = 1+2+3+4+5=15$$

마찬가지로 직선 $x=\frac{11}{13}y$ 위에 있는 격자점 수는 수평선 $y=1, 2, 3, 4, 5, 6$에 있는 격자점 수로 계산합니다. 이 결과 또한 [예제 7-20]에서 계산한 합계와 같습니다.

$$0+1+2+3+4+5=\sum_{k=1}^{6}\left\lfloor \frac{11\times k}{13} \right\rfloor = 15$$

[그림 7-12]에서 볼 수 있듯이 x가 0과 $p/2=11/2$ 사이에, y가 0과 $q/2=13/2$ 사이에 있는 직사각형 안의 격자점 수는 다음과 같습니다.

$$\left(\frac{p-1}{2}\right)\times\left(\frac{q-1}{2}\right)=\left(\frac{11-1}{2}\right)\times\left(\frac{13-1}{2}\right)=5\times 6=30$$

$p=11$과 $q=13$은 서로 다른 소수이므로, 직선 $y=\frac{13}{11}x$는 x가 0과 $p/2=11/2$ 사이에, y가 0과 $q/2=13/2$ 사이에 있을 때의 모든 격자점 위에 놓여 있지 않습니다.

[예제 7-20]의 결과 $\sum_{k=1}^{(q-1)/2}\left\lfloor \frac{p\times k}{q}\right\rfloor+\sum_{k=1}^{(p-1)/2}\left\lfloor \frac{q\times k}{p}\right\rfloor=\left(\frac{p-1}{2}\right)\times\left(\frac{q-1}{2}\right)$은 이러한 고유한 소수에만 해당되는 것이 아니라, 모든 서로 다른 홀수인 소수 p, q에 대해서도 적용됩니다. 이 결과가 바로 아이젠슈타인의 보조정리입니다.

보조정리 7-19 아이젠슈타인의 보조정리(Eisenstein's lemma)

서로 다른 홀수인 소수 p, q에 대하여 다음이 성립합니다.

$$\sum_{k=1}^{(q-1)/2}\left\lfloor \frac{p\times k}{q}\right\rfloor+\sum_{k=1}^{(p-1)/2}\left\lfloor \frac{q\times k}{p}\right\rfloor=\left(\frac{p-1}{2}\right)\times\left(\frac{q-1}{2}\right)$$

이제 앞에서 수치 예제로 살펴본 내용의 일반적인 결과를 증명해보겠습니다.

증명

p, q가 서로 다르므로, $\frac{p\times k}{q}$에서 k에 1부터 $\frac{q-1}{2}$을 대입하더라도 정수가 될 수 없습니다. 마찬가지로 $\frac{q\times k}{p}$에서 k에 1부터 $\frac{p-1}{2}$을 대입하더라도 정수가 될 수 없습니다. 바닥함수 $\left\lfloor \frac{q\times k}{p}\right\rfloor$가 $\frac{q\times k}{p}$보다 작거나 같은 양의 정수의 개수임을 기억합시다. 직선 $y=\frac{q}{p}x=\frac{q\times x}{p}$ 아래에 있는 격자점(양의 정수) 수를 세어야 합니다. 즉, 다음과 같은 [그림 7-13]에서 삼각형 ACD 안에 있는 격자점을 세면 됩니다.

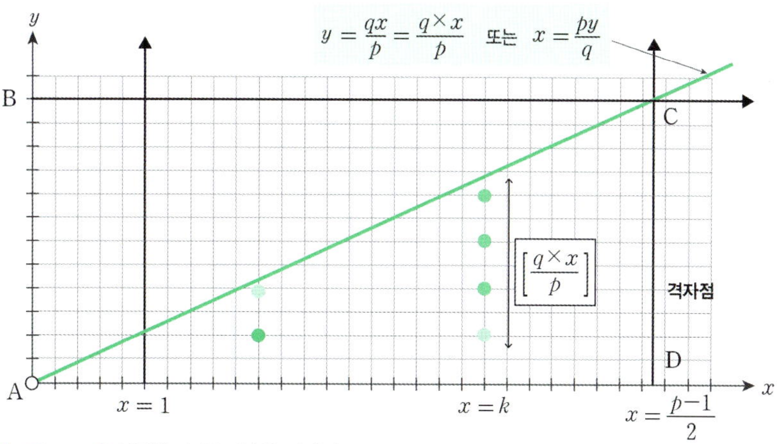

[그림 7-13] 삼각형 ACD 안의 격자점

바닥함수 $\left\lfloor \frac{q \times k}{p} \right\rfloor$ 는 아래쪽 삼각형 ACD 안에 있는 수직선 $x=k$에 놓인 격자점 수입니다. 각 수직선 $x=k$에 놓인 격자점 수는 $\left\lfloor \frac{q \times k}{p} \right\rfloor$ 입니다. $x=1$에서 $x=\frac{p-1}{2}$까지 각 수직선의 격자점 수를 더하면 $\sum_{k=1}^{(p-1)/2} \left\lfloor \frac{q \times k}{p} \right\rfloor$ 이며, 이 결과는 삼각형 ACD 안의 총 격자점 수입니다. 같은 방식으로 [그림 7-14]에 있는 위쪽 삼각형 ABC 안의 격자점 수를 셉니다. 바닥함수 $\left\lfloor \frac{p \times k}{q} \right\rfloor$ 는 삼각형 ABC에 있는 수평선 $y=k$에 놓인 격자점 수입니다.

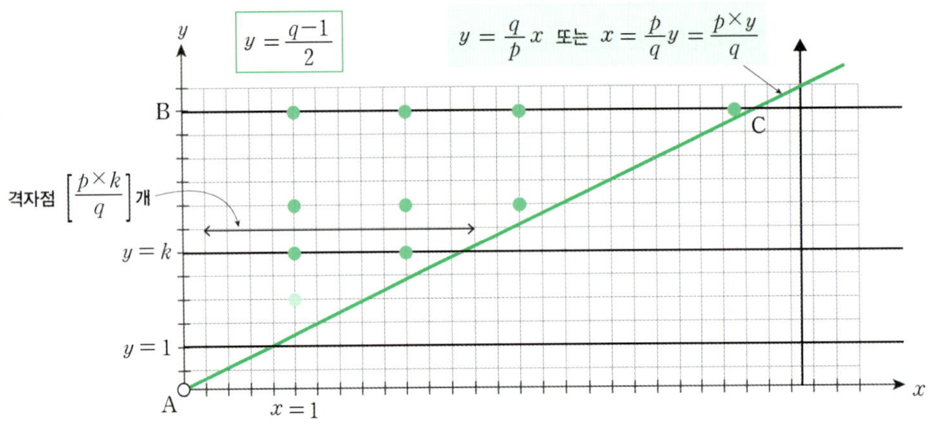

[그림 7-14] 삼각형 ABC 안의 격자점

삼각형 ABC 안에 있는 격자점 수를 모두 더해야 합니다.

? 어떻게 합해야 할까요?

$y=1$에서 $y=\frac{q-1}{2}$까지의 각 수평선을 따라 격자점 수를 찾습니다. 삼각형 ABC에 있는 각 수평선 $y=k$에 놓은 격자점은 $\left\lfloor \frac{p \times k}{q} \right\rfloor$ 개이고, 수평선은 $y=1, \cdots, y=\frac{q-1}{2}$이 있으므로, 다음과 같이 $k=1$부터 $k=\frac{q-1}{2}$까지 $\left\lfloor \frac{p \times k}{q} \right\rfloor$ 를 더합니다.

$$\sum_{k=1}^{(q-1)/2} \left\lfloor \frac{p \times k}{q} \right\rfloor$$

[그림 7-15]에서 볼 수 있듯이, 합 $\sum_{k=1}^{(q-1)/2} \left\lfloor \frac{p \times k}{q} \right\rfloor$ 는 위쪽 삼각형 ABC 안에 있는 모든 격자점 수입니다.

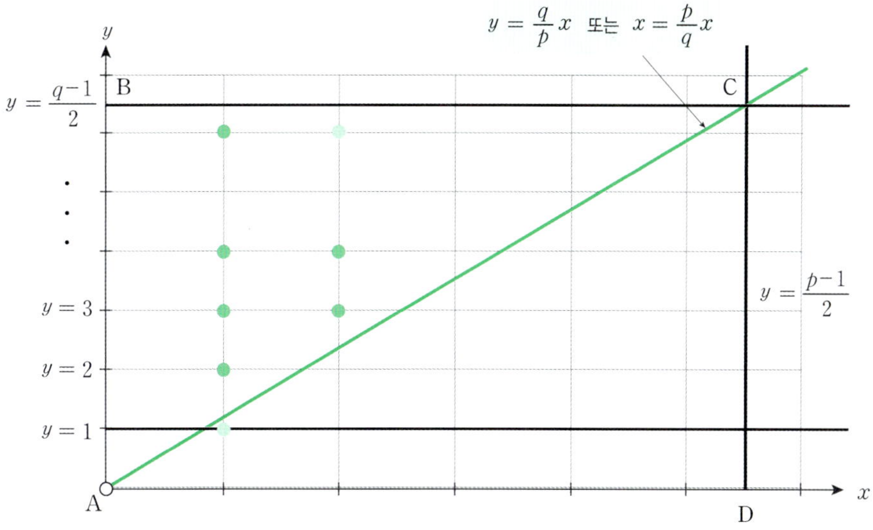

[그림 7-15] 직사각형 ABCD에 있는 격자점

직사각형 ABCD 안에 있는 전체 격자점 수는 각 삼각형 안에 있는 격자점 수를 더하면 됩니다. 즉, 다음과 같습니다.

$$\underbrace{\sum_{k=1}^{(q-1)/2}\left\lfloor\frac{p\times k}{q}\right\rfloor}_{=\text{ (삼각형 ABC 안의 격자점 수)}}+\underbrace{\sum_{k=1}^{(p-1)/2}\left\lfloor\frac{q\times k}{p}\right\rfloor}_{=\text{ (삼각형 ACD 안의 격자점 수)}}$$

[그림 7-15]에 나타낸 직사각형 ABCD 안의 격자점 수는 분명히 $\left(\frac{p-1}{2}\right)\times\left(\frac{q-1}{2}\right)$입니다. 그러므로 결과는 다음과 같습니다.

$$\sum_{k=1}^{(q-1)/2}\left\lfloor\frac{p\times k}{q}\right\rfloor+\sum_{k=1}^{(p-1)/2}\left\lfloor\frac{q\times k}{p}\right\rfloor=\left(\frac{p-1}{2}\right)\times\left(\frac{q-1}{2}\right) \quad ■$$

이차 상호 법칙을 증명하는 데 이 보조정리를 사용하겠습니다. 증명에 들어가기 전에 남은 보조정리에 대한 수치 예제를 살펴보고 해당 보조정리를 제시하겠습니다.

예제 7-21 **$p=23$, $a=3$에 대하여, 다음이 성립함을 보이세요(여기서 g는 가우스의 보조정리에서 정의한 음수 잉여의 개수입니다).**

$$\sum_{k=1}^{(p-1)/2}\left\lfloor\frac{a\times k}{p}\right\rfloor\equiv g\ (\text{mod}\,2)$$

풀이

$p=23,\ a=3,\ k=1, 2, 3, \cdots, \dfrac{p-1}{2}=\dfrac{23-1}{2}=11$이 주어져 있습니다.

합 $\sum_{k=1}^{(p-1)/2}\left\lfloor\dfrac{a\times k}{p}\right\rfloor=\sum_{k=1}^{11}\left\lfloor\dfrac{3k}{23}\right\rfloor$를 계산해봅시다.

$$\begin{aligned}\sum_{k=1}^{11}\left\lfloor\frac{3k}{23}\right\rfloor &= \left\lfloor\frac{3}{23}\right\rfloor+\left\lfloor\frac{6}{23}\right\rfloor+\left\lfloor\frac{9}{23}\right\rfloor+\left\lfloor\frac{12}{23}\right\rfloor+\left\lfloor\frac{15}{23}\right\rfloor \\ &\quad+\left\lfloor\frac{18}{23}\right\rfloor+\left\lfloor\frac{21}{23}\right\rfloor+\left\lfloor\frac{24}{23}\right\rfloor+\left\lfloor\frac{27}{23}\right\rfloor+\left\lfloor\frac{30}{23}\right\rfloor+\left\lfloor\frac{33}{23}\right\rfloor \\ &=0+0+0+0+0+0+0+1+1+1+1=4\end{aligned}$$

다음과 같이 집합 S의 원소 $a\times k\ (\bmod 23)$을 쓰고, 11보다 큰 임의의 최소 잉여를 음수 잉여로 나타내봅시다.

$$\begin{aligned}S &= \{3, 3\times2, 3\times3, 3\times4, 3\times5, 3\times6, 3\times7, 3\times8, 3\times9, 3\times10, 3\times11\} \\ &\equiv \{3, 6, 9, 12, 15, 18, 21, 24, 27, 30, 33\} \\ &\equiv \{3, 6, 9, \underbrace{-11, -8, -5, -2}_{\text{음수 잉여가 4개 존재}}, 1, 4, 7, 10\}\ (\bmod 23)\end{aligned}$$

위 집합에서 법 23에 대한 음수 잉여가 4개 존재하므로 $g=4$입니다.

$$\sum_{k=1}^{11}\left\lfloor\frac{3k}{23}\right\rfloor=4\equiv g\ (\bmod 2)$$

이 결과는 우연히 나온 것이 아니며, a가 홀수인 한 일반적으로 참입니다.

보조정리 7-20

p가 홀수인 소수, a가 홀수, $p\nmid a$라 합시다. 또한 g는 가우스의 보조정리에서 정의한 것처럼 음수 잉여의 개수라고 합시다. 그러면 다음이 성립합니다.

$$\sum_{k=1}^{(p-1)/2}\left\lfloor\frac{a\times k}{p}\right\rfloor\equiv g\ (\bmod 2)$$

증명

7.4절 [연습문제 10]에서 증명합니다. ■

참고로 [보조정리 7-20]은 다음과 같이 이해할 수 있습니다. $g \pmod 2$는 1(g가 홀수인 경우) 또는 0(g가 짝수인 경우)입니다. 가우스의 보조정리를 통해 르장드르 기호 $\left(\frac{a}{p}\right)$가 $(-1)^g$과 같음을 이미 알고 있습니다. 여기서 g는 음수 잉여의 개수입니다. g의 실제 값은 그다지 중요하지 않지만 g가 홀수인지 짝수인지는 중요합니다.

7.4.3 이차 상호 법칙의 증명

정리 7-16 이차 상호 법칙(LQR)

p, q를 서로 다른 홀수인 소수라 하면 다음이 성립합니다.

$$\left(\frac{p}{q}\right) \times \left(\frac{q}{p}\right) = (-1)^{\left(\frac{p-1}{2}\right) \times \left(\frac{q-1}{2}\right)}$$

증명

다음과 같이 처음 $\frac{p-1}{2}$개의 최소의 양수 잉여들과 q의 곱인, 법 p에 대한 최소의 양수 잉여를 생각해봅시다.

$$S = \left\{q,\ 2q,\ 3q,\ \cdots,\ \left(\frac{p-1}{2}\right)q\right\} \pmod p$$

$a = q$일 때, [보조정리 7-20]에 의하면 다음과 같습니다.

$$\sum_{k=1}^{(p-1)/2} \left\lfloor \frac{k \times q}{p} \right\rfloor \equiv g \pmod 2 \qquad (\dagger)$$

이때 g는 가우스의 보조정리에서 정의한 것과 같습니다. 처음 $\frac{q-1}{2}$개의 최소의 양수 잉여들과 p의 곱을 포함하는 다음과 같은 집합에 [보조정리 7-20]을 적용해봅시다.

$$T = \left\{p,\ 2p,\ 3p,\ \cdots,\ \left(\frac{q-1}{2}\right)p\right\} \pmod q$$

$a = p$라 하면 다음과 같습니다.

$$\sum_{k=1}^{(q-1)/2} \left\lfloor \frac{k \times p}{q} \right\rfloor \equiv h \pmod 2 \qquad (\dagger\dagger)$$

이때 h는 가우스의 보조정리에서 정의한 g와 같은 표현입니다.

가우스의 보조정리 $\left(\frac{a}{p}\right)=(-1)^g$을 $\left(\frac{p}{q}\right)$, $\left(\frac{q}{p}\right)$에 적용하면 다음과 같습니다.

$$\left(\frac{p}{q}\right)\times\left(\frac{q}{p}\right)=(-1)^g\times(-1)^h=(-1)^{g+h}=(-1)^{\sum_{k=1}^{(p-1)/2}\left\lfloor\frac{kq}{p}\right\rfloor+\sum_{k=1}^{(q-1)/2}\left\lfloor\frac{kp}{q}\right\rfloor}$$ ((†), (††)에 의해)

다음과 같은 아이젠슈타인의 보조정리를 적용해봅시다.

$$\sum_{k=1}^{(q-1)/2}\left\lfloor\frac{p\times k}{q}\right\rfloor+\sum_{k=1}^{(p-1)/2}\left\lfloor\frac{q\times k}{p}\right\rfloor=\left(\frac{p-1}{2}\right)\times\left(\frac{q-1}{2}\right)$$

이 보조정리를 위 계산에 대입해봅시다.

$$\left(\frac{p}{q}\right)\times\left(\frac{q}{p}\right)=(-1)^{\sum_{k=1}^{(p-1)/2}\left\lfloor\frac{kq}{p}\right\rfloor+\sum_{k=1}^{(q-1)/2}\left\lfloor\frac{kp}{q}\right\rfloor}=(-1)^{\left(\frac{p-1}{2}\right)\times\left(\frac{q-1}{2}\right)}$$ ■

앞 절에서 확인했듯이, 이차 상호 법칙(LQR)은 매우 강력한 결과입니다. 앞 절에서 언급한 더 유용한 결과는 다음과 같습니다.

따름정리 7-17

p, q를 서로 다른 홀수인 소수라 하면 다음이 성립합니다.

$$\left(\frac{p}{q}\right)=\begin{cases}(q/p), & p\equiv 1\pmod 4 \text{ 또는 } q\equiv 1\pmod 4\text{인 경우}\\-(q/p), & p\equiv 3\pmod 4\text{이고 } q\equiv 3\pmod 4\text{인 경우}\end{cases}$$

증명

7.4절 [연습문제 09]에서 증명합니다. ■

앞 절에서 주어진 정수가 홀수인 소수 p에 대한 이차 잉여인지 확인하기 위해 이 따름정리를 사용했습니다. 다음 예제에서 이를 다시 적용해봅시다.

예제 7-22 합동식 $x^2\equiv 35\pmod{541}$의 해가 존재하는지 판단해보세요(541은 소수).

풀이

르장드르 기호 $\left(\frac{35}{541}\right)$를 계산해야 합니다. $35=5\times 7$이므로 다음과 같이 쓸 수 있습니다.

$$\left(\frac{35}{541}\right)=\left(\frac{5}{541}\right)\times\left(\frac{7}{541}\right) \qquad (*)$$

5, 7, 541은 모두 서로 다른 홀수인 소수이므로, 다음의 [따름정리 7-17]을 적용할 수 있습니다.

$$\left(\frac{p}{q}\right) = \begin{cases} (q/p), & p \equiv 1 \pmod 4 \text{ 또는 } q \equiv 1 \pmod 4 \text{인 경우} \\ -(q/p), & p \equiv 3 \pmod 4 \text{이고 } q \equiv 3 \pmod 4 \text{인 경우} \end{cases}$$

$5 \equiv 1 \pmod 4$이므로, (*)의 우변의 첫 번째 항에 [따름정리 7-17]을 적용하면 다음과 같이 계산할 수 있습니다.

$$\left(\frac{5}{541}\right) = \left(\frac{541}{5}\right) = \left(\frac{1}{5}\right) = 1 \quad (541 \equiv 1 \pmod 5 \text{이므로})$$

(*)의 우변의 두 번째 항을 살펴보면 $7 \equiv 3 \pmod 4$인데 $541 \equiv 1 \pmod 4$이므로, [따름정리 7-17]에 의해 다음과 같습니다.

$$\left(\frac{7}{541}\right) = \left(\frac{541}{7}\right) = \left(\frac{2}{7}\right) \quad (541 \equiv 2 \pmod 7 \text{이므로})$$

앞에서 다음과 같은 [명제 7-15]를 통해 2가 이차 잉여인지에 대한 여부를 어떻게 판별하는지 다루었습니다.

$$\left(\frac{2}{p}\right) = \begin{cases} 1, & p \equiv \pm 1 \pmod 8 \text{인 경우} \\ -1, & p \equiv \pm 3 \pmod 8 \text{인 경우} \end{cases}$$

$7 \equiv -1 \pmod 8$이므로, 이를 적용하면 $\left(\frac{2}{7}\right) = 1$입니다. (*)의 두 르장드르 기호 $\left(\frac{5}{541}\right) = 1$, $\left(\frac{2}{7}\right) = 1$을 곱하면 다음과 같습니다.

$$\left(\frac{35}{541}\right) = \left(\frac{5}{541}\right) \times \left(\frac{7}{541}\right) = 1 \times 1 = 1$$

따라서 $x^2 \equiv 35 \pmod{541}$의 해가 존재합니다(법 541에 대하여 35의 제곱근을 구할 수 있습니다).

핵심요약

- 이 절에서는 아이젠슈타인의 보조정리를 사용하여 다음과 같은 이차 상호 법칙(LQR)을 증명하였습니다.

$$\left(\frac{p}{q}\right) \times \left(\frac{q}{p}\right) = (-1)^{\left(\frac{p-1}{2}\right) \times \left(\frac{q-1}{2}\right)}$$

7.4 연습문제

01. 다음 중 어떤 합동식이 해를 갖는지 판별해보세요(모두 법 소수에 대한 식입니다).

(a) $x^2 \equiv 12 \pmod{89}$

(b) $x^2 \equiv 40 \pmod{101}$

(c) $x^2 \equiv 36 \pmod{1223}$

(d) $x^2 \equiv 89 \pmod{197}$

(e) $x^2 \equiv 197 \pmod{89}$

02. [예제 7-19]의 (c)와 (d)를 계산해보세요.

03. 서로 다른 홀수인 소수 p, q에 대하여 다음을 증명해보세요.

$$\left(\frac{p}{q}\right) \times \left(\frac{q}{p}\right) = \begin{cases} 1, & p \equiv 1 \pmod 4 \\ & \text{또는 } q \equiv 1 \pmod 4 \\ -1, & p \equiv q \equiv 3 \pmod 4 \end{cases}$$

04. 소수 $p > 3$에 대하여 다음을 증명해보세요.

$$\left(\frac{3}{p}\right) = \begin{cases} \left(\frac{p}{3}\right), & p \equiv 1 \pmod 4 \\ -\left(\frac{p}{3}\right), & p \equiv 3 \pmod 4 \end{cases}$$

05. 다음 물음에 답해보세요.

(i) 소수 $p(>3)$에 대하여 다음을 증명해보세요.

$$\left(\frac{-3}{p}\right) = \begin{cases} 1, & p \equiv 1 \pmod 6 \\ -1, & p \equiv 5 \pmod 6 \end{cases}$$

(ii) 다음 수를 소인수분해해보세요.

(a) $104^2 + 3 = 10819$

(b) $236^2 + 3 = 55699$

(c) $362^2 + 3 = 131047$

06. 정수 $n^2 - n + 1$의 소인수 $p(>3)$가 $6k+1$ 형태임을 보이세요.

힌트 [연습문제 05]의 결과를 사용하고, $p \mid (n^2 - n + 1)$일 때 $(2n-1)^2$을 생각해보세요.

***07.** 디리클레의 정리를 사용하지 않고 $8k-1$ 형태의 소수가 무한하게 많음을 증명해보세요.

힌트 $8k-1$ 형태의 소수가 $p_1, p_2, \cdots, p_k$로 유한하게 존재한다고 가정합니다. 그리고 정수 $(4p_1p_2 \cdots p_k)^2 - 2$를 고려하여 [명제 7-15]를 사용해보세요.

08. 소수 $p = 17, q = 13$에 대하여, $\sum_{k=1}^{(q-1)/2} \left\lfloor \frac{p \times k}{q} \right\rfloor + \sum_{k=1}^{(p-1)/2} \left\lfloor \frac{q \times k}{p} \right\rfloor$를 계산해보세요. 또한 직선 $y = \frac{q}{p}x$의 위, 아래에 있는 격자점 수를 세어 위 답을 기하학적으로 해석해보세요.

09. [따름정리 7-17]을 증명해보세요.

***10.** [보조정리 7-20]을 증명해보세요.

11. $p = 13, a = 16$일 때, $\sum_{k=1}^{(p-1)/2} \left\lfloor \frac{ka}{p} \right\rfloor = 23$이지만 $g = 2$임을 보이세요(이때 g는 가우스의 보조정리에서 정의한 것과 같습니다). 그리고 이 경우에는 왜 [보조정리 7-20]을 만족하지 않는지 설명해보세요.

12. 정수 $n^2 + 1$의 홀수인 소인수는 $4k+1$ 형태임을 증명해보세요.

13. 디리클레의 정리를 사용하지 않고, $3m+1$ 형태의 소수가 무한하게 많음을 증명해보세요.

힌트 [연습문제 05]의 결과를 활용하세요.

14. 다음과 같은 경우에 대하여, 최소의 양수 잉여 x를 구해보세요(1993은 소수).

(a) $25^{997} \equiv x \pmod{1993}$

(b) $26^{997} \equiv x \pmod{1993}$

15. 소수 $p = 8k+1$에 대하여, $p \mid \left(2^{\frac{p-1}{2}} - 1\right)$임을 증명해보세요.

16. $p \equiv 1 \pmod 4$이고, a는 홀수, $p \nmid a$일 때, 르장드르 기호 $\left(\frac{2a}{p}\right) = \left(\frac{a}{p}\right)$임을 보이세요.

17. $p \equiv 1 \pmod 4$이면, $\left(\frac{a}{p}\right)$가 르장드르 기호일 때 $\sum_{a=1}^{\frac{p-1}{2}} \left(\frac{a}{p}\right) = 0$임을 보이세요.

힌트 7.1절 [연습문제 07]의 결과를 활용하세요.

18. 아래 표는 5가 이차 잉여와 이차 비잉여가 되는 경우의 홀수인 소수를 보여줍니다. 다음 물음에 답해보세요.

소수 p	3	7	11	13	17	19	23	29	31
$(5/p)$	-1	-1	1	-1	-1	1	-1	1	1

*(ⅰ) 5가 이차 잉여인 소수와 5가 이차 비잉여인 소수를 설명하는 합동식을 예측해보세요. 그리고 예측한 공식을 증명해보세요.

(ⅱ) 다음 정수를 인수분해해보세요(공식을 예측하기 어렵다면 간단한 해를 사용하여 공식을 예측해보고, 그다음 인수분해를 합니다).

(a) $104^2 - 5 = 10811$

(b) $504^2 - 5 = 254011$

*19. $p \nmid 7$인 소수 p에 대하여 다음을 증명해보세요.

> $p \equiv \pm 1, \pm 3, \pm 9 \pmod{28}$이면, $\left(\frac{7}{p}\right) = 1$입니다.

그리고 다음을 인수분해해보세요.

(a) $120^2 - 7 = 14393$

(b) $354^2 - 7 = 125309$

20. $3 \nmid x$일 때, x^2+3의 소인수 중 하나가 $12n+7$ 형태임을 보이세요.

21. $3n-1$ 형태의 소수가 무한하게 많음을 증명해보세요.

7장 종합문제

7.1 소수 211에 대하여, 이차합동식 $x^2 \equiv 196 \pmod{211}$의 해를 구해보세요.

7.2 다음 이차합동식을 풀어보세요.

(a) $5x^2 + 2x \equiv 20 \pmod{101}$

(b) $x^2 - x - 6 \equiv 0 \pmod{103}$

***7.3** 이차합동식 $x^2 \equiv 7 \pmod{787}$과 이차 디오판토스 방정식 $x^2 = 7 + 787y$를 풀어보세요(787은 소수).

7.4 다음의 제곱근을 구해보세요(모두 법 소수입니다).

(a) $3 \pmod{131}$

(b) $11 \pmod{127}$

(c) $3 \pmod{251}$

7.5 홀수인 소수 p에 대하여, 다음의 르장드르 기호 $\left(\frac{a}{p}\right)$를 계산해보세요. 그리고 이차합동식과 관련하여 각 결과를 해석해보세요.

(a) $\left(\frac{751}{919}\right)$

(b) $\left(\frac{123}{4567}\right)$

(c) $\left(\frac{7892}{1234567891}\right)$

힌트 $7892 = 2^2 \times 1973$이고, 1973은 소수입니다.

****7.6** 이차 상호 법칙을 사용하거나 다른 방법을 사용하여 법 97에 대한 첫 번째 원시근을 찾아보세요. 그리고 찾은 원시근을 사용하여 $35 \pmod{97}$의 제곱근을 구해보세요(단, 97은 소수입니다).

7.7 소수 101의 원시근을 찾고, 다음 이차 디오판토스 방정식을 풀어보세요.

(a) $x^2 - 101y = 14$

(b) $x^2 - 101y = 22$

(c) $x^2 - 101y = 44$

7.8 다음 결과가 거짓임을 증명해보세요.

$$(-1/p) = (-1)^{\frac{p^2-1}{4}}$$

7.9 다음 물음에 답해보세요.

*(i) $3 \pmod{p}$의 제곱근이 존재하는 경우의 소수 $p(>3)$를 구해보세요.

(ii) 다음 정수를 인수분해해보세요.

(a) $306^2 - 3 = 93633$

(b) $214^2 - 3 = 45793$

(c) $602^2 - 3 = 362401$

7.10 다음 이차 디오판토스 방정식의 특수해를 구해보세요.

(a) $x^2 + 11y = 5$

(b) $x^2 + 23y = 2$

(c) $x^2 + 53y = -1$

*7.11 디리클레의 정리를 사용하지 않고, 다음 물음에 답해보세요.

(a) $8k+3$ 형태의 소수가 무한하게 많음을 증명해보세요.

힌트 $N=[3\times5\times7\times\cdots\times(2n+1)]^2+2$를 생각해보세요.

(b) $8k-3$ 형태의 소수가 무한하게 많음을 증명해보세요.

힌트 $N=[3\times5\times7\times\cdots\times(2n+1)]^2+4$를 생각해보세요.

7.12 소수 p가 $4k+3$ 형태이고 정수 a, b가 $a^2+b^2\equiv0\pmod{p}$를 만족한다면, $a\equiv b\equiv0\pmod{p}$임을 증명해보세요.

7.13 다음 소수들을 두 제곱수의 합 a^2+b^2 형태로 나타내보세요.

(a) 313

(b) 1237

(c) 1249

8장의 [정리 8-3]에서 소수 p가 $p\equiv1\pmod{4}$를 만족하면 소수를 두 제곱수의 합으로 쓸 수 있음을 증명합니다.

7.14 p가 홀수인 소수일 때 다음이 성립함을 증명해보세요.

$p=a^2+2b^2$을 만족하는 정수 a, b가 존재 $\Rightarrow$ $p\equiv1$ 또는 $3\pmod{8}$

8장에서 $p\equiv1$ 또는 $3\pmod{8}$일 때, $p=a^2+2b^2$임을 증명합니다. 다음 소수들을 a^2+2b^2 형태로 나타내보세요.

(a) 211

(b) 1019

(c) 1249

7.15 p가 홀수인 소수일 때, 르장드르 기호 $\left(\frac{-2}{p}\right)=(-1)^{\frac{(p+5)(p-1)}{8}}$을 증명해보세요. -2가 소수 1000003에 대한 이차 잉여인지 판별해보세요.

**7.16 p가 홀수인 소수일 때, 다음이 성립함을 증명해보세요.

$x^4\equiv-1\pmod{p}$의 해가 존재 $\Leftrightarrow$ $p\equiv1\pmod{8}$

그리고 다음 정수를 인수분해해보세요.

(a) $12^4+1=20737$

(b) $22^4+1=234257$

(c) $50^4+1=6250001$

7.17 다음 물음에 답해보세요.

(i) 소수 $p(>3)$에 대하여 다음을 증명해보세요.

$$\left(\frac{12}{p}\right)=\begin{cases}1, & p\equiv\pm1\pmod{12}\\-1, & p\equiv\pm5\pmod{12}\end{cases}$$

(ii) 다음 정수를 인수분해해보세요.

(a) $151^2-12=22789$

(b) $2003^2-12=4011997$

7.18 다음 물음에 답해보세요.

(i) 홀수인 소수 p의 모든 원시근이 p에 대한 이차 비잉여임을 증명해보세요.

*(ii) 홀수인 소수 p의 원시근이 아닌 p에 대한 이차 비잉여가 존재함을 증명해보세요.

*7.19 a를 홀수인 소수 p에 대한 이차 잉여라 합시다. r은 p의 원시근, n은 어떤 양의 정수일 때, $a\pmod{p}$의 제곱근이 $\pm r^n$임을 증명해보세요.

8.1 두 제곱수의 합

학습목표

- 어떤 정수를 두 제곱수의 합으로 나타낼 수 있는지 판별할 수 있습니다.
- 주어진 정수를 두 제곱수의 합으로 바꿀 수 있습니다.

2장의 2.3.5절에서 두 제곱수의 합으로 쓸 수 있는 소수에 대해 논의했습니다. 이 장에서는 수학에서 아주 놀라운 정리 중 하나를 증명합니다. $p \equiv 1 \pmod 4$를 만족하는 모든 소수 p는 다음과 같이 두 제곱수의 합으로 쓸 수 있습니다.

$$p = a^2 + b^2$$

또한 이 절에서는 두 제곱수의 합으로 바꿀 수 있는 범위를 (소수뿐만 아니라) 양의 정수까지 확장합니다. 8.2절에서는 모든 양의 정수 n을 네 제곱수의 합, 즉 $n = a^2 + b^2 + c^2 + d^2$으로 쓸 수 있음을 증명해보겠습니다. 8.3절에서는 7장에서 소개한 $x^2 - py = c$(p는 홀수인 소수)와 밀접한 관련이 있는 이차 디오판토스 방정식 $x^2 - Ny^2 = c$를 알아보겠습니다.

8.1.1 피타고라스 세 쌍

페르마의 마지막 정리는 다음과 같습니다.

"$n \geq 3$일 때, $x^n + y^n = z^n$을 만족하는 양의 정수 x, y, z는 존재하지 않습니다."

그러므로 $n \geq 3$에 대하여 디오판토스 방정식 $x^n + y^n = z^n$은 양의 정수해를 갖지 않습니다. 하지만 $n = 1$, $n = 2$에 대해서는 해가 존재합니다. $n = 2$일 때의 디오판토스 방정식을 관찰해 보세요. 이 방정식은 결국 피타고라스 정리(Pythagorean theorem)를 만족하는 정수를 찾는 것이며, 이러한 수들을 **피타고라스 세 쌍**(Pythagorean triples)이라고 합니다.

피타고라스 세 쌍이란 무엇일까요?

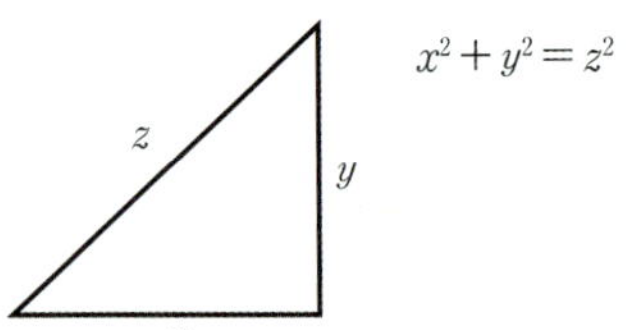

$x^2 + y^2 = z^2$을 만족하는 정수 x, y, z를 말합니다.

[그림 8-1] 피타고라스 세 쌍

예를 들면 다음과 같습니다.

$$3^2+4^2=5^2,\ 5^2+12^2=13^2,\ 7^2+24^2=25^2,\ 1980^2+9801^2=9999^2,\ \cdots$$

이 예들 중 첫 번째 피타고라스 세 쌍 $3^2+4^2=5^2$을 통해 다음을 보일 수 있습니다.

"임의의 양의 정수 n에 대하여, $(3n)^2+(4n)^2=(5n)^2$"

따라서 무한하게 많은 피타고라스 세 쌍이 존재합니다.

피타고라스 세 쌍을 만드는 방법은 많습니다. 그 중 하나는 홀수인 양의 정수 $x=2n+1$에서 시작하는 것입니다. 이를 제곱하고 절반으로 나누면 $\frac{(2n+1)^2}{2}$입니다. 따라서 피타고라스 세 쌍 중 나머지 2개는 여기에서 $\frac{1}{2}$을 뺀 것과 더한 것으로 다음과 같습니다.

$$y=\frac{(2n+1)^2}{2}-\frac{1}{2}=\frac{(2n+1)^2-1}{2},\ z=\frac{(2n+1)^2}{2}+\frac{1}{2}=\frac{(2n+1)^2+1}{2}$$

예를 들어 $n=5$일 때 $x=11$, $y=\frac{11^2-1}{2}=60$, $z=\frac{11^2+1}{2}=61$입니다. 따라서 피타고라스 세 쌍은 $x=11, y=60, z=61$입니다. $x^2+y^2=z^2$을 확인해보세요.

8.1절 [연습문제 05(c)]에서 짝수인 정수 $x=2mn$에서 시작하여 다음과 같은 공식으로 피타고라스 세 쌍을 만들 수 있음을 보일 것입니다.

$$x=2mn,\ y=n^2-m^2,\ z=n^2+m^2$$

이때 $n>m$이고 mn은 홀수이며, m과 n은 서로소입니다. $m=1$인 특별한 경우에 해당하는 피타고라스 세 쌍은 $x=2n$, $y=n^2-1$, $z=n^2+1$입니다.

8.1.2 두 제곱수의 합

? 모든 정수를 두 제곱수의 합으로 나타낼 수 있을까요?

$1=1^2+0^2$, $2=1^2+1^2$으로 나타낼 수 있습니다.

? 그렇다면 $x^2+y^2=3$을 만족하는 정수 x, y를 찾을 수 있을까요?

찾을 수 없습니다. 따라서 3을 두 제곱수의 합으로 나타낼 수 없으므로, 모든 양의 정수를 두 제곱수의 합으로 표현할 수는 없다고 결론지을 수 있습니다.

제곱수에 대한 질문을 확장해봅시다.

? 모든 양의 정수를 세 제곱수의 합으로 나타낼 수 있을까요?

아니요. 7의 경우에는 제곱이 4개 필요합니다($7 = 2^2 + 1^2 + 1^2 + 1^2$).

다음 절에서 모든 양의 정수가 네 제곱수의 합으로 쓸 수 있음을 증명합니다. 이 절에서는 두 제곱수의 합으로 쓸 수 있는 정수를 살펴보겠습니다.

[표 8-1]은 1부터 100까지의 정수 중에서 두 제곱수의 합으로 나타낼 수 있는 수 43개를 네모 박스로 표기한 것입니다.

? 이렇게 네모 박스로 표기한 수들에서 패턴을 찾을 수 있을까요?

[표 8-1] 1부터 100까지의 정수 중 두 제곱수의 합으로 나타낼 수 있는 수

[1]	[2]	3	[4]	[5]	6	7	[8]	[9]	[10]
11	12	[13]	14	15	[16]	[17]	[18]	19	[20]
21	22	23	24	[25]	[26]	27	28	[29]	30
31	[32]	33	[34]	35	[36]	[37]	38	39	[40]
[41]	42	43	44	[45]	46	47	48	[49]	[50]
51	[52]	[53]	54	55	56	57	[58]	59	60
[61]	62	63	[64]	[65]	66	67	[68]	69	70
71	[72]	[73]	[74]	75	76	77	78	79	[80]
[81]	[82]	83	84	[85]	86	87	88	[89]	[90]
91	92	93	94	95	96	[97]	[98]	99	[100]

분명히 모든 정수에 해당되는 것은 아니며, 홀수이거나 짝수인 패턴도 아닙니다.

? 그렇다면 어떤 패턴이 존재할까요?

제곱수 n^2을 $n^2 = n^2 + 0^2$으로 쓸 수 있으므로, 제곱수는 확실히 두 제곱수의 합으로 나타낼 수 있습니다. 또한 n^2+1은 $n^2+1 = n^2+1^2$이므로, 두 제곱수의 합으로 나타낼 수 있습니다. 그러나 n^2과 n^2+1은 [표 8-1]에서 네모 박스로 표기한 수를 모두 포함하지는 못합니다. 실제로 수를 두 제곱수의 합으로 표현할 수 있는 간단한 패턴은 없습니다. 이 절 후반부의 결과인 [정리 8-5]에서 어떤 정수가 두 제곱수의 합으로 변환될 수 있는지 판별하는 기준을 제공합니다.

주어진 정수를 두 제곱수의 합으로 변환하려면 바로 이어서 학습할 대수적 항등식을 사용해야 합니다.

8.1.3 두 제곱 항등식

? 수학에서 항등식이라는 용어는 무엇을 의미할까요?

변수에 어떠한 값을 대입해도 양변이 같음을 의미합니다. 예를 들면 다음과 같습니다.

"$(x+y)^2 = x^2+2xy+y^2$과 $\cos^2\theta + \sin^2\theta = 1$은 항등식입니다."

하지만 $2x-1=0$은 항등식이 아닙니다. 이 방정식은 $x=\frac{1}{2}$일 때만 등식이 성립하기 때문입니다.

다음 항등식에서는 곱이 합으로 바뀝니다. 이를 **두 제곱 항등식**(two squares identity) 또는 **변환 항등식**(conversion identity)이라고 합니다.

> **정리 8-1 두 제곱 항등식**
>
> 임의의 정수 a, b, c, d에 대하여 다음이 성립합니다.
>
> $$(a^2+b^2)(c^2+d^2) = (ac-bd)^2 + (ad+bc)^2$$

증명

좌변을 전개해봅시다.

$$(a^2+b^2)(c^2+d^2) = a^2c^2 + a^2d^2 + b^2c^2 + b^2d^2 \qquad (*)$$

우변을 전개해봅시다.

$$\begin{aligned}(ac-bd)^2 + (ad+bc)^2 &= (a^2c^2 - 2abcd + b^2d^2) + (a^2d^2 + 2abcd + b^2c^2) \\ &= a^2c^2 + b^2d^2 + a^2d^2 + b^2c^2 \quad (-2abcd + 2abcd = 0\text{이므로})\end{aligned}$$

우변 전개식의 마지막 줄과 (*)에 의해 다음 항등식이 성립합니다.

$$(a^2+b^2)(c^2+d^2) = (ac-bd)^2 + (ad+bc)^2 \qquad ■$$

[정리 8-1]의 두 제곱 항등식은 곱(인수분해된 것)을 합으로 바꾸는 데 사용합니다. 다음 [예제 8-1]을 통해 살펴봅시다.

예제 8-1 **두 가지 방법으로 225를 두 제곱수의 합으로 변환해보세요.**

풀이
명백한 해로 $15^2 = 225$가 있습니다. 따라서 $225 = 15^2 + 0^2$입니다.

또 다른 방법은 다음과 같이 225를 인수분해하고, [정리 8-1]의 두 제곱 항등식을 이용해 다음의 곱을 합으로 바꾸는 것입니다.

$$225 = 5 \times 45$$

5는 $5 = 1^2 + 2^2$으로, 45는 $45 = 9 + 36 = 3^2 + 6^2$으로 나타낼 수 있습니다. 두 제곱 항등식에 $a = 1,\ b = 2,\ c = 3,\ d = 6$을 대입해봅시다.

$$\begin{aligned} 225 &= 5 \times 45 \\ &= (1^2 + 2^2) \times (3^2 + 6^2) \\ &= ([1 \times 3] - [2 \times 6])^2 + ([1 \times 6] + [2 \times 3])^2 \quad \text{(두 제곱 항등식에 의해 곱을 합으로 변경)} \\ &= (-9)^2 + 12^2 = 9^2 + 12^2 \end{aligned}$$

정수를 두 제곱수의 합으로 변환할 때 단 하나의 형태로만 표현되진 않습니다. $225 = 15^2 + 0^2 = 9^2 + 12^2$이기 때문입니다. 그러나 주어진 정수가 소수라면 두 제곱수의 합은 단 하나의 형태로만 표현됩니다. 이에 대해서는 나중에 살펴보겠습니다.

다음 예제에서 볼 수 있듯이, 먼저 주어진 정수를 인수분해한 다음 [정리 8-1]의 두 제곱 항등식을 반복적으로 적용하여 곱을 합으로 변환합니다.

예제 8-2 **8177을 두 제곱수의 합으로 변환해보세요.**

풀이
8177을 소인수분해하면 다음과 같습니다.

$$8177 = 13 \times 17 \times 37$$

각각의 수들을 두 제곱수의 합으로 나타내봅시다.

$$13 = 2^2 + 3^2,\quad 17 = 1^2 + 4^2,\quad 37 = 1^2 + 6^2$$

곱 13×17에 두 제곱 항등식을 적용해봅시다.

$$\begin{aligned} 13 \times 17 &= (2^2 + 3^2) \times (1^2 + 4^2) \\ &= ([2 \times 1] - [3 \times 4])^2 + ([2 \times 4] - [3 \times 1])^2 \quad \text{(두 제곱 항등식에 의해)} \\ &= (-10)^2 + 11^2 = 10^2 + 11^2 \end{aligned}$$

곱을 두 제곱수의 합으로 변환했습니다. 두 제곱 항등식을 다시 $13\times17=10^2+11^2$과 $37=1^2+6^2$에 적용해봅시다.

$$\begin{aligned}8177&=(13\times17)\times37\\&=(10^2+11^2)\times(1^2+6^2)\\&=([10\times1]-[11\times6])^2+([10\times6]-[11\times1])^2 \quad \text{(두 제곱 항등식에 의해)}\\&=(-56)^2+71^2=56^2+71^2\end{aligned}$$

따라서 8177을 두 제곱수의 합으로 나타내면 56^2+71^2입니다.

8177을 두 제곱수의 합으로 나타낸 표현이 56^2+71^2으로 유일한 것은 아닙니다. 8177을 두 제곱수의 합으로 나타낸 표현은 다음과 같이 3개가 더 있습니다.

$$8177=16^2+89^2=44^2+79^2=49^2+76^2=56^2+71^2$$

8.1절 [연습문제 23]에서는 다음을 증명할 것입니다.

"n이 $p\equiv1\pmod 4$를 만족하는 r개의 서로 다른 소수 p의 곱이라면,
n은 2^{r-1}개의 서로 다른 방법으로 두 제곱수의 합으로 나타낼 수 있습니다."

한편, $8177=13\times17\times37$은 다음의 합동식을 만족하는 서로 다른 세 소수의 곱입니다.

$$13\equiv17\equiv37\equiv1\pmod 4$$

그러므로 $2^{3-1}=2^2=4$개의 서로 다른 두 제곱수의 합이 존재합니다.

두 제곱수의 합으로 나타낼 수 있는 225, 8177과 같은 정수들의 특별한 점은 무엇일까요?

이 정수들의 소인수분해에서 소인수 p는 $p\equiv1\pmod 4$를 만족합니다. 이제 소수 p가 $p\equiv1\pmod 4$를 만족하면 두 제곱수의 합으로 쓸 수 있음을 증명하겠습니다. 연습문제에서는 소수 p에 대한 제곱수의 합 표현이 유일함을 증명합니다. 그 전에 [보조정리 8-2]를 알아야 합니다.

보조정리 8-2

$p\equiv1\pmod 4$를 만족하는 소수 p와 $k<p$인 양의 정수 k에 대하여, $x^2+y^2=kp$를 만족하는 양의 정수 x, y가 존재합니다.

증명

8.1절 [연습문제 10]에서 증명합니다. ■

수학에서 아주 놀라운 정리 중 하나는 다음과 같습니다.

정리 8-3
$p \equiv 1 \pmod 4$를 만족하는 소수 p는 두 제곱수의 합으로 나타낼 수 있습니다.

이 정리는 4로 나누었을 때 나머지가 1인 모든 소수는 두 제곱수의 합으로 쓸 수 있음을 의미합니다. 이 결과를 증명하려면 입문 장에서 제시한 **자연수의 정렬성**(WOP ; Well-Ordering Principle)[1]을 사용해야 합니다. 상당히 어렵고 긴 증명이 될 것입니다.

증명

$p \equiv 1 \pmod 4$라고 하면, [보조정리 8-2]에 의해 다음을 만족하는 양의 정수 x, y가 존재합니다.

$$0 < k < p\text{에 대하여, } x^2 + y^2 = kp$$

자연수의 정렬성(WOP)에 의해, k 값 중에서 최솟값을 m이라 하면 다음과 같습니다.

$$m\text{이 이를 만족하는 최소 양의 정수일 때, } x^2 + y^2 = mp$$

무엇을 증명해야 할까요?

$m = 1$임을 증명해야 합니다.

어떻게 증명할까요?

귀류법을 이용합니다. $m > 1$이라고 가정합시다.

다음과 같이 정수 a, b를 정의합니다.

$$-\frac{m}{2} < a, b \le \frac{m}{2}\text{에 대하여, } a \equiv x \pmod m,\ b \equiv y \pmod m$$

그러므로 다음이 성립합니다.

$$a^2 + b^2 \equiv x^2 + y^2 = mp \equiv 0 \pmod m \qquad (*)$$

즉, 정수 $n(\ge 0)$이 존재하여 다음을 만족합니다.

$$a^2 + b^2 = mn \qquad (**)$$

1 공집합이 아닌 양의 정수의 부분집합에는 가장 작은 원소가 있다는 의미입니다.

(*)와 (**)를 곱해봅시다.

$$(a^2+b^2)(x^2+y^2)=(mn)(mp)=m^2np$$

[정리 8-1]의 두 제곱 항등식을 좌변에 적용합니다.

$$\begin{aligned}(a^2+b^2)(x^2+y^2)&=(b^2+a^2)(x^2+y^2)\\&\underbrace{=}_{\text{두 제곱 항등식에 의해}}(bx-ay)^2+(by+ax)^2=m^2np \qquad (\dagger)\end{aligned}$$

괄호 안의 $(bx-ay)$와 $(by+ax)$를 살펴봅시다. $a\equiv x \pmod m$, $b\equiv y \pmod m$이므로, $bx-ay\equiv yx-xy\equiv 0 \pmod m$입니다. 마찬가지로 다음이 성립합니다.

$$by+ax\equiv yy+xx\equiv y^2+x^2\equiv 0 \pmod m \quad \text{((*)에 의해)}$$

$bx-ay$와 $by+ax$는 모두 m의 배수입니다. 즉, (†)를 m^2으로 나누어 다음과 같이 두 제곱수의 합으로 나타낼 수 있습니다.

$$\left(\frac{bx-ay}{m}\right)^2+\left(\frac{by+ax}{m}\right)^2=np \qquad (\dagger\dagger)$$

앞에 제시한 부등식 $-\frac{m}{2}<a,\, b\le\frac{m}{2}$으로부터 다음을 알 수 있습니다.

$$a^2+b^2\le\left(\frac{m}{2}\right)^2+\left(\frac{m}{2}\right)^2=\frac{m^2}{2}$$

(**)와 위의 부등식에 의해 다음과 같이 나타낼 수 있습니다.

$$a^2+b^2=mn\le\frac{m^2}{2} \quad\Rightarrow\quad n\le\frac{m}{2} \quad\Rightarrow\quad n<m \qquad (\ddagger)$$

$n=0$이면, 원하는 결과를 얻습니다.

? 왜 그럴까요?

(**)로부터 알 수 있습니다.

$$a^2+b^2=0 \quad\Rightarrow\quad a=b=0 \quad\Rightarrow\quad x\equiv a\equiv 0 \pmod m,\ y\equiv b\equiv 0 \pmod m$$

이 결과는 $m\mid x$, $m\mid y$를 의미하며, 다음을 알 수 있습니다.

$$m^2\mid(x^2+y^2)\underbrace{\Rightarrow}_{\text{(*)에 의해}} m^2\mid mp \quad\Rightarrow\quad m\mid p$$

m은 $0 < k < p$인 k 값 중에서 최솟값이므로, $m < p$입니다. 소수 p의 인수는 오직 1과 p이므로 $m = 1$입니다. n이 양의 정수라면 (††)에서 np는 두 제곱수의 합입니다. 그런데 (‡)에서 $n < m$이므로 모순입니다.

왜 그럴까요?

m이 두 제곱수의 합으로 나타낼 수 있는 최소의 양의 정수였는데 더 작은 양의 정수 n을 찾았기 때문입니다. 그렇다면 $m > 1$이라는 가정은 틀린 것이므로, $m = 1$이고 $x^2 + y^2 = mp = p$입니다. 따라서 $p \equiv 1 \pmod 4$는 두 제곱수의 합으로 쓸 수 있습니다. ■

$p \equiv 1 \pmod 4$를 만족하는 소수 p는 두 제곱수의 합으로 쓸 수 있습니다. 연습문제에서 이 명제의 역 또한 참임을 보이고, 유일한 표현임을 증명하겠습니다.

> **정리 8-4**
> 홀수인 소수 p를 유일한 두 제곱수의 합으로 나타낼 수 있습니다. $\Leftrightarrow$ $p \equiv 1 \pmod 4$

증명

8.1절 [연습문제 22]에서 증명합니다. ■

참고로 $p = 2$이면, $1^2 + 1^2 = 2$는 두 제곱수의 합입니다. 소수를 두 제곱수의 합으로 변환한 결과는 단 하나입니다. 반면에 합성수를 두 제곱수의 합으로 변환한 결과는 [예제 8-1]에서 살펴본 것처럼 하나 이상일 수 있습니다.

다음으로 (소수뿐 아니라) 두 제곱수의 합으로 나타낼 수 있는 정수를 판별하기 위한 기준을 세워보겠습니다.

8.1.4 두 제곱수의 합 정리

이제 어떤 정수를 두 제곱수의 합으로 변환할 수 있는지 판단하는 기준을 증명해보고자 합니다.

> **정리 8-5 두 제곱수의 합 정리(sum of two squares theorem)**
> m을 양의 정수라 하고, 서로 다른 소수 $p_i(i = 1, 2, \cdots, r)$에 대하여 $m = p_1 \times p_2 \times \cdots \times p_r \times N^2$이라 합시다. 그러면 모든 소수 p_j가 $p_j = 2$이거나 $j = 1, \cdots, r$에 대하여 $p_j \equiv 1 \pmod 4$인 경우에 m을 두 제곱수의 합으로 쓸 수 있습니다.

8.1절 [연습문제 11]에서 $m > 1$인 임의의 정수 $m(m=1$이면 $m = 1^2 + 0^2)$을 다음과 같이 나타낼 수 있음을 증명합니다.

$$m = p_1 \times p_2 \times \cdots \times p_r \times N^2$$

증명

$m = p_1 \times p_2 \times \cdots \times p_r \times N^2$이라 합시다. 곱 $p_1 \times p_2 \times \cdots \times p_r$이 두 제곱수의 합으로 변환됨을 보이면 증명은 끝납니다.

왜 그럴까요?

두 제곱수의 합으로 변환된다는 것은 $p_1 \times p_2 \times \cdots \times p_r = a^2 + b^2$을 의미하므로 다음이 성립하기 때문입니다.

$$\begin{aligned} m &= (p_1 \times p_2 \times \cdots \times p_r) \times N^2 \\ &= (a^2 + b^2) \times N^2 \\ &= (aN)^2 + (bN)^2 \end{aligned}$$

따라서 소수의 곱 $p_1 \times p_2 \times \cdots \times p_r$을 두 제곱수의 합으로 나타낼 수 있음을 증명하면 됩니다.

어떻게 증명할까요?

수학적 귀납법을 이용합니다.

[정리 8-3]에 의해, $r = 1$일 때는 다음이 성립합니다.

$n = p$, $p \equiv 1 \pmod 4$라고 하면, n을 두 제곱수의 합으로 나타낼 수 있습니다.

k개 소수들의 곱도 두 제곱수의 합으로 나타낼 수 있다고 합시다. 즉, $r = k$일 때 다음이 성립한다고 합시다.

$$p_1 \times p_2 \times \cdots \times p_k = x_k^2 + y_k^2 \qquad (*)$$

$r = k + 1$에 대해서도 성립함을 보여야 합니다.

$$p_1 \times p_2 \times \cdots \times p_k \times p_{k+1} = (x_{k+1})^2 + (y_{k+1})^2$$

이 방정식의 좌변을 다음과 같이 쓸 수 있습니다.

$$\underbrace{(p_1 \times p_2 \times \cdots \times p_k)}_{= x_k^2 + y_k^2 \ ((*)\text{에 의해})} \times p_{k+1} = (x_k^2 + y_k^2) \times p_{k+1} \qquad (\dagger)$$

소수 p_{k+1}은 $2=1^2+1^2$이거나 $p_k \equiv 1 \pmod 4$임이 주어져 있습니다. [정리 8-3]에 의해, 각 경우에 대하여 다음과 같이 두 제곱수의 합으로 이 소수를 나타낼 수 있습니다.

$$p_{k+1} = x^2 + y^2$$

$p_{k+1} = x^2 + y^2$을 (†)에 대입해봅시다.

$$(x_k^2 + y_k^2) \times p_{k+1} = (x_k^2 + y_k^2) \times (x^2 + y^2)$$

곱 $(x_k^2 + y_k^2) \times (x^2 + y^2)$에 다음과 같은 [정리 8-1]의 두 제곱 항등식을 적용하면 두 제곱수의 합으로 나타낼 수 있습니다.

$$(a^2+b^2)(c^2+d^2) = (ac-bd)^2 + (ad+bc)^2$$

앞에서 얻은 식에 이 결과를 적용하면 다음을 얻을 수 있습니다.

$$\begin{aligned} p_1 \times p_2 \times \cdots \times p_k \times p_{k+1} &= (x_k^2 + y_k^2) \times (x^2 + y^2) \\ &= (x_k x - y_k y)^2 + (x_k y + y_k x)^2 \quad \text{(두 제곱 항등식에 의해)} \\ &= (x_{k+1})^2 + (y_{k+1})^2, \quad (x_{k+1} = x_k x - y_k y,\ y_{k+1} = x_k y + y_k x) \end{aligned}$$

따라서 수학적 귀납법에 의해 $p_1 \times p_2 \times \cdots \times p_r$은 두 제곱수의 합으로 나타낼 수 있습니다. 그 결과 $p_j = 2$ 또는 $p_j \equiv 1 \pmod 4$일 때, $m = p_1 \times p_2 \times \cdots \times p_r \times N^2$은 두 제곱수의 합으로 나타낼 수 있습니다. ■

예제 8-3 **1352를 두 제곱수의 합으로 변환해보세요.**

풀이

먼저 1352를 인수분해해봅시다. 1352가 짝수이므로 인수에 2가 있습니다. $8 = 2^3$이 인수입니다.

$$1352 = 8 \times 169 = 2^3 \times 13^2$$

$1352 = 2^3 \times 13^2$을 [정리 8-5]에 주어진 $m = p_1 \times p_2 \times \cdots \times p_r \times N^2$ 형태로 나타내봅시다.

$$1352 = 2^3 \times 13^2 = \underbrace{2}_{=p_1} \times \underbrace{(2 \times 13)^2}_{=N} = 2 \times 26^2$$

$p_1 = 2$이므로, 1352를 두 제곱수의 합으로 나타낼 수 있습니다.

$$\begin{aligned} 1352 &= 2 \times 26^2 \\ &= (1^2 + 1^2) \times 26^2 = 26^2 + 26^2 \end{aligned}$$

예제 8-4 **360을 두 제곱수의 합으로 변환해보세요.**

풀이

360을 인수분해하면, $360 = 2^3 \times 3^2 \times 5$입니다. 이를 [정리 8-5]의 $m = p_1 \times p_2 \times \cdots \times p_r \times N^2$ 형태로 나타냅니다.

$$360 = 2^3 \times 3^2 \times 5 = \underbrace{2}_{=p_1} \times \underbrace{5}_{=p_2} \times \underbrace{(2 \times 3)^2}_{=N} \qquad (*)$$

소수 $p_1 = 2$이고, $p_2 = 5 \equiv 1 \pmod 4$이므로, 360을 두 제곱수의 합으로 나타낼 수 있습니다. 먼저 다음과 같이 두 소수의 곱을 변환해봅시다.

$$2 \times 5 = 10 = 1^2 + 3^2$$

$2 \times 5 = 10 = 1^2 + 3^2$을 $(*)$에 대입합니다.

$$\begin{aligned} 360 &= 2 \times 5 \times (2 \times 3)^2 \\ &= (1^2 + 3^2) \times 6^2 \\ &= (1 \times 6)^2 + (3 \times 6)^2 = 6^2 + 18^2 \end{aligned}$$

따라서 $360 = 6^2 + 18^2$입니다($5 \equiv 1 \pmod 4$이므로 유일한 두 제곱의 합 표현입니다).

예제 8-5 **255를 두 제곱수의 합으로 변환해보세요.**

풀이

먼저 255를 두 제곱수의 합으로 표현할 수 있는지 살펴봅시다. 255를 인수분해하면 $3 \times 5 \times 17$입니다. 소수 중 하나인 3이 $3 \equiv 3 \pmod 4$이므로, 255는 두 제곱수의 합으로 나타낼 수 없습니다.

이제 어떤 정수가 두 제곱수의 합으로 표현되지 않는지 알아보겠습니다.

8.1.5 두 제곱수의 합으로 표현되지 않는 정수

? [표 8-1]에서 네모 박스 표기되지 않은(두 제곱수의 합으로 나타낼 수 없는) 57개의 수에는 패턴이 있을까요?

$n \equiv 3 \pmod 4$이면, n은 두 제곱수의 합으로 나타낼 수 없습니다. 예를 들어 [표 8-1]에서 $n = 3, 7, 11, 15, \cdots$는 법 4에 대하여 3과 합동이므로, 다음과 같이 두 제곱수의 합으로 나타낼 수 없습니다.

$$3 \neq a_1^2 + b_1^2,\ 7 \neq a_2^2 + b_2^2,\ 11 \neq a_3^2 + b_3^2,\ 15 \neq a_4^2 + b_4^2,\ \cdots$$

$n \equiv 3 \pmod 4$를 만족하는 모든 n에 대하여 이 결과가 성립함을 증명해야 합니다.

명제 8-6

$n \equiv 3 \pmod 4$이면 n은 두 제곱수의 합으로 나타낼 수 없습니다.

이 명제를 어떻게 증명할까요?

귀류법으로 증명합니다.

증명

$n \equiv 3 \pmod 4$이고, n을 두 제곱수의 합 $n = a^2 + b^2$으로 나타낼 수 있다고 가정합시다. 1.2절 [연습문제 02]에 의하면 다음과 같습니다.

임의의 정수의 제곱은 $4m$ 또는 $4m+1$ 형태입니다.

이를 적용하면 $a^2 \equiv 0, 1 \pmod 4$, $b^2 \equiv 0, 1 \pmod 4$입니다. 둘을 더해봅시다.

$$n = a^2 + b^2 \equiv \underbrace{0,\ 1}_{=a^2} + \underbrace{0,\ 1}_{=b^2} \equiv 0,\ 1,\ 2 \pmod 4$$

$n \equiv 0, 1, 2 \pmod 4$이면 $n \not\equiv 3 \pmod 4$이므로 모순이 발생합니다. $n \equiv 3 \pmod 4$라고 주어져 있기 때문입니다. 그러므로 n을 두 제곱수의 합으로 나타낼 수 있다는 가정은 틀렸습니다. 즉, n은 두 제곱수의 합으로 나타낼 수 없습니다. ■

예를 들어 $27 \equiv 3 \pmod 4$는 두 제곱수의 합으로 나타낼 수 없습니다. 그러나 두 제곱수의 합으로 나타낼 수 없는 모든 정수가 $n \equiv 3 \pmod 4$에 해당하는 건 아닙니다. 예를 들어 [표 8-1]에서 합성수 69는 두 제곱수의 합으로 표현할 수 없지만 $69 \equiv 1 \not\equiv 3 \pmod 4$입니다.

69는 소수가 아닙니다. 소수는 [정리 8-3]에 따라 두 제곱수의 합으로 쓸 수 있습니다. 실제로 $69 = 8^2 + 2^2 + 1^2$입니다. 즉, 69를 제곱수의 합으로 나타내려면 3개의 제곱이 필요합니다.

$69 = 3 \times 23$의 소인수는 다음을 만족합니다.

$$3 \equiv 23 \equiv 3 \pmod 4$$

때로는 주어진 정수가 두 제곱수의 합으로 표현되는지 판단하기 위해, 다음과 같은 [정리 8-5]의 역을 사용하는 것이 더 쉽습니다.

정리 8-7 두 제곱수의 합 정리의 역

서로 다른 소수 p_j에 대하여 $m = p_1 \times p_2 \times \cdots \times p_r \times N^2$이라 합시다. m을 두 제곱수의 합으로 나타낼 수 있다면, 소수 p_j 중 어떤 것도 $j = 1, \cdots, r$에 대하여 $p_j \equiv 3 \pmod 4$를 만족하지 않습니다.

증명

8.1절 [연습문제 24]에서 증명합니다. ■

앞서 살펴본 3개의 결과 [정리 8-5], [명제 8-6], [정리 8-7]로부터 다음의 따름정리를 알 수 있습니다.

따름정리 8-8

서로 다른 소수 p_j에 대하여 $n = p_1 \times p_2 \times \cdots \times p_r \times N^2$이라 하면 다음이 성립합니다.

n을 두 제곱수의 합으로 나타낼 수 없습니다.

$\Leftrightarrow$ n은 어떤 $j = 1, \cdots, r$에 대하여 소인수 $p_j \equiv 3 \pmod 4$를 가집니다.

증명

8.1절 [연습문제 25]에서 증명합니다. ■

이 따름정리는 n의 소인수분해에서 소인수 $p \equiv 3 \pmod 4$의 지수가 홀수이면, n은 두 제곱수의 합으로 나타낼 수 없음을 의미합니다. 이를 통해 어떤 수가 두 제곱수의 합으로 표현될 수 있는지를 쉽게 확인할 수 있습니다.

그러나 소수 $p \equiv 3 \pmod 4$의 지수가 짝수이면, 수 n은 두 제곱수의 합으로 나타낼 수 있습니다. 예를 들어 $7 \equiv 3 \pmod 4$에 대하여 다음과 같이 쓸 수 있습니다.

$$245 = 5 \times 7^2 = 14^2 + 7^2$$

8.1절 [연습문제 20]을 참고하세요.

핵심요약

- 이 절에서는 주어진 정수를 두 제곱수의 합으로 변환했습니다.
- 주어진 정수를 두 제곱수의 합으로 나타낼 수 있는지를 판별하는 방법은 다음과 같습니다.

$m = p_1 \times p_2 \times \cdots \times p_r \times N^2$일 때 모든 소수 p_j가 $p_j = 2$이거나 $p_j \equiv 1 \pmod{4}$이면, 두 제곱수의 합으로 나타낼 수 있습니다.

8.1 연습문제

01. 다음 정수를 두 제곱수의 합으로 변환해보세요.

(a) 36 (b) 37

(c) 101 (d) 170

(e) 229

02. 다음 정수를 두 제곱수의 합으로 변환해보세요.

(a) 256 (b) 281

(c) 512 (d) 2048

03. 다음 정수를 두 제곱수의 합으로 변환해보세요.

(a) 202 (b) 205

(c) 180

04. 다음 정수를 두 제곱수의 합으로 변환해보세요.

(a) 2016

(b) 2015

(c) 2017

힌트 2017은 소수입니다. 2017의 제곱근을 생각해보세요.

(d) 2018

힌트 $2018 = 2 \times 1009$입니다. $1009 - 28^2$을 구해보세요.

(e) $2019 = 3 \times 673$

(f) 2020

05. 피타고라스 세 쌍과 관련된 다음 항등식이 성립함을 증명해보세요.

(a) $(3n)^2 + (4n)^2 = (5n)^2$

(b) $(2n)^2 + (n^2 - 1)^2 = (n^2 + 1)^2$

(c) $(2mn)^2 + (n^2 - m^2)^2 = (n^2 + m^2)^2$

06. 자연수 n에 대하여 2^n을 두 제곱수의 합으로 나타낼 수 있음을 증명해보세요.

07. 짝수인 양의 정수 k에 대하여 양의 정수 n^k을 두 제곱수의 합으로 나타낼 수 있음을 증명해보세요.

08. 자연수 n을 두 제곱수의 합으로 나타낼 수 있다면, $k^2 n$도 두 제곱수의 합으로 나타낼 수 있음을 증명해보세요.

09. 다음을 증명해보세요.

소수 p가 $p \equiv 1 \pmod 4$를 만족하고 k가 자연수일 때, $n = p^k$을 두 제곱수의 합으로 나타낼 수 있습니다.

10. [보조정리 8-2]를 증명해보세요.

11. $n > 1$인 임의의 정수 n을 서로 다른 소수 p_j에 대하여 $n = p_1 \times p_2 \times \cdots \times p_r \times N^2$과 같이 나타낼 수 있음을 증명해보세요.

12. 임의의 정수 a, b, c, d에 대하여 다음 항등식을 증명해보세요. 이 식은 [정리 8-1]처럼 제곱수의 합을 나타내는 또 다른 항등식입니다.

$$(a^2+b^2) \times (c^2+d^2)$$
$$= (ac+bd)^2 + (ad-bc)^2$$

13. 다음은 피타고라스 세 쌍에 대한 질문입니다. 다음 제곱수를 영이 아닌 두 제곱수의 합으로 변환해보세요.

(a) 5^2 (b) 17^2

(c) 29^2 (d) 202^2

14. 제곱수의 합에 대한 항등식을 사용하여, 다음의 피타고라스 세 쌍에 대한 항등식이 성립함을 증명해보세요.

$$(a^2+b^2)^2 = (a^2-b^2)^2 + (2ab)^2$$

15. 다음을 증명해보세요.

$\gcd(x, y) = 1$이고 $x^2 + y^2 = z^2$이면, $\gcd(x, z) = \gcd(y, z) = 1$입니다.

16. $x^2 + y^2 = 178$을 만족하는 정수 x, y를 모두 구해보세요.

17. $1105 = 5 \times 13 \times 17$을 두 제곱수의 합으로 나타내되, 네 가지 방법으로 나타내보세요.

18. 다음을 증명해보세요.

$p \equiv q \equiv 1 \pmod 4$에 대하여 $n = p \times q$이면, n은 두 제곱수의 합으로 나타낼 수 있습니다.

19. 다음 물음에 답해보세요.

(a) 6을 두 제곱수의 합으로 나타낼 수 없는 이유를 설명해보세요.

(b) $n \equiv 3$ 또는 $6 \pmod 9$이면, n을 두 제곱수의 합으로 나타낼 수 없음을 보이세요.

(c) $n \equiv 6, 12, 24, 30 \pmod{36}$이면, n을 두 제곱수의 합으로 나타낼 수 없음을 보이세요.

*(d) $n \equiv 18 \pmod{36}$을 왜 두 제곱수의 합으로 나타낼 수 있다고 할 수 없는지 설명해보세요.

20. $p \equiv 3 \pmod 4$, e는 짝수, $q \equiv 1 \pmod 4$이고, 자연수 k에 대하여 $n = 2 \times p^e \times q^k$이라 할 때, n을 두 제곱수의 합으로 나타낼 수 있음을 증명해보세요.

21. 다음 내용이 거짓임을 증명해보세요.

(a) m이 두 제곱수의 합이고 $m \mid n$이면, n도 두 제곱수의 합으로 나타낼 수 있습니다.

(b) m, n을 두 제곱수의 합으로 나타낼 수 있다면, $m+n$도 두 제곱수의 합으로 나타낼 수 있습니다.

(c) 서로 다른 세 정수 n_1, n_2, n_3를 모두 두 제곱수의 합으로 나타낼 수 없다면, $n_1 + n_2 + n_3$도 두 제곱수의 합으로 나타낼 수 없습니다.

22. 다음 물음에 답해보세요.

**(ⅰ) $p \equiv 1 \pmod 4$를 만족하는 소수 p는 단 한 가지 방법으로만 두 제곱수의 합으로 나타낼 수 있음을 증명해보세요.

(ⅱ) [정리 8-4]를 증명해보세요.

*23. n이 $p_j \equiv 1 \pmod 4$를 만족하는 r개의 서로 다른 소수 p_j들의 곱이라 할 때, n을 두 제곱수의 합으로 나타낼 수 있는 방법의 수가 2^{r-1}임을 증명해보세요.

**24. [정리 8-7]을 증명해보세요.

25. [따름정리 8-8]을 증명해보세요.

8.2 네 제곱수의 합

학습목표

- 세 제곱수의 합에 한계가 있음을 이해할 수 있습니다.
- 주어진 정수를 네 제곱수의 합으로 변환할 수 있습니다.

8.2.1 세 제곱수의 합

? 8.2절의 제목이 '세 제곱수의 합'이 아닌 이유는 무엇일까요?

합을 세 제곱수의 합으로 확장하면 분명히 두 제곱수의 합보다 더 많은 수가 포함됩니다. 세 번째 제곱으로 0^2을 사용하면 두 제곱수의 모든 합을 포함할 수 있기 때문입니다. 다음은 0이 아닌 3개의 제곱이 필요한 정수입니다.

$$3 = 1^2 + 1^2 + 1^2,\ 6 = 2^2 + 1^2 + 1^2,\ 14 = 1^2 + 2^2 + 3^2,\ 19 = 1^2 + 3^2 + 3^2,\ \cdots$$

앞 절에서 언급했듯이, 모든 양의 정수를 세 제곱수의 합으로 나타낼 수는 없습니다. 이유는 다음과 같습니다.

$$7 = 2^2 + 1^2 + 1^2 + 1^2$$

7은 네 제곱수가 필요합니다. 세 제곱수와 관련한 또 다른 문제도 있습니다. 앞 절에서는 [정리 8-1]의 두 제곱 항등식을 다음과 같이 제시했습니다.

$$(a^2+b^2)(c^2+d^2)=(ac-bd)^2+(ad+bc)^2$$

세 제곱수에 대해서는 이러한 항등식이 없습니다. 즉, 다음과 같이 세 제곱수의 곱을 세 제곱수의 합으로 변환할 수 없음을 의미합니다.

$$\underbrace{(a^2+b^2+c^2)\times(x^2+y^2+z^2)}_{\text{세 제곱수의 곱}} \neq \underbrace{d^2+e^2+f^2}_{\text{세 제곱수의 합}}$$

예를 들어 $143=11\times 13$으로 각 인수를 다음과 같이 나타낼 수 있습니다.

$$11=3^2+1^2+1^2,\ \ 13=3^2+2^2+0^2$$

하지만 143에 대해서는 다음과 같습니다.

$$143=11\times 13\neq x^2+y^2+z^2$$

실제로 $143=11^2+3^2+3^2+2^2$입니다. 또한 다음과 같은 결과도 알 수 있습니다.

명제 8-9

정수 m, n에 대하여 $4^n(8m+7)$과 같은 형태의 양의 정수는 세 제곱수의 합으로 나타낼 수 없습니다.

따라서 다음과 같은 수는 세 제곱수의 합으로 나타낼 수 없습니다.

$$4^0((8\times 0)+7)=7,\ \ 4^1((8\times 0)+7)=28,\ \ 4^1((8\times 1)+7)=60,\ \cdots$$

증명

8.2절 [연습문제 12]에서 증명합니다. ■

? 자연스럽게 다음과 같은 질문으로 이어집니다. 세 제곱수의 합으로 나타낼 수 있는 조건은 없는 건가요?

그렇지 않습니다. $n\equiv 3\pmod 8$이면 이를 세 개의 양의 제곱수의 합으로 나타낼 수 있습니다. 이 결과를 8장 [종합문제 8.6]에서 증명합니다.

하지만 세 제곱수에 대한 항등식이 없다는 점과 [명제 8-9]에 따라, 주어진 정수를 세 제곱수의 합으로 변환하는 것은 불가능합니다.

8.2.2 네 제곱수의 합 항등식

여기서는 다음과 같은 강력한 결과를 제시합니다.

> 모든 양의 정수는 네 제곱수의 합으로 나타낼 수 있습니다.

이를 증명하려면 네 제곱수의 합 항등식이 필요합니다.

명제 8-10 네 제곱수의 합 항등식(sum of four squares identity)

$$(a^2+b^2+c^2+d^2)\times(x^2+y^2+z^2+w^2)=(ax+by+cz+dw)^2+(ay-bx+cw-dz)^2 +(az-bw-cx+dy)^2+(aw+bz-cy-dx)^2$$

이 항등식은 네 제곱수의 곱을 네 제곱수의 합으로 변환합니다.

증명

8.2절 [연습문제 13]에서 증명합니다. ■

다음 예제에서 네 제곱수의 합 항등식을 사용해 주어진 정수를 네 제곱수의 합으로 변환합니다.

예제 8-6 다음 물음에 답해보세요.

(i) 15를 네 제곱수의 합으로 변환해보세요.

(ii) 105를 네 제곱수의 합으로 변환해보세요.

풀이

(i) 먼저 15를 3×5로 인수분해하고, 정수 3, 5를 각각 네 제곱수의 합으로 나타냅니다.

$$3=1^2+1^2+1^2+0^2,\ \ 5=2^2+1^2+0^2+0^2$$

[명제 8-10]의 네 제곱수의 합 항등식을 사용하여 곱을 합으로 변환합니다.

$$\begin{aligned}3\times5&=\underbrace{(1^2+1^2+1^2+0^2)}_{=3}\times\underbrace{(2^2+1^2+0^2+0^2)}_{=5}\quad\text{(네 제곱수의 곱)}\\&=([1\times2]+[1\times1]+[1\times0]+[0\times0])^2\\&\quad+([1\times1]-[1\times2]+[1\times0]-[0\times0])^2\\&\quad+([1\times0]-[1\times0]-[1\times2]+[0\times1])^2\\&\quad+([1\times0]+[1\times0]-[1\times1]-[0\times2])^2\end{aligned}$$

$$= 3^2 + (-1)^2 + (-2)^2 + (-1)^2 = 3^2 + 1^2 + 2^2 + 1^2 \quad \text{(네 제곱수의 합)}$$

따라서 15를 네 제곱수의 합으로 변환하면 $3^2 + 1^2 + 2^2 + 1^2$입니다.

(ii) $105 = 7 \times 15$로 인수분해한 후 [명제 8-10]의 네 제곱수의 합 항등식을 사용하여 네 제곱수의 합으로 변환해봅시다.

$$\begin{aligned} 15 \times 7 &= \underbrace{(3^2 + 2^2 + 1^2 + 1^2)}_{=15\,((\text{i})\text{에 의해})} \times \underbrace{(2^2 + 1^2 + 1^2 + 1^2)}_{=7} \quad \text{(네 제곱수의 곱)} \\ &= ([3 \times 2] + [2 \times 1] + [1 \times 1] + [1 \times 1])^2 \\ &\quad + ([3 \times 1] - [2 \times 2] + [1 \times 1] - [1 \times 1])^2 \\ &\quad + ([3 \times 1] - [2 \times 1] - [1 \times 2] + [1 \times 1])^2 \\ &\quad + ([3 \times 1] + [2 \times 1] - [1 \times 1] - [1 \times 2])^2 \\ &= 10^2 + (-1)^2 + 0^2 + 2^2 = 10^2 + 2^2 + 1^2 + 0^2 \quad \text{(네 제곱수의 합)} \end{aligned}$$

즉, $105 = 10^2 + 2^2 + 1^2 + 0^2$입니다. 이는 105에 대하여 0이 아닌 3개의 제곱수만 필요함을 보여줍니다. 때로는 네 제곱수의 합 항등식을 사용하는 것보다 시행착오를 통해 변환하는 것이 더 쉽습니다. 예를 들어 105는 $100 + 5$이고 $100 = 10^2$, $5 = 2^2 + 1^2$임을 알고 있으므로 $105 = 10^2 + 2^2 + 1^2 + 0^2$으로 쉽게 나타낼 수 있습니다.

8.2.3 $x^2 + y^2 \equiv -1 \pmod p$ 풀기

모든 정수를 네 제곱수의 합으로 나타낼 수 있음을 증명하기 위해서는 합동 산술을 사용해야 합니다. 먼저 [보조정리 8-11]을 제시하고, 입문 장에서 정의한 다음의 비둘기집의 원리를 사용하여 [보조정리 8-11]을 증명하겠습니다.

비둘기집의 원리(pigeonhole principle)

$k+1$개 이상의 물건을 k개의 상자에 넣는 경우, 최소한 한 상자에는 그 물건이 2개 이상 들어 있습니다.

보조정리 8-11

p를 홀수인 소수라고 하면, $0 \le x, y \le \frac{p-1}{2}$일 때 $x^2 + y^2 \equiv -1 \pmod p$를 만족하는 정수 x, y가 존재합니다.

이 결과를 증명하기 전에 몇몇 수치적 예를 살펴봅시다.

(a) $x^2+y^2 \equiv -1 \pmod{13}$의 제한된 범위 $0 \le x,\, y \le \dfrac{p-1}{2} = \dfrac{13-1}{2} = 6$ 내에서의 몇몇 해는 다음과 같습니다.

$$\{x=5,\, y=0\},\ \{x=3,\, y=4\},\ \{x=4,\, y=3\} \pmod{13}$$

(b) $x^2+y^2 \equiv -1 \pmod{17}$의 몇몇 해는 다음과 같습니다.

$$\{x=1,\, y=7\},\ \{x=0,\, y=4\},\ \{x=5,\, y=5\} \pmod{17}$$

(c) $x^2+y^2 \equiv -1 \pmod{11}$의 몇몇 해는 다음과 같습니다.

$$\{x=1,\, y=3\},\ \{x=3,\, y=1\},\ \{x=4,\, y=4\} \pmod{11}$$

이 해들을 확인해보세요.

증명

모든 홀수인 소수 p에 대하여 주어진 이차합동식 $x^2+y^2 \equiv -1 \pmod{p}$가 $0 \le x,\, y \le \dfrac{p-1}{2}$을 만족하는 해 x, y를 가진다는 것을 증명해야 합니다.

주어진 합동식 $x^2+y^2 \equiv -1 \pmod{p}$에서 항 y^2을 이항하면 다음과 같습니다.

$$x^2 \equiv -1-y^2 \pmod{p}$$

이 방정식의 좌변과 우변을 각각 두 집합 S, T로 나누어 표현해봅시다.

$$S=\left\{0^2,\, 1^2,\, 2^2,\, \cdots,\, \left(\frac{p-1}{2}\right)^2\right\} \quad \left(x^2\text{에 } x=0,\,1,\,2,\,\cdots,\,\frac{p-1}{2}\text{을 대입}\right)$$

$$T=\left\{-1-0^2,\, -1-1^2,\, -1-2^2,\, \cdots,\, -1-\left(\frac{p-1}{2}\right)^2\right\}$$

$$\left(-1-y^2\text{에 } y=0,\,1,\,2,\,\cdots,\,\frac{p-1}{2}\text{을 대입}\right)$$

S 안의 임의의 두 정수는 서로 합동이 아닙니다.

? 왜 합동이 아닐까요?

$a \ne b$일 때 a^2, b^2이 모두 S 안에 있고, $a^2 \equiv b^2 \pmod{p}$라고 하면 다음이 성립합니다.

$$a^2 \equiv b^2 \pmod{p} \quad \Rightarrow \quad a \equiv \pm b \pmod{p}$$

$a, b \in \left\{0,\, 1,\, 2,\, \cdots,\, \dfrac{p-1}{2}\right\}$이므로 $a \equiv \pm b \pmod{p}$일 수 없습니다. $a \equiv b \pmod{p}$라면 $a=b$이고, $a \equiv -b \pmod{p}$라면 $a=-b$인데, 두 가지 모두 불가능합니다.

그러므로 S 안의 서로 다른 임의의 두 원소는 합동일 수 없습니다. 마찬가지로 T 안의 서로 다른 임의의 두 원소 역시 서로 합동일 수 없습니다. 각 집합에서 정수의 개수는 집합의 원소 개수와 같습니다.

$$\mathrm{card}(S) = \mathrm{card}\left\{0^2, 1^2, 2^2, \cdots, \left(\frac{p-1}{2}\right)^2\right\} = 1 + \frac{p-1}{2}$$

마찬가지로 집합 T의 원소 개수는 $\mathrm{card}(T) = 1 + \frac{p-1}{2}$입니다. 그러므로 다음이 성립합니다.

$\mathrm{card}(S) + \mathrm{card}(T) = 2\left(1 + \frac{p-1}{2}\right) = 2\left(\frac{2+p-1}{2}\right) = p+1$개의 정수가

$S \cup T$(S 또는 T) 안에 있습니다.

법 p에 대해서는 오직 p개의 정수가 존재하는데, $S \cup T$ 안에 $p+1$개의 원소가 있으므로, 앞에서 정의한 비둘기집의 원리에 따라 집합 S에 있는 최소 1개 이상의 정수가 집합 T에 있는 정수와 합동입니다. 그러므로 다음을 만족하는 정수 x_0, y_0가 있습니다.

$$0 \le x_0, y_0 \le \frac{p-1}{2} \text{이고, } x_0^2 \equiv -1 - y_0^2 \pmod{p}$$ ■

이 증명이 아름다운 증명이라는 점에 동의할 수 있을 겁니다.

예제 8-7 **[보조정리 8-11]의 증명에 주어진 두 집합을 사용하여, $0 \le x, y \le \frac{19-1}{2} = 9$일 때 $x^2 + y^2 \equiv -1 \pmod{19}$를 만족하는 정수 x, y를 구해보세요.**

풀이

주어진 방정식을 다음과 같이 정리해봅시다.

$$x^2 \equiv -1 - y^2 \pmod{p}$$

이 경우에 $p = 19$이므로 $\frac{p-1}{2} = \frac{19-1}{2} = 9$입니다. 그러므로 각 집합에는 $9+1=10$개의 정수가 있습니다(S와 T를 합치면 20개).

$$\begin{aligned} S &= \{0^2, \boxed{1^2}, 2^2, 3^2, 4^2, 5^2, 6^2, 7^2, 8^2, 9^2\} \\ &\equiv \{0, 1, 4, 9, 16, 25, 36, 49, 64, 81\} \pmod{19} \end{aligned}$$

$$\begin{aligned} T = \{&-1-0^2, -1-1^2, -1-2^2, -1-3^2, -1-4^2, -1-5^2, \\ &\boxed{-1-6^2}, -1-7^2, -1-8^2, -1-9^2\} \\ \equiv \{&-1, -2, -5, -10, -17, -26, -37, -50, -65, -82\} \pmod{19} \end{aligned}$$

집합 S와 T의 법 19에 대한 음이 아닌 최소의 잉여는 다음과 같습니다.

$$S' \equiv \{0, \boxed{1}, 4, 9, 16, 6, 17, 11, 7, 5\} \pmod{19}$$ (두 번째 원소)

$$T' \equiv \{18, 17, 14, 9, 2, 12, \boxed{1}, 7, 11, 13\} \pmod{19}$$ (일곱 번째 원소)

5개의 정수 1, 7, 9, 11, 17이 두 집합 S', T'에 공통으로 들어 있습니다. 집합 S', T'에 공통으로 있는 정수 1을 살펴보면, 집합 S'에 있는 1은 집합 S의 두 번째 원소인 1^2에 해당합니다. 또한 정수 1은 T'의 일곱 번째 원소이므로, 이는 집합 T의 일곱 번째 원소인 $-1-6^2$에 해당합니다. 그러므로 $x^2 \equiv -1-y^2 \pmod{19}$를 풀면 다음과 같습니다.

$$1^2 \equiv -1-6^2 \pmod{19} \quad \Rightarrow \quad x \equiv 1,\ y \equiv 6 \pmod{19}$$

마찬가지로 정수 7도 두 집합 S', T'에 공통으로 들어 있으며, 이 7은 집합 S에서는 끝에서 두 번째 원소이고 집합 T에서는 끝에서 세 번째 원소입니다. 따라서 다음과 같습니다.

$$8^2 \equiv -1-7^2 \pmod{19} \quad \Rightarrow \quad x \equiv 8,\ y \equiv 7 \pmod{19}$$

마찬가지로 남아 있는 공통인 정수 9, 11, 17을 확인하면 다음과 같습니다.

9인 경우 : $3^2 \equiv -1-3^2 \pmod{19} \quad \Rightarrow \quad x \equiv 3,\ y \equiv 3 \pmod{19}$

11인 경우 : $7^2 \equiv -1-8^2 \pmod{19} \quad \Rightarrow \quad x \equiv 7,\ y \equiv 8 \pmod{19}$

17인 경우 : $6^2 \equiv -1-1^2 \pmod{19} \quad \Rightarrow \quad x \equiv 6,\ y \equiv 1 \pmod{19}$

5개의 해는 다음과 같습니다(즉, 집합 S, T에 공통으로 있는 정수는 5개입니다).

$$\{x=1,\ y=6\},\ \{x=8,\ y=7\},\ \{x=3,\ y=3\},$$
$$\{x=7,\ y=8\},\ \{x=6,\ y=1\} \pmod{19}$$

이 해들 중에서 대칭인 해가 있습니다. $x \equiv 1,\ y \equiv 6$과 $x \equiv 6,\ y \equiv 1 \pmod{19}$입니다. 왜 대칭인 해가 존재할까요? 다음과 같은 이차식의 성질 때문입니다.

$$1^2+6^2 \equiv 6^2+1^2 \equiv 37 \equiv -1 \pmod{19}$$

이 예제에서는 $0 \le x,\ y \le 9$를 만족하는 $x^2+y^2 \equiv -1 \pmod{19}$의 해가 5개밖에 없습니다. 8.2절 [연습문제 06]에서 $x^2+y^2 \equiv -1 \pmod{19}$의 다른 해를 찾아보겠습니다.

따름정리 8-12

p가 홀수인 소수일 때, mp를 네 제곱수의 합으로 나타낼 수 있는 $m < p$인 양의 정수 m이 존재합니다.

이 따름정리는 $0 < m < p$인 양의 정수 m과 홀수인 소수 p의 곱을 네 제곱수의 합으로 쓸 수 있다는 의미입니다.

증명

다음을 만족하는 정수 x, y, z, w가 존재함을 보이면 됩니다.

$$x^2 + y^2 + z^2 + w^2 = mp$$

[보조정리 8-11]에 의해 $0 \le x, y \le \frac{p-1}{2}$이고 다음을 만족하는 정수 x, y가 존재합니다.

$$\begin{aligned} x^2 + y^2 \equiv -1 \pmod{p} \quad &\Leftrightarrow \quad x^2 + y^2 + 1 \equiv 0 \pmod{p} \\ &\Leftrightarrow \quad \text{어떤 정수 } m\text{에 대하여, } x^2 + y^2 + 1 = mp \end{aligned}$$

$0 \le x, y \le \frac{p-1}{2}$이므로 다음과 같습니다.

$$\begin{aligned} x^2 + y^2 + 1 &\le \frac{(p-1)^2}{4} + \frac{(p-1)^2}{4} + 1 \\ &= \frac{(p-1)^2}{2} + 1 < \frac{p^2}{2} + 1 < p^2 \end{aligned}$$

즉, $x^2 + y^2 + 1 = mp$를 다음과 같이 쓸 수 있습니다.

$$x^2 + y^2 + 1 = x^2 + y^2 + 1^2 + 0^2 = mp < p^2$$

따라서 $m < p$일 때 $x^2 + y^2 + 1^2 + 0^2 = mp$를 만족하는 정수 m이 존재합니다. ■

예제 8-8 법 19에 대하여 [따름정리 8-12]에서 정의된 m 값을 구하고, mp를 네 제곱수의 합으로 변환해보세요.

풀이

[예제 8-7]에서 $x^2 + y^2 \equiv -1 \pmod{19}$를 풀고 다음과 같이 해를 구했습니다.

$$\begin{aligned} &\{x = 1, y = 6\}, \{x = 8, y = 7\}, \{x = 3, y = 3\}, \\ &\{x = 7, y = 8\}, \{x = 6, y = 1\} \pmod{19} \end{aligned}$$

앞쪽의 해 3개에 대하여 다음과 같이 쓸 수 있습니다.

$$\begin{aligned} x^2 + y^2 + 1^2 + 0^2 &= 1^2 + 6^2 + 1^2 + 0^2 = 38 = 2 \times 19 \quad &\Rightarrow \quad m = 2 \\ x^2 + y^2 + 1^2 + 0^2 &= 8^2 + 7^2 + 1^2 + 0^2 = 114 = 6 \times 19 \quad &\Rightarrow \quad m = 6 \\ x^2 + y^2 + 1^2 + 0^2 &= 3^2 + 3^2 + 1^2 + 0^2 = 19 = 1 \times 19 \quad &\Rightarrow \quad m = 1 \end{aligned}$$

나머지 두 해는 x와 y의 대칭성에 의해 이미 다루었습니다. 그 이유는 다음과 같습니다.

$$7^2+8^2+1^2=8^2+7^2+1^2=114,\ \ 6^2+1^2+1^2=1^2+6^2+1^2=38$$

38, 114, 19를 네 제곱수의 합으로 나타내면 다음과 같습니다.

$$38=6^2+1^2+1^2+0^2,\ \ 114=8^2+7^2+1^2+0^2,\ \ 19=3^2+3^2+1^2+0^2$$

예제 8-9 133을 네 제곱수의 합으로 변환해보세요.

풀이

먼저 인수분해를 하면 $133=7\times 19$입니다. [예제 8-8]에서 19를 다음과 같이 네 제곱수의 합으로 변환했습니다.

$$19=3^2+3^2+1^2+0^2$$

$7=2^2+1^2+1^2+1^2$임을 알고 있습니다. 다음과 같은 [명제 8-10]의 네 제곱수의 합 항등식을 사용해봅시다.

$$\begin{aligned}&(a^2+b^2+c^2+d^2)\times(x^2+y^2+z^2+w^2)\\&=(ax+by+cz+dw)^2+(ay-bx+cw-dz)^2\\&\quad+(az-bw-cx+dy)^2+(aw+bz-cy-dx)^2\end{aligned}$$

이 항등식은 네 제곱수의 곱을 네 제곱수의 합으로 변환합니다. 이 항등식을 곱 $133=7\times 19$에 적용해봅시다.

$$\begin{aligned}7\times 19&=(2^2+1^2+1^2+1^2)\times(3^2+3^2+1^2+0^2)\ \ \text{(네 제곱수의 곱)}\\&=([2\times 3]+[1\times 3]+[1\times 1]+[1\times 0])^2+([2\times 3]-[1\times 3]+[1\times 0]-[1\times 1])^2\\&\quad+([2\times 1]-[1\times 0]-[1\times 3]+[1\times 3])^2+([2\times 0]+[1\times 1]-[1\times 3]-[1\times 3])^2\\&=10^2+2^2+2^2+(-5)^2\\&=10^2+5^2+2^2+2^2\ \ \text{(네 제곱수의 합)}\end{aligned}$$

그러므로 133을 네 제곱수의 합으로 나타내면 $10^2+5^2+2^2+2^2$입니다.

8.2.4 네 제곱수의 합에 대한 정리

먼저 모든 소수를 네 제곱수의 합으로 나타낼 수 있음을 제시하겠습니다. 그다음 좀 더 일반적인 결과로 모든 양의 정수는 네 제곱수의 합으로 나타낼 수 있음을 증명하겠습니다.

정리 8-13

모든 소수는 네 제곱수의 합으로 나타낼 수 있습니다.

증명

8.2절 [연습문제 14]에서 증명합니다. ■

이제 일반적인 결과를 살펴봅시다.

정리 8-14 라그랑주의 네 제곱수의 합 정리(Lagrange's sum of four squares theorem)

모든 양의 정수는 네 제곱수의 합으로 나타낼 수 있습니다.

이 정리를 어떻게 증명할까요?

[정리 8-13]과 [명제 8-10]의 네 제곱수의 합 항등식을 사용합니다.

증명

$n=1$이면 $1=1^2+0^2+0^2+0^2$이므로, 결과가 성립합니다. $n>1$인 경우에는 다음과 같은 [정리 2-5]의 산술의 기본 정리를 적용해봅시다.

1보다 큰 모든 정수는 ① 소수이거나 ② 다음과 같이 소수들의 곱으로 나타낼 수 있습니다.

$$n=p_1^{k_1}\times p_2^{k_2}\times p_3^{k_3}\times\ \cdots\ \times p_l^{k_l}$$

n이 소수이면, [정리 8-13]에 의해 네 제곱수의 합으로 나타낼 수 있습니다.

만약 n이 소수들의 곱인 $n=p_1^{k_1}\times p_2^{k_2}\times p_3^{k_3}\times\ \cdots\ \times p_l^{k_l}$이면, [정리 8-13]에 의해 이 소수들을 각각 네 제곱수의 합으로 나타낼 수 있습니다. 그리고 [명제 8-10]의 네 제곱수의 합 항등식에 의해 각각의 곱을 네 제곱수의 합으로 변환할 수 있습니다. 즉, $n=p_1^{k_1}\times p_2^{k_2}\times p_3^{k_3}\times\ \cdots\ \times p_l^{k_l}$은 네 제곱수의 합으로 나타낼 수 있습니다. ■

핵심요약

- 이 절에서는 모든 양의 정수를 네 제곱수의 합으로 변환할 수 있음을 보였습니다.
- [명제 8-10]의 네 제곱수의 합 항등식을 사용하여 네 제곱수의 곱을 네 제곱수의 합으로 변환할 수 있습니다.

8.2 연습문제

01. [명제 8-10]의 네 제곱수의 합 항등식을 사용하여, 다음 정수를 네 제곱수의 합으로 변환해보세요.

(a) 35 (b) 49

(c) 945 (d) 310

(e) 465 (f) 143

02. 다음 정수를 네 제곱수의 합으로 나타내보세요.

(a) $3072 = 2^{10} \times 3$

(b) $4992 = 2^7 \times 3 \times 13$

(c) 2015

(d) 2016

(e) 2020

03. 다음 정수를 네 제곱수의 합으로 변환해보세요.

(a) 217

(b) 819

(c) $2109 = 3 \times 19 \times 37$

04. 다음 정수를 네 제곱수의 합으로 변환해보세요.

(i) $343 = 7^3$ (ii) $2401 = 7^4$

(iii) $16807 = 7^5$

자연수 n에 대하여 7^n을 네 제곱수의 합으로 변환하는 공식을 만들어보세요. 그리고 $x = a^2 + b^2 + c^2 + d^2$일 때, x^n을 네 제곱수의 합으로 변환하는 공식을 만들어보세요.

05. 다음을 네 제곱수의 합으로 변환해보세요.

(a) $6a^2b^2$

(b) $7a^2b^2$

(c) na^2b^2 (n은 양의 정수)

06. $x^2 + y^2 \equiv -1 \pmod{19}$의 서로 합동이 아닌 해를 모두 구해보세요([예제 8-7] 참고).

07. $x^2 + y^2 \equiv -1 \pmod{13}$의 서로 합동이 아닌 해를 모두 구해보세요.

08. $x = a^2 + b^2 + c^2 + d^2$이면, $2x = (a+b)^2 + (a-b)^2 + (d-c)^2 + (c+d)^2$임을 증명해보세요. $1984 = 40^2 + 16^2 + 8^2 + 8^2$이 주어질 때, 다음을 네 제곱수의 합으로 변환해보세요.

(i) $3968 = 2 \times 1984$

(ii) $992 = \dfrac{1984}{2}$

힌트 (i)을 사용하세요.

*09. $n > 169$인 정수 n에 대하여, n을 다섯 양수 제곱수의 합으로 나타낼 수 있음을 보이세요.

힌트 $n = m + 169$를 이용해보세요.

10. 양의 정수를 네 제곱수의 합으로 표현할 때, 표현이 유일하지 않음을 증명해보세요.

11. $8m + 7$은 세 제곱수의 합으로 나타낼 수 없음을 증명해보세요.

12. [명제 8-9]를 증명해보세요

13. [명제 8-10]의 네 제곱수의 합 항등식을 증명해보세요.

***14. [정리 8-13]을 증명해보세요.

8.3 펠 방정식

학습목표

- 펠 방정식의 해를 찾을 수 있습니다.
- 펠 방정식의 모든 해를 구할 수 있습니다.

8.3.1 브라마굽타

인도의 위대한 수학자이자 천문학자인 브라마굽타(Brahmagupta, A. D. 598–670)는 다음과 같은 주장을 했습니다.

"1년 이내에 방정식 $x^2-92y^2=1$을 풀 수 있다면 그는 수학자입니다."

? 이 방정식을 어떻게 풀까요?

이 방정식을 다음과 같이 나타내봅시다.

$$x^2 = 1+92y^2 \quad \Rightarrow \quad x = \sqrt{1+92y^2}$$

이 식에 $y=1$을 대입하면, $x=\sqrt{1+92}=\sqrt{93}$ 입니다.

당시 인도 수학자들은 양의 정수해만을 찾고 있었는데, 보다시피 $x=\sqrt{93}$은 정수가 아닙니다. y에 다양한 정수를 대입하는 시행착오를 통해 $x=\sqrt{1+92y^2}$에서 x를 찾아 양의 정수해를 구할 수 있습니다. 하지만 방정식 $x^2-92y^2=1$에 대한 최소의 양수해가 $x=1151$, $y=120$이므로, 이 같은 방법으로 해를 찾으면 시간이 오래 걸릴 수 있습니다. x와 y에 이 값들을 대입하여 진짜 해인지 확인해봅시다.

$$1151^2-92(120^2)=1$$

7장에서 홀수인 소수 p에 대하여 $x^2-py=a$의 정수해를 구했습니다(7장 [종합문제 7.7] 참고). 이제 $x^2-Ny^2=1$에 대해서 알아보려고 하며, 이 경우에도 정수해에만 관심이 있습니다. 이 절의 뒷부분에서 해의 비율 $\dfrac{x}{y}$가 $\sqrt{N}$에 대한 합리적인 근삿값을 제공함을 살펴볼 것입니다.

이 절의 목표는 $x^2-Ny^2=1$ 형태의 방정식에 대한 최소의 양수해를 찾는 것이며, 이 최소의 양수해를 통해 다른 모든 해를 찾을 수 있습니다. 이런 형태의 일반 방정식 $x^2-Ny^2=1$(N은 제곱수가 아닌 정수)을 영국 수학자 존 펠(John Pell, 1611–1685)의 이름을 따서 **펠 방정식**(Pell's equation)이라고 합니다.

존 펠은 영국 서식스에서 태어나 6살 때 고아가 되었습니다. 힘든 어린 시절을 보냈음에도, 겨우 13살의 나이로 케임브리지 트리니티대학에 입학할 수 있었습니다. 케임브리지대학을 졸업한 후에는 학교 교사가 되었습니다. 그는 1632년에 결혼하여 8명의 자녀(아들 넷, 딸 넷)를 두었습니다. 존 펠은 대수학과 정수론을 연구하면서 최대 100,000까지의 양의 정수 인수에 대한 표를 만들었습니다.

앞에서 언급했듯이, 펠 방정식 $x^2 - Ny^2 = 1$은 브라마굽타에 의해 처음으로 분석되었지만 오일러는 이 방정식에 대한 연구를 펠의 공으로 돌렸습니다. 따라서 사실 펠 방정식이란 명칭은 잘못된 것입니다. 수학에는 잘못 붙여진 이름이 많은데, 아마도 가장 유명한 것은 피타고라스 정리일 겁니다. 이 정리는 피타고라스가 태어나기도 훨씬 전에 바빌론인, 이집트인, 중국인, 인도인들 사이에 이미 알려진 내용이었기 때문입니다. 정수론을 다루는 대부분의 문헌에서 펠 방정식이라는 명칭을 사용하고 있으므로, 잘못된 명칭이지만 여기서도 이 용어를 사용하겠습니다.

예제 8-10 다음과 같은 펠 방정식의 해를 구해보세요.

$$x^2 - 2y^2 = 1$$

풀이

주어진 방정식을 다음과 같이 바꾸어봅시다.

$$x^2 - 2y^2 = 1 \quad \Leftrightarrow \quad x = \sqrt{1 + 2y^2}$$

이 방정식 $x = \sqrt{1+2y^2}$을 풀 수 있는 방법 중 하나는 다른 정수 $y = 1, 2, 3, 4, \cdots$ 를 하나하나 대입해보다가 $1 + 2y^2$이 완전제곱수가 되면 멈추는 것입니다.

정수해를 찾고 있다는 점을 잊지 맙시다. 따라서 $y = 1$을 대입하는 것은 적절하지 않습니다. $x = \sqrt{1+2} = \sqrt{3}$인데, $\sqrt{3}$은 정수가 아니기 때문입니다. 방정식 $x = \sqrt{1+2y^2}$에 $y = 2$를 대입하면 다음과 같습니다.

$$x = \sqrt{1+2y^2} = \sqrt{1 + 2 \times (2)^2} = \sqrt{9} = 3$$

주어진 방정식 $x^2 - 2y^2 = 1$의 양의 정수해 $x = 3,\ y = 2$를 찾았습니다.

$$3^2 - 2 \times (2^2) = 1$$

$x^2-2y^2=1$의 그래프를 보면, 이 방정식의 해는 무한히 존재함을 알 수 있습니다. $x^2-2y^2=1$의 그래프 위에 있는 모든 점이 해입니다. 하지만 양의 정수해(격자점)에만 관심이 있습니다.

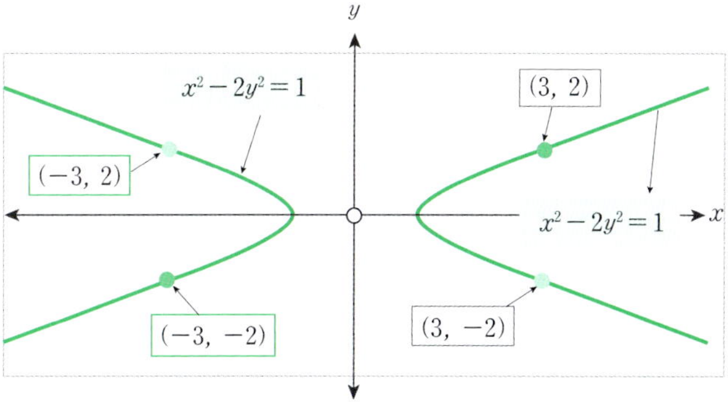

[그림 8-2] $x^2-2y^2=1$의 그래프

양의 정수해라는 것은 펠 방정식 $x^2-Ny^2=1$을 만족하는 두 정수 x, y가 모두 양수임을 의미합니다. 따라서 [그림 8-2]의 그래프에서는 점 $(3, 2)$에 대해서만 생각하면 됩니다.

? 왜 그럴까요?

양의 정수해 $(3, 2)$로부터 다음과 같은 다른 해를 찾을 수 있기 때문입니다.

$$(-3,2),\ (3,-2),\ (-3,-2)$$

일반적으로 (x, y)가 양의 정수해이면, $(-x, y)$, $(x, -y)$, $(-x, -y)$도 해입니다.

? 왜 그럴까요?

제곱해보면 $(-x)^2=+x^2$, $(-y)^2=+y^2$이 되어 다음의 방정식을 만족하기 때문입니다.

$$x^2-Ny^2=1$$

앞에서 언급했듯이, 브라마굽타는 이러한 유형의 방정식을 가장 먼저 연구한 사람입니다.

[그림 8-3] 브라마굽타(A.D. 598-670)

브라마굽타는 오늘날의 인도 마디아프라데시주(州)에 있는 우자인에 소재한 천문대에서 일했습니다. 우자인은 인도 수학자들이 경도 0도로 간주할 정도로 중요한 도시였습니다.

브라마굽타는 "수에 0을 더하거나 빼도 그 수는 변하지 않는다."라고 말하면서 0이라는 수를 처음으로 정의했습니다.[2] 그는 음수를 가장 처음 사용한 사람이기도 합니다.[3] 더욱이 브라마굽타는 펠 방정식 $x^2 - Ny^2 = 1$을 맨 먼저 연구한 사람으로, 특별히 다음 방정식에 대해 알아보았습니다.

$$x^2 - 8y^2 = 1$$

그리고 이 방정식의 해가 $x = 17$, $y = 6$과 $x = 3363$, $y = 1189$임을 발견했습니다. 또한 해의 비율 $\frac{x}{y}$가 $\sqrt{8}$에 대한 합리적인 근삿값이라는 것도 알아냈습니다.

$$\frac{17}{6} - \sqrt{8} = 0.0049(\text{유효숫자 2개}),\quad \frac{3363}{1189} - \sqrt{8} = 0.00000013(\text{유효숫자 2개})$$

두 번째 근삿값 $\frac{3363}{1189}$과 $\sqrt{8}$ 사이의 오차는 1억 분의 13입니다.

8.3.2 펠 방정식 풀기

펠 방정식 $x^2 - Ny^2 = 1$에서 정수 N은 $N > 1$이고 완전제곱수가 아닙니다.

? 왜 이 조건이 필요할까요?

$N = 0$이면, 방정식 $x^2 - Ny^2 = 1$이 $x^2 = 1$이 되므로 $x = \pm 1$임을 의미하고, y는 임의의 정수가 됩니다. N이 완전제곱수이면, 명백한 해 $x = \pm 1$과 $y = 0$만 존재합니다. 8.3절 [연습문제 08]에서 이를 증명합니다. 우리는 $x^2 - Ny^2 = 1$의 자명하지 않은 해에 관심이 있습니다. 즉, $N > 1$이고 N이 완전제곱수가 아니어야 합니다.

? 어떻게 $x^2 - Ny^2 = 1$의 해를 찾을 수 있을까요?

좌변에 있는 두 제곱수의 차를 다시 써봅시다.

$$x^2 - Ny^2 = (x + y\sqrt{N})(x - y\sqrt{N}) = 1$$

$x + y\sqrt{N}$과 $x - y\sqrt{N}$은 $x^2 - Ny^2 = 1$의 해를 구하는 데 중요하게 쓰입니다.

2 https://mathshistory.st-andrews.ac.uk/Biographies/Brahmagupta/

3 https://nrich.maths.org/5961

왜 그럴까요?

[예제 8-10]을 생각해봅시다.

$$x^2 - 2y^2 = 1 \quad (\text{여기서 } N = 2)$$

이 예제에서 해 $x = 3$, $y = 2$를 찾았습니다. 따라서 다음과 같습니다.

$$x + y\sqrt{N} = 3 + 2\sqrt{2}$$

다음이 성립하므로, 무리수 $3 + 2\sqrt{2}$는 $x^2 - 2y^2 = 1$의 해를 만듭니다.

$$(3 + 2\sqrt{2})(3 - 2\sqrt{2}) = 9 - (4 \times 2) = 1$$

브라마굽타의 방정식 $x^2 - 8y^2 = 1$에 대해서도 마찬가지로 적용됩니다. 앞에서 제시했듯이, 이 방정식의 해는 $x = 17$, $y = 6$입니다. 그러므로 $17 + 6\sqrt{8}$이 $x^2 - 8y^2 = 1$의 해를 제공합니다.

이 절을 시작할 때 방정식 $x^2 - 92y^2 = 1$에 대해 이야기했습니다. 이 방정식의 해는 $x = 1151$, $y = 120$입니다. 무리수 $1151 + 120\sqrt{92}$는 $x^2 - 92y^2 = 1$의 해를 만듭니다.

다음으로 일반적인 무리수 $x + y\sqrt{N}$에 대해 알아봅시다.

명제 8-15

$N > 1$이고 완전제곱수가 아니라면 다음 성립합니다.

$$x + y\sqrt{N} = a + b\sqrt{N} \quad \Leftrightarrow \quad x = a,\ y = b$$

증명

($\Leftarrow$) 명백하게 $x = a$, $y = b$라면 다음이 성립합니다.

$$x + y\sqrt{N} = a + b\sqrt{N}$$

($\Rightarrow$) $x + y\sqrt{N} = a + b\sqrt{N}$을 생각해봅시다. $x = a$, $y = b$임을 증명하면 됩니다. $y \neq b$라고 가정합시다. $x + y\sqrt{N} = a + b\sqrt{N}$에서 동류항끼리 모아봅시다.

$$y\sqrt{N} - b\sqrt{N} = a - x \quad \Rightarrow \quad (y - b)\sqrt{N} = a - x$$
$$\Rightarrow \quad \sqrt{N} = \frac{a - x}{y - b}$$

$\sqrt{N} = \dfrac{a - x}{y - b}$는 $\sqrt{N}$이 유리수임을 의미합니다. 하지만 N은 완전제곱수가 아니므로 $\sqrt{N}$은 무리수입니다. 따라서 가정 $y \neq b$가 모순이므로, $y = b$입니다. $y = b$를 $x + y\sqrt{N} = a + b\sqrt{N}$에 대입하면, $x = a$입니다. ■

명제 8-16

정수 a, b, c, d, N에 대하여 다음 항등식이 성립합니다.

$$(a^2-Nb^2)(c^2-Nd^2)=(ac+Nbd)^2-N(ad+bc)^2$$

증명

8.3절 [연습문제 10]에서 증명합니다. ■

명제 8-17

무리수 $r=a+b\sqrt{N}$이 펠 방정식 $x^2-Ny^2=1$의 해를 만든다면, 역수 $\frac{1}{r}=r^{-1}$도 $x^2-Ny^2=1$의 해를 만듭니다.

증명

$r=a+b\sqrt{N}$은 펠 방정식 $x^2-Ny^2=1$의 해를 만든다는 것이 주어져 있습니다. 그러므로 $x=a$, $y=b$를 대입하면 다음과 같습니다.

$$a^2-Nb^2=1 \qquad (*)$$

좌변에 있는 두 제곱수의 차를 변환하면 다음과 같습니다.

$$a^2-Nb^2=(a+b\sqrt{N})(a-b\sqrt{N})=1 \quad \Rightarrow \quad r(a-b\sqrt{N})=1$$

$r(a-b\sqrt{N})=1$의 양변을 r로 나누면, $r^{-1}=a-b\sqrt{N}$입니다. $r^{-1}=a-b\sqrt{N}=a+(-b)\sqrt{N}$이라고 쓸 수 있습니다. 그러면 이차식의 대칭성에 의해 다음이 성립합니다.

$$a^2-Nb^2=a^2-N(-b)^2 \underbrace{=}_{(*)\text{에 의해}} 1$$

따라서 $r^{-1}=\frac{1}{r}$은 $x^2-Ny^2=1$의 해를 만듭니다. ■

이 명제의 수치적 예를 들어보겠습니다. 방정식 $x^2-92y^2=1$의 해는 $x=1151$, $y=120$이고, 무리수 $r=1151+120\sqrt{92}$가 $x^2-92y^2=1$의 해를 만듭니다. 그러므로 [명제 8-17]에 의해 다음과 같이 결론지을 수 있습니다.

$$r^{-1}=\frac{1}{r}=\frac{1}{1151+120\sqrt{92}}=1151-120\sqrt{92}$$

이 또한 해를 만듭니다. $x=1151$, $y=-120$을 $x^2-92y^2=1$에 대입하여 확인해봅시다.

$$x^2-92y^2=1151^2-[92\times(-120)^2]=1$$

이 해들을 기하학적으로 나타내면 [그림 8-4]와 같습니다.

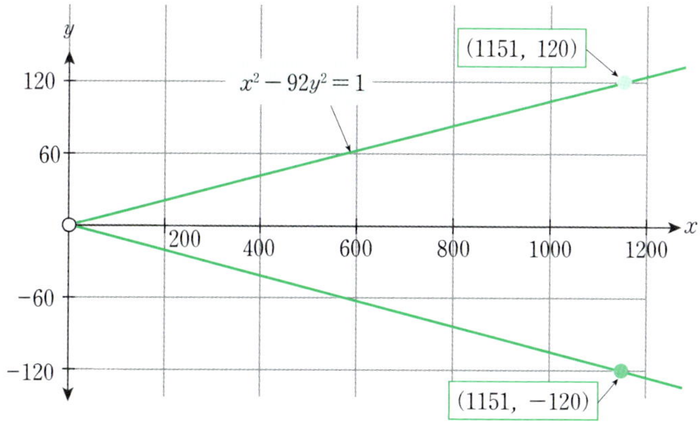

[그림 8-4] $x^2-92y^2=1$의 그래프

예제 8-11 **다음과 같은 펠 방정식의 해를 만드는 $r=a+b\sqrt{5}$를 구해보세요. 그리고 r^{-1}도 이 방정식의 해를 만든다는 것을 보이세요.**

$$x^2-5y^2=1$$

풀이

주어진 방정식 $x^2-5y^2=1$을 변환해봅시다.

$$x^2=1+5y^2 \quad \Rightarrow \quad x=\sqrt{1+5y^2}$$

$y=4$를 대입해봅니다($y=1, 2, 3$을 대입했을 때 x는 정수가 아닙니다).

$$x=\sqrt{1+5\times(4^2)}=\sqrt{81}=9$$

$x^2-5y^2=1$의 해는 $x=9$, $y=4$입니다. 그러므로 $r=9+4\sqrt{5}$입니다. [명제 8-17]에 의해, 다음을 알 수 있습니다.

$$r^{-1}=9-4\sqrt{5}=9+(-4)\sqrt{5} \quad \Rightarrow \quad x=9,\ y=-4$$

$x=9$, $y=-4$를 x^2-5y^2에 대입해봅시다.

$$x^2-5y^2=9^2-5\times(-4)^2=1$$

따라서 $r^{-1}=9-4\sqrt{5}$도 해를 만듭니다.

역수 $r^{-1} = 9 - 4\sqrt{5}$는 (9, −4)를 제공합니다. 하지만 (9, 4)에서 (9, −4)를 찾을 수 있으므로 양의 정수해만 알면 됩니다.

명제 8-18

무리수 $r = a + b\sqrt{N}$과 $s = c + d\sqrt{N}$이 펠 방정식 $x^2 - Ny^2 = 1$의 해를 만든다면, 곱 $r \times s$도 $x^2 - Ny^2 = 1$의 해를 만듭니다.

증명

$r = a + b\sqrt{N}$과 $s = c + d\sqrt{N}$이 펠 방정식 $x^2 - Ny^2 = 1$의 해를 만든다는 것이 주어져 있습니다. 곱 $r \times s$를 생각해봅시다.

$$\begin{aligned} r \times s &= (a + b\sqrt{N})(c + d\sqrt{N}) \\ &= ac + ad\sqrt{N} + bc\sqrt{N} + bdN \quad \text{(전개)} \\ &= (ac + bdN) + (ad + bc)\sqrt{N} \quad \text{(인수분해)} \end{aligned}$$

$\alpha = ac + bdN$, $\beta = ad + bc$라고 하면 다음과 같습니다.

$$r \times s = (ac + bdN) + (ad + bc)\sqrt{N} = \alpha + \beta\sqrt{N}$$

$\alpha^2 - N\beta^2 = 1$임을 증명해야 합니다. $\alpha = ac + bdN$, $\beta = ad + bc$를 $\alpha^2 - N\beta^2$에 대입해봅시다.

$$\alpha^2 - N\beta^2 = (ac + bdN)^2 - N(ad + bc)^2 \qquad (*)$$

(*)의 우변에 다음과 같은 [명제 8-16]의 항등식을 적용해봅시다.

$$(ac + bdN)^2 - N(ad + bc)^2 = (a^2 - Nb^2)(c^2 - Nd^2)$$

그러면 다음과 같습니다.

$$\alpha^2 - N\beta^2 = (a^2 - Nb^2)(c^2 - Nd^2) \qquad (**)$$

$r = a + b\sqrt{N}$과 $s = c + d\sqrt{N}$이 $x^2 - Ny^2 = 1$의 해를 만든다고 했으므로, $a^2 - Nb^2 = 1$, $c^2 - Nd^2 = 1$입니다. $a^2 - Nb^2 = 1$과 $c^2 - Nd^2 = 1$을 각각 (**)에 대입하면 다음과 같습니다.

$$\alpha^2 - N\beta^2 = 1 \times 1 = 1$$

따라서 $r \times s = \alpha + \beta\sqrt{N}$도 $x^2 - Ny^2 = 1$의 해를 만듭니다. ■

예제 8-12 $r=5+2\sqrt{6}$과 $s=47525+19402\sqrt{6}$이 다음과 같은 펠 방정식의 해를 만드는지 확인해보세요. 그리고 곱 $r \times s$도 해를 만든다는 것을 보이세요.

$$x^2-6y^2=1$$

풀이

먼저 $r=5+2\sqrt{6}$이 $x^2-6y^2=1$의 해를 만드는지 확인해봅시다. $x=5$, $y=2$라고 하면 다음과 같습니다.

$$x^2-6y^2=5^2-(6\times 2^2)=1$$

따라서 $r=5+2\sqrt{6}$이 $x^2-6y^2=1$의 해를 만듭니다. 이번에는 $s=47525+19402\sqrt{6}$이 해를 만드는지 확인해봅시다.

$$47525^2-(6\times 19402^2)=1$$

따라서 $s=47525+19402\sqrt{6}$도 $x^2-6y^2=1$의 해를 만듭니다. 이제 곱 $r\times s$를 계산해봅시다.

$$\begin{aligned} r\times s &= (5+2\sqrt{6})(47525+19402\sqrt{6}) \\ &= (5\times 47525)+(5\times 19402)\sqrt{6})+(2\times 47525)\sqrt{6}+(2\times 19402\times 6) \\ &= 237625+97010\sqrt{6}+95050\sqrt{6}+232824 \\ &= 470449+192060\sqrt{6} \end{aligned}$$

$x=470449$, $y=192060$을 x^2-6y^2에 대입해봅시다.

$$470449^2-(6\times 192060^2)=1$$

따라서 $r\times s=470449+192060\sqrt{6}$은 $x^2-6y^2=1$의 해를 만듭니다.

해의 비율 $\frac{x}{y}$가 $\sqrt{6}$에 매우 근사하다는 사실을 떠올려봅시다.

$$\frac{470449}{192060}-\sqrt{6}=5.534\times 10^{-12}$$

$\frac{470449}{192060}$과 $\sqrt{6}$ 사이의 오차는 1조 분의 5.5를 조금 넘는 수준입니다.

예제 8-13 **[예제 8-12]에서 다룬 다음의 펠 방정식을 생각해봅시다. 이 방정식의 또 다른 양수해를 구해보세요.**

$$x^2 - 6y^2 = 1$$

풀이

[예제 8-12]를 통해 $r = 5 + 2\sqrt{6}$이 $x^2 - 6y^2 = 1$의 해를 만든다는 사실을 알고 있습니다. 곱 $r \times r$을 생각해봅시다.

$$\begin{aligned} r \times r = r^2 &= (5 + 2\sqrt{6})^2 \\ &= 5^2 + (2 \times 5 \times 2\sqrt{6}) + (2\sqrt{6})^2 = 25 + 20\sqrt{6} + (4 \times 6) = 49 + 20\sqrt{6} \end{aligned}$$

[명제 8-18]에 의해 $r \times r = 49 + 20\sqrt{6}$도 주어진 방정식 $x^2 - 6y^2 = 1$의 해를 만듭니다. $x = 49$, $y = 20$이 실제로 이 방정식의 해인지 확인해보세요.

$x^2 - 6y^2 = 1$에 대한 예제의 그래프인 [그림 8-5]를 통해 $r = 5 + 2\sqrt{6}$과 $r^2 = 49 + 20\sqrt{6}$이 양의 정수해를 만든다는 것을 알 수 있습니다.

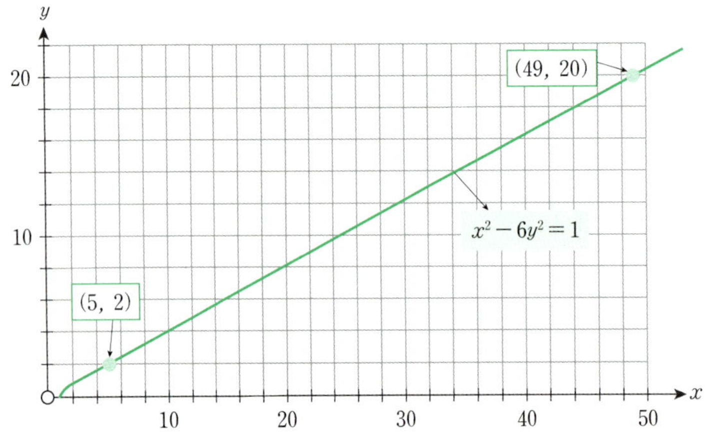

[그림 8-5] $x^2 - 6y^2 = 1$의 그래프

앞의 예제에서 $r = a + b\sqrt{N}$이 해를 만든다면, r^2도 해를 만든다는 것을 보였습니다.

? 그렇다면 r^3도 해를 만들까요?

그렇습니다. [명제 8-18]에 의해 r과 r^2이 해를 만든다면, 이들의 곱인 $r^2 \times r = r^3$도 해를 만듭니다. 마찬가지로 $r^4, r^5, r^6, \cdots$ 모두가 $x^2 - Ny^2 = 1$의 해를 만듭니다.

8.3절 [연습문제 14]에서 $x^2 - 6y^2 = 1$의 모든 양의 정수해는 $n = 1, 2, 3, \cdots$에 대하여 $r^n = (5 + 2\sqrt{6})^n$에 의해 주어짐을 증명할 것입니다.

명제 8-19

$r = a + b\sqrt{N}$이 펠 방정식 $x^2 - Ny^2 = 1$의 해를 만든다면, $n = 1, 2, 3, \cdots$에 대하여 $r^n = (a + b\sqrt{N})^n = \alpha + \beta\sqrt{N}$ 역시 해를 만듭니다.

증명

8.3절 [연습문제 11]에서 증명합니다. ■

[명제 8-19]는 펠 방정식의 해가 무한히 많음을 의미합니다. 다음 예제에서 볼 수 있듯이, 이 명제를 사용하여 펠 방정식 $x^2 - Ny^2 = 1$의 다른 해를 찾을 수 있습니다.

예제 8-14 **$r = 5 + 2\sqrt{6}$에 대하여 r^3이 $x^2 - 6y^2 = 1$의 해를 만드는지 확인해보세요.**

풀이

[예제 8-13]을 통해 $r^2 = 49 + 20\sqrt{6}$이 주어진 방정식의 해를 만든다는 것을 알고 있습니다. 이제 $r^3 = r^2 \times r$에 대해 살펴봅시다.

$$\begin{aligned} r^3 = r^2 \times r &= (49 + 20\sqrt{6})(5 + 2\sqrt{6}) \\ &= 245 + 98\sqrt{6} + 100\sqrt{6} + (40 \times 6) = 485 + 198\sqrt{6} \end{aligned}$$

$x = 485, y = 198$을 $x^2 - 6y^2$에 대입해봅시다.

$$x^2 - 6y^2 = 485^2 - (6 \times 198^2) = 1$$

따라서 $r^3 = 485 + 198\sqrt{6}$은 $x^2 - 6y^2 = 1$의 해를 만듭니다.

8.3.3 펠 방정식의 기본 해

먼저 펠 방정식 $x^2 - Ny^2 = 1$의 최소 양의 정수해인 **기본 해**(fundamental solution, seed solution)를 만들어보겠습니다. 여기서는 이 기본 해로부터 펠 방정식의 다른 모든 해를 생성할 수 있음을 보여주고자 합니다.

$x_0 < x', y_0 < y'$을 만족하는 $x^2 - Ny^2 = 1$의 기본 해 또는 최소 양수해 x_0, y_0를 정의합니다. 여기서 x', y'은 $x^2 - Ny^2 = 1$의 다른 양의 정수해입니다.

하지만 기본 해를 구하기가 매우 어려울 수도 있습니다. y에 정수 값을 대입해본 다음 $x = \sqrt{1+Ny^2}$이 정수가 되도록 $1+Ny^2$이 완전제곱수인지 확인하는 것만이 유일한 방법이기 때문입니다. 따라서 기본 해를 찾는 것은 완전제곱수가 아닌 N에 따라 달라지며 무차별로 대입하여 계산하는 방법을 사용합니다.

N이 완전제곱수보다 1만큼 작은 경우에는 $y=1$을 대입해봅니다. 예를 들어 $N=8, 15, 24, 35, 48, \cdots, n^2-1$이라면, $y=1$을 대입합니다. 그러면 다음이 성립합니다.

$$x^2 = 1+Ny^2 = 1+(n^2-1)\times 1^2 = n^2 \quad \Rightarrow \quad x = \sqrt{n^2} = n$$

따라서 $N=n^2-1$이라면 다음이 성립합니다.

$$x^2 - Ny^2 = x^2-(n^2-1)y^2 = 1\text{의 해는 } x=n,\ y=1\text{입니다.}$$

명제 8-20

$r = a+b\sqrt{N}$, $s = c+d\sqrt{N}$이 모두 펠 방정식 $x^2-Ny^2=1$의 해를 만든다고 하면, 다음이 성립합니다.

$$r < s \quad \Leftrightarrow \quad a < c$$

증명

8.3절 [연습문제 13]에서 증명합니다. ■

다음 정리는 최소의 양수해로부터 일반적인 해를 어떻게 만드는지 알려줍니다.

정리 8-21

$r = a+b\sqrt{N}$이 펠 방정식 $x^2-Ny^2=1$의 최소 양의 정수해를 만든다면, 자연수 n에 대하여 $r^n = (a+b\sqrt{N})^n$이 이 방정식의 모든 양의 정수해를 만듭니다.

증명

8.3절 [연습문제 15]에서 증명합니다. ■

이 정리를 다음 예제를 통해 살펴보겠습니다.

예제 8-15 $x^2 - 12y^2 = 1$의 서로 다른 두 해를 찾아보세요.

풀이

$x = \sqrt{1+12y^2}$에 정수 $y = 1, 2, 3, \cdots$을 대입해서 다음과 같은 해를 얻을 수 있습니다.

$$x = \sqrt{1+12\times(2)^2} = 7,\ \ y = 2 \quad \Rightarrow \quad r = 7 + 2\sqrt{12}$$

또 다른 해는 r^2을 사용해 만듭니다. $r = 7 + 2\sqrt{12}$로부터 r^2을 계산할 수 있습니다.

$$\begin{aligned} r^2 = (7+2\sqrt{12})^2 &= 49 + (2\times 7\times 2\sqrt{12}) + (2\sqrt{12})^2 \\ &= 49 + 28\sqrt{12} + 48 = 97 + 28\sqrt{12} \end{aligned}$$

그러므로 $r^2 = 97 + 28\sqrt{12}$가 $x^2 - 12y^2 = 1$의 또 다른 해 $x = 97$, $y = 28$을 만듭니다. $x^2 - 12y^2 = 1$의 모든 양의 정수해는 $n = 1, 2, 3, \cdots$에 대하여 $r^n = (7+2\sqrt{12})^n$에 의해 만들어집니다.

핵심요약

- 이 절에서는 다음과 같은 펠 방정식의 해를 찾아보았습니다.

$$N > 1\text{이고 완전제곱수가 아닐 때, } x^2 - Ny^2 = 1$$

- $1 + Ny^2$이 완전제곱수가 될 때까지, y 값에 정수를 대입하여 최소 양의 정수해 r을 구해보았습니다. 최소 양의 정수해 r을 사용해, r의 양의 정수 거듭제곱을 계산하여 다른 모든 양의 정수해를 만들 수 있습니다.

8.3 연습문제

01. 다음의 N 값에 대한 펠 방정식 $x^2 - Ny^2 = 1$의 최소 양수해를 y 값에 적절한 값을 대입하여 구해보세요.

(a) $N = 3$ (b) $N = 7$

(c) $N = 8$ (d) $N = 11$

(e) $N = 10$ (f) $N = 12$

02. $r = 649 + 180\sqrt{13}$이 $x^2 - 13y^2 = 1$의 해를 만드는지 확인해보세요. 그리고 방정식 $x^2 - 13y^2 = 1$의 또 다른 해를 구해보세요.

03. 다음 물음에 답해보세요.

(a) (i) $r = 577 + 408\sqrt{2}$가 $x^2 - 2y^2 = 1$의 해를 만든다는 것을 보이세요.

(ii) (i)의 r을 사용하여 $\sqrt{2}$의 유리수 근삿값을 구해보세요.

? $\sqrt{2}$와 근삿값 사이의 오차는 얼마나 될까요?

(iii) $\frac{x}{y}=\sqrt{2+\frac{1}{y^2}}$이 $\sqrt{2}$의 근삿값을 제공함을 보이세요.

? $\sqrt{2}$에 대한 합리적인 근삿값을 얻으려면 어떤 조건을 만족해야 할까요?

(b) x, y가 $x^2-Ny^2=1$의 해일 때, $\frac{x}{y}=\sqrt{N+\frac{1}{y^2}}$이 $\sqrt{N}$의 근삿값을 제공함을 증명해보세요(그리스 수학자 아르키메데스는 $\sqrt{N}$에 대한 근사값을 찾기 위해 이 방정식을 사용했습니다).[4]

04. 다음 물음에 답해보세요.

(i) [예제 8-10]의 $r=3+2\sqrt{2}$를 사용하여 r^2, r^3, r^4을 구해보세요. 그리고 이 값들도 $x^2-2y^2=1$의 해를 만드는지 확인해보세요.

(ii) r, r^2, r^3, r^4을 사용하여 $\sqrt{2}$의 근삿값을 구해보세요. $\sqrt{2}$와 근삿값 사이의 오차는 유효숫자 3개까지로 매우 정확합니다.

(iii) 방정식 $x^2-2y^2=1$의 해가 $\sqrt{2}$의 유리수인 근삿값을 제공할 수 있는 이유를 설명해보세요.

05. 자연수 n에 대하여 $N=n^2-1$이라면, $x^2-Ny^2=1$의 최소 양의 정수해는 $x=n$, $y=1$임을 증명해보세요. 그리고 다음과 같은 N에 대하여 $x^2-Ny^2=1$의 최소 양의 정수해를 구해보세요.

(a) $N=15$ (b) $N=24$

(c) $N=35$ (d) $N=48$

4 존 왓킨스(John Watkins)의 『Number Theory: A Historical Approach』의 409쪽을 참고하세요.

06. 다음 물음에 답해보세요.

(i) $r=17+12\sqrt{2}$가 $x^2-2y^2=1$의 해를 만드는지 확인해보세요.

(ii) 같은 방법 혹은 다른 방법으로 $u^2-8v^2=1$의 해를 구해보세요.

(iii) 같은 방법 혹은 다른 방법으로 $u^2-32v^2=1$의 해를 구해보세요.

(iv) $u^2-2(mv)^2=1$이 해를 가지도록 하는 m의 조건을 구해보세요.

07. 다음 방정식에 대하여 3개의 다른 해를 구해보세요.

$$x^2-47y^2=1$$

08. N이 $N>0$이고 완전제곱수이면, $x^2-Ny^2=1$이 자명한 해만 가짐을 증명해보세요. 해는 $x=1, y=0$ 또는 $x=-1, y=0$입니다.

09. $r=55+12\sqrt{21}$이 최소 양의 정수해를 만드는지 확인해보세요. 그리고 $x^2-21y^2=1$의 양의 정수해를 2개 더 구해보세요.

10. [명제 8-16]의 항등식을 증명해보세요.

11. [명제 8-19]를 증명해보세요.

12. 다음을 증명해보세요.

> $r=a+b\sqrt{N}$이 펠 방정식 $x^2-Ny^2=1$의 해를 만든다면, 임의의 정수 n에 대하여 $r^n=(a+b\sqrt{N})^n$도 주어진 방정식의 해를 만듭니다.

13. [명제 8-20]을 증명해보세요.

*14. $x^2-6y^2=1$의 모든 양의 정수해는 자연수 n에 대하여 $r^n=(5+2\sqrt{6})^n$에 의해 만들어짐을 증명해보세요.

15. [정리 8-21]을 증명해보세요.

8장 종합문제

8.1 n을 연속인 4개의 정수의 곱이라 할 때, $n+1$이 완전제곱수임을 증명해보세요.

8.2 다음 물음에 답해보세요.

*(i) $\gcd(x, y)=g$이면, 양의 정수 m에 대하여 $\gcd(x^m, y^m)=g^m$임을 증명해보세요.

(ii) $a\times b=n^2$이고 $\gcd(a, b)=1$이면, a와 b가 모두 완전제곱수임을 증명해보세요.

*8.3 임의의 소수 $p>5$를 a^2+5b^2과 같이 나타낼 수 있다면, 다음이 성립함을 증명해보세요.

$$p\equiv 1 \text{ 또는 } 9 \pmod{20}$$

8.4 $n\equiv 7 \pmod 8$이면 $n\neq x^2+y^2+z^2$(n을 세 제곱수의 합으로 나타낼 수 없음)이라는 또 다른 증명을 해보세요.

힌트 8.2절 [연습문제 11]을 참고하세요.

8.5 $1^3+2^3+3^3+\cdots+n^3=(1+2+3+\cdots+n)^2$임을 증명해보세요.

힌트 $1^3+2^3+3^3+\cdots+n^3=\frac{1}{4}n^2(n+1)^2$

8.6 다음을 증명해보세요.

*(a) $n\equiv 3 \pmod 8$을 만족하는 모든 정수 n은 0이 아닌 세 제곱수의 합으로 나타낼 수 있습니다.

(b) n을 세 제곱수의 합으로 나타낼 수 있다면, $n\equiv 3 \pmod 8$은 거짓입니다.

8.7 $n=a^2+b^2$이 $d\equiv 3 \pmod 4$ 형태의 인수 d를 갖지 않는다는 것이 거짓임을 보이세요.

8.8 p가 홀수인 소수일 때, 다음이 성립함을 증명해보세요.

p를 두 제곱의 합으로 나타낼 수 있습니다. $\Leftrightarrow \quad p\equiv 1$ 또는 $5 \pmod 8$

8.9 다음 물음에 답해보세요.

(a) p가 홀수인 소수일 때, $0\le x,\ y\le \frac{p-1}{2}$과 $x^2+y^2\equiv -4 \pmod p$를 만족하는 정수 x, y가 존재함을 증명해보세요.

(b) $0\le x, y\le \frac{19-1}{2}$과 $x^2+y^2\equiv -4 \pmod{19}$를 만족하는 모든 정수 x, y를 구해보세요.

8.10 $r = 1766319049 + 226153980\sqrt{61}$이 $x^2 - 61y^2 = 1$의 해를 만든다는 것을 보이세요.

8.11 이차 디오판토스 방정식 $x^2 - Ny^2 = -1$에 대하여, $N \equiv 3 \pmod 4$이면 해가 존재하지 않음을 증명해보세요.

힌트 7.5절의 야코비 기호에 대한 결과를 사용해보세요.[5]

8.12 이차 디오판토스 방정식 $x^2 - 11y^2 = -2$는 해를 갖지만, $x^2 - 11y^2 = 2$는 해를 갖지 않음을 보이세요. 그리고 $x^2 - 11y^2 = -2$의 기본 해를 구해보세요.

8.13 다음 방정식의 최소 양수해를 구해보세요.

(a) $x^2 - 13y^2 = 3$

(b) $x^2 - 13y^2 = -3$

(c) $x^2 - 13y^2 = -1$

8.14 다음 방정식의 최소 양수해를 구해보세요.

(a) $x^2 - 23y^2 = 1$

(b) $x^2 - 59y^2 = -2$

(c) $x^2 - 61y^2 = -4$

8.15 다음 물음에 답해보세요.

(a) 다음 방정식의 모든 해를 구해보세요.

$$x^2 + y^2 = 245$$

(b) $6409 = 13 \times 17 \times 29$에 대하여, $x^2 + y^2 = 6409$의 서로 다른 모든 해를 구해보세요.

5 7.5절은 별도 제공 자료로, 한빛출판네트워크 홈페이지(http://www.hanbit.co.kr) → [Support] → [자료실]에서 확인할 수 있습니다.

8.16 다음 물음에 답해보세요.

(i) $r = 221 + 27\sqrt{67}$이 다음과 같은 방정식의 해를 만드는지 확인해보세요.

$$x^2 - 67y^2 = -2$$

(ii) r^2을 구하고, r^2이 방정식 $x^2 - 67y^2 = 4$의 해를 만든다는 것을 보이세요.

(iii) r^3을 구하고, r^3이 $x^2 - 67y^2 = m$의 해를 만드는 m을 구해보세요.

*(iv) $x^2 - 67y^2 = m$에서 m과 r^n 사이의 관계를 예측하고, 예측한 결과를 증명해보세요.

8.17 비선형 디오판토스 방정식 $x^3 = 2y^2 + 2$가 해를 갖지 않음을 보이세요.

8.18 다음 물음에 답해보세요.

(i) $r = 170 + 39\sqrt{19}$가 방정식 $x^2 - 19y^2 = 1$의 해를 만드는지 확인해보세요.

(ii) r^2, r^3, r^4을 계산하여 $a + b\sqrt{19}$ 형태로 나타내보세요. 그리고 이들 또한 다음 방정식의 해를 만드는지 확인해보세요.

$$x^2 - 19y^2 = 1$$

(iii) r, r^2, r^3, r^4을 사용한 근삿값과 $\sqrt{19}$ 사이의 오차를 유효숫자 4개로 구해보세요.

8.19 $x^2 - 14y^2 = 1$의 기본 해 $r = a + b\sqrt{14}$를 구해보세요. 그리고 해 r^5을 구해보세요. 해 r^5을 사용한 근삿값과 $\sqrt{14}$ 사이의 오차를 유효숫자 4개로 구해보세요.

8.20 곱 $(a^2 + nb^2)(c^2 + nd^2)$을 정수 x, y를 사용하여 $x^2 + ny^2$과 같이 나타내보세요.

8.21 각 정수 $n_1, n_2, n_3, \cdots, n_k$를 두 제곱수의 합으로 나타낼 수 있다면 이들의 곱 또한 두 제곱수의 합으로 나타낼 수 있음을 증명해보세요.

8.22 다음 물음에 답해보세요.

*(a) 임의의 정수 N에 대하여 다음 방정식의 정수해가 무한하게 많이 존재함을 증명해보세요.

$$x^2 - Ny^2 = z^2$$

(b) 다음과 같은 펠 방정식의 기본 해를 구해보세요

$$x^2 - 230y^2 = 1$$

8.23 자연수 n에 대하여 펠 방정식 $x^2-(N^{2n}-1)y^2=1$의 해가 다음과 같음을 증명해보세요.

$$y=1,\ x=N^m$$

8.24 다음 방정식의 해가 무한하게 많이 존재함을 증명해보세요.

$$x^2-(N^2+1)y^2=1$$

***8.25 다음을 증명해보세요.

3보다 큰 소수 p가 $p \equiv 1$ 또는 $3 \pmod 8$을 만족합니다. $\Leftrightarrow\ p = x^2+2y^2$ ($p=2$이면 $x=0,\ y=1$이고, $p=3$이면 $x=y=1$)

8.26 $p \equiv 1 \pmod 3$을 만족하는 3보다 큰 모든 소수 p는 $p=x^2+3y^2$과 같이 나타낼 수 있음을 증명해보세요($p=3$이면, $x=0,\ y=1$입니다).

찾아보기

ㅈ

ㅊ